# Voyage en Afrique rentière

TERRITOIRES EN MOUVEMENTS – 2
collection dirigée par Jean-Louis Chaléard et Jean-Louis Tissier

Géraud Magrin

# Voyage en Afrique rentière

## Une lecture géographique des trajectoires du développement

Préface de Philippe Hugon

*Ouvrage publié avec le concours du Conseil scientifique de l'université Paris 1 Panthéon-Sorbonne, de l'UMR 8586 Prodig et du Cirad*

Publications de la Sorbonne
2013

Note au lecteur :
Cet ouvrage correspond pour l'essentiel au volume 3 (essai) d'un dossier d'habilitation à diriger des recherches (HDR) soutenu en Sorbonne le 30 juin 2011, sous la direction de Jean-Louis Chaléard (pr. université Paris 1 Panthéon-Sorbonne), devant un jury composé de Thomas J. Bassett (pr. université de l'Illinois), Frédéric Giraut (pr. université de Genève), Michel Lesourd (pr. université de Rouen), Roland Pourtier (pr. émérite université Paris 1 Panthéon-Sorbonne), Jean-Philippe Tonneau (chercheur HDR au Cirad). Le dossier était intitulé : « Des rentes au territoire. Contribution pour une géographie du développement en Afrique ».
Le présent texte, rédigé pour l'essentiel entre l'été 2010 et le printemps 2011, a été revu et achevé en novembre 2012.

Je remercie Jean-Louis Chaléard, Bernard Calas, Armelle Choplin, Nicolas Donner, Olivier Ninot, Roland Pourtier, Jean-Louis Tissier, Jean-Philippe Tonneau et Geert van Vliet pour leur lecture, leur appui et leurs conseils précieux.

Image de couverture : université du Tchad, septembre 2012, photo. Géraud Magrin.
Sauf mention contraire, toutes les photographies sont de l'auteur.


212, rue Saint-Jacques, 75005 Paris
www.univ-paris1.fr



ISBN 978-2-85944-748-9
ISSN 2267-2613

À Ndeye Marie et Louise

# Préface

L'ouvrage de Géraud Magrin est une invitation au *Voyage en Afrique rentière*, donnant une *lecture géographique des trajectoires du développement*. Il se situe dans le prolongement des nombreux écrits de ce chercheur du Cirad, notamment le remarquable ouvrage codirigé avec Jean-Pierre Raison, *Des fleuves entre conflits et compromis. Essai d'hydropolitique africaine*[1] ou *Le Sud du Tchad en mutation. Des champs de coton aux sirènes de l'or noir*[2].

L'essentiel du voyage concerne l'Afrique de l'Ouest et plus spécialement le Tchad, la Mauritanie et le Sénégal. Notre guide est un *géographe* qui, suivant Michel Onfray, parcourt la planète et comprend son évolution en se situant sur le pourtour de la mappemonde. Il se différencie ainsi du *géologue* qui creuse son trou. Michel Serre, utilisant une métaphore proche, différencie le chercheur renard, qui change de terrain, à l'affût des nouveautés, et le sanglier, qui laboure en profondeur un terrain identique. La conception géographique de Géraud Magrin relève en outre davantage de la géographie politique que de la géographie physique. Dès lors que la relation territoriale est marquée par le pouvoir, toute géographie humaine devient politique, voire géopolitique. L'auteur mobilise aussi d'autres sciences sociales, notamment les sciences politiques ou l'économie.

Le fil directeur de l'ouvrage, la *rente*, est analysé dans sa dimension territoriale. Construite autour de trois grands axes, l'étude de Géraud Magrin observe les relations difficiles des systèmes rentiers et du développement; les formes et les variables de la conjugaison des rentes et des territoires, avant de chercher comment réconcilier ressources et territoires. Les trajectoires des États africains expriment une profonde désarticulation entre les ressources et les territoires. Selon l'auteur, l'organisation spatiale et les dynamiques des territoires reflètent les formes d'articulation entre les rentes extraverties et les dynamiques endogènes. Mais il existe des capacités de bifurcation hors de la logique extravertie, rentière et clientéliste qui reste prégnante.

Parmi les problématiques abordées, nous privilégierons cinq questions principales, abondamment traitées dans l'ouvrage : la catégorie analytique des rentes, leurs utilisations conduisant à des régimes rentiers ou à des « malédictions des ressources naturelles », le rôle des rentes dans les conflits, la dimension territoriale du développement et les différences entre les représentations générales et les compréhensions des situations complexes, selon l'éclairage de terrain en prenant le cas du lac Tchad.

**1** Paru chez Karthala en 2009.
**2** Paru en 2001 aux éditions Sépia-Cirad.

## 1. La catégorie analytique de la rente et des rentes

Les théories de la rente sont au cœur tant de l'analyse économique que de l'économie géographique. De son statut initial de revenu lié aux ressources naturelles, de prix du facteur naturel ou de revenu des propriétaires de ces ressources, la rente est devenue une catégorie polysémique. Les politistes ont notamment utilisé, par métaphore, le terme de rente en l'appliquant à beaucoup de domaines, pour en faire le fondement de régimes politiques ou d'États rentiers, parlant de rente de l'aide ou de la démocratie. Ce concept a un grand pouvoir heuristique mais il risque, comme toute clé de lecture polysémique, de devenir un passe-partout : les risques de métaphore sont importants. Géraud Magrin est conscient de ce danger, même s'il adopte une conception très large des rentes. La définition retenue est celle des flux de revenus déconnectés d'activités de production dans des territoires bénéficiaires. L'auteur met l'accent sur l'implication spatiale de la rente : « Les rentes révèlent une désarticulation entre revenus et territoires, qui constitue une dimension du sous-développement. » Selon Géraud Magrin, « la rente a structuré jusqu'à présent les systèmes politiques, économiques et spatiaux africains, en assurant la médiation avec les acteurs et horizons mondialisés ».

Il nous semble nécessaire de bien différencier analytiquement plusieurs questions, celles relevant de l'accumulation préalable ou primitive (échange inégal, pillage, captation), celles des aubaines liées aux ressources extérieures, celles du rôle du capital marchand se valorisant au niveau de la circulation, enfin celles du capital productif avec partage des revenus entre salaires, profit et rente. À cette différenciation s'ajoutent les origines des rentes assises sur des relations extérieures et sur des relations intérieures. Plusieurs catégories peuvent être ainsi distinguées :

- les rentes de *situation*, liées à des revenus territorialisés ou à des écarts entre les coûts de production de différents territoires et les prix du marché, créent une rente différentielle ricardienne ou « à la von Thünen ». Les pays étudiés, comme le Tchad, n'ont pas une rente différentielle forte, compte tenu de leur enclavement ;
- les rentes de *position*, liées à des rapports de pouvoir asymétriques de la part de différents acteurs (*rent seeking*) ;
- les rentes de *négociation*, liées au *bargaining power* et aux possibilités d'obtenir des avantages de la part de certains groupes : en Afrique, les rentes fondées sur les hydrocarbures ou les produits miniers renvoient au partage des revenus entre les États propriétaires des gisements et les compagnies exploitantes. Ce partage est plutôt défavorable aux propriétaires du sol et du sous-sol, compte tenu de la faible fiscalité, elle-même reflet de rapports de pouvoir asymétriques ;

- les rentes de *captation*, liées aux pillages, razzias, conflits militaires, comme moyens de contrôle des ressources naturelles ;
- les rentes d'*innovation*, liées à des avantages conduisant à des monopoles provisoires ou durables, par exemple des brevets, des droits de propriété intellectuelle, etc. Les technologies concernant l'exploration ou l'exploitation ont fait des progrès considérables, permettant à la plupart des pays africains de devenir « rentiers » dans le domaine minier ou dans celui des hydrocarbures. Mais ces rentes d'innovation bénéficient avant tout aux entreprises mondialisées qui contrôlent ces technologies. Elles sont en outre plus ou moins remises en question par de nouveaux entrants.

Globalement, dans le contexte mondial de forte croissance de la demande en matières premières du sol et du sous-sol, ces différentes formes de rente tendent à croître en Afrique.

## 2. Les affectations de la rente : régimes rentiers et États rentiers

La deuxième question posée par Géraud Magrin concerne les régimes d'économie rentière, les États rentiers parvenant à se perpétuer durablement sans accumulation. Les régimes économiques rentiers se reproduisent sans compétition ni remise en question de leurs avantages. Souvent liés au marché mondial et aux groupes transnationaux, ils conduisent à une extraversion de l'économie à partir d'enclaves dénommées « exclaves » par Roland Pourtier.

Ces régimes politiques peuvent être qualifiés de rentiers dès lors que les financements de l'État et l'essentiel des devises sont tirés de ressources extérieures plus que d'une fiscalité assise sur la production interne de richesses. Leur captation et leur redistribution partielle par un nombre limité d'acteurs fondent un pouvoir politique clientéliste qui aboutit à l'évaporation des rentes. Les négociations des contrats, parfois léonins, se font entre les États africains « propriétaires » du sol ou du sous-sol et les firmes multinationales originaires des pays industriels, et, de plus en plus, avec des puissances émergentes... Les symptômes des « malédictions pétrolières », mais aussi les limites de cette notion, sont développés avec clarté et pertinence dans l'ouvrage. Les effets pervers des rentes sont en effet fonction des politiques menées, car des parades existent (débudgétisation des ressources, politiques contracycliques, affectation des rentes à des investissements créateurs de richesses...). Éviter cette soi-disant « malédiction » dépend également des mesures prises au niveau international (« Publiez ce que vous payez », initiative des industries extractives) et des négociations entre les pouvoirs publics et les groupes transnationaux, dont les enjeux sont abordés dans l'ouvrage.

## 3. Le rôle des rentes dans la conflictualité

La troisième question centrale abordée dans l'ouvrage est celle des liens entre rentes et conflits. Les relations entre guerres et rentes ont conduit à une écologie politique de la guerre, liée à l'abondance ou à la rareté des ressources naturelles. Un État détenteur de ressources en hydrocarbures risque d'être le théâtre de conflits armés, neuf fois plus qu'un État dépourvu en matières premières, selon Paul Collier. Celles-ci fournissent les moyens de financer les rébellions motivées par d'autres intérêts que les ressources elles-mêmes. Concentrées dans un territoire délimité, elles favorisent des tentatives sécessionnistes et conduisent généralement à des comportements rentiers interdisant ou retardant la mise en place d'institutions fortes. Les ressources naturelles du *sous-sol*, quand elles sont abondantes, attisent des désirs de contrôle par la violence (coloniale, impérialiste, ou par le pillage) ; les ressources naturelles du *sol* (eau, terre), quand elles sont rares, avivent les tensions. Il n'y a pas toutefois de lien déterministe entre abondance, rareté et conflits, même si le risque de « malédiction » ou de « trappe des ressources naturelles » est élevé. Les guerres dites environnementales sont elles-mêmes contingentes et dépendantes des choix politiques réalisés.

Les guerres se situent à différentes échelles territoriales : infranationales, transfrontalières et internationales (trafics d'armes ou de drogues, rôle des États et diasporas sponsors, débouchés des produits, entrelacs d'intermédiaires au sein des filières avec des ramifications régionales et internationales). Elles s'insèrent au niveau national dans des réseaux de pouvoirs politiques liés à des mafias et des réseaux criminels. On peut ainsi différencier le rôle des rentes liées aux ressources naturelles selon le double critère de concentration et d'échelle territoriales (filières nationales et internationales). Quatre configurations apparaissent : les guerres énergétiques, environnementales, de pillage et de trafic, que les conflits combinent à des degrés différents.

À l'origine déterminés par la captation de ressources, les conflits s'autoentretiennent. Les rentes minières permettent l'achat d'armes et le recrutement de rebelles[3].

---

3 On peut ainsi différencier les guerres liées au pétrole, dénommé au Nigeria la « merde du diable » (Angola, Casamance, Congo, République Centrafricaine, Ogaden, Soudan, Soudan du Sud, delta du Niger au Nigeria, Tchad), au diamant (Angola, Guinée, Libéria, Nord de la Côte d'Ivoire, République démocratique du Congo, Sierra Leone), aux métaux précieux (or, coltan, colombo-tantalite ayant la couleur du bitume, l'odeur de l'argent et le goût du sang, au Kivu en République démocratique du Congo), à l'uranium (Touareg au Niger), au contrôle de l'eau (riverains du Niger, du Nil et fleuve Sénégal), aux narcodollars (Guinée-Bissau, Casamance, Nord du Mali), au contrôle des ressources agricoles (coton dans le Nord de la Côte d'Ivoire, café et cacao dans le Sud), forestières ou des terres (Burundi, Côte d'Ivoire, Darfour, Rwanda), aux espaces surdensifiés en voie de stress hydrique et de désertification (Sahel, Corne de l'Afrique, Afrique australe), au contrôle des routes maritimes et à la piraterie et aux trafics (mer Rouge, golfe d'Aden, golfe de Guinée).

**TABLEAU 1** *Différenciation des rentes territorialisées dans la conflictualité.*

| Filières | Concentration territoriale | Dissémination territoriale |
|---|---|---|
| Internationales/ régionales | Guerres énergétiques (hydrocarbures). État rentier et investissements lourds.<br>Liens entre oligopoles et appareils d'État. Opposition entre gouvernement et rebelles. Enjeux des puissances. Sécession ou autonomie (Casamance, Ogaden, delta du Niger).<br>Ex : Congo, Niger, Nigeria, Soudan, Soudan du Sud, Tchad. | Guerres de pillage (minier, ou des filières artisanales : diamant, coltan, or…).<br>Économie de guerre militarisée, main-d'œuvre élevée ; armées et milices à base ethnique et nationale. Rôle des réseaux.<br>Ex : Liberia, Sierra Leone (diamant), RDC/Kivu (coltan), Katanga (cuivre). |
| Nationales/ locales | Guerres environnementales (ressources rares du sol).<br>Eau, terres arables, forêts, pâturages, allogènes/ autochtones. Milices, bases régionales.<br>Ex : Darfour (pétrole), Côte d'Ivoire, Rwanda. | Guerres de trafic (commerce illicite, drogue, rançons). Seigneurs de la guerre, réseaux terroristes. Économie de marché de guerre, État failli (non droit, fiscalité, douane, contrôle territoire).<br>Ex : Somalie, Nord du Mali. |

## 4. La question du développement territorialisé

La quatrième grande question traitée dans cet ouvrage renvoie à celle du développement territorialisé. Étymologiquement, le mot développement signifie retirer l'enveloppe, épanouir les potentialités des hommes, des sociétés et des territoires. La mobilisation des potentialités ou des ressources humaines et naturelles, ainsi que les processus d'innovation peuvent être analysés à diverses échelles territoriales. Le développement a été conçu par les fondateurs de l'économie du développement comme un processus endogène : *The development is made at home.* À l'inverse, les fondateurs privilégiaient soit l'échelle nationale des jeunes nations, soit celle internationale asymétrique des pays anciennement colonisés. Seuls certains travaux apologétiques et téléologiques, comme ceux de Rostow, le décrivent comme un processus, en termes de stades de développement, considérant que *the American way of life* était le stade ultime, pour contrebalancer les travaux idéologiques de Staline, selon lesquels le mode de production socialiste ou soviétique était le seul modèle à atteindre. À la différence de travaux l'assimilant à la trajectoire des sociétés industrielles ou à l'occidentalisation du monde (Rist), le développement renvoie à une pluralité de trajectoires de sociétés en interdépendance asymétrique, mais construisant leur modernité propre.

Géraud Magrin nous oblige à approfondir le concept de développement territorialisé à partir d'un triptyque : développement local, décentralisation et démocratie. Il montre que ces trois composantes ne sont pas nécessairement compatibles. Le développement local s'appuie sur la mobilisation de ressources territorialisées ou localisées. La décentralisation renvoie à un transfert de pouvoir de l'État. La démocratie locale suppose à la fois l'engagement des acteurs dans une démocratie participative et un équilibre des pouvoirs, avec leur séparation et un jeu de contre-pouvoirs. Le développement territorialisé se heurte aux manques de financement et de ressources, aux disparités entre collectivités, aux conflits de droits. Les proximités territoriales ne sont pas nécessairement le signe de liens sociaux forts. La décentralisation peut donner le pouvoir à des notables ruraux, voire à des satrapes qui vont à l'encontre de la démocratie. Le développement se fait toujours en zigzag (Hirschman, 1986), par essais, erreurs ou bifurcations.

La question du développement territorialisé est ainsi celle de l'emboîtement d'échelles, du local au global, en passant par le national et le régional. Le développement endogène territorialisé ne doit pas se réaliser contre l'État, contre la construction d'une conscience ou d'un « vouloir-vivre » national, mais en renforçant les fonctions régaliennes de l'État, son rôle d'aménageur du territoire et de facilitateur ou de catalyseur du développement.

## 5. Les dynamiques complexes de terrain confrontées aux représentations globalisantes

Homme de terrain, Géraud Magrin nous oblige à comprendre du dedans les dynamiques des sociétés africaines et à éviter des représentations globalisantes et réductrices. Il montre ainsi que le soi-disant assèchement du lac Tchad, qui mobilise certains médias au niveau mondial, doit être relativisé. Il justifie également des projets pharaoniques, sources de « rentes » pour les pouvoirs africains et les acteurs privés construisant les grands travaux. Le cas du lac Tchad révèle ainsi des questionnements plus larges :

Faut-il lancer des projets capitalistiques ou des microprojets hydrauliques ? Les grands projets sont coûteux, de gestation longue, et ils peuvent créer des effets pervers pour certains pays d'amont du Chari ou pour les acteurs concernés par l'assèchement du lac. Il est possible au contraire de permettre aux populations (agriculteurs, éleveurs, voire pêcheurs) de mieux maîtriser l'eau, en réduisant l'évaporation et l'enfouissement par des canalisations adaptées, sur le modèle de nombreux pays du Moyen-Orient, ou du Maroc. Il pourrait exister un intéressement incitatif pour les producteurs à gérer ces canalisations. Ces infrastructures doivent s'accompagner d'actions de formation, d'encadrement et de gestion de la rareté de l'eau. D'autres actions sont nécessaires pour favoriser le désensablement ou le reboisement de certaines zones. Les questions agricoles, pastorales et halieutiques renvoient à la nature des structures foncières, des systèmes de production déjà existants comme à celle des technologies adéquates, que les populations s'approprient ou s'approprieront.

Comment gérer des populations immigrées d'origine multinationale et pluriculturelle ? Le lac Tchad est devenu, en s'asséchant, un lieu d'attraction pour des centaines de milliers d'immigrés agriculteurs et éleveurs, originaires du Niger, du Nigeria, du Cameroun et du Tchad, voire d'autres pays d'Afrique de l'Ouest, à la recherche de terres fertiles. Il en résulte des tensions entre pêcheurs, agriculteurs et éleveurs, liées aux droits fonciers, mais également à la cohabitation de populations hétérogènes, enfin à l'adaptation permanente des pratiques et des projets (monocultures intensives liées à l'exportation vers le Nigeria, comme le poivron et le piment), et à la modification des filières agricoles, d'élevage ou de pêche face aux changements de l'environnement (variations de la ressource hydrique, pressions des populations). Les différents projets de développement économique doivent être mis au regard des organisations et des institutions chargées de gérer la diversité de ces populations, de favoriser des jeux coopératifs et de réduire les tensions entre les différents groupes d'acteurs.

Cet ouvrage savant, d'une grande maîtrise analytique, informé par de nombreuses lectures et une réelle connaissance du terrain, est de plus rédigé avec une grande clarté. De lecture aisée, il nous aide à mieux comprendre ces dynamiques, si ce n'est pour l'ensemble de l'Afrique, du moins pour les régions d'Afrique de l'Ouest, terrain d'observation et d'analyse de cette étude.

Philippe Hugon,
professeur émérite Paris-Ouest Nanterre-La Défense,
directeur de recherche à l'IRIS,
membre de l'Académie des sciences d'outre-mer

# Introduction

« Si l'on comprenait tout, il est évident que l'on n'écrirait rien. On n'écrit pas sur : deux + deux = quatre. On écrit sur le malaise, sur les sentiments complexes qui naissent de : deux + deux = trois ou cinq.»

Nicolas Bouvier, *Le vide et le plein. Carnets du Japon* (1964-1970)

« Voyager pour pénétrer le mystère et les secrets d'une civilisation conduit à rencontrer des malentendus. L'illusion rationaliste et intellectualiste préside à cette idée, fausse, qu'on peut travailler en profondeur. L'esprit du géographe ne se confond pas avec celui du géologue, mineur de fond et creuseur de faille. L'un parcourt la planète et se réjouit du mouvement sur le pourtour de la mappemonde, l'autre s'installe et creuse son trou, il fore un terrier pour y ensevelir son énergie et sa curiosité. »

Michel Onfray, *Théorie du voyage. Poétique de la géographie*

## Planche 1 : Damiers mondialisés dans le Sud du Tchad

**PHOTO 1** *Damier cotonnier (et piste d'avion Exxon de Komé, février 2005).*

*La trame (presque) géométrique du parcellaire est un héritage des cordes de coton (champs de 70 m de côté) mises en place au Tchad à partir de la fin des années 1920.*

**PHOTO 2** *Damier pétrolier (juin 2004).*

*Le réseau des puits de pétrole (en blanc, les postes électriques de chacun) se superpose à la géométrie du parcellaire cotonnier.*

## 1. Les damiers de la terre

Ces deux damiers[1] (cf. planche 1) qui dessinent deux figures distinctes du « développement » sont à l'origine de notre réflexion sur la relation entre rentes, territoires et développement. Plateformes des puits de pétrole sur champs carrés des cordes[2] de coton, les géométries de ces paysages palimpsestes disent des âges, mais surtout des modalités différentes d'insertion de territoires dans la mondialisation. Au nom du développement (Rist, 2007), dans les savanes du Sud du Tchad, le coton et le pétrole ont organisé l'espace et la société sur un mode ambigu analogue : tour à tour ou tout à la fois imposés, rejetés et souhaités, ces systèmes économiques extravertis intègrent à leur manière des espaces enclavés dans le système mondial.

Leurs effets spatiaux sont très contrastés : les filières cotonnières assurent une certaine homogénéité spatiale et placent leurs pôles dans l'espace maillé de l'État (Magrin, 2001), quand les cellules du système pétrolier s'inscrivent à première vue sous la forme d'un archipel extraterritorial. Le succès apparent des premières, marqué par la hausse de la part du coton africain dans les flux mondiaux, semble aujourd'hui une impasse, tant les filières sont fragilisées par des crises récurrentes (Renaudin, 2010). L'essor récent des secondes manifeste une inscription sélective de l'Afrique dans la mondialisation contemporaine : les enclaves pétrolières sont des points de connexion au monde qui, en s'activant, plongent le reste des territoires dans l'ombre de la marginalité (Ferguson, 2006). Elles sont protégées de l'environnement d'accueil par des barrières physiques et symboliques. Mais celles-ci ne sont pas étanches : comme avant lui le système cotonnier, le système pétrolier diffuse aussi bien des tensions que des innovations, des apprentissages, des valeurs. Leur dépendance évidente par rapport aux acteurs ou aux marchés mondiaux et les dysfonctionnements sociopolitiques qu'ils favorisent n'empêchent pas des articulations avec les économies informelles ou endogènes africaines. Ils sont des catalyseurs du changement mondialisé.

Ces deux damiers sont l'expression spatiale de systèmes que l'on a qualifié d'« économies rentières ». Mode d'organisation dominant des économies et du politique en Afrique (Pourtier, 2010b : 235-236), les logiques rentières seraient indissociables du sous-développement du continent, dont elles constitueraient à la fois des causes et des conséquences. L'Afrique survit de ses rentes plus qu'elle n'en vit.

1 L'analogie est la mienne. Le vocabulaire pétrolier désigne par l'expression de *sismic chessboards* (échiquiers sismiques) la trame géométrique dessinée au sol par les engins de cette phase de la prospection.

2 Surface correspondant le plus souvent à ½ hectare. À l'origine, il s'agissait d'un carré de 70 m de côté, dont la culture en coton fut rendue obligatoire au Tchad à la fin des années 1920.

## 2. Rente et géographie

La rente est depuis longtemps affaire d'économistes. En effet, dès le XVIIe siècle, dans un contexte où la raréfaction des métaux du Nouveau Monde exigeait des États modernes européens en émergence d'identifier de nouvelles sources de revenu, les réflexions s'orientèrent vers le potentiel fiscal de la terre. Le foncier fut l'objet des premières théories de la rente, qui furent elles-mêmes à l'origine de la naissance de la science économique, entre 1650 et 1810, à partir des travaux de Petty, Vauban et Cantillon chez les précurseurs des classiques, Quesnay et Turgot chez les physiocrates, Smith et Malthus chez les classiques (Guigou, 1982 : 5 ; 15-16). Dans un second temps, le concept fut associé aux approches de l'économie politique sur le lien entre rente foncière et développement agricole, autour des travaux de Ricardo sur la valeur ou de Marx sur la propriété privée du sol (*ibidem* : 163-165 ; 196-197), puis à de nombreux autres travaux.

Le concept a connu un regain d'intérêt auprès des scientifiques avec le boom pétrolier de la décennie 1975-1985 au Moyen-Orient (Destremau, 2000 : 490). La décennie 2000 présente des caractéristiques comparables, puisqu'elle a été marquée, jusqu'en juillet 2008, par une forte hausse du prix des matières premières et des rentes qui en découlent.

Une rente, à l'origine, « c'est le revenu du propriétaire foncier, en même temps que le prix payé par le locataire pour avoir le droit d'utiliser les facultés productives du sol » (Guigou, 1982 : 1). Du latin *rendita* ou *reddita*, choses rendues, le concept désigne de manière plus générale un « revenu régulier que l'on tire d'un capital[3] ». Hugon (2009a : 9), en une définition à la fois plus précise et plus large, considère que « la rente est l'obtention de revenus sans contribution à la production de biens et de services supplémentaires. Le régime rentier caractérise une économie pouvant se reproduire sans accumulation. La rente est prélevée sur les produits du sol ou du sous-sol (rente agricole, minière et pétrolière) ; elle résulte également de l'extérieur (aide, prélèvements sur les relations extérieures). Elle tient à des positions de monopole et de pouvoir permettant des revenus de transfert passant d'une classe à l'autre (rentes de situation des bureaucrates ou des firmes). La rente peut également être définie comme un flux de revenus provoqué artificiellement par l'État au bénéfice d'agents privés ou publics ».

Deux conceptions s'opposent de manière schématique : pour les classiques (Ricardo, Marx), la terre est une ressource naturelle, et la rente trouve son origine dans sa rareté. Le propriétaire est un oisif qui bénéficie d'un enrichissement sans cause et vit donc en parasite de la société. Pour les néoclassiques, en revanche, la terre est un bien et un facteur de production ordinaire. Le propriétaire foncier, pour accroître le revenu de son capital, joue un rôle actif,

3 Dictionnaire Hachette, 1992.

son enrichissement est le fruit de son travail. Il en résulte que l'affectation de la rente est un sujet de controverse : doit-elle revenir au propriétaire ou être allouée à l'exploitant qui produit les richesses nées de l'usage économique du sol (Guigou, 1982 : 1-2) ? Nous verrons que cette question se trouve transposée en Afrique au domaine des ressources du sous-sol, à l'échelle des États et des acteurs internationaux qui en exploitent les ressources.

Pour les économistes, la rente est souvent résiduelle. C'est ce qui reste après avoir rémunéré les facteurs de production ou les services rendus par les facteurs (Talahite, 2007 : 10). Dans les années 1980, un débat opposait deux conceptions de la rente : une vision « objective » du phénomène, définie à partir de certains revenus considérés par essence comme relevant de la rente, et une perspective fonctionnelle, des ressources étant définies comme rentières selon leur mode d'insertion dans l'économie et le type d'influence qu'elles y exercent.

Des formes politiques spécifiques sont adossées à ces systèmes économiques : les États rentiers. Selon Beblawi et Luciani (1987), on peut parler d'État rentier lorsqu'une rente, payée par des acteurs extérieurs, revient directement à l'État, alors que seuls quelques-uns sont impliqués dans sa production, la majorité étant concernée par sa redistribution. Quand les rentes constituent pour les États des revenus plus importants que les retours sur investissement, l'effort des élites se porte sur leur captation. Des institutions efficaces sont perçues comme gênantes, car elles accroissent la compétition et la redevabilité (Auty, 2005 : 33). Les États rentiers sont donc généralement dotés d'institutions faibles.

Dans sa synthèse efficace sur le concept de rente appliqué à l'Afrique du Nord et au Moyen-Orient, F. Talahite (2007) considère d'une façon critique la manière dont les politologues s'approprient le concept pour désigner des phénomènes très différents : intéressés par les jeux de pouvoir sous-jacents plus que par les mécanismes de constitution des rentes, ces auteurs en viennent à utiliser le terme sans expliciter l'usage qu'ils en font, élargissant son acception à toutes les formes de revenus exogènes (aide internationale, transferts migratoires, revenus de situation, comme le canal de Suez pour l'Égypte) et à tous les types d'acteurs (États, sociétés, individus), ce qui ne serait pas rigoureux mais serait surtout lourd de sous-entendus (Talahite, 2007 : 1, 4).

D'une part, l'opposition fréquemment retenue entre rente et production serait obsolète. En effet, elle est fondée sur la prise en compte de la seule dimension matérielle de la production, alors que l'immatériel (services, système financier, commerce, distribution) représente une part croissante de la valeur de l'économie actuelle, loin de conceptions péjoratives qui les réduisent à leur dimension parasitaire (*ibidem* : 6). Cela vaut d'ailleurs particulièrement en Afrique, où secteur informel et commerce occupent une place de premier plan dans l'économie. D'autre part, cette propension à dévaloriser implicitement toutes les formes de rentes ne prend en compte ni leur diversité, ni la variété des effets qu'elles peuvent avoir sur l'économie. Les rentes d'innovation étudiées par Schumpeter, par exemple, constituent un modèle de rentes motrices. Enfin, derrière l'opposition réductrice entre économie rentière et économie de production (*Allocation State vs Production State* chez Luciani, 1987), se profile l'idée d'illégitimité de la rente, considérée comme un revenu usurpé qui aurait dû revenir aux autres facteurs de production plutôt qu'au propriétaire de la ressource rare (Talahite, 2007 : 9). On saisit bien l'instrumentalisation potentielle d'un tel présupposé dans les relations entre États détenteurs de ressources naturelles et entreprises de pays consommateurs. Nous y reviendrons.

Cela étant, ce sont bien des acceptions larges de la notion de rente comparables à celles des politologues mentionnés que nous allons mobiliser ici. L'enjeu consistera à éviter l'écueil des jugements de valeur et à tirer des leçons géographiques de la diversité des mécanismes à l'œuvre.

Quelques géographes se sont aussi intéressés à la notion de rente, à la suite des travaux de von Thünen (1826) sur la localisation des activités, la rente foncière étant décroissante en fonction de la distance et du temps de transport à partir du centre (Guigou, 1982; Scheibling, 1994 : 35-36). Certains se sont focalisés, dans une perspective théorique, sur le pouvoir explicatif des rentes sur les dynamiques foncières urbaines, dans une optique proche de celle des économistes (Rebour, 2000).

Plus largement, l'approche géographique met l'accent sur la dimension spatiale du phénomène rentier, en y considérant le « produit d'un placement ou d'un emplacement » (Brunet *et al.*, 1992 : 427-428), et en distinguant, parmi d'autres, des rentes de situation, ou « avantage tiré d'une situation géographique particulière » (*ibidem*). « Toute rente se fonde sur le pouvoir de monopole que des propriétaires privés possèdent sur certaines portions du globe », une qualité et donc une valeur particulière étant attachées soit à la ressource en elle-même, soit à sa localisation (Harvey, 2008 : 24). Les rentes différentielles, conçues comme un « ensemble d'avantages et de revenus supplémentaires tirés par un acteur ou un lieu relativement à la situation économique ou géographique des autres acteurs ou lieux », dont notamment les rentes d'innovation, constituent « une des grandes sources d'énergie des systèmes spatiaux » (Brunet *et al.*, 1992 : 428). Il est donc étonnant que le *Dictionnaire de la géographie et de l'espace des sociétés* (Lévy, Lussault, 2003), pourtant fort ouvert à la systémique et aux autres sciences sociales, n'ait pas considéré cette entrée.

Par rentes, nous entendrons des flux de revenus déconnectés d'activités de production situées dans les territoires bénéficiaires. Quand production il y a, elle s'assimile à du prélèvement simple effectué en grande partie par ou pour des acteurs extérieurs, les produits étant exportés sans transformation ni valorisation locale, et surtout sans permettre la structuration d'un tissu économique diversifié.

La littérature consacrée aux États et aux économies rentières traite plus particulièrement de l'Afrique du Nord et du Moyen-Orient[4]. En Afrique subsaharienne, la notion a été utilisée principalement par des économistes (voir Auty, 2005 ; Auty, Pontara, 2008 ; Sachs, Warner, 1995 ; Collier, 1995 ; Collier, Hoeffler, 2005a) et des politologues (par exemple Herbst, 2000 ; Bayart, 2006 ; Soares de Oliveira, 2007). Les historiens (Iliffe, 2009) et les géographes (Dubresson, Raison, 1998 ; Pourtier, 2001 ; 2006) font couramment allusion à la nature rentière des économies africaines, mais sans en analyser systématiquement les implications spatiales. Le chapitre d'un ouvrage consacré aux petites villes d'Afrique noire, intitulé « De la rente agricole à la rente frontalière : Niablé, une petite ville ivoirienne à la frontière du Ghana » (Stary, 1997), éclaire bien le caractère urbanisant associé à la conjugaison de la polarisation de campagnes cacaoyères et de la position frontalière. Mais il ne définit ni ne questionne les implications de la notion de rente utilisée dans son titre. Il est à cet égard représentatif de l'utilisation un peu désinvolte que les géographes africanistes font couramment de cette notion de rente, comme si son pouvoir explicatif était suffisamment évident pour faire l'économie de son explicitation.

Dans cette perspective, la thèse de Roland Pourtier fait figure d'exception, en analysant les relations entre les cycles d'exploitation des ressources naturelles (bois, pétrole), les rentes qu'elles procurent, l'État et le territoire au Gabon (Pourtier, 1989). Le présent texte ambitionne de prolonger une réflexion de ce type dans le contexte actuel, marqué par une accélération de la mondialisation de l'Afrique, en mettant en perspective les différentes réalités considérées sous le terme de rente et leurs implications sur les territoires et le développement, à l'échelle de l'Afrique de l'Ouest et du Centre.

## 3. Extraversion, rentes et sous-développement

Après un demi-siècle d'indépendance africaine, le continent apparaît encore comme le continent du sous-développement et de l'instabilité sociopolitique. Nous questionnerons la place des rentes dans cette situation.

En effet, le revenu par habitant n'a quasiment pas augmenté en cinq décennies. La création d'infrastructures et de nouvelles activités agricoles, artisanales ou de services ne s'est pas accompagnée d'une montée en gamme des productions (Hugon, 2007 : 86). Les structures de l'économie de traite mise en place au moment de la première mondialisation, à l'époque moderne, sont

4 La théorie de l'État rentier, ou « rentiérisme », est considérée comme un des apports principaux des *Middle East Studies* à la science politique (Talahite, 2007 : 3). Voir notamment Beblawi, Luciani (éd.), 1987 ; Béraud, 1990 ; Richards, Waterbury, 1990 ; Chaudhry, 1997 ; Destremau, 2000…

restées étonnamment stables : l'Afrique exporte des produits bruts et importe des biens manufacturés. Or, depuis les années 1980 au moins, l'Afrique est le continent des crises multiformes (écologique, économique, politique, humanitaire, sanitaire), voire de la « crise permanente » (van de Walle, 2001). L'afro-optimisme dominant des années 1960, où René Dumont (1962) faisait figure de Cassandre isolé, a laissé place à un afro-pessimisme qui s'accorde bien au goût des stéréotypes exotisants des médias dominants, mais gagne aussi de bons connaisseurs du continent[5], selon des mécanismes peu éloignés de ceux du dépit amoureux.

Ces difficultés s'inscrivent dans une trajectoire historique dominée par l'extraversion. Ainsi, devant les contraintes opposées à l'exercice du pouvoir par des hommes peu nombreux répartis sur de vastes territoires et des milieux indociles, les dirigeants africains ont tôt mis l'accent sur le contrôle des relations avec l'extérieur (exportation de matières premières brutes, importation de produits manufacturés, jeu diplomatique) plutôt que sur la production à destination interne (Bayart, 2006 ; Iliffe, 2009). Quand des efforts ont été faits dans ce domaine, notamment par les États forts des décennies 1950-1960, ils ont été peu couronnés de succès : il en a résulté des conflits d'intérêts entre élites et populations, des villes trop dépendantes de l'importation pour animer leurs arrière-pays, une exploitation économique des paysanneries orientée vers des logiques de reproduction sociale et non sur de l'accumulation (Igué, 2006 : 382). Ainsi, « le paradigme de la stratégie de l'extraversion insiste sur la fabrication et la captation d'une véritable rente de la dépendance comme matrice historique de l'inégalité, de la centralisation politique et des luttes sociales » (Bayart, 2006 : XI), condamnant l'Afrique à ne retenir que quelques miettes de l'exploitation de ses ressources (humaines ou naturelles) au profit des acteurs dominants. Cette dépendance dans l'extraversion est à comprendre dans une perspective dynamique qui n'exclut pas une part d'autonomie des acteurs africains, car « il n'est pas d'assujettissement qui ne soit action » (Bayart, 1989 : 49).

La permanence de l'extraversion comme modalité majeure de relation de l'Afrique au monde va de pair avec un changement de perception du rôle des ressources naturelles. Au début des années 1960, on considérait que l'Afrique, libérée des entraves coloniales qui annihilaient toute accumulation locale, allait se développer en valorisant ses matières premières, qu'elles soient minières, sur le modèle des révolutions industrielles occidentales, ou agricoles, par l'exportation puis une progressive transformation sur place. Suivant les travaux de nombreux économistes (dont notamment ceux de Rostow, 1960), on considérait les ressources naturelles comme un atout majeur. Or, depuis la fin des années 1980, l'idée inverse s'est diffusée parmi les chercheurs, les organisations internationales ou les organisations non gouvernementales

5 Comme Stephen Smith et son *Négrologie. Pourquoi l'Afrique meurt* (2003).

(ONG) : l'abondance en ressources naturelles serait néfaste pour le développement (Rosser, 2006 : 7). Dans les années 1990-2000, la notion de « malédiction des ressources naturelles » s'impose même comme un des thèmes privilégiés de l'afro-pessimisme. Dans les pays pauvres, aux institutions fragiles, l'abondance en ressources constituerait un facteur de fragilité économique et sociopolitique majeur, fréquemment corrélé aux dictatures et aux conflits (Rosser, 2006). Les rentes occuperaient une place centrale dans cette « malédiction », en assurant le lien entre extraction de ressources au profit d'acteurs mondialisés et systèmes territoriaux fragilisés.

Tout bilan du développement doit pourtant faire intervenir le temps long (Pourtier, 2010a). Depuis les années 1960, on a assisté à de très profondes transformations. La démographie et l'urbanisation composent le fond du tableau : le nombre d'habitants a été multiplié par trois, les villes ont explosé, des États-nations se sont construits, cahin-caha, par-delà crises et violences. Il est vrai que le rêve développementaliste (Rist, 2007), plus ou moins naïvement fondé sur la transposition de schémas techniques et organisationnels occidentaux, a vécu. Mais l'Afrique, comme bien d'autres lieux du monde, a connu des changements accélérés. S'agissant des bases de la civilisation, qui passent progressivement du rural à l'urbain, de sociétés fondées en majorité sur l'oralité à l'écrit, de techniques agraires peu ou prou inchangées depuis le néolithique à l'Internet, ces mutations sont d'une ampleur et d'une rapidité comme l'histoire humaine en a peu vécu. Les innombrables projets de développement y ont eu leur part, empreinte d'inattendus, car les changements apportés sont rarement ceux qui étaient projetés (Sautter, 1987). L'histoire de la mondialisation – l'ouverture des marchés, la course aux matières premières – a eu la sienne. Les sociétés africaines ont interprété ces dynamiques exogènes en développant des registres d'hybridation (politique, sociale, religieuse, urbaine) très éloignés d'une dépendance passive.

J'assume donc la connotation potentiellement normative attachée au concept de développement, dans la mesure où il s'entend en un sens assez large comme un processus de changement « positif », dont il revient aux Africains d'inventer les formes qui leur conviennent. Parmi les nombreux sens que l'on peut prêter au terme de développement, je retiens celui contenu dans la formule du « développement humain » proposée par le Programme des Nations unies pour le développement (PNUD) (1990) : la possibilité d'élargir les choix offerts aux individus : vivre, d'abord, longtemps, en bonne santé. Ce qui implique d'avoir de quoi se nourrir (et de couvrir les autres besoins de base, se vêtir, se loger), de se soigner, d'être protégé. Avoir accès à l'éducation, qui permet d'opter pour d'autres chemins que ceux de la « tradition ». Enfin, disposer des libertés individuelles fondamentales et pouvoir influencer d'une manière ou d'une autre les choix de société – la démocratie, en somme. Ces horizons d'attente ont des implications concrètes : avec 2,5 à 3 % de croissance naturelle annuelle de la population, on ne peut augmenter l'éventail des choix qu'en augmentant les richesses disponibles pour chacun. On sait pourtant aujourd'hui qu'on ne pourra pas reproduire simplement la révolution industrielle du XIXe siècle européen et les modèles politiques qui en sont issus, ou copier un modèle d'émergence calqué sur les trajectoires les plus remarquables, comme celle de la Chine, laquelle questionne d'ailleurs la corrélation à laquelle on avait fini par croire entre développement économique et démocratie libérale. Plus encore qu'ailleurs, le « développement » en l'Afrique reste à inventer.

En outre, la question des rentes, de leur production, de leur distribution et de leur contribution aux processus de développement et aux inégalités dans le monde, ne concerne pas que l'Afrique ou les États pétroliers, loin s'en faut. Dans certaines zones défavorisées de l'Europe, on observe une semblable distorsion entre ressources et territoires : en Sicile et dans le Mezzogiorno[6], en Corse ou en Haute-Auvergne, des espaces constitués en marges sur le temps long vivent dans une large mesure de ressources extraverties (migratoires, étatiques ou européennes, voire criminelles), qui entretiennent avec le territoire des effets ambivalents, permettent la survie tout en entravant le développement, ou du moins ne le favorisent pas. Ce mode de relation semble inhérent aux rapports asymétriques et de domination qui caractérisent les situations de dépendance.

La diversité des contenus de l'économie internationale de la rente et son actualité au cœur de la production de l'inégalité méritent d'être soulignées. En effet, dans la mondialisation contemporaine, certaines rentes sont des atouts pour les territoires, comme les rentes de monopole des grands vignobles, celles construites autour des lieux touristiques ou de l'image des métropoles mondiales (Harvey, 2008 : 38, 43, 44). Le décollage économique[7] de l'Espagne dans les trois dernières décennies n'a-t-il pas reposé sur les revenus de transfert de l'émigration et sur les flux extravertis du tourisme ? D'autres ont des effets plus négatifs. En Afrique, ces systèmes rentiers s'inscrivent dans des espaces nationaux où la faiblesse de l'État n'autorise pas les tentatives d'homogénéisation mises en œuvre dans les périphéries européennes. Leur importance et leur forme n'y ont rien d'exotique. Elles reflètent des relations de domination inscrites dans une géographie et une histoire spécifiques (Herbst, 2000 : 13 ; Mbembé, 2008).

L'enjeu est-il alors de sortir de la rente ? Ou d'espérer autre chose qu'une atténuation de la fragilité associée à la dépendance par une diversification des rentes et un élargissement de leur base ? Les modèles de développement

6 Voir parmi d'autres Lévi, 1945, *Le Christ s'est arrêté à Eboli*, ou Saviano, 2006, *Gomorra. Dans l'empire de la camorra*.

7 Dont la crise économique de 2008 a montré la fragilité, en révélant le caractère artificiel d'une croissance tirée par un boom immobilier spéculatif.

esquissent les contours de ce que n'est pas un pays rentier : un territoire dont la productivité permet d'être compétitif et de dégager une forte valeur ajoutée, d'innover et ainsi d'acquérir ou de conserver de l'autonomie. Les modèles en la matière sont les pays aujourd'hui développés du Nord, voire certains pays ayant réussi ou étant en passe de réussir à amorcer des dynamiques vertueuses comparables, comme les quatre dragons du Sud-Est asiatique[8] ou les pays émergents comme la Chine, l'Inde, le Brésil... Nombre d'entre eux ont su à un moment donné convertir des rentes diverses, que ce soit la rente géopolitique associée à la guerre froide pour la Corée du Sud et Taiwan, ou des rentes tirées de ressources naturelles pour le Canada, l'Australie, ou les émergents brésilien, malaysien ou indonésien, en les recyclant dans l'économie productive nationale.

## 4. Rentes, ressources et territoires : des relations complexes

Les rentes révèlent une désarticulation entre ressources et territoires, qui constitue une dimension du sous-développement. En effet, pour extraire les rentes, les ressources naturelles des territoires (produits agricoles ou forestiers, minerais ou pétrole) sont exportées sans valeur ajoutée locale, sans produire d'effets positifs nationaux. Parallèlement, en réponse aux crises de ces premiers systèmes rentiers, de nombreux territoires vivent de ressources exogènes (migrations, aide internationale). Rentes d'extraction et de transfert constituent la modalité essentielle de médiation entre les ressources et les territoires, les acteurs locaux et ceux relevant d'horizons mondialisés. Or ces rentes se révèlent le plus souvent stériles. Elles ne sont pas réinvesties dans des activités productives ou une diversification des sources de revenus. Dans le même temps, les rivalités pour leur captation ou leur redistribution en font des facteurs de fragilisation des institutions et de l'économie, de tension sociale et politique.

Les activités nécessaires à la production des rentes, tout comme leur distribution, contribuent aussi aux déséquilibres territoriaux. Elles s'expriment dans la macrocéphalie urbaine et l'hypercentralisation politique, les tensions foncières, les crises écologiques, les conflits sur les marges frontalières exploitées pour leurs ressources et délaissées par ailleurs. Car la captation de rentes par l'État bénéficie surtout aux élites politiques et commerciales urbaines, et aux villes de manière générale, encourageant un modèle consommateur fondé sur les importations, contre les campagnes, l'économie productive. Le déséquilibre territorial qui en serait le résultat justifierait en retour la permanence de l'extraversion dépendante opposée à un développement plus endogène.

8 Corée du Sud, Taiwan, Singapour, Hong-Kong.

En quoi la recherche de rentes influence-t-elle la dynamique de la relation entre territoires et développement en Afrique? Un enjeu important concerne certes le passage d'un système où la rente vise avant tout la redistribution et la consommation à un schéma où elle pourrait s'investir de façon productive (Pourtier, 2005). Mais il convient de ne pas opposer de manière manichéenne rente et production, extraversion nécessairement négative et valorisation nationale des ressources en soi positive. Ces catégories ne sont ni simples ni étanches : étudier les interactions et articulations entre logiques rentières et dynamiques du dedans constituera l'enjeu central de cet essai. Cela conduira à analyser les formes spatiales et les enjeux territoriaux associés à la tension entre l'extraversion des États et des sociétés africaines et les logiques de production et d'échanges internes.

Assiste-t-on de manière dominante à des processus de fragmentation sous l'effet d'une extraversion toujours plus fragilisante (entraînant pauvreté, conflits, etc.) (Mbembé, 2000; Ferguson, 2006; Bayart, 1989; 2006) ou, à l'inverse, peut-on identifier un processus de valorisation locale des ressources nationales grâce à la densification démographique et urbaine, et à l'intégration des territoires, permettant la valorisation de dynamiques plus endogènes (Iliffe, 2009; Igué, 2006; Alvergne, 2008)? Quelles sont les implications spatiales de ces deux perspectives?

Le potentiel de fragmentation renvoie à une tension entre spatialités africaines anciennes (dominées par les logiques de la fluidité, de la mobilité, de l'échange, de l'extensif, de l'incertitude et de la mobilité des délimitations) et territorialisation coloniale et postcoloniale (importation de l'État moderne, de ses frontières, limites, projets circonscrits spatialement); puis, en réponse à la crise de l'État (et *du* territoire), à la prolifération *des* territoires (projets aidés, collectivités décentralisées, territoires des activités extractives, des aires protégées, de l'humanitaire, etc.), qui rend *le* territoire ingouvernable (Antheaume, Giraut, 2005).

Le potentiel d'intégration reflète d'une part des dynamiques endogènes, à travers la densification démographique, le resserrement des relations villes-campagnes (Chaléard, Dubresson, 1989; Chaléard, 1996), la structuration par les frontières et les flux transfrontaliers (Piermay, 2005; Igué, 2006). Ces dynamiques permettraient « une transformation profonde, celle du passage d'une géographie de l'espace à une géographie du territoire » (Alvergne, 2008 : 18), perçu de manière très positive. D'autre part, elles s'accompagneraient aussi de la « prise » des greffes extractives ou agro-industrielles, à travers leur contribution à une animation et à une diversification des économies régionales. Les réflexions anciennes sur les liens entre pôles modernisateurs extravertis et économies nationales (Hirschman, 1958) mériteraient d'être actualisées à la faveur de la vague d'investissements étrangers des années 2000[9]. À l'échelle nationale, l'intervention d'entreprises étrangères exploitant les ressources naturelles dans des conditions en cours de redéfinition pourrait ainsi contribuer à l'ouverture d'espaces de bifurcation (Capoccia, Kelemen, 2007) vers des trajectoires plus favorables, grâce à la diffusion de « bonnes pratiques » en matière environnementale, sociale et de gouvernance, aux apprentissages multiformes qu'elle autorise (van Vliet, Magrin, 2009), aux perspectives économiques qu'elle ouvre.

Nous défendrons alors la thèse suivante : la rente a structuré jusqu'à présent les systèmes politiques, économiques et spatiaux africains, en assurant la médiation avec les acteurs et horizons mondialisés. La diversification des sources de rente a répondu aux crises, tout en les aggravant parfois. L'organisation de l'espace et les dynamiques des territoires ont reflété les politiques mises en œuvre pour extraire ces rentes et les redistribuer. Mais le contexte de ce début de XXIe siècle crée des possibilités de bifurcation hors de la logique extravertie, rentière et clientéliste qui a dominé les systèmes politiques et économiques jusqu'alors. Elles reposent, en interne, sur la densification démographique et urbaine, qui favorise les dynamiques du bas et offre de nouvelles opportunités de valorisation nationale ou régionale des ressources des territoires ; en externe, sur les nouvelles conditions qui président à l'accès aux ressources naturelles dans le contexte de la mondialisation.

## 5. Positionnement et champ de l'étude

Cet essai de géographie humaine se situe à l'articulation d'une géographie du pouvoir, d'une analyse des dynamiques des territoires et d'une réflexion sur le développement.

Pour comprendre les relations entre rentes et territoires en Afrique, il importe en effet de saisir les rapports de force et les stratégies qui s'établissent entre les acteurs mondiaux (entreprises, États extérieurs, bailleurs de fonds, société civile), les acteurs locaux (collectivités locales, société civile, autres) et les États africains, en ayant soin de ne pas sous-estimer le rôle de ces derniers, malgré leur affaiblissement relatif dans le contexte de la mondialisation. Ce faisant, nous nous inscrivons dans la perspective large de la géopolitique (Lacoste, 1993). Or, si toute relation est marquée par le pouvoir, toute géographie humaine est une géographie politique. Le pouvoir est consubstantiel à toute relation, car « [...] dans toute relation circule le pouvoir qui n'est ni possédé, ni acquis mais purement et simplement exercé » (Raffestin, 1980 : 2-3).

9 À la manière de la démarche du programme de recherche MMCP (*Making the Most of Commodities Programme*), voir Bloch, Owusu, 2011.

Une telle approche de géographie du pouvoir vise ainsi à démêler l'écheveau des relations qui s'inscrivent dans l'espace, en explicitant les connaissances et les pratiques qui y circulent, en fournissant le cas échéant des éléments théoriques pour apprécier le caractère symétrique ou dissymétrique de ces relations, en s'interrogeant sur le système population-territoire-ressources, sa pérennité, son autonomie (*ibidem* : 244), son évolution.

Pour ce faire, nous empruntons également des perspectives à la sociologie historique du politique (Bayart, 1989 ; 2006), à l'économie politique (Soares de Oliveira, 2007), voire à l'histoire, institutionnelle (Capoccia, Kelemen, 2007) ou orientée vers la démographie (Iliffe, 2009). Les liens multiples entre rente et environnement ont pu aussi nous conduire à fréquenter des chemins buissonniers de la *political ecology*, qui « analyse essentiellement le pouvoir et les luttes pour le pouvoir en matière de gestion de l'environnement » (Benjaminsen, Svarstad, 2009 : 3), ainsi que la manière dont l'environnement est instrumentalisé au service d'intérêts politiques ou économiques[10].

Le thème de la rente invite à centrer l'attention sur l'État (cf. tableau 1), comme acteur majeur des trajectoires africaines, pour le meilleur et pour le pire. Mais la production et la distribution des rentes mettent en jeu aussi les relations de l'État avec les acteurs de l'amont (à l'origine de la production des rentes) et de l'aval (autour de leur redistribution). Une distinction fondamentale doit être opérée entre les rentes de l'État (centralisées puis redistribuées de différentes manières) et d'autres logiques rentières, que l'on pourrait dire plus géographiques, plus décentralisées. Une autre distinction peut amener à considérer, selon leur origine, les rentes issues d'un processus d'extraction, celles provenant de transfert, celles enfin de transit. Presque toujours, la rente est associée à des formes d'intermédiation qui valorisent une distance (entre une ressource et un marché consommateur, plus ou moins lointain ; entre pays pourvoyeur et récipiendaire de l'aide).

Si tout avantage comparatif est porteur de logique rentière, toutes les rentes ne se valent pas (cf. tableau 1). Les rentes de « situation », qu'elles soient tirées de la valeur du sol, des différentiels frontaliers ou d'autres aménités de site (tourisme), ou plus généralement de l'exploitation par un acteur de niveau micro d'un avantage comparatif quelconque, sont disparates et ubiquistes. Nous avons essayé d'en baliser la diversité, en mettant l'accent sur leurs dimensions spatiales ou leur influence sur les processus productifs.

Les rentes issues des transferts migratoires déclinent, sur un mode décentralisé et à une autre échelle, un type de relations entre territoires et flux de

10 La *political ecology* n'est pas à proprement parler une théorie, ni une méthode. Elle peut être assimilée à une école de pensée et à une pratique en sciences sociales, qui a fait l'objet de travaux de généralisation (voir Robbins, 2004 ; Peet *et al.*, 2011 ; Gautier, Benjaminsen, 2012).

revenus extérieurs comparable à celui qui prévaut pour les rentes étatiques nationales. Les recherches à l'origine de cet essai n'ont pas permis d'approfondir cette piste.

**TABLEAU 2** *Les différents types de rentes : production, redistribution et variation.*

| Type de rente | Production | Captation | Redistribution au profit de | Facteurs de variation |
|---|---|---|---|---|
| « Cultures de rente » | Nombreux paysans | État | Villes<br>Élites urbaines | Marché mondial<br>Climat<br>Cycles économiques et technologiques |
| Activités extractives (mines, pétrole, pêche industrielle, foresterie) | Petit nombre d'entreprises étrangères | État<br>Actionnaires | Villes<br>Élites urbaines | Marché mondial<br>Cycles économiques et technologiques<br>Épuisement des ressources, réchauffement climatique |
| Aide internationale | Contribuables des pays donateurs<br>États étrangers | État, ONG | Villes (et, à un degré moindre, certains milieux ruraux) | Situation économique et stratégie des pays donateurs |
| Transferts migratoires | Nombreux migrants | Famille des migrants | Régions de départ<br>Villes principales | Politiques migratoires<br>Cycles de l'économie mondiale |
| Rentes de situation<br>(frontières, tourisme, services, trafics) | Nombreux acteurs | Nombreux acteurs | Certaines régions (touristiques, frontalières) | Insécurité<br>Politiques publiques<br>Concurrence mondiale |

Source : auteur.

L'accent est mis ici sur les processus à l'œuvre autour de deux types de rentes de l'État, celles issues de l'exploitation de matières premières et celles de l'aide, qui contribuent fortement à la structuration des champs politiques nationaux et locaux, et ont des interrelations fortes avec les territoires. Les premières sont diverses. L'agriculture dite de « rente » est à la limite du sujet : car pour les paysans, au moins, il s'agit de produire. Nous traiterons particulièrement des activités extractives, et notamment du pétrole. Car les rentes pétrolières constituent un archétype[11], par leur montant incomparable et la concentration géographique et économique qui les caractérise. L'exploitation des ressources naturelles non renouvelables influence l'organisation de l'espace à l'amont (à travers les infrastructures qui produisent des rentes) comme à l'aval (à travers les investissements de la rente par l'État dans la ville, les routes, les salaires des fonctionnaires, etc.). Nous abordons ponctuellement le cas des ressources naturelles renouvelables à travers l'exemple de la pêche maritime. En revanche, nous n'avions guère la matière de traiter de l'exploitation forestière, ni celle de traiter sérieusement des investissements fonciers à grande échelle, dont les enjeux géographiques présentent pourtant de nombreux points communs avec les activités extractives.

L'influence des rentes de l'aide est également traitée de manière transversale, en dehors du premier chapitre consacré à ses enjeux généraux. Car il s'agit de montrer comment de telles rentes sont protéiformes, à travers les canaux de l'urgence (aide alimentaire), de l'appui à l'État centralisé (des secteurs productifs de l'agriculture irriguée ou de la pêche aux rentes environnementales) ou à ses formes décentralisées (décentralisation, développement local), et comment elles participent des difficultés de valorisation productive endogène.

Notre réflexion s'intéresse aux dynamiques des territoires, entendues comme les mutations des relations entre les sociétés et leur espace. Des deux acceptions dominantes de la notion de territoire[12] – espace d'un pouvoir, contrôlé, délimité ; espace approprié, dépositaire d'un sentiment d'appartenance –, nous utilisons plus souvent la première, mais sans exclusive. Les territoires auxquels nous nous intéressons sont ceux des États, mais aussi ceux situés à d'autres échelles géographiques, notamment les territoires des collectivités locales issues des processus de décentralisation. Nous observons notamment les effets de la mondialisation de l'Afrique sous l'angle du local, micro

11 Voir une synthèse de leurs enjeux géographiques dans Magrin, Perrier-Bruslé, 2011.

12 Lévy et Lussault (2003 : 907-909) en distinguent huit dans la littérature géographique et en proposent une neuvième : le territoire comme synonyme d'espace, à éviter (1) ou à utiliser (2) ; le territoire comme synonyme de lieu (3) ; comme construction intellectuelle de l'espace géographique (4) ; comme espace contrôlé, borné (5) ; comme métaphore du rapport à l'espace animal (6) ; comme espace approprié (7) ; comme moment historique de la relation de la société à l'espace (8) ; enfin, le territoire, comme espace à métrique topographique continue, opposé à la famille topologique des réseaux (9).

ou méso. Une attention particulière est portée aux dimensions spatiales de l'interaction entre logiques du dedans et du dehors, de même qu'à la durée. En outre, si les rentes ont naturellement une histoire, la dimension cyclique des activités qui sont à l'origine d'une partie d'entre elles (notamment les activités extractives) doit être comprise pour contextualiser les dynamiques observées.

Nos analyses prennent ainsi en compte, autant que possible, les racines précoloniales (à partir notamment de l'époque moderne et de l'insertion de l'Afrique dans la première mondialisation atlantique [Dollfus, 1997]) des phénomènes considérés, puis la mise en place des structures sociospatiales contemporaines à l'époque coloniale. L'étude des relations villes-campagnes éclaire l'articulation entre les logiques de production et d'échange, entre les horizons locaux, nationaux, sous-régionaux ou plus lointains (Chaléard, Dubresson, 1999a). On s'intéresse ainsi, à la suite de la géographie africaniste des années 1950-1960, à la production d'espaces et de spatialités hybrides (Pélissier, 2004; D'Alessandro-Scarpari, 2005 : 324; Fall, Gueye, 2005).

L'intérêt porté aux dimensions spatiales des rentes implique de varier les points de vue : il faut comprendre les stratégies et les pratiques des acteurs extérieurs mondialisés qui sont à l'origine de leur production pour en mesurer l'influence sur les sociétés, les États, les territoires. Les économies rentières affectent les espaces nationaux de plusieurs manières : elles modèlent les structures de l'organisation de l'espace à travers les infrastructures associées à leur production, les polarités qu'elles induisent, les choix de redistribution opérés, voire les politiques d'aménagement des territoires qu'elles autorisent. À l'échelle locale, il s'agit d'étudier l'impact des activités génératrices de rentes : celles-ci apparaissent souvent comme des enclaves exogènes, dont l'implantation ne se fait pas sans tensions ou violences, car elles concurrencent, dans l'espace ou dans l'économie, des activités antérieures (agriculture, élevage, pêche, mines artisanales, etc.), et ont des effets perturbateurs sur l'environnement. Mais ces implantations en formes d'enclaves, accompagnées ou non de mesures d'accompagnement et de régulations qui en atténuent les impacts négatifs, peuvent finir par « prendre » dans le tissu spatial local à la manière de « greffes » qui auraient réussi. Elles développent alors des liens avec l'économie et la société, dont elles peuvent constituer des catalyseurs des mutations.

Le regard géographique permet ainsi d'articuler les focales, de l'échelle la plus locale où s'implantent les activités génératrices de rentes à celle des territoires sur lesquels elles se superposent, et juxtaposent parfois leurs propres territoires, eux-mêmes îlots de l'archipel mondialisé de groupes transnationaux dans le cas des activités extractives (Magrin, 2009a).

Cette étude sur les relations des rentes au territoire participe d'une géographie de la mondialisation, qui « peut être étudiée par les géographes à la fois comme la maîtrise de l'espace par les différents acteurs (États, sociétés, entreprises) et comme la valorisation différenciée et sélective des différents territoires par le capital dans un cadre concurrentiel » (Carroué, 2005 : 7). Le point de vue des territoires amène à considérer l'évolution de leur capacité à maîtriser leur processus d'accumulation interne et leurs articulations avec le reste du monde (*ibidem* : 5), et ainsi à s'intéresser aux marges d'autonomie d'un continent appartenant à la périphérie dominée du système mondial.

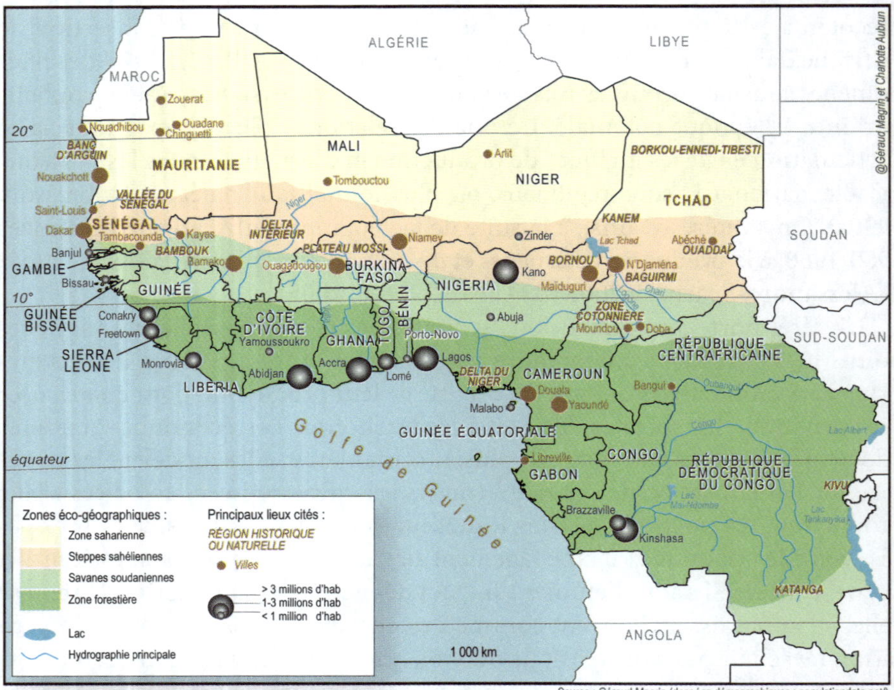


Source : Géraud Magrin (données démographiques : populationdata.net/)

**CARTE 1** *Champ de l'étude et principaux lieux cités.*

Nous utiliserons la notion de « malédiction des ressources naturelles », couramment employée dans la littérature scientifique (notamment par des économistes, politologues, anthropologues) et journalistique, à partir d'un argumentaire critique. Car cette notion présente l'intérêt d'englober un large éventail d'effets pervers (économiques, politiques, sociaux, environnementaux) associés de façon paradoxale à l'abondance des ressources pourvoyeuses de rentes. Ses défauts font son principal mérite : aider à penser, fût-ce contre.

L'analyse portera principalement sur l'Afrique de l'Ouest et du Centre, en particulier sur les États sahélo-soudaniens, même si les raisonnements valent parfois pour l'Afrique subsaharienne dans son ensemble. L'accent sera mis sur le Tchad et le Sénégal[13]. Ces territoires ont en commun d'être d'anciennes colonies françaises. L'un, central dans l'ensemble colonial français d'Afrique le plus ancien, l'Afrique occidentale française (AOF), est depuis longtemps ouvert sur le monde. L'autre, périphérique dans l'entité coloniale la plus marginale, l'Afrique équatoriale française (AEF), est caractérisé depuis longtemps par son enclavement. Ce sont deux États sahélo-soudaniens, mais le Tchad est lié au Sahara et à un carrefour d'influences plus déstabilisant[14], tandis que le Sénégal tire mieux profit des ressources variées de l'extraversion. Tous deux se sont construits à partir de rentes agricoles anciennes mais faibles (coton, arachide), sans bénéficier des ressources agricoles et forestières plus élevées des pays humides du golfe de Guinée. Tous deux les ont diversifiées en modernisant leurs systèmes de relations à l'extérieur : sous des formes très variées pour le Sénégal (rentes diplomatiques, aide, migrations aux horizons élargis, tourisme, services) ; entre de vieilles fonctions militaires et stratégiques et l'exploitation pétrolière pour le Tchad.

## 6. Méthodologie

Les clés méthodologiques du *patchwork* de travaux utilisés ici sont décrites de manière détaillée dans le volume 1 du dossier d'HDR dont est issu ce livre. La réflexion sur la relation entre rentes, territoires et développement a mobilisé d'abord des matériaux tirés de mes recherches personnelles, des travaux d'étudiants que j'ai encadrés, ainsi que ceux des collègues avec lesquels j'ai collaboré, principalement au Tchad, au Sénégal et en Mauritanie. C'est ce qui explique la densité inégale de la maille ici tressée. Elle utilise des exemples puisés dans mes terrains de recherche autant qu'elle exploite la bibliographie, parfois de façon très synthétique. Certains thèmes ou espaces ne sont convoqués que pour les besoins d'unité du tableau d'ensemble, alors que je n'ai pas les moyens actuels de les considérer davantage, ou parce que je crains, en m'y aventurant, qu'ils ne m'amènent trop loin du cœur de mon propos.

Les méthodes mises en œuvre reflètent les conditions de mes recherches : elles privilégient l'observation, les approches qualitatives et extensives – la composition générale de tableaux géographiques s'esquissant à partir de l'analyse fine de quelques situations ou lieux précis, dont le choix des photographies ici

13 Depuis un séjour de terrain durant mon DEA (1996) puis ma thèse (1997-2000), j'ai travaillé régulièrement au Tchad, sous forme d'expertise ou de participation à des programmes de recherche en partenariat. En outre, j'ai été en poste à la section de géographie de l'université Gaston-Berger (UGB) de Saint-Louis (Sénégal) de novembre 2001 à décembre 2007, dans le cadre d'un partenariat entre le Cirad et le Girardel (Groupe interdisciplinaire de recherche pour l'appui à la planification régionale et au développement local). J'ai effectué durant cette période des missions de recherche ou d'expertise ponctuelles au Mali et en Mauritanie.

14 La Libye et le Soudan ont constitué des voisins turbulents au nord et à l'est. Au sud, les fragilités de la République Centrafricaine et de l'Afrique centrale se répercutent périodiquement au Tchad.

présentées donne un aperçu (cf. carte 2). Autour de certains thèmes, la pratique de l'expertise (activités extractives) ou des postures de recherche-action d'accompagnement (sur la décentralisation) ont permis d'accéder à l'information nécessaire, sous une forme que l'on pourrait qualifier d'observation participante.

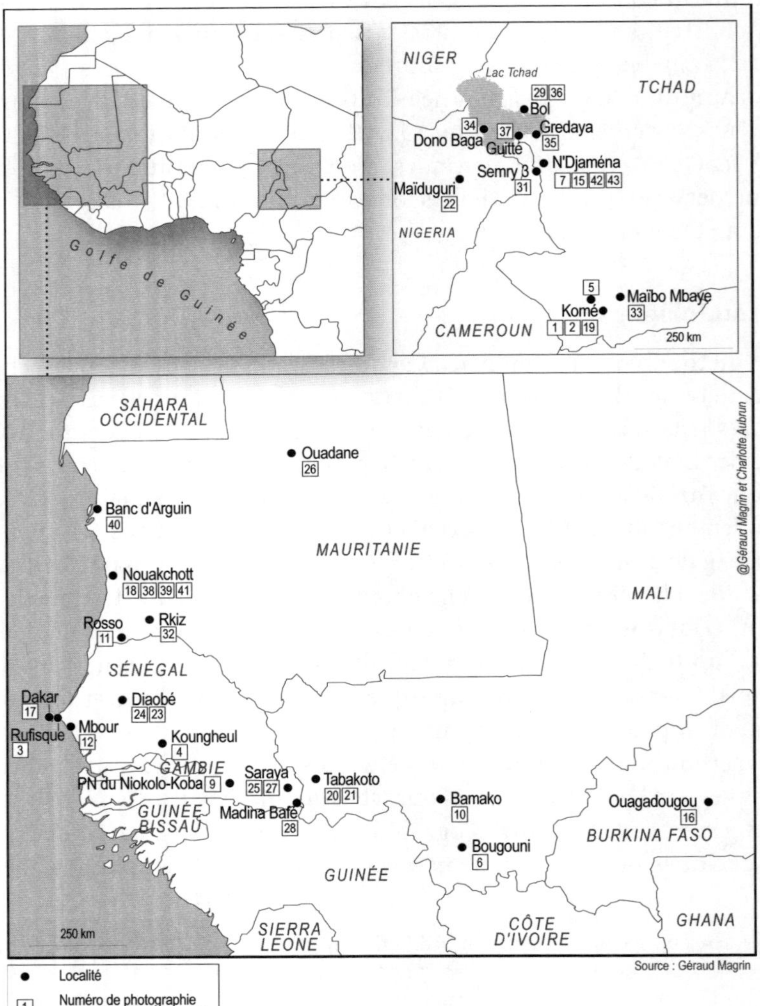


Source : Géraud Magrin

**Carte 2** *Localisation des photographies.*

Les réserves usuelles sur la fiabilité des données chiffrées méritent d'être rappelées. Les systèmes de recensement démographique et de statistiques économiques et agricoles nationaux ont subi les affres de l'ajustement structurel. Ils gardent pour fonction de fournir des chiffres aux acteurs intervenant à une échelle supérieure (les États, mais surtout les organismes d'aide internationaux), mais il vaut mieux ne pas être trop regardant sur la manière dont les données sont produites localement. À un autre niveau, bien qu'étant au centre de nombreuses publications, les relations de l'Afrique à l'extérieur (dans des domaines aussi divers que les activités extractives, les achats de terres, les investissements économiques en général, l'aide) sont mal connues. Le secret et le morcellement de l'information n'en facilitent pas une lecture synthétique. Le domaine extractif concentre les contradictions majeures en la matière : s'il compte des entreprises parmi les plus importantes du monde, qui constituent des piliers des Bourses occidentales, l'opacité statistique qui les entoure demeure telle, malgré les efforts récents de transparence, que ces activités demeurent à peine mieux connues que celles relevant du secteur informel (Soares de Oliveira, 2007 : 17)[15].

Ce *Voyage* s'organise en trois moments. Il s'ouvre par une réflexion sur la genèse et la diversité des systèmes rentiers, incluant leurs liens avec l'organisation des espaces sur le temps long, ainsi qu'avec le sous-développement (première partie). On interroge ensuite les facteurs de leur évolution et leurs formes spatiales (deuxième partie), avant d'envisager les reconfigurations contemporaines, à la lumière des transformations des territoires et de celles qui caractérisent les conditions de production et de distribution des rentes (troisième partie).

**15** Cette réalité est d'une grande stabilité : Soares de Oliveira (2007 : 17) en constate la permanence depuis un article de *The Economist* consacré à l'économie pétrolière du Nigeria de… 1982.

# SYSTÈMES RENTIERS ET DÉVELOPPEMENT : DES RELATIONS DIFFICILES

La notion de rente recouvre une diversité de réalités qui rendent compte de plusieurs manières des contraintes du développement.

Les plus simples à appréhender concernent l'État. Les conditions géographiques et l'histoire du continent africain ont incité les dirigeants, sur la longue durée, à mettre l'accent sur le contrôle des rentes tirées de la relation à l'extérieur plus que sur la taxation de la production domestique. Les systèmes économiques coloniaux et postcoloniaux se sont inscrits dans cette voie. Les cinquante années écoulées depuis les indépendances, à la charnière des années 1960, ont vu une diversification croissante des systèmes rentiers à base agricole ou extractive, dans le cadre de stratégies volontaristes des États. Quand des crises sanctionnèrent les limites de ces politiques, dans les années 1980-1990, les transferts de l'aide vinrent soutenir ces modes de fonctionnement.

Mais les logiques rentières dépassent les flux captés par l'État. Elles concernent aussi des réalités multiples, dont les relations avec le développement sont complexes. Des rentes peuvent être lues dans le jeu des différentiels locaux (fonciers, frontaliers) ou mondialisés (tourisme, services, trafics); elles sont tirées tantôt des prélèvements sur le transit (commerce, flux illégaux de drogue), tantôt des avantages divers de la différence géographique. Ici, la diversité des mécanismes à l'œuvre affaiblit la portée explicative de la notion de rente pour caractériser les dynamiques d'un territoire. En revanche, l'émigration internationale alimente une dépendance décentralisée envers des flux extérieurs qui illustre les systèmes territoriaux rentiers tels que nous les étudions. D'ampleur inégale selon les lieux, ses implications incertaines en termes de développement ne sont pas sans évoquer les effets pervers de l'aide à l'échelle nationale.

Parmi les sources de rentes, les activités extractives apparaissent emblématiques des relations perverses entre ressources et territoires, fréquemment diagnostiquées comme relevant d'une « malédiction des ressources naturelles » opposée au développement. La thèse de la malédiction mérite cependant d'être discutée, à travers une vision moins déterministe des trajectoires des États et des sociétés africaines.

# 1. Les rentes de l'État : origine et diversification

> « La plupart des peuples des côtes de l'Afrique sont sauvages ou barbares [...]. Ils sont sans industrie. Ils n'ont point d'arts, ils ont en abondance des métaux précieux qu'ils tiennent immédiatement de la nature. Tous les peuples policés sont donc dans un état de négocier avec eux avec avantage; ils peuvent leur faire estimer beaucoup de choses de nulle valeur, et en recevoir un très grand prix. »
>
> Montesquieu, *De l'esprit des lois*, XXI, 2

En Afrique, comme d'ailleurs au Moyen-Orient (Destremau, 2000; Martinez, 2010), les systèmes rentiers sont avant tout l'affaire des États, tirant des revenus réguliers plus ou moins déconnectés d'activités de production. L'extraversion qui caractérise les systèmes politico-économiques depuis l'époque moderne repose en effet sur la captation de rentes diverses. Leur recherche a constitué une modalité majeure d'insertion de l'Afrique dans la mondialisation. Au cours du XX^e^ siècle, on a assisté à une densification et à une diversification des sources de rentes. Ces dynamiques ont joué un rôle majeur dans la construction des territoires, mais aussi dans les déséquilibres et les fragilités de systèmes fortement dépendants.

## 1. Pouvoirs et espace dans l'Afrique ancienne

L'origine des systèmes rentiers prend sa source dans les rapports anciens entre les dirigeants africains et leurs territoires. Ceux-ci, quels que soient les pays et les époques (précoloniale, coloniale, et postcoloniale), ont en effet dû gérer des problèmes similaires et adopter des réponses qui le sont tout autant (Herbst, 2000 : 4-5). Sur un continent vaste et peu peuplé, les gouvernants ont mis l'accent sur le contrôle des flux avec l'extérieur (or, traite) plutôt que sur la taxation de la production interne. La rente apparaît ainsi comme une structure de temps long : elle imprègne l'économie, le politique, la société et la géographie.

### *1.1. Sous-peuplement, États et sociétés*

Les conditions géographiques et la faiblesse du peuplement ont eu des implications majeures en Afrique. C'est à elles que l'on doit, pour l'essentiel, l'importance de la rente comme modalité de relation entre États, populations et territoires.

La hiérarchisation des facteurs qui expliquent le sous-peuplement de l'Afrique est sujette à discussion : l'hostilité des conditions du milieu y a sa part (des sols pauvres, des pluies irrégulières, l'intensité des complexes pathogènes) ; de même que les traites esclavagistes (transsaharienne, de l'océan Indien, puis de l'Atlantique) ont la leur (voir Guengant, 2007 : 29-36). Quoi qu'il en soit, la fonction première des sociétés a été d'augmenter le nombre des hommes pour coloniser la terre, en s'adaptant à l'environnement plutôt qu'en le transformant (Iliffe, 2009 : 10). L'abondance de l'espace se conjugue à la faiblesse du peuplement pour influencer des civilisations agricoles caractérisées, sur la longue durée, par des pratiques extensives : l'agriculture est presque toujours pluviale, itinérante, sans roue ni charrue, ce qui limite les surplus. La faible pression démographique n'incite pas à l'innovation (Boserup, 1965)[1]. Les secteurs non agricoles de l'économie sont aussi pénalisés par le contexte du sous-peuplement : l'étroitesse des marchés décourage l'innovation, la dispersion des hommes rend le transport coûteux, limite les échanges, encourage l'autarcie (Sautter, 1966 ; Iliffe, 2009 : 164).

Des exceptions existent néanmoins. La démographie de l'Afrique est en effet caractérisée par la juxtaposition de « vides » et de zones densément peuplées, résultant de la conjugaison complexe de facteurs écologiques et politico-économiques (Dubresson, Raison, 1998 : 49). Les hautes densités ressortent des deux principaux types de sociétés[2] : celles dites segmentaires (ou lignagères, acéphales) et les sociétés centralisées, hiérarchisées. Les premières vivent pour l'essentiel de l'agriculture. Les pressions militaires de groupes plus forts les ont conduites à occuper des zones refuges, comme la falaise de Bandiagara au Mali actuel, les monts Mandara du Nord-Cameroun ou les zones de mangroves des deltas et rivières du Sud (Sénégal, Guinée-Bissau, Guinée). Ces « hommes du refus », animés d'un farouche attachement à leur autonomie et réticents à se laisser soumettre par l'extérieur dans le cadre de relations d'exploitation productiviste (Pélissier, 1978 : 151), ont développé précocement[3] des systèmes agricoles très intensifs[4] qui ont permis la croissance de la population.

L'origine des noyaux de forte densité associés aux sociétés hiérarchiques de l'Afrique occidentale sahélo-soudanienne ne résulte pas d'un effort d'aménagement et de mise en valeur par l'agriculture d'un milieu contraignant. Elle s'explique par les prélèvements effectués à l'extérieur grâce à la force militaire résultant de la centralisation politique – sous la forme de captifs, qui augmentent les effectifs humains, mais surtout de tributs en nature ou en argent, qui compensent la faiblesse de la production alimentaire. Malgré des conditions

1 La lenteur des innovations techniques ne signifie pas cependant immobilisme. Les changements principaux concernent la diffusion de nouvelles plantes cultivées (voir par exemple Chastanet, 1998).

2 Cette distinction a été établie par Fortes et Evans Pritchard. Elle est pertinente, à condition de ne pas occulter les possibles combinaisons entre les deux types et la réversibilité des trajectoires (Hugon, 2009a : 11).

3 Au moins dès le Xe siècle pour les Tellem de Bandiagara, suivis par les Dogons (Iliffe, 2009 : 129).

4 En aménageant le milieu par la construction de terrasses sur les reliefs, en drainant et en dessalant les mangroves au moyen de fossés et de diguettes dans les zones inondables de l'Afrique occidentale.

naturelles médiocres – des sols pauvres et fragiles –, les hautes densités du Fouta Djalon guinéen ou du plateau Mossi burkinabé sont les exemples canoniques de peuplement anormalement élevé par rapport aux ressources disponibles (Pélissier, 1978 : 157-160). Modèle rentier ? Système alimenté par la captation de ressources exogènes en tout cas (cf. figure 1).

De même, au sud du Sahara, l'Afrique sèche n'a pas connu de civilisation hydraulique. La faiblesse de l'irrigation y apparaît au contraire comme un fait de société. En Afrique soudanienne, en dehors des zones refuges, les sociétés rurales se sont souvent tenues à l'écart des bas-fonds et des zones humides, du fait de l'onchocercose, mais aussi parce que des terres exondées étaient disponibles en abondance. Ceux qui ont le plus aménagé les zones humides sont les sociétés acéphales (Diola, Balant) des zones refuges suffisamment isolées pour rester à l'abri des royaumes centralisés et de leurs cavaleries[5]. Les grands fleuves sahéliens ont certes fixé des populations importantes, vivant des complémentarités halio-agro-pastorales offertes par les vallées alluviales (Lericollais, Diallo, 1981 ; Seck *et al.*, 2009 : 35) aussi bien que par les possibilités d'échanges associées à ces axes de circulation. Mais elles restaient dans un rapport aux ressources caractérisé par l'adaptation plutôt que par l'aménagement, loin des civilisations hydrauliques décrites en Égypte, au Moyen-Orient ou en Asie.

Il ne faut cependant pas caricaturer l'opposition entre civilisations paysannes plus ou moins autarciques et sociétés hiérarchiques guerrières et commerçantes. À certains moments de l'histoire africaine, des systèmes politico-économiques fondés à la fois sur l'échange lointain et la production interne semblaient sur le point de développer cette dernière : ce fut le cas du Songhaï à son apogée (1464-1492), où des aménagements furent réalisés dans la vallée du Niger par des esclaves cultivateurs et des paysans libres, parallèlement au contrôle du commerce entre Djenné et Tombouctou (Iliffe, 2009 : 147). De même, au XIXe siècle, l'unification des pays Haoussa dans le califat de Sokoto favorisa une économie dynamique reposant sur une agriculture diversifiée – avec des cultures spécialisées intensives bénéficiant de fumure autour des villes, du mil et du sorgho plus loin, pratiquée par une main-d'œuvre servile issue des razzias menées alentour et d'hommes libres –, un artisanat prospère et un commerce à longue distance (noix de cola, sel, tissus, bétail, esclaves), s'appuyant sur une diaspora commerçante présente à Lagos, Tripoli ou Alger (Iliffe, 2009 : 339, 344). Les péripéties de l'histoire, notamment les guerres de la fin du XIXe siècle puis la colonisation, ne permirent pas le développement de ces territoires.

5 La moyenne vallée du Logone, au Tchad, n'offrait pas une protection suffisante pour permettre des aménagements durables (voir Cabot, 1964).

Le faible peuplement a contrarié la constitution des États. Des populations éparses réparties sur des distances énormes, des surplus limités par l'extensivité des modes de mise en valeur, l'abondance des terres inoccupées permettant de se soustraire à l'autorité[6] ont opposé des obstacles importants à la formation de structures de pouvoir centralisées (Iliffe, 2009 : 142). Du fait de la faible pression démographique, ce qui importait pour les dirigeants, c'était « moins le contrôle du territoire que celui des gens » (Bayart, 1989 : 58). Dans l'Afrique précoloniale, l'objet de la guerre était davantage de capturer les hommes et les trésors que de prendre la terre, à la différence des conflits européens (Coquery-Vidrovitch, 1976, cité par Herbst, 2000 : 20). Alors que les déclinaisons diverses de l'escapisme (fuite, évitement) et de la contestation s'inscrivent dans une histoire longue influencée par ces conditions géographiques, le problème principal, pour les dominants, consiste à trouver leurs dominés et à les contraindre à se fixer dans un espace domestique où pourrait s'accentuer l'exploitation (Bayart, 1989 : 309-310). Ce contexte explique le recours à l'extraversion.

### 1.2. *L'extraversion, arme politique de longue durée*

Dès lors, en plus des tributs sur les territoires avoisinants, les ressources des États précoloniaux africains de l'Afrique de l'Ouest ont reposé sur le contrôle des échanges, et notamment ceux à longue distance avec le monde méditerranéen. D'une manière plus générale, l'organisation politique interne et les processus de centralisation politique et d'accumulation économique ont été influencés par ces rapports à l'extérieur (Bayart, 2006 : V)[7]. Ils s'incarnent notamment dans les formations politiques qui se succèdent sur la bande sahélienne, à l'interface entre les « réservoirs d'esclaves » des régions méridionales non islamisées, qui fournissent aussi d'autres produits de traite (or, ivoire, cola…), et du commerce saharien ouvrant sur la Méditerranée. Les économies de ces empires présentent des nuances. Celle du pays Haoussa, aux XV^e^-XVI^e^ siècles, repose davantage sur l'agriculture, la production artisanale et les échanges locaux que celle du Bornou, plus fortement ancrée dans des logiques guerrières et esclavagistes (Iliffe, 2009 : 149-151). Mais elles ressortent des mêmes mécanismes d'ensemble.

À partir du début du XVI^e^ siècle, la progressive réorientation des circuits commerciaux vers les côtes occidentales et méridionales de l'Afrique s'accompagne d'une intensification des flux. Les besoins en main-d'œuvre de l'économie coloniale des Amériques sont le moteur de l'intégration brutale de

6 La possibilité de s'installer ailleurs, plus ou moins loin du village d'origine, est fréquemment exploitée tant que les densités démographiques le permettent. Aujourd'hui, la ville offre une semblable soupape face aux pressions sociales endogènes ou à celles de l'État.

7 Les travaux d'E.R. Leach, R.H. Lowie, O. Hintze et M. Weber, cités par Bayart (2006 : V), ont montré l'influence dans l'organisation politique interne des relations des sociétés africaines avec l'extérieur.

l'Afrique dans la mondialisation commençante (Dollfus, 1997 : 15). Les modalités internes (relations entre Africains) et externes (relations entre Africains et Européens) de ce premier contact inaugurent des phénomènes de longue durée. Elles instaurent la logique rentière comme clé de voûte d'un pouvoir reposant sur l'extraversion. Les détenteurs du pouvoir, devant la difficulté à accroître la pression sur leurs dépendants, ont recours à l'extraversion (Bayart, 1989 : 43)[8]. L'activité la plus rentable devient de capturer et de vendre des esclaves (Herbst, 2000 : 43). Ainsi, « un premier paroxysme rentier est atteint avec la traite des esclaves. [...] D'une certaine façon, la traite, fondée sur le prélèvement et l'exportation d'une ressource naturelle échangée contre des produits manufacturés, annonce les économies de rente caractéristiques de l'époque contemporaine », inaugurant un système de relations dissymétrique entre l'Europe et l'Afrique qui serait toujours en vigueur (Pourtier, 2006 : 43, 78).

Sur le plan interne, outre l'ironie féroce qui voit un continent sous-peuplé exporter ses hommes en échange de marchandises qui permettent aux élites d'accroître leur pouvoir, l'essor de la traite esclavagiste souligne un divorce profond entre les intérêts individuels des élites et les intérêts collectifs (Iliffe, 2009 : 10, 272). Cette divergence est une des implications fréquemment soulignées des logiques rentières contemporaines.

Ce rapport du pouvoir à la société et aux acteurs extérieurs se traduit aussi dans les relations à l'espace. Au sein de structures politiques instables marquées par d'incessantes luttes internes, le pouvoir était conçu comme une série de cercles concentriques à partir de centres dont le contrôle concentrait les enjeux principaux. Ce sont ces centres qui captaient les revenus des flux commerciaux et les tributs prélevés sur les périphéries. Sur celles-ci, la souveraineté pouvait bien être partagée entre plusieurs centres, l'essentiel pour chacun d'eux étant de justifier suffisamment de capacité de coercition pour effectuer les prélèvements (Herbst, 2000 : 44-52).

### 1.3. *Le premier moment colonial : rupture et continuité*

Lors du premier temps de la période coloniale (fin XIXe-début XXe siècle), les rapports à l'espace de l'État se révèlent comparables à ceux de la période précoloniale antérieure : le territoire n'est qu'imparfaitement maîtrisé, les ressources proviennent pour l'essentiel de prélèvements sur les flux avec l'extérieur.

Déjà, les comptoirs puis les premières villes européennes sur les côtes de l'Afrique, nés de l'économie de traite de la période moderne, s'inscrivaient dans la vision très africaine de l'espace et de ses frontières qui a été présentée. Ces centres se contentèrent de tirer profit de leur position d'interface tout en

8 Au royaume d'Ilesha, en pays Yoruba, étudié par J. D. Y. Peel (1978), le concept de qlaju, qui désigne ce qui serait appelé « développement » aujourd'hui, renvoie au contrôle des ressources extérieures par le monarque (cité par Bayart, 1989 : 45).

se dispensant d'un contrôle territorial et d'une mise en valeur de l'arrière-pays (Herbst, 2000 : 62-63). Rente commerciale *versus* production. Il y eut bien quelques timides tentatives d'encadrer des activités productives, comme les essais de colonisation agricole dans la vallée du fleuve Sénégal au début du XIXᵉ siècle, mais elles se soldèrent par des échecs décourageants (Bonnardel, 1992 : 61).

Le choc colonial contribua à entretenir cette relation au territoire orientée vers l'extérieur. Les romans de Conrad *L'avant-poste du progrès* (1897) puis *Au cœur des ténèbres* (1899) éclairent, dès son origine, la dimension tragique de cette extraversion : isolement, dénuement et cupidité des premiers colons, dans un pays ravagé par des décennies de traite esclavagiste, de chasse à l'ivoire et au caoutchouc, débouchent sur l'exploitation sur un mode minier[9] des ressources, mais aussi sur la folie (des colons), la violence (contre les indigènes), la fuite ou la mort (de presque tous).

Mais les effets du choc colonial se situent moins dans les violences directes que dans les perturbations indirectes liées à la prise de contrôle des territoires et aux famines qui en ont résulté (Mbokolo, 1992 : 315-319). Pour les colonisateurs, le travail humain apparaît d'emblée comme une ressource rare et mal répartie (Dubresson, Raison, 1998 : 41). Or, il faut transporter l'équipement militaire nécessaire pour achever la conquête, puis favoriser l'installation de l'administration et la circulation des produits dont elle a besoin. Les régions les plus mal peuplées, qui sont les plus insalubres, subissent, proportionnellement, la plus grande intensité de réquisition, et bénéficient en retour de faibles investissements, car elles sont considérées comme non rentables. L'AEF est particulièrement touchée : le portage sur la route du Tchad (Mollion, 1992), puis la construction du chemin de fer Congo-océan (1921-34) ont des conséquences effroyables[10] : directes (mortalité des travailleurs, fuites, réquisitions de vivres) et indirectes (famines dans des espaces privés d'une force de travail masculine déjà rare, épidémies). Un véritable cercle vicieux du sous-peuplement s'y met en place (Sautter, 1966).

En Afrique de l'Ouest en revanche, la crise de la charnière du XXᵉ siècle est moins intense : les épidémies ont moins touché des populations immunisées par un long contact avec les Européens. Les systèmes économiques fondés sur une population dans l'ensemble plus nombreuse sont proportionnellement moins affectés par les exigences du système colonial en vivres et en main-d'œuvre. On enregistre non pas de grandes famines comparables à celles de l'Afrique centrale, mais au contraire une relative prospérité autour des bénéfices d'une économie de plantation mise en place dans la dernière moitié

9 C'est-à-dire non renouvelable.

10 Le *Voyage au Congo* d'André Gide (1927) et *Terre d'ébène* (1929) d'Albert Londres ont alerté l'opinion française sur l'étendue du désastre. Sautter (1967) en présente une analyse géographique éclairante.

du XIX^e siècle (Iliffe, 2009 : 423), en dehors du système colonial, sur le littoral du golfe de Guinée, et d'une économie commerciale bâtie sur l'arachide en émergence en Sénégambie. Partout, comme lors des périodes antérieures, l'escapisme est massivement pratiqué, notamment vers des territoires relevant d'autres empires coloniaux, parfois vers les centres urbains naissants, avec un pic au début de la période coloniale (Herbst, 2000 : 88).

L'époque coloniale semble donc caractérisée par une certaine continuité de l'importance des relations avec l'extérieur. Dans toute l'Afrique occidentale, mais singulièrement en AOF, « toute l'économie [...] est contrôlée par quelques sociétés commerciales qui drainent les produits d'exportation, répartissent les produits importés, agissent sur les prix des unes et des autres [...]. On pratique toujours la traite : après celle des esclaves, celle de la gomme ou de l'ivoire, celle des arachides, du cacao, du café, du coton, d'huile de palme ou de palmiste [...]. Économie singulièrement primitive et paresseuse, mais qui se comprend fort bien » : la rentabilité du capital investi y est de 25 à 100 %, contre 10 % pour les entreprises engagées dans la production agricole ou minière (Dresch, 1946 : 63-64). Devant les coûts de la production locale, « le capital marchand se valorise aux dépens du capital productif », le système repose sur la ponction plus que sur l'accumulation (Hugon, 2009a : 14). Les gouvernements coloniaux, comme les pouvoirs qui les ont précédés, dépendent des prélèvements sur les flux extérieurs : les revenus douaniers auraient fourni les deux tiers des recettes moyennes dans les pays anglophones d'Afrique de l'Ouest (Hopkins, 1973, cité par Herbst 2000 : 116). L'opposition entre l'Afrique de l'Ouest et l'Afrique centrale montre cependant que des logiques d'extraversion similaires ne produisent pas les mêmes effets suivant les caractéristiques des espaces géographiques concernés. Les mobiles rentiers de l'économie n'expliquent pas tout.

La création des États africains indépendants autour de 1960[11] prolonge l'ambiguïté du rapport du gouvernement aux ressources et au territoire. Dans un contexte relativement favorable au plan macroéconomique, les États occupent une place centrale dans l'effort de développement. Les stratégies mises en œuvre s'inscrivent dans la continuité de celles initiées lors de l'époque coloniale (accent sur les cultures agricoles d'exportation, développement du secteur minier), ce qui augmente les rentes de l'État, mais vise aussi des effets d'entraînement et de diversification des économies (Pourtier, 2006 : 44). Logique rentière ou investissement ? Par ailleurs, l'existence même des nouveaux États suscite l'apparition de nouvelles rentes « géographiques » liées

**11** 1960 est « l'année médiane » d'une vague d'accession à l'indépendance inaugurée par le Ghana en 1957 et qui s'étale jusqu'en 1964 (Zambie) (Pourtier, 2010a : 3).

à des différentiels ou à des effets de position (rentes géopolitiques, frontalières, monétaires).

## 2. L'essor des économies de rente modernes

À l'indépendance, les États de l'Afrique de l'Ouest et du Centre ont mis l'accent sur le développement des filières agricoles existantes, principale source de recette pour eux, et les ont diversifiées. Ils ont aussi misé sur l'essor d'activités minières à partir des prospections ébauchées à l'époque coloniale.

### 2.1. *La distribution de « vocations » durables*

L'attribution de « vocations » économiques aux différents espaces semble introduire une rupture, car elle repose *a priori* sur des visées productives.

Au-delà de la conquête et du choc colonial, les deux premières décennies du XXe siècle sont une période décisive, qui influence les orientations économiques des territoires jusqu'à la période actuelle. Le processus de choix est à l'image de l'aventure coloniale : les options initiales résultent d'initiatives privées spontanées, à partir d'avantages comparatifs du moment (Iliffe, 2009 : 405). Puis une théorisation en a été proposée, pour donner au dispositif l'allure d'une stratégie mûrement planifiée qu'elle n'avait pas au départ.

Une des préoccupations centrales des administrations coloniales était de justifier la conquête en montrant qu'elle ne pesait pas, ou le moins possible, sur le budget métropolitain (Mbokolo, 1992 : 360). L'époque était donc porteuse d'une profonde motivation de production, avec des intentions fiscales. L'introduction ou le développement de cultures commerciales devait, en fournissant des revenus monétaires aux producteurs, leur permettre de payer l'impôt, au bénéfice de la colonie. Le développement de l'économie monétaire élargirait le marché intérieur, fournissant des débouchés pour les entreprises métropolitaines, et, à nouveau, des taxes (d'importation) pour le budget de la colonie.

L'Afrique centrale valorisa surtout les mines (Congo belge) et l'exploitation forestière (Gabon, Cameroun). À l'ouest s'organisèrent trois ceintures correspondant à trois zones éco-géographiques : la façade guinéenne, précocement intégrée à l'économie mondiale, développa des plantations (villageoises ou industrielles) à grande échelle, qui concernaient des produits comme le palmier à huile, l'hévéa, le café, le cacao, les fruits tropicaux. Plus au nord, la zone soudano-sahélienne fut vouée à l'arachide (Sénégambie, Nigeria) et au coton, apanage des milieux enclavés. Les franges du Nord du Sahel furent laissées à l'élevage pastoral extensif.

Ainsi, les grandes agricultures de rente furent mises en place à l'époque coloniale, en particulier après la Première Guerre mondiale. *La mise en valeur des colonies françaises*, le célèbre ouvrage d'Albert Sarraut (1923), principal théoricien de la colonisation française, pose les bases de la nouvelle politique coloniale de l'après-Première Guerre mondiale. Sarraut fait d'abord une large place aux considérations patriotiques, car il faut convaincre les réticents que le financement de l'effort colonial contribuera au redressement national après la guerre. Il s'efforce de formuler une doctrine unifiée et un plan d'action cohérent, en rupture avec l'improvisation de la conquête. Contre les tenants de l'ancien « pacte colonial » assimilé à une forme d'exploitation dépassée, Sarraut prône la contribution de la France au progrès humain dans ses colonies. Atteindre cet objectif suppose une « mise en valeur des richesses naturelles, mise en valeur des richesses humaines » (Sarraut, 1923 : 88-89).

Au-delà de la doctrine, les textes de Sarraut et celui un peu plus tardif de Bruel consacré à l'AEF (1935) portent en germe le zonage économique colonial. Ils s'organisent de manière comparable en un inventaire détaillé des ressources[12], orienté selon leur utilité pour l'économie impériale. Il est suivi d'un état des lieux de ce qui a déjà été fait, qui débouche sur le plan de ce qui reste à accomplir. En Afrique, cette partie accorde toujours la première place à l'amélioration des moyens de transport, rappelant combien la mise en mouvement des ressources destinées à l'exportation fut un des nœuds de la colonisation tout autant qu'un enjeu majeur du développement lors des décennies suivantes. La santé vient ensuite, puis l'éducation.

Ces textes ne développent pas une vision spatialisée explicite. Mais les orientations retenues dessinent un véritable zonage à plusieurs échelles, faisant jouer des complémentarités agro-écologiques pour satisfaire les besoins en matières premières et produits tropicaux de l'économie nationale. Cette répartition distingue d'abord les grandes entités de l'empire, selon un intérêt décroissant : à l'Indochine, les productions de riz et de caoutchouc ; à l'Afrique du Nord, le vin et le blé ; aux Antilles, le sucre et les bananes ; à Madagascar, la vanille et les épices ; à l'Afrique subsaharienne, le bois, l'huile (de palme, d'arachide), le coton, le cacao et le café.

La répartition géographique des rôles se décline au sein de chaque fédération subsaharienne, comme l'illustre la carte pédagogique des ressources coloniales réalisée par Pierre Deffontaines entre la fin des années 1920 et le début des années 1930 (Deffontaines, sans date). Certes, cette carte est surchargée : il s'agit de montrer aux métropolitains la profusion de ressources dont dispose l'empire africain. Une simplification de cette carte révèle les spécialisations recherchées (cf. carte 3) : en AEF, les colonies du Sud (Gabon, Congo) sont vouées aux productions de bois, de cacao et de café, quand celles du Nord (Oubangui-Chari et Tchad) fournissent les matières oléagineuses (arachide, coton) et les produits de l'élevage sahélien.

12 Identifiées à partir des connaissances sur l'économie préexistante et les potentiels naturels (géologiques ou agroclimatiques).

De même, au sein de chaque territoire, les politiques coloniales affichaient l'ambition de voir attribuée à chaque région une « culture de rente ». Au Tchad, les politiques de développement agricole s'inscrivirent à la fois dans cette répartition impériale des rôles et dans le projet de fournir à chaque espace une culture commerciale : le coton fut imposé aux plateaux exondés du Tchad méridional à la fin des années 1920, le riz aux plaines du moyen Logone pendant la Seconde Guerre mondiale[13], puis, dans les années 1950, l'arachide fut proposée au Sahel central et méridional (Magrin, 2001), le blé dans les polders du Lac (Bouquet, 1990, tome 2 : 49). Le reste des steppes sahéliennes fut abandonné à l'élevage extensif.

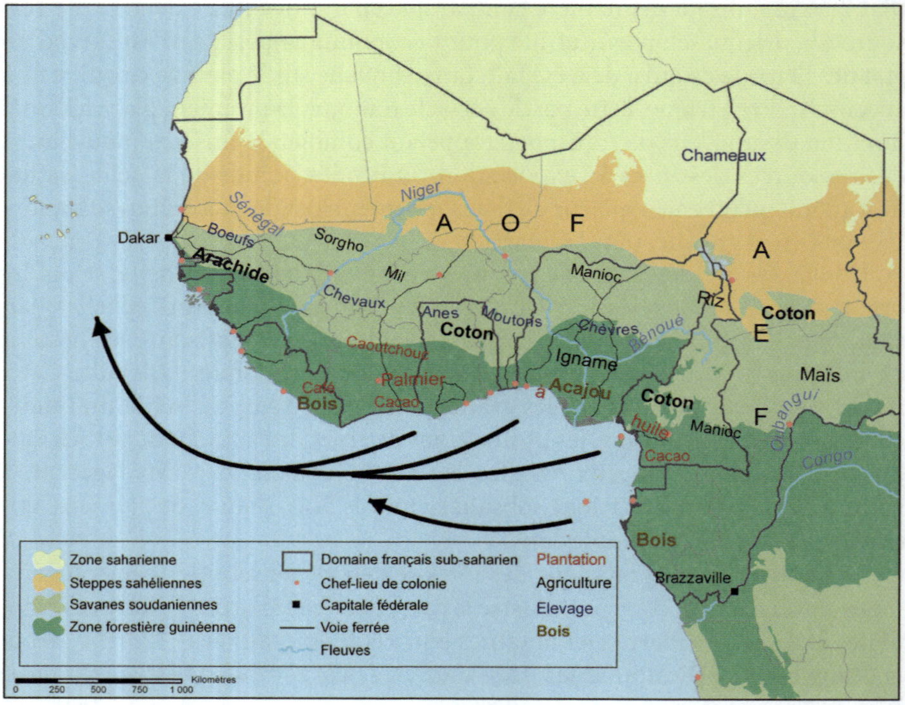


**CARTE 3** *À l'origine des « vocations » rentières, une vision coloniale.*
Source : d'après Deffontaines (vers 1930). Réalisation : J.-F. Cuenot.

L'organisation spatiale de l'économie coloniale africaine décline ainsi sur un mode extraverti le modèle de von Thünen (1826) : les spécialisations traduisent le gradient du coût de transport par rapport aux villes portuaires. À ce jeu, les forêts de la zone guinéenne, tôt intégrées à l'économie mondiale – l'essor des plantations, dans le courant du XIXe siècle, avait été favorisé par la

13 Car l'occupation japonaise faisait perdre l'approvisionnement indochinois.

présence d'anciens captifs libérés par la fin de la traite –, se révélèrent les plus dynamiques, avec le littoral sénégambien. Entre 1880 et la Première Guerre mondiale, les exportations d'arachide du Sénégal furent multipliées par dix. La construction du chemin de fer (la ligne Dakar/Saint-Louis est construite en 1885) contribue à l'expliquer, car elle fit baisser le coût de transport et permit ainsi de payer aux producteurs un prix incitatif (Iliffe, 2009 : 405). L'Afrique sahélo-soudanienne non littorale pâtit à l'inverse de son enclavement : les coûts d'exportation élevés pénalisaient les producteurs. Au Tchad, l'augmentation de la production de coton, au cours des années 1930, ne fut acquise que par le recours systématique à la contrainte (Magrin, 2001 : 71). Enfin, l'élevage occupa une position secondaire et marginale : la logique spatiale du pastoralisme, fondée sur la mobilité, s'opposait aux prétentions de contrôle de l'État colonial. Les « vocations » pastorales furent attribuées par défaut : elles ne concernèrent que des espaces où les conditions rendaient les autres spéculations aléatoires.

Ces « cultures de rente » mises en place durant le premier tiers du XX$^{e}$ siècle et les modèles de développement qu'elles véhiculent sont depuis longtemps fort controversés (Magrin, 2001 : 90-91). Leurs détracteurs s'inscrivent pour l'essentiel dans le courant tiers-mondiste[14] (voir Stürzinger, 1983 ; Dumont, 1986), qui se perpétue aujourd'hui à travers la mouvance altermondialiste. Ils insistent sur la fragilisation qu'elles induisent dans les systèmes ruraux, en détournant la force de travail et la terre des cultures vivrières. Les monocultures de l'arachide ou du coton appauvriraient les sols et favoriseraient l'érosion. En concentrant tout l'intérêt de l'encadrement, elles empêcheraient une diversification de l'économie et causeraient en même temps une monodépendance porteuse de vulnérabilité face aux fluctuations des cours mondiaux. Enfin, en induisant un passage de logiques productives collectives à des logiques individuelles – car l'argent du coton ou de l'arachide de même que l'impôt sont payés par tête –, elles seraient à l'origine de pertes de repères et de valeurs, de difficultés de gestion financière tout au long de l'année, et auraient donc une grande responsabilité dans la précarité de la sécurité alimentaire (Magrin, 2000).

Un élément de critique additionnel porte sur la notion de « vocation » qui a sous-tendu le développement de ces cultures. Elle est aujourd'hui très peu questionnée par les représentations communes, qui tendent à confondre le poids des héritages avec des lois de la nature. L'idée de vocation repose sur celle d'une exclusivité figée d'usage d'un espace, à partir de ses avantages comparatifs. Or, les avantages d'un moment peuvent être annulés ou relativisés par des changements de la demande du marché, des techniques, de l'accessibilité relative, de l'environnement... Le delta du fleuve Sénégal, longtemps présenté

14 Ces positions sont fréquemment partagées par les ONG de développement.

comme étant à « vocation pastorale », parce que la remontée d'eaux salées en saison sèche ne permettait que d'y faire paître des troupeaux, s'est vu attribuer une « vocation rizicole » depuis la construction du barrage antisel de Diama (1986). Nul doute que celle-ci se verrait questionnée si l'on y découvrait du pétrole ! La logique des vocations contredit en outre des rapports à l'espace qui ne reposent pas sur l'exclusivité : sur une même surface peuvent cohabiter, dans le temps, différentes activités, comme dans le delta intérieur du Niger (Gallais, 1984; Retaillé, 1997 : 128-129) ou au lac Tchad. Mais surtout, la logique d'évolution des économies rurales est davantage marquée aujourd'hui par la diversification que par la spécialisation : au cœur du Ferlo sénégalais à « vocation pastorale », des éleveurs et des agriculteurs cultivent de l'arachide. Dans le delta rizicole du fleuve Sénégal, le bassin arachidier ou les zones cotonnières d'Afrique de l'Ouest et du Centre, le développement des cultures de rente a été favorisé par l'utilisation de la traction animale, et les revenus de ces cultures épargnés sous forme de cheptel.

Les partisans des cultures de rente mettent au contraire en avant leur propension à faire évoluer positivement l'ensemble de l'économie et de la société. Coton, riz ou arachide ont alors été présentés comme des « cultures de progrès ». Elles ont permis la diffusion de l'économie monétaire, la distribution de revenus, l'investissement, des innovations techniques comme la culture attelée (cf. planche 2), l'accès à crédit à des intrants[15], qui bénéficient à l'ensemble du système de production, à travers une adoption sélective par les paysans des innovations qui leur étaient les mieux adaptées (voir par exemple Bassett, 2002, sur la Côte d'Ivoire[16]; Magrin et *al.*, 2003, sur les savanes d'Afrique centrale; Levrat, 2010, sur le Nord-Cameroun; Renaudin, 2011, sur le Burkina Faso).

Ces cultures ont joué un grand rôle dans l'organisation des espaces ruraux : elles ont dessiné les parcellaires et les réseaux de transport; elles se sont aussi révélées urbanisantes, en stimulant l'essor des villes petites et moyennes développant des fonctions de collecte, de première transformation (usines de décorticage de l'arachide, d'égrenage du coton; huileries...) et de services aux filières, comme par exemple autour de l'arachide au Sénégal (Sar, 1973;

**15** Le coton a notamment été développé dans les anciennes colonies françaises dans le cadre d'un système relativement homogène mis en place par la Compagnie française pour le développement des textiles (CFDT). Sa clé de voûte était le monopole d'achat et d'égrenage dont disposaient les compagnies nationales (dont la CFDT était généralement un actionnaire minoritaire), qui rendait possible la fourniture de crédits de campagne en intrants.

**16** Bassett insiste en particulier sur l'importance du rôle des paysans dans les transformations de leurs systèmes agricoles, autour du coton. Face aux chocs exogènes (prix) et à côté de l'influence des institutions diffusant les innovations techniques, largement mise en scène par le discours développementaliste dominant, les changements s'expliquent largement par la part d'autonomie des paysanneries étudiées.

Nguyen Van Chi Bonnardel, 1978), du cacao en Côte d'Ivoire (Stary, 1997), du coton au Tchad (Magrin, 2001).

Ces systèmes, qui demeurent centraux dans le fonctionnement économique des régions de production et de certains des États producteurs, se sont finalement révélés très fragiles. Ils se sont trouvés confrontés au cours des dernières années à de graves difficultés externes (fluctuation des cours mondiaux, réorganisations imposées par la Banque mondiale) et internes (dysfonctionnement des filières, corruption, ponctions des États) (voir Renaudin, 2010). Après plusieurs décennies, voire plus d'un siècle pour l'arachide au Sénégal, ces systèmes ne se sont pas traduits par des processus de développement régional tangibles. Les niveaux de pauvreté rurale restent très importants, les infrastructures à peine supérieures à celles des autres régions – comme si finalement les retombées de la culture étaient allés ailleurs, dans la capitale ou à l'extérieur, ou s'étaient évaporées[17].

Ce constat nous ramène à la notion de « culture de rente », qui mérite d'être questionnée. Ce terme, d'utilisation courante, souligne l'importance du point de vue lorsqu'on évoque les rentes. Rente pour qui ? Du point de vue du producteur qui travaille quatre à cinq mois pour percevoir un revenu modeste[18], le revenu monétaire ne peut être assimilé à une rente. Ou alors, il faudrait qualifier de même les revenus des agriculteurs européens exportateurs de vin ou de blé[19]. S'il y a rente, c'est du point de vue de l'État. Car celui-ci prélève sur ces filières, lorsqu'elles sont excédentaires, des marges importantes, à travers la fixation de prix d'achat aux producteurs très inférieurs aux prix de vente mondiaux, le rôle des offices nationaux de commercialisation, ou la surévaluation de la monnaie.

Ces recettes ont été parfois utilisées pour financer l'effort national de développement, la construction d'infrastructures, un noyau d'industrialisation, ce qui a eu pour effet de stimuler l'urbanisation, comme en Côte d'Ivoire avec le cacao, et à installer l'État (Bayart, 1989 : 91). Mais en même temps, l'augmentation de la production a requis de l'État des politiques d'accompagnement volontaristes : construction de routes et d'usines, encadrement des producteurs (vulgarisation, crédit). Les revenus ainsi dégagés relèvent-ils de rentes ou de retours sur investissement ?

**17** C'est particulièrement vrai dans le bassin arachidier du Sénégal et, dans une mesure variable selon les pays, dans les zones cotonnières soudaniennes. Les régions de plantation (café, cacao) sont souvent mieux loties.

**18** Au Tchad, une fois déduit le coût des intrants, le revenu net moyen annuel d'un producteur de coton avoisinait 150 euros au milieu des années 2000. Cela représentait son principal revenu monétaire annuel.

**19** Cela serait même plus logique vu le monopole de situation attaché à certains vignobles et la rente représentée par les mécanismes d'aide de l'Union européenne à ses céréaliers.

## Planche 2 : Cultures de rente

**PHOTO 3** *Sacs d'arachide en attente d'exportation à la gare de Rufisque.*

*Au Sénégal, l'essor de la culture de rente a été indissociable de la construction du chemin de fer.*

Cliché : carte postale ancienne (collection Cirad Dakar ; source et date inconnues ; probablement années 1920).

**PHOTO 4** *Labour avant le semis de l'arachide (Koungheul, bassin arachier sénégalais, juillet 2007).*

*Autour de l'arachide (photo 4) comme du coton (photo 5), les cultures de rente ont favorisé la diffusion d'innovations techniques. Les plus favorables aux pratiques extensives ont connu le plus de succès, comme la culture attelée.*

**PHOTO 5** *Labour avant le semis (région de Doba, Sud du Tchad, juin 2004).*

**PHOTO 6** *Caisse de collecte du coton (environs de Bougouni, Mali, décembre 2006).*

*Les caisses amovibles orange servant à la collecte signent dans le paysage le « système CFDT ».*

L'administration coloniale a dû affronter les mêmes obstacles que les pouvoirs qui l'avaient précédée et gérer les coûts du contrôle territorial, dans le cadre de vastes espaces sous-peuplés. Pour cette raison, les Européens ont mis l'accent sur un contrôle et une mise en valeur très sélectifs de l'espace, se concentrant sur la maîtrise du centre (la capitale) et de quelques zones agricoles et minières particulières, avec une emprise très variable sur le reste (Herbst, 2000 : 251, 252). Cette logique de prélèvement de ressources à partir de quelques noyaux extravertis aurait pu aboutir à une extension progressive du contrôle territorial depuis le centre vers les périphéries. Mais les coûts de l'espace africain, la Seconde Guerre mondiale (Herbst, 2000 : 89) puis les perspectives de l'indépendance ont repoussé ces investissements à l'après-1960.

### 2.2. *Crise et diversification agricole*

En 1960, la plupart des gouvernements africains construisirent leur politique de développement sur l'essor des cultures de rente existantes, puis ils furent contraints à rechercher une diversification devant les fragilités liées à cette monodépendance.

Dans le prolongement de la décennie précédente, l'accent fut mis sur la recherche de techniques et de variétés améliorées, et sur la vulgarisation (Chaléard, 2010 : 42-43). On observa d'abord dans l'ensemble une très forte augmentation des productions. Cela fut particulièrement sensible dans l'Afrique humide, où la Côte d'Ivoire devient premier producteur mondial de cacao, mais aussi au Cameroun ou au Ghana. Le boom cacaoyer alimenta le miracle ivoirien. Le contexte climatique favorable permit aussi une forte augmentation de la production en Afrique sahélo-soudanienne, où les pays francophones occupèrent un des premiers rangs mondiaux en matière d'exportation du coton (Renaudin, 2010). Ainsi, pour la plupart des filières agricoles, les années 1960 ont été un apogée. Au Sénégal, prix élevés et bonne pluviométrie ont garanti une extension remarquable de la culture de l'arachide, tant au sein du vieux bassin que vers ses périphéries, puisque le bassin arachidier s'étendit de manière importante vers l'est. Dans un des berceaux de la culture, le département de Louga, l'arachide occupait en 1969 plus de la moitié des superficies cultivées (Sar, 1973 : 71).

Et puis les sécheresses des années 1970-1980 et la baisse des cours mondiaux entraînèrent ces filières dans un cycle de turbulences (voir, sur l'arachide au Sénégal, Freud *et al.*, 1997) dont elles ne sont sorties que ponctuellement, lors de brèves remontées des cours. Les crises des États, qui s'esquissèrent dans les années 1970 – amplifiées par les difficultés de cette économie de rente peu diversifiée – et s'approfondirent dans la décennie 1980, eurent à leur tour des effets sur ces secteurs : ceux-ci furent affectés aussi bien par les ponctions croissantes des États sur les sociétés nationales que par les réformes promues par les institutions de Bretton Woods, qui conduisirent à un démantèlement des offices de commercialisation et à une progressive libéralisation des filières, souvent synonyme de désorganisation (Renaudin, 2010).

Malgré les fluctuations des prix mondiaux et la dégradation des termes de l'échange, l'agriculture d'exportation fournit encore une part très élevée (environ 30 %) des recettes de nombreux États subsahariens. Cette forme de spécialisation orientée vers des produits de moins en moins demandés au niveau mondial, comme le coton ou l'arachide, se révèle appauvrissante et donc fragilisante (Hugon, 2009a : 36, 51).

Des tentatives de diversification amenèrent alors les États ouest-africains à compléter la carte des « vocations » mise en place à l'époque coloniale. Ainsi, au Sénégal, dans les années 1970, l'État promut le développement de la culture cotonnière dans le Sud-Est du pays (région de Tambacounda, Haute-Casamance), le riz dans la Vallée, le maraîchage dans les Niayes, l'élevage dans le Ferlo, la pêche sur le littoral. La logique d'aménagement et de mise en valeur du territoire n'excluait pas la recherche de rentes, car la pêche industrielle ou l'appui international à l'aménagement de la Vallée pouvaient en être pourvoyeurs. Mais elle ne s'y résumait pas.

De même, c'est avec les sécheresses de 1973-1974 que la Mauritanie découvrit les richesses de son espace halieutique, favorisé par le puissant *upwelling* qui touche ses côtes. Les accords de pêche signés avec l'Union européenne et d'autres pays représentèrent jusqu'à 30 % de ses recettes budgétaires, et 12-13 % de son produit intérieur brut (PIB) (Choplin, Lombard, 2009 : 93). Nous reviendrons sur les ambiguïtés de cette rente et ses articulations avec l'économie locale endogène (cf. *infra*, chapitre 8).

### 2.3. *L'essor des activités extractives en Afrique de l'Ouest*

Les activités extractives (mines, pétrole), qui représentent l'archétype des activités fournisseuses de rentes, se sont développées en plusieurs phases en Afrique, au rythme des cycles des cours mondiaux, de l'évolution technique et des vogues politiques. Elles ont connu un premier essor en Afrique australe, à partir de l'Afrique du Sud et de ses prolongements des Rhodésies (Raison, 1994), dans le cadre impérial britannique d'un capitalisme en pleine expansion à la fin du XIXe siècle. Puis elles ont en quelque sorte essaimé au Congo belge, où l'exploitation du « scandale géologique[20] » congolais a commencé au Katanga au début du XXe (voir Dresch, 1948). En Afrique de l'Ouest et au nord de l'Afrique centrale, leur développement a été plus tardif. Côté français, la priorité allait à la sécurisation (jusque dans les années 1920) et à la maîtrise de

20 L'expression est du géologue belge Jules Cornet. Elle renvoie à l'extraordinaire richesse minière de ce pays, où une large gamme de minerais recherchés existe en abondance : cuivre, diamant, or, uranium, cobalt, métaux rares...

très vastes territoires. Côté britannique, l'Afrique n'était pas centrale dans un empire dont les joyaux se trouvaient en Asie. Les colonies et pays sous influence de l'Afrique australe[21] fournissaient les ressources minières dont l'économie britannique avait besoin. Les deux guerres mondiales et la crise des années 1930 orientèrent les capitaux ailleurs. Ce n'est que dans les années 1950 que les activités d'exploration prirent de l'importance. Ainsi, à l'indépendance, les ressources minérales avaient fait l'objet de premières recherches et parfois de découvertes, mais sans exploitation significative.

Deux phases se distinguent ensuite : de la fin des années 1950 aux années 1970, une première génération de gisements miniers et pétroliers est mise en exploitation (pétrole du Nigeria, Gabon, Congo ; bauxite de Guinée ; fer de Mauritanie et du Liberia ; uranium du Niger ; phosphates du Togo et du Sénégal). Après une pause dans les années 1980 et au début des années 1990, due au contre-choc pétrolier, qui entraîne une baisse des cours, l'exploration reprend tous azimuts et de nouveaux sites sont exploités (pétrole de Guinée Équatoriale et du Soudan dans la deuxième moitié des années 1990, du Tchad et de Mauritanie au milieu des années 2000, du Ghana et du Niger en 2011, bientôt suivis par l'Ouganda ; or du Mali, de Guinée, du Burkina et du Sénégal), tandis que l'exploitation reprend ou se développe là où elle existait depuis longtemps mais avait été plus ou moins mise en veilleuse (uranium du Niger[22], du Gabon).

Les premières recherches pétrolières dans le golfe de Guinée furent confrontées à des difficultés sérieuses liées aux contraintes opposées par le milieu équatorial (épaisseur végétale, roche mère masquée par des altérites) et son faible aménagement (infrastructures de transport embryonnaires) (Pourtier, 2003)[23]. Les premières explorations eurent lieu en 1907 au Nigeria, sans lendemains immédiats (Frynas, 2000). L'activité prit de l'ampleur après la Seconde Guerre mondiale dans un contexte de reprise économique, qui fournit les capitaux nécessaires, et de progrès techniques (photographie aérienne, sismique) permettant les premières trouvailles, dans les années 1950 : en Angola en 1956, au Gabon en 1957, au Congo-Brazzaville en 1960 (Pourtier, 2003 : 12). L'exploitation commence au Nigeria en 1958 (Soares de Oliveira, 2007 : 172). Cette histoire montre les étapes du passage de la matière à la ressource : il faut des

**21** L'Afrique du Sud devint indépendante en 1910, mais resta très proche du Royaume-Uni et du monde anglo-saxon.

**22** À côté de l'exploitation de l'ancien site d'Arlit, qui se poursuit, Areva s'apprête à y exploiter à partir de 2013 le gisement d'Imouraren, un des plus grands du monde. La firme chinoise Sino-Uranium, filiale de la China National Nuclear Corporation (CNNC), a obtenu fin 2007 le permis d'exploitation du gisement secondaire d'Azelik, situé dans la concession de Tegguida (Bednik, 2008).

**23** La romancière Bessora en donne une plaisante description dans son *Petroleum* (2004 : 64), dont l'histoire se déroule au Gabon : « Trois ans de prospection plus tard, les indices pétroliers suffisent à dresser l'acte de naissance de la Mission de prospection des pétroles en AEF. De nombreux Russes fuyant l'empire des Soviets viennent y exercer leur talent aux côtés des Français. Ça boit tellement de Ricard qu'on finit par les surnommer la Mission "pernolifère". »

conditions économiques (la demande du marché) et techniques (des innovations) pour permettre à la matière brute emmagasinée dans le sol de devenir ressource-matière utilisable par l'homme (Zimmermann, 1933; Raffestin, 1980 : 204-205; cf. *infra*, chapitre 5).

Le développement de l'économie pétrolière s'accompagne de la mise en place de systèmes rentiers. Sur le modèle de l'Organisation des pays exportateurs de pétrole (OPEP), on crée des compagnies pétrolières nationales, qui en sont les chevilles ouvrières. À quelques exceptions près, comme la Sonangol, ces compagnies sont avant tout destinées à faciliter la captation d'un surplus et non à assurer un développement industriel national (Khennas, 1993 : 6).

L'essor des activités minières obéit globalement à des logiques comparables. Dans la Guinée de Sékou Touré, par exemple, le secteur minier fut très important, autour des sites d'exploitation de la bauxite de Fira, Boké et Débélé. Dans les années 1960-1970, la politique nationale, influencée par les modèles alors en vogue de l'industrie industrialisante[24], visait à obtenir le plus de transformation locale. Ce fut largement un échec, la mine conservant une position d'enclave pourvoyeuse de rente pour l'État sans développer l'ensemble de l'économie (Campbell, 2009b : 74).

Quarante ans plus tard, le secteur de l'or a connu au Mali un essor rapide. En peu d'années, ce pays passe du 16e au 4e rang africain. Six mines sont en opération en 2007. En 1997, pour la première fois, l'or devance le coton par sa contribution au PIB. De 1997 à 2005, le secteur a fourni 1,5 milliard de dollars et représente 60 % du montant des exportations. Mais l'industrie ne fournit que peu d'emplois (3 500 en moyenne entre 1985 et 2003) (Belem, 2009 : 128-129), très loin des centaines de milliers de producteurs directement concernés par la culture cotonnière. Le Burkina connaît une situation identique : l'ancienne culture du coton, qui emploie et distribue des revenus à 60 % des producteurs ruraux du pays, en crise, est devancée dans l'économie nationale par l'essor tardif, mais rapide, de la production aurifère. Aucune mine en 2000, 7 en 2010, et une contribution au PIB nettement supérieure à celle du secteur agricole (Thune, 2010 : 3).

Cette diversification économique relative visant à compléter les spécialisations agricoles anciennes par le développement de secteurs extractifs extravertis, qu'ils concernent des ressources non renouvelables (mines, pétrole) ou des ressources renouvelables (pêche, exploitation forestière), a été rendue possible par l'intervention d'opérateurs étrangers, détenteurs des capitaux, des techniques et des savoir-faire qui faisaient défaut aux jeunes États africains. Ce faisant, elle a conforté le caractère rentier de leurs économies : un faible

24 Rappelons que, après le « non » de la Guinée au référendum proposé par le général de Gaulle en 1958, Sékou Touré s'était rangé dans le camp soviétique.

nombre d'acteurs nationaux sont impliqués dans des activités de production, dont les liens principaux avec le territoire passent par la médiation de la rente qui revient à l'État.

### 2.4. *Des rentes de souveraineté*

*La rente de l'existence étatique*

La création de territoires appelés à former des États-nations autour de 1960 a eu des répercussions très importantes sur le fonctionnement rentier, les attributs de l'État donnant naissance, en eux-mêmes, à des formes de rentes variées.

*Être* un État, en soi, procure déjà une rente. En effet, de la variété des organisations politiques qui existaient dans l'Afrique précoloniale (cités-États, villages seuls ou en fédérations plus ou moins lâches, empires, voire États-nations), le système international ne reconnaît qu'un type. L'appartenance à des organisations internationales, comme celles du système onusien, fournit des revenus importants, même à de petits États pauvres (comme la Gambie, la Guinée-Bissau), dont ne peuvent se prévaloir d'anciennes constructions politiques de type étatique (l'Ashanti au Ghana, le Sokoto au Nigeria, les royaumes sahéliens tchadiens comme le Kanem ou le Ouaddaï), qui en sont d'autant plus affaiblis (Herbst, 2000 : 99-101).

*La ressource monétaire*

Parmi les attributs de la souveraineté des États, la monnaie joue un rôle particulier dans le fonctionnement des systèmes rentiers. Les choix opérés au moment de l'indépendance conduisent à distinguer les pays de la zone franc, à la monnaie relativement stable car liée au franc français puis à l'euro, des autres pays (principalement des États anglophones, ainsi que la Guinée et la Mauritanie, sortie de la zone franc en 1973).

Dans les premiers, la stabilité monétaire a d'abord semblé avantageuse, en absorbant les chocs de court terme et en constituant un élément rassurant pour les investisseurs éventuels. Durant les années 1960-1970, ces pays eurent globalement de meilleurs résultats que les autres en termes de croissance ou de commerce extérieur (Hugon, 2009a : 99). Dans un deuxième temps, la surévaluation du Fcfa joua un rôle négatif. Elle ne favorisa pas la diversification recherchée des exportations, maintenant la plupart des pays dans une dépendance envers l'exportation d'un ou deux produits. Le *statu quo* fut entretenu pour servir les intérêts personnels des classes dirigeantes africaines – auxquelles la force de la monnaie facilitait les achats à l'étranger et les importations –, aussi bien que ceux des hommes politiques français, plus ou moins consciemment désireux de conserver un outil d'influence (Herbst, 2000 : 216, 222).

Dans les anciennes colonies britanniques, le jeu sur la monnaie fut utilisé pour satisfaire les besoins fiscaux croissants nécessaires au financement des politiques de développement. Face au déficit de la balance des paiements (Ghana, Nigeria), on choisit de réguler les importations non par la dévaluation, mais par l'instauration de systèmes de licences d'importation. Ces licences furent utilisées comme un puissant outil de clientélisme, la sélection des élites commerçantes s'opérant selon leur capacité à accéder aux réserves de change (Herbst, 2000 : 215, 217). En Mauritanie, sous le président Taya, les licences d'importation garantissant le monopole sur l'importation d'un produit étaient assurées en échange du financement du parti État (Choplin, Lombard, 2009 : 99). Elles fournissaient donc des rentes à la fois pour les commerçants et pour le parti.

Ces choix politiques reposant sur une surévaluation monétaire ont pourvu des rentes généreuses tout en pénalisant les activités productives. Dans les pays anglophones, les paysans et les entreprises étrangères furent les grands perdants. Les premiers furent affectés à travers le bas prix d'achat de leur production. Les seconds ne purent rapatrier librement leurs bénéfices et eurent du mal à gérer les relations de clientélisme quotidiennes nécessaires à l'accès aux réserves de change (Fieldhouse, 1978 ; Herbst, 2000 : 217). Dans les pays francophones, de même, le maintien de la zone franc a encouragé un fonctionnement rentier qui pénalise les producteurs ruraux au bénéfice des populations urbaines consommatrices de produits importés, et plus encore des élites (Nubukpo, 2007 : 77).

## 3. L'aide, une douce assuétude ?

En cinquante ans d'indépendance, l'aide a constitué une rente importante pour les États africains. Elle transforme la pénurie en ressource (Bégin-Favre, 2008) selon une alchimie particulière qui tient compte de plusieurs facteurs, dont les plus importants sont la propension des donateurs à donner et la capacité des récipiendaires à susciter le don. Ses effets varient selon les formes diverses qu'elle emprunte, de l'aide budgétaire directe aux prêts, de l'aide projet à l'aide alimentaire, de l'aide multilatérale des grands bailleurs aux coopérations bilatérales ou décentralisées.

### 3.1. *Une rente géopolitique*

L'aide constitue un moyen d'influence évident. Les anciennes puissances coloniales, France et Royaume-Uni notamment, l'ont largement utilisée dans les États nouvellement indépendants.

Durant la guerre froide, les États africains ont bénéficié d'une rente géopolitique liée à leur positionnement dans l'un ou l'autre camp, assortie d'aides substantielles. Les hasards de l'histoire et les personnalités des dirigeants ont poussé tel ou tel pays plus nettement d'un côté ou de l'autre. La Guinée de Sékou Touré dans le camp socialiste, la Côte d'Ivoire d'Houphouët Boigny vers l'ouest. Ailleurs, des dirigeants surent jouer des rivalités entre puissances (d'un bloc à l'autre ou au sein d'un bloc : entre France et États-Unis d'un côté,

URSS et Chine de l'autre) pour élargir leurs marges de manœuvre. Proche de la France, le Gabon noua tôt des liens avec la Chine populaire et en retira aussi du soutien et quelques subsides (Dittgen, 2011). Le Zaïre du maréchal Mobutu, stratégique par ses ressources naturelles[25], sa taille et sa fragilité, a bénéficié d'un soutien diplomatique et financier continu de la part des États-Unis et de leurs alliés[26]. Ces derniers restèrent longtemps indifférents aux dérives d'un régime prédateur et violent qui mena le pays au chaos. De telles rentes géopolitiques inconditionnelles, sauf à l'allégeance politique, ne favorisèrent pas le développement.

La fin brutale de ces soutiens, après la chute du mur de Berlin fin 1989, fut suivie par des exhortations occidentales à la démocratisation. Le discours de La Baule du président Mitterrand, conditionnant l'aide française à l'organisation d'élections pluralistes, en fut un des symboles. À bien des égards, la démocratie apparaît comme une source de rente supplémentaire : « Ainsi [...] le discours de la démocratie n'a-t-il guère été qu'une rente économique de plus, comparable à ce qu'était jadis la dénonciation du communisme (ou de l'impérialisme) dans le cadre de la guerre froide [...] une espèce de pidgin que les Princes indigènes utilisent dans leur commerce avec les souverains et les financiers occidentaux » (Bayart, 2006 : XVII). L'intensification des crises dans la décennie 1989-2001[27] laisse néanmoins supposer que les rentes démocratiques n'eurent pas le même poids que les rentes géopolitiques qui les ont précédées.

La maîtrise de ces conflits par les États piliers de l'ordre international amène d'autres rentes : il s'agit de financer la « stabilité » des espaces jugés stratégiques face aux défis que constituent le terrorisme international dans l'après-11 septembre 2001, les flux migratoires clandestins ou les trafics, qui prospèrent notamment dans les zones grises du Sahara[28]. Dès lors, la pénurie (et le risque d'instabilité) devient à nouveau ressource (Bégin-Favre, 2008). Les États sahélo-sahariens comme la Mauritanie, le Niger, voire le Mali et le Tchad bénéficient de soutiens occidentaux continus, malgré les péripéties de la vie politique interne et les accidents réguliers des processus démocratiques.

**25** L'uranium utilisé pour fabriquer les premières bombes atomiques utilisées à Hiroshima et Nagasaki vient des mines du Katanga.

**26** Le film de Thierry Michel *Mobutu, roi du Zaïre*, le montre de façon éloquente.

**27** Leur nombre et leur ampleur dépassent les périodes antérieures, alors même que les moteurs extérieurs liés à la guerre froide n'agissent plus : guerre civile en Somalie (depuis 1991), au Congo-Brazzaville (1993, 1997-1998) et en RDC (depuis 1996), guerres civiles du Liberia (1989-2003) et de Sierra Leone (1991-2002), de Côte d'Ivoire (qui culmine entre 1999 et 2002), en Angola (1993-2002), du Sud-Soudan (1983-2005), rébellions des bouches du Niger, de Casamance, du Tchad, etc.

**28** Que les médias français, pour une raison mystérieuse, s'ingénient à qualifier de « Sahel », alors que les enlèvements et actes terroristes des dernières années s'inscrivent manifestement dans un contexte saharien.

### 3.2. *Importance et irrégularité de l'aide*

L'aide est devenue une ressource structurelle pour la plupart des États africains, mais son importance varie dans le temps et d'un pays à l'autre, au gré des perceptions des donateurs et de l'ingéniosité des récipiendaires à canaliser les flux plus qu'en fonction d'une définition objective des besoins.

Pour de nombreux jeunes Africains, l'aide – ses projets, ses bailleurs, ses grandes ONG – est aujourd'hui une composante politico-économique « naturelle » de leur pays[29]. Le paysage en dit littéralement long : sur la route de Thiès à Saint-Louis, au Sénégal, les nombreuses infrastructures sont toutes, ou presque, panneau à l'appui, marquées du sceau de l'origine du financement qui les a rendues possibles : château d'eau japonais, forages italiens, écoles de l'Union européenne, écoles coraniques payées par des pays arabes, moulins et magasins d'ONG diverses. L'omniprésence de l'aide saute aux yeux. Sa fragmentation aussi, qui révèle toutes les logiques sous-jacentes (concurrence entre bailleurs, absence de coordination, faiblesse de l'État...).

Sous ses différentes formes, elle apparaît comme une rente importante pour les États africains. Les fortes fluctuations qui la caractérisent constituent pour eux un facteur de fragilité. Dès l'indépendance, des mécanismes divers au profit des nouveaux États ont été mis en place. Il s'agissait au début surtout d'aides bilatérales. Côté français, ces instruments se partageaient notamment entre une assistante technique très importante, les financements du Fonds d'aide et de coopération (Fac) (1959) relayant ceux du Fonds d'investissement pour le développement économique et social (Fides) de la période antérieure – et des prêts de la Caisse centrale de coopération économique (CCCE), qui, par plusieurs mues successives, devint l'Agence française de développement (AFD) (Simon, 2010). Puis, progressivement, le financement des bailleurs multilatéraux s'est orienté vers l'Afrique (notamment les agences onusiennes, les institutions de Bretton Woods et les banques régionales), pour prendre de l'ampleur à la faveur des sécheresses sahéliennes des années 1970 puis de la crise économique généralisée de la décennie 1980. La Banque mondiale s'imposa alors : ses capacités de mobilisation financière et d'expertise lui confèrent une prééminence dans la définition des politiques d'aide au développement (*ibidem*). Cette position dominante fut consacrée par le fameux « consensus de Washington » (1989), selon lequel l'engagement financier des différents bailleurs est conditionné par le respect des accords entre les institutions de Bretton

29 Questionnés sur leur avenir professionnel, une forte proportion d'étudiants de master de l'université de Saint-Louis (Sénégal) répondent par exemple : « travailler dans une grande ONG internationale ou un projet ». Presque aucun n'avoue souhaiter devenir fonctionnaire. L'identification de ces structures à la réussite sociale qui est celle des acteurs dominants de la mondialisation – symbolisée par l'opulence des véhicules tout-terrain, les fréquents voyages à l'étranger et les revenus très supérieurs à ceux de la fonction publique – ne s'accompagne d'aucune distance quant à la signification de l'importance de tels acteurs sur l'autonomie du pays et sa trajectoire.

Woods et le récipiendaire. La montée en puissance des ONG dans le champ de l'aide au développement fut initiée dans le contexte de crises humanitaires, comme le terrible conflit biafrais de 1966-1969, qui vit la création de Médecins sans frontières (MSF). Elle se confirma elle aussi dans les deux décennies suivantes (voir Deler *et al.*, 1998).

Le poids de l'aide a beaucoup fluctué. Elle est passée ainsi de 3,4 % du PNB africain en 1980 à 12,4 % en 1994 (Dubresson, Raison, 1998 : 26). Après la guerre froide, elle s'effondra en effet, du fait notamment de la priorité accordée par les pays européens au financement des pays de l'est de leur continent : de 69 milliards de dollars en 1991, elle passa à 50 milliards en 1997, soit 0,22 % du PNB des pays de l'Organisation de coopération pour le développement économique (OCDE)[30]. C'est la fin de la rente géopolitique. Certains pays sont particulièrement frappés par ce désengagement : dans des pays moins avancés (PMA) comme le Tchad, la RCA, le Niger, la Sierra Leone ou le Togo, l'aide décroît de 60 à 10 dollars par an et par habitant (Daviron, Giordano, 2007 : 32, 34).

Au cours des années 2000, la rente de l'aide augmente à nouveau après quinze années difficiles. L'Afrique subsaharienne reçoit 23,7 milliards de dollars d'aide publique au développement en 2003, contre 12,6 en 1999. Cela s'explique par une conjonction de facteurs : d'abord, un retour des considérations géopolitiques dans le monde de l'après-11 septembre 2001 – qui incite à stabiliser un continent déchiré par de nombreux conflits, en contenant les « États voyous », en luttant contre le terrorisme et en sécurisant les approvisionnements énergétiques (Pourtier, 2006 : 194). L'abondance de capitaux flottants, dans un contexte caractérisé par une hausse des prix des matières premières, et notamment du pétrole, la création de bulles financières de toutes sortes et les formidables excédents commerciaux de la Chine favorisent aussi cette augmentation de l'aide, que ce soit par ses acteurs traditionnels ou par de nouveaux venus comme les grands pays émergents, la Chine en tête (Alden *et al.*, 2008).

L'aide publique au développement (APD) s'établit en moyenne autour de 10 % du PIB, mais elle présente de fortes disparités. L'aide est sélective géographiquement (cf. carte 4) : les pays qui en sont les bénéficiaires les plus constants ne sont pas nécessairement les plus pauvres, mais ceux qui ont développé les capacités à susciter et à entretenir la sollicitude de bailleurs variés. La RCA, malgré les conflits, le délabrement avancé de l'État et la très grande pauvreté, qui expriment notamment une situation d'enclavement synonyme de marginalité, reçoit au cours des dernières années un volume d'aide relativement limité et fluctuant, deux à trois fois inférieur par habitant à celui drainé par le Sénégal (cf. tableau 2).

**30** Dont l'objectif affiché est d'atteindre 0,7 % des PNB (chiffre énoncé au milieu des années 1970).

**TABLEAU 3** *Aide publique au développement par habitant (en dollars US).*

| Pays /année | Moyenne 1992-1993 | Moyenne 1997-1998 | 2005 | 2008 |
|---|---|---|---|---|
| Sénégal | 99 | 75 | 73 | 91 |
| RCA | 74 | 40 | 24 | 54 |
| Tchad | 53 | 39 | 47 | 35 |

Source : d'après Deutscher, 2010 (rapport OCDE) pour le montant de l'APD et Faostat pour les données démographiques.

Des pays comme le Ghana ou le Sénégal, à l'inverse, ont développé de grandes capacités à capter l'aide extérieure : le second a notamment su tirer parti de la diversité des relations offertes par son ouverture sur le monde (cf. chapitre 4). Entre 1994 et 2003, le Sénégal reçoit 37 000 Fcfa par habitant d'aide publique au développement annuelle, contre 19 000 Fcfa pour la moyenne régionale (Daffé, 2008 : 114). Champs migratoires partagés et qualité des conditions de vie pour les visiteurs d'une semaine ou de trois ans[31] expliquent que le Sénégal soit, avec le Mali et le Burkina Faso, un des paradis de la coopération décentralisée des collectivités locales françaises, mais aussi italiennes.

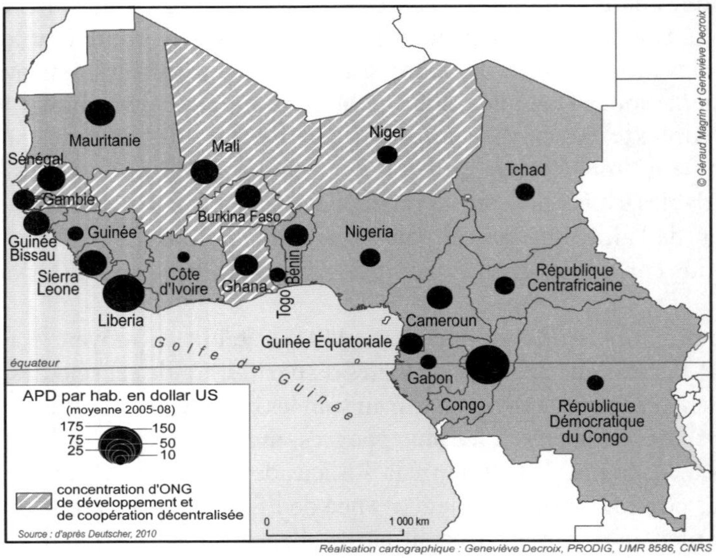


**CARTE 4** *Une rente de l'aide très inégale.*

31 Durée courante des séjours respectifs des élus locaux qui signent les accords de partenariat et des assistants techniques – souvent des volontaires – qui les mettent en œuvre sur le terrain.

Pour importante qu'elle apparaisse pour les bénéficiaires, l'aide ne représente jamais que des montants relativement limités pour ceux qui la financent : les subventions annuelles accordées par les pays riches (États-Unis et Union européenne) à leurs agricultures au début des années 2000, de l'ordre de 350 milliards de dollars (Smith, 2003 : 103), représentent trois ans d'aide publique au développement à l'Afrique. Au-delà des montants, les principaux griefs concernent l'efficacité de l'aide : sur 100 milliards de dollars d'APD reçus par l'Afrique en 2005, il a été estimé que seuls 38 milliards étaient affectés à des projets de développement de long terme, et que seule la moitié parvenait aux bénéficiaires (Kharas, 2007).

### 3.3. *Limites et controverses*

L'aide, comme expression des asymétries qui président aux relations entre pays pauvres africains et puissances mondiales, alimente depuis longtemps des controverses aiguës. Certaines œuvres fortes de la littérature et du cinéma africains en soulignent les effets pervers[32]. Le débat sur l'aide oppose ceux pour lesquels elle constitue en elle-même une des causes des problèmes de l'Afrique (voir le pamphlet sur le sujet de Moyo, 2009) à ceux pour lesquels elle peut jouer un rôle favorable, à certaines conditions (Collier, 2005 ; Severino, Charnoz, 2007 ; Severino, Debrat, 2009). Il s'agit ici de situer les termes de ce débat par rapport aux logiques rentières associées à l'aide, qui n'épuisent pas la question de son efficacité.

*Rente de l'aide, construction et déconstruction des États*

Les formes de l'aide reflètent la nature des relations entre donateurs et récipiendaires, la méfiance et la volonté d'influence fluctuantes. Durant les deux premières décennies après l'indépendance, et dans certaines relations bilatérales, l'aide budgétaire directe en a constitué une forme dominante. On comprend bien qu'elle s'inscrive pleinement dans la logique rentière des États, en obéissant à une « logique d'abonnement » (Simon, 2010) : c'est une rente régulière que l'État peut utiliser à sa guise, mais à travers laquelle le donateur influence les orientations de politique sectorielle. Elle fut à ce titre critiquée pour son rôle d'entretien d'un clientélisme géopolitique entre anciennes puissances coloniales et nouveaux États africains, fût-ce au détriment de ceux-ci en cas d'intérêts contradictoires. Lors des négociations entre l'Union européenne et les pays d'Afrique de l'Ouest sur les accords de partenariats économiques

32 Voir le film (1991) et le roman (1996) *Guelwaar*, du réalisateur écrivain sénégalais Ousmane Sembène : « Un peuple peut-il vivre en ne comptant que sur le secours des autres ? L'aide internationale inoculée à dose homéopathique a atrophié toute velléité de trouver des solutions à nos maux socio-économiques. Cette philanthropie a favorisé l'enrichissement illicite des dirigeants qui ont plus assassiné leurs concitoyens que pendant cent ans de colonisation [...]. » Dans une autre Afrique, le roman *Dons* (1998), de Nurudin Farah (Somalie), montre de même les ravages de l'aide permanente, qui pervertit les valeurs et les relations.

(APE)[33], en 2007, certains pays se montraient disposés à signer rapidement pour recevoir de l'aide dont ils avaient un besoin pressant, quitte à desservir leurs intérêts de long terme, ou ceux de leurs voisins sous-régionaux[34]. D'une manière générale, les injonctions des donateurs compliquent les processus de construction de l'État, en changeant au gré de cycles déterminés à l'extérieur les priorités du développement (Darbon, Quantin, 2007 : 484). La fragmentation inhérente à l'aide nuit à la croissance et à la qualité de l'administration (Knack, Rahman, 2004).

Ainsi, les dynamiques de l'aide ont des implications lourdes sur la trajectoire des États et leurs relations avec leur territoire. Déjà, durant les années 1970, plusieurs auteurs considèrent que l'aide extérieure conduit à une baisse de la pression fiscale et de la mobilisation de l'épargne intérieure (Raffinot, 2009 : 189). Durant les années 1980, la crise économique rend nécessaire la mise en place des plans d'ajustement structurel, sous l'égide des institutions de Bretton Woods. L'ère néolibérale du temps s'accompagne d'une profonde méfiance vis-à-vis des États africains, jugés responsables de tous les maux. Elle débouche sur la mise en œuvre progressive de nouveaux modes d'intervention destinés à contourner des États jugés inefficaces et corrompus. L'aide projet se généralise, permettant de contourner les administrations publiques. Les finances nationales étant complètement asséchées, une répartition des rôles de fait s'instaure entre les fonctions de légitimité – qui renvoient à la fourniture de biens publics aux populations (éducation, santé, infrastructures, etc.) –, assurées par le monde de la coopération internationale (des bailleurs de fonds multilatéraux en tête, puis les donneurs bilatéraux, les ONG et coopérations décentralisées) d'une part, et d'autre part les fonctions de coercition – maintien de l'ordre, assimilable en cas de contestation à la volonté de préserver les intérêts vitaux des groupes au pouvoir –, qui restent seules dévolues à l'État[35]. La prise en charge des politiques publiques par l'aide au développement fonctionne comme *anti-politics machine* (Ferguson, 1994), dans la mesure où les pouvoirs publics sont totalement déresponsabilisés – tout autant que les promoteurs de l'aide, non comptables des résultats devant les citoyens les plus concernés.

**33** Les APE sont appelés à remplacer les accords de Cotonou, qui régissaient jusque-là les relations commerciales entre les pays de l'ensemble Afrique-Caraïbes-Pacifique et ceux de l'Union européenne. En mai 2012, ils étaient toujours en cours de négociation entre l'UE et les ensembles régionaux de l'Afrique de l'Ouest et de l'Afrique centrale.

**34** Communication d'un assistant technique en appui au gouvernement sénégalais au moment de la négociation des APE, Dakar, 2007.

**35** Cette opposition entre fonctions de légitimation et de coercition, empruntée à Gramsci (1975), m'a été suggérée par G. van Vliet.

Au Sénégal, des stratégies opportunistes des élites politiques répondent depuis longtemps à celles des bailleurs (Hibou, 1996; 1999). La conversion de l'État à la vogue des agences semble s'inscrire dans le sillon ouvert par la Banque mondiale. Pour contrôler les investissements et les mettre à l'abri d'un État jugé mauvais gestionnaire, la Banque a encouragé la création d'agences publiques dans les années 1980. L'Agence d'exécution des travaux d'intérêt public contre le sous-emploi (Agetip), chargée de la construction des infrastructures, notamment routières, en a constitué le fleuron. La multiplication des agences au cours des années 2000 est apparue comme un détournement par l'État de cet outil au service de ses logiques clientélistes. Ainsi, dans le gouvernement de novembre 2006, on comptait 27 agences *ad hoc*, doublant peu ou prou des ministères privés de substance (Magrin, 2007a). Une loi votée en février 2009 pour améliorer l'efficacité de l'action publique en coordonnant mieux les agences et les ministères est éloquente sur les dysfonctionnements observés : on reproche aux agences leur redondance[36], l'opacité et les difficultés de suivi de l'exécution budgétaire[37], et surtout leur coût très élevé[38]. Au Sénégal comme dans de nombreux autres pays, la multiplication des agences a donc représenté une manière pour les élites au pouvoir d'investir des espaces de liberté institutionnelle initialement aménagés sous l'égide de la Banque mondiale, exerçant une concurrence déloyale – et un dédoublement de coûts absurde – sur des ministères réduits à l'indigence depuis l'ajustement structurel.

*Des évolutions récentes*

Les pratiques de l'aide ont évolué. À la fin des années 1990, les stratégies nationales de réduction de la pauvreté (SNRP), adoptées sous l'égide de la Banque mondiale, sont censées permettre à la fois le retour de l'État dans le pilotage de la stratégie de développement et l'ouverture de leur définition à d'autres acteurs, comme ceux de la société civile. La portée de l'amélioration en question est cependant limitée, parce que ce sont les donateurs qui pilotent le processus et que tous les acteurs en sont conscients (Raffinot, 2009 : 182).

Plusieurs conférences et déclarations à Monterey (2002), Paris (2005), Doha et Accra (2008) dessinent un contexte post-consensus de Washington (Raffinot, 2009 : 173). L'aide semble moins géopolitique que par le passé et plus articulée aux objectifs du millénaire pour le développement (OMD). La conditionnalité – l'aide étant versée contre des améliorations de gouvernance –

36 Le seul secteur de la construction des routes est partagé entre l'Agence nationale pour l'organisation de la conférence islamique (Anoci), l'Agence pour la promotion de l'investissement et des grands travaux (Apix) et l'Agetip.

37 Les agences sont censées offrir une souplesse, gage d'efficacité, par opposition aux lourdes procédures de l'administration ministérielle.

38 Les cadres dirigeants ces agences – très souvent des fonctionnaires détachés – ont des salaires beaucoup plus élevés que ceux de la fonction publique, et des moyens de travail très supérieurs (véhicules, etc.). Ceci explique que les postes dans de telles organisations soient très recherchés.

semble dépassée, au profit d'un engagement réciproque des gouvernements africains à améliorer la gouvernance et des donateurs à augmenter l'aide (Collier, 2005 : 10).

La déclaration de Paris marque le retour de l'aide budgétaire, inscrite dans des politiques nationales en principe harmonisées (Raffinot, 2009 : 183). Mais les résistances à l'application de ces principes montrent la complexité des intérêts associés à la rente de l'aide : les ministères veulent gérer « leurs » projets sans tutelle du ministère des Finances, les bailleurs restent soucieux de la visibilité de leur coopération, les États receveurs font jouer la concurrence entre bailleurs… (Raffinot, 2009 : 190).

Il reste que l'arrivée de nouveaux bailleurs, notamment la Chine, aux logiques d'intervention apparemment très différentes de celles des acteurs traditionnels de l'aide[39], incite ces derniers à en redéfinir les règles du jeu.

*Les perversions de la rente alimentaire*

La question de l'aide alimentaire[40] illustre bien les ambiguïtés des rentes de l'aide dans leurs rapports au territoire. Depuis les famines sahéliennes des années 1970-1980, l'aide alimentaire est régulière dans tous les pays sahélo-sahariens (Mauritanie, Mali, Niger, Tchad, Burkina Faso), où certaines régions structurellement déficitaires[41] bénéficient de flux annuels importants. Gérée par quelques bailleurs plus ou moins spécialisés, dont les plus importants sont le Programme alimentaire mondial (PAM), l'USAID, l'Union européenne, la coopération française et certaines ONG, elle répond en principe au décalage entre la croissance démographique et la capacité de réponse des systèmes agricoles, mais aussi aux aléas climatiques et aux crises d'origines diverses.

Au cours d'une première phase, lors des années 1970-1980, l'aide alimentaire était livrée principalement en nature. Sa composition reflétait les excédents agricoles des principaux donateurs. Les États-Unis distribuaient du sorgho et du riz, l'Union européenne du maïs et du blé. Les céréales étaient destinées à être vendues à prix subventionnés au bénéfice des offices nationaux de céréales. Ces offices ont été créés dans les années 1960 dans la continuité de systèmes de gestion des stocks datant de l'époque coloniale, puis renforcés dans les décennies de sécheresse suivantes (Harris, 1982 ; Arditi, 2005 : 650-651). Ils ont ainsi survécu tant bien que mal à l'ajustement structurel, bénéficiant, d'une manière

39 L'aide chinoise ne s'accompagne pas de conditionnalités en matière de gouvernance ou de démocratie. Elle répond aussi mieux que l'aide « occidentale » à certains besoins immédiats des dirigeants africains (cf. chapitre 9).

40 Les discussions avec Claude Arditi m'ont aidé à rédiger ce paragraphe. Qu'il en soit remercié.

41 Leur définition par les bailleurs intègre largement les imaginaires territoriaux : le Nord-Cameroun est vu de Yaoundé comme un avant-poste du Sahel affamé, le Sud du Tchad, depuis Ndjaména, fait figure de région favorisée. Or, les conditions agroclimatiques et les enjeux de sécurité alimentaire y sont comparables (Teyssier *et al.*, 2005).

paradoxale, de l'influence de la vogue néolibérale. Car selon l'approche économiciste sur les prix et l'efficacité des marchés alors dominante, l'intervention d'une structure para-étatique suffit pour rendre le marché transparent (Berg, 1977). Ces offices étaient alimentés à travers des fonds de contrepartie fournis par la vente de l'aide alimentaire internationale. Ils étaient censés contribuer à la stabilisation des prix en vendant des céréales au « juste prix » en période de tension sur les marchés. Au cours d'une deuxième phase, dans les années 1990, l'Europe, la France et le PAM ont remplacé le plus souvent possible l'aide en nature par le financement d'achat de céréales sur les marchés locaux ou régionaux, à travers des fonds de substitution (Arditi, Yung, 1990; Egg, Gabas, 1997).

La question des effets de l'aide alimentaire sur les systèmes agricoles nationaux est complexe. Une vision courante accrédite l'idée de forts impacts désincitatifs de l'aide alimentaire sur l'agriculture des pays bénéficiaires : la vente de céréales à bas prix concurrencerait les paysans nationaux. Faute d'études d'envergure qui en apporteraient la démonstration générale, il convient d'envisager une diversité de situations. Une étude menée au Tchad montre ainsi que l'aide européenne au cours des années 1980 n'a pas concurrencé les céréales locales (Arditi, 1989) : le maïs destiné à être vendu à bas prix pour alimenter le fonds de contrepartie de l'Office national des céréales (ONC) était vieux, de qualité médiocre. Sa transformation en farine, préalable à la confection de la « boule[42] », nécessitait un passage au moulin mécanique qui en augmentait le coût. De plus, du fait de l'engorgement des ports camerounais, il est arrivé tard sur le marché, après le moment de plus forte pénurie. Il a donc peiné à trouver preneur et a dû être bradé.

De même, on a souvent reproché à l'aide alimentaire de contribuer à l'évolution des habitudes alimentaires, ce qui favoriserait le progrès de céréales importées au détriment des productions locales. À nouveau, la question est trop complexe pour autoriser des réponses univoques. Au Tchad, quand arrive le maïs de la Communauté économique européenne (CEE) en 1984-1985, il ne trouve pas preneur. Aujourd'hui, le maïs a manifestement gagné du terrain dans le pays, et tout le monde en mange à Ndjaména (Assouyouti, 2009). Mais ces changements ne s'expliquent-ils pas aussi du fait des changements de fond liés à l'urbanisation ? Et parce que la disponibilité du maïs national sur le marché a également augmenté ? Le maïs du lac Tchad arrive en effet à Ndjaména régulièrement grâce à une route goudronnée construite en 1994 et financée par… l'Union européenne (cf. chapitre 8).

42 Pâte confectionnée à base de farine de céréales (sorgho, maïs, riz, etc.) cuite à l'eau, auquel un moulage dans une calebasse donne la forme sphérique qui lui donne son nom. La « boule » s'accompagne de sauce ; c'est la base de l'alimentation au Tchad, comme dans la plupart des pays sahélo-soudaniens, où elle porte des noms différents.

Quoi qu'il en soit, l'aide alimentaire constitue une dimension importante des rentes associées à l'aide. Elle est d'une part un sujet de négociation régulier entre les gouvernements et les bailleurs : chaque année, dans chaque pays, l'évaluation des besoins prend la forme d'une négociation serrée où le gouvernement concerné cherche à obtenir un haut niveau d'aide[43] et où les bailleurs rivalisent entre eux (l'Union européenne ne voulant pas apparaître en retrait face à l'habituelle générosité américaine dans ce domaine). Depuis quelques années, les principaux acteurs internationaux de l'aide alimentaire ont financé des projets coûteux destinés à améliorer leurs diagnostics, au moyen de méthodes sophistiquées utilisant la télédétection. Ceux-ci ne suffisent pas cependant à éliminer les débats sur la gravité de la situation, comme au Niger en 2005 (Olivier de Sardan, 2007).

L'aide alimentaire constitue, d'autre part, un des nerfs du clientélisme interne. En temps d'ajustement structurel, la distribution régulière de vivres semble parfois tenir lieu de politique agricole. Les céréales, conditionnées sous forme de sacs de 50 kg, sont d'un maniement facile, et une signification symbolique importante leur est attachée. Alors que la culture de l'État-providence continue d'habiter le thème de la sécurité alimentaire malgré le recul de l'État des années 1980 (Teyssier *et al.*, 2005 : 675), pour les élites au pouvoir, la participation de l'État à la distribution de l'aide alimentaire contribue à sa légitimation, tout en entretenant les canaux clientélistes. La gestion des offices céréaliers s'est ainsi souvent accompagnée de l'opacité et des dysfonctionnements qui entourent les intérêts centraux de l'État. Au Tchad, sous Hissein Habré, fonctionnaires et militaires ont eu accès à des céréales de l'aide alimentaire à crédit et n'ont jamais remboursé. De même, les listes de commerçants habilités pour distribuer l'aide européenne comptaient-elles en grande majorité des affidés du régime, sans aucun antécédent dans le commerce (Arditi, 1989).

Démocratisation et décentralisation ne semblent pas avoir atténué cette dimension clientéliste de la distribution alimentaire, bien au contraire. *Guelwaar* montre combien, au Sénégal, un saupoudrage généralisé est considéré plus efficace sur le plan électoral qu'une distribution ciblée, même si tous les espaces n'ont pas des besoins égaux. De telles observations ont pu être faites également au Mali (Arditi, 2008) et ailleurs.

Face aux difficultés observées, certains bailleurs, comme l'Union européenne, essaient d'éviter l'aide non ciblée. Une des pistes suivies a été de financer la construction de greniers communautaires, dont on attend à l'échelle locale les mêmes effets modérateurs sur les prix que ceux des offices nationaux de céréales à l'échelle nationale. Mais ces systèmes n'ont généralement pas atteint leurs objectifs. Au Nord-Cameroun et au Tchad, par exemple (Arditi,

**43** Le cas inverse est aussi possible, où un gouvernement conteste ou minimise une crise alimentaire déclarée par les organisations internationales.

2005 ; Teyssier *et al.*, 2005), ils ne sont pas parvenus à gérer l'irrégularité fondamentale des productions céréalières : les achats sont souvent effectués trop tard, quand les zones les plus vulnérables deviennent inaccessibles. Or, les stocks doivent alors être écoulés lors des années suivantes. Si les pluies sont bonnes, les années d'après-crise sont caractérisées par des productions abondantes, les paysans répondant souvent à des disettes par une augmentation de leurs productions vivrières. L'aide alimentaire subventionnée contribue alors à faire baisser des prix déjà bas, limitant les bénéfices que les paysans auraient pu tirer de leur production. En outre, étranglés par la contradiction entre les logiques sociales de solidarité et les impératifs de rentabilité, ces greniers font souvent faillite. La continuité des appuis que les bailleurs leur apportent s'assimile donc à de la distribution gratuite déguisée, puisque les fonds de roulement sont constitués sur des crédits qui sont rarement remboursés (Arditi, 2008).

*Une aubaine environnementale ?*

Selon le même principe de transformation de la pénurie en ressource, l'environnement participe depuis longtemps en Afrique des logiques extraverties pourvoyeuses de rentes, sous des formes récemment renouvelées. Les sécheresses des années 1970-1980 ont constitué de ce point de vue un moment déclencheur. La création du Cilss (Comité permanent inter-États de lutte contre la sécheresse au Sahel) en 1973, en partenariat avec celle du Club du Sahel de l'OCDE, servit de cadre à des analyses régionales[44] articulant enjeux de sécurité alimentaire et de gestion des ressources naturelles. Celles-ci ont inspiré des projets, déclinés le plus souvent à l'échelle nationale, empruntant les canaux habituels de l'aide, comme les programmes gaz et solaire de la Communauté économique européenne dans les années 1990 (Minvielle, 1999), ou les programmes Stratégie énergie domestique appuyés par la Banque mondiale au cours de la décennie suivante. Entre planification de l'aménagement forestier et gestion décentralisée des ressources, ceux-ci connurent des résultats mitigés (cf. chapitre 7). Les aires protégées, quant à elles, relèvent de logiques un peu différentes qui sont celles de l'enclave (cf. chapitre 6).

Certains projets récents présentent cependant une plus grande originalité : à la différence de ceux qui viennent d'être rapidement évoqués, ils sont initiés par des chefs d'État africains et croisent ambitions politiques recouvrées des États, velléités d'intégration africaine et recherche opportuniste de rentes exogènes. Ils constituent ainsi de parfaits objets pour des études à poursuivre en *political ecology* (cf. planche 3).

44 Notamment à travers le centre régional d'Agrhymet, outil du Cilss chargé de produire et de diffuser de l'information et de la formation sur la sécurité alimentaire et la gestion des ressources naturelles.

## Planche 3 : Rentes environnementales

**PHOTO 7** *« Unis contre l'avancée du désert » (rencontres de Ndjaména sur l'environnement, octobre 2009).*

*La hantise de l'« avancée du désert » sert surtout à mobiliser l'aide, contre toute évidence scientifique.*

**PHOTO 8** *« Limite sud du Sahara » (avril 2006).*

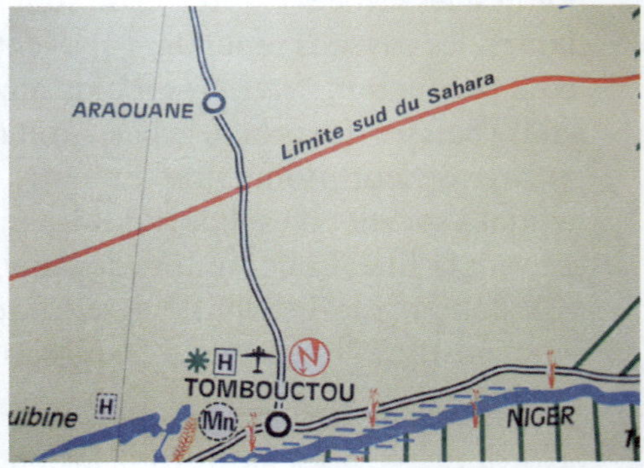


*Elle s'appuie sur des représentations simplifiées : la limite (rouge) du désert désigne le front à défendre (par la « Grande muraille verte »).*

**PHOTO 9** *Parcs nationaux ou enclaves environnementales mondialisées ?*

*Les parcs nationaux doivent articuler patrimonialisations locale, nationale et mondiale (ici, parc national du Niokolo-Koba, Sénégal oriental, février 2006). Si la définition d'aires protégées facilite le drainage de l'aide environnementale internationale, elle expose aux critiques de l'« aide verte ». La plaque en hommage à Jacques Lacroix (« Éditeur français. Ami des bêtes ») repose sur le support bien connu des noms de rues parisiens. Mais que pensent les populations riveraines privées de l'accès à leurs ressources naturelles de leur intégration au 21e arrondissement de la capitale française ?*

Le projet de Grande muraille verte est de ceux-là : l'idée fut lancée en 2005, et la formule forgée par le président Wade, grand amateur en la matière. Une bande reboisée de 15 km de large sur 7 000 km de long, du Nord-Sénégal à Djibouti, en passant par le Tchad, est censée contenir l'« avancée du désert » (voir Huet, 2010). L'instrumentalisation de la thématique environnementale semble un peu grossière : chacun sait, ou presque, que le désert n'avance pas, mais que le climat dépend de la circulation des grandes masses d'air ; surtout, les échecs d'innombrables projets de reboisement menés par les corps des Eaux et Forêts ou les villageois au cours des dernières décennies dans de nombreux pays africains laissent sceptique sur les chances d'une pareille initiative. Le nom du projet – la Grande muraille verte – frappe en revanche par sa référence explicite à un des géosymboles les mieux connus de la puissance émergente du moment, la Chine. La couleur verte est celle de l'écologie, bien sûr. Mais l'enthousiasme de feu le dirigeant libyen Mouamar Kadhafi pour le projet, et ses engagements financiers en sa faveur rappellent qu'elle est aussi celle de l'islam dont il habillait volontiers – quoique pas toujours très adroitement, dans les pays multiconfessionnels – ses lubies panafricanistes.

Quoi qu'il en soit, les concepteurs du projet ont le mérite de le présenter sous un jour novateur (voir Dia, Duponnois, 2010[45]) : ils admettent volontiers que la « grande muraille » n'est qu'un slogan mobilisateur – d'ailleurs relativement efficace, le Fonds pour l'environnement mondial ayant engagé quelques centaines de millions de dollars –, pour mettre en œuvre à grande échelle des programmes de développement durable intégrés en milieu rural, associant reboisement par des espèces adaptées, aménagement de bassins de rétention, développement d'activités génératrices de revenus, etc. Le projet se veut ainsi un exemple de « modèle multisectoriel de développement intégré des zones arides » (MDI/ZA), associant des actions contre les effets de la désertification aux vertus d'un mécanisme de développement propre, du fait de la capacité de séquestration de carbone des écosystèmes mis en place. Doit-on voir une énième usine à gaz ou une innovation audacieuse dans cette manière d'agréger de manière composite vieilles lunes (gestion de terroir, reboisement) et nouvelles modes (projet panafricain émargeant aux dispositifs de régulation climatiques globaux) du « développement durable » ? Au-delà de l'irréprochable maîtrise du langage du développement de ses promoteurs, les résultats dépendront de la continuité des actions engagées et des financements, de la qualité des dispositifs d'accompagnement que chaque État saura mettre en place, et surtout de la correspondance des innovations proposées avec les besoins et les capacités des ruraux censés en être bénéficiaires. Le mobile rentier ne fait

---

**45** L'implication d'une institution de recherche comme l'IRD dans l'édition d'un tel ouvrage, aux enjeux politiques évidents, laisse cependant perplexe ; elle nécessiterait de plus amples analyses dans le cadre d'une approche de *political ecology*.

aucun doute, sans épuiser la capacité du « développement » à introduire des changements, souhaités ou imprévus.

Une continuité de longue durée caractérise donc les relations entre États et territoires en Afrique : de la période précoloniale à l'ère des indépendances en passant par l'épisode de la colonisation, les difficultés opposées par la géographie (sous-peuplement, distances) ont amené les détenteurs du pouvoir à mettre l'accent sur la captation de rentes tirées des relations avec l'extérieur plutôt que sur la valorisation d'économies endogènes. Cette recherche de rentes a profondément influencé l'organisation spatiale et les spécialisations des territoires. Les choix réalisés au début de l'époque coloniale ont imposé des zonages agroclimatiques répondant à des logiques impériales, qui, malgré les difficultés ultérieures des filières, perdurent jusqu'à présent.

En réponse aux fragilités de la monodépendance et aux crises des dernières décennies, on a observé partout une tendance à la diversification des systèmes rentiers, qui se complexifient sans changer de modèle. Au sein de chaque pays, des sources de rentes (agricole, minière) en nombre croissant cohabitent désormais avec une aide internationale multiforme. La diversité de ces activités pourvoyeuses de rentes se décline dans des rapports aux territoires très différents : les cultures commerciales d'exportation fournissent des rentes à l'État, mais constituent une activité productive pour des millions de producteurs. À l'opposé, l'aide valorise la pauvreté, qui fonctionne alors comme ressource. Tantôt indispensable à la survie des plus démunis, tantôt coupable de perturber les institutions et les économies locales, elle cristallise des débats passionnés. Quoi qu'il en soit, la multiplication de ces ressources ne permet au mieux que d'atténuer la dépendance associée à l'extraversion.

# 2. Des rentes géographiques en marge de l'État

> « Après avoir marché pendant des jours et des jours, je suis arrivé au bord d'une mer. Elle était si dangereuse, cette mer-là, que plusieurs milliers de gens y avaient chaque année perdu la vie à vouloir la traverser [...]. En revanche, ceux qui avaient réussi à la traverser et à atteindre l'autre rivage, ils étaient revenus chargés de richesses considérables. Et c'est ça qui m'attirait, pardi, ces richesses! »
>
> Amos Tutuola, *La femme plume*, 1962

Les logiques rentières ne concernent pas que les États. La géographie – vue comme l'implication de la localisation des lieux, des hommes et des ressources les uns par rapport aux autres, et les relations qui en découlent – fournit de nombreuses rentes, qui bénéficient à une gamme d'acteurs plus large que celles directement contrôlées par les États. Des phénomènes aussi différents que le tourisme, les échanges transfrontaliers, les flux criminalisés ou l'émigration internationale procèdent au moins en partie de mécanismes rentiers. Des acteurs étatiques peuvent y être impliqués, mais en marge du fonctionnement normal de l'État. Les cas que nous étudions ont en commun d'entretenir avec le développement des relations dans le meilleur des cas ambivalentes, sinon négatives, traduisant le mode d'insertion dominé de l'Afrique dans la mondialisation et les fragilités qui y sont associées.

Ce chapitre nous conduira aux limites de la notion de rente. Il s'agira alors de distinguer les configurations qui participent de l'interrogation centrale de cet essai, visant à comprendre les dynamiques territoriales des systèmes rentiers, conçus comme des systèmes spatiaux vivant en grande partie de flux de ressources exogènes.

## 1. Les rentes de situation

### *1.1. Au commencement étaient... les rentes foncières*

Le foncier occupe une place importante dans l'histoire du concept de rente. Alors même que la science économique peine à intégrer le sol et l'espace dans ses théories (Guigou, 1980), la rente foncière – en relation avec la croissance démographique et la production agricole – illustre la théorie de la rente (Ricardo, 1817). Le modèle de von Thünen (1826) montre l'influence de la distance, qui détermine le coût du transport, sur la spécialisation agricole autour des villes, et sur la rente que l'on peut attendre du foncier qui en est le support.

En Afrique, les enjeux de création et de captation des rentes foncières, tirées des droits de monopole détenus par certains sur des portions d'espace, opposent le milieu urbain aux espaces ruraux.

*Les rentes foncières urbaines, entre morcellement et politique*

Le foncier urbain est sans doute le premier pourvoyeur de rente de situation, du fait de l'ampleur prise par l'urbanisation (cf. chapitre 8). À l'époque coloniale, c'est en ville qu'un droit foncier privé d'inspiration métropolitaine a d'abord été introduit. Les groupes occupant les espaces destinés à recevoir les villes principales réussirent parfois à faire reconnaître leurs droits sur ces espaces, se taillant des domaines fonciers qui acquirent une grande valeur, comme les Mpongwé à Libreville (Lasserre, 1958), les Dwala à Douala ou les Lébou sur la presqu'île du Cap-Vert, site d'extension de la métropole dakaroise (Seck, 1970). Ces emprises ne furent généralement pas transformées en capital politique, et leur influence sur le marché urbain fut progressivement limitée par les ventes successives, l'extension et la croissance démographique des villes.

Pour les élites politiques ou économiques, l'acquisition de parcelles, d'immeubles ou de villas est centrale dans les stratégies individuelles. L'accès aux canaux de l'administration – notamment les Domaines et le Cadastre[1] – favorise ces positions d'accumulation. Cela vaut tout autant pour des citadins moins fortunés, notamment les simples fonctionnaires, pour qui l'investissement immobilier constitue une assurance face aux incertitudes économiques, voire en prévision de leur retraite (Janin, 2006 : 221). D'une manière générale, l'instabilité politique, la rapidité de la croissance des villes principales, la pluralité des instances productrices de l'espace urbain (services des Domaines et du Cadastre, mairies, ministère de l'Urbanisme et de l'Aménagement du territoire, sociétés étatiques d'aménagement, projets aidés, promoteurs privés, etc.) et la complexité socio-économique des marchés fonciers n'ont pas permis à des groupes restreints cohérents de prendre sur une longue durée le contrôle du foncier à l'échelle des agglomérations[2]. Cela n'enlève rien aux jeux de pouvoir et aux inégalités qui définissent l'accès au sol urbain.

Les enjeux géographiques et politiques du contrôle des ressources foncières urbaines constituent des objets d'étude de choix. Mais ils demeurent en marge de notre approche des systèmes rentiers, qui met l'accent sur les implications des flux de ressources exogènes vers les territoires.

1 Ces services ont joué un rôle central dans la production de l'espace urbanisé. L'histoire et l'influence de leurs agents restent à mieux documenter (voir Bayart, 1989 : 113-114).

2 À Ndjaména, de nombreux généraux se sont vu attribuer des terrains importants occupés par le maraîchage dans le quartier de Sabangali, proche du fleuve, où ils commencèrent à construire des « châteaux » (selon l'expression populaire locale). Mais les disgrâces consécutives aux événements de 2008 (cf. *infra*) ont abouti à la remise en cause de certaines de ces affectations.

*Le foncier rural, ou la réforme impossible*

En milieu rural, en dehors de quelques périmètres d'intervention particuliers, le droit colonial puis les lois nationales adoptées au début des années 1960 sont fondés sur le principe d'une propriété éminente de l'État sur les terres, cohabitant avec une gestion coutumière de l'utilisation de celles-ci (voir Le Bris *et al.*, 1982). Au Sénégal, par exemple, l'essentiel de l'espace rural relève du domaine national, où les droits d'usage coutumiers peuvent être reconnus par l'État sous la forme d'affectation foncière, moyennant le respect de certains critères[3]. La vente et la location des terres ne sont pas autorisées. Dans la plupart des communautés paysannes d'Afrique soudano-sahélienne, les droits fonciers « traditionnels » sont hérités d'accords passés entre les forces chtoniennes locales et les premiers occupants, à l'origine des premiers défrichements. Dans un contexte caractérisé par de faibles densités démographiques, les lignages descendant de ces pionniers se partagent les domaines fonciers et peuvent concéder des droits d'usage à de nouveaux arrivants sur le terroir qui en font la demande. Dans la majorité de ces systèmes, il n'y avait pas de rente foncière donc, si ce n'est un pouvoir sur la terre conservé par les descendants des premiers arrivants[4].

Or, dans la plupart des pays d'Afrique de l'Ouest, le *statu quo* foncier hérité du début des années 1960 ne tient plus. La juxtaposition de règles coutumières et nationales non articulées entre elles ou leur non-application produisent des situations de flou favorables à toutes les tensions (voir sur le sujet Anseeuw, Alden, 2010). La croissance démographique et celle des besoins alimentaires des villes créent des marchés fonciers informels dans les zones où les terres sont les plus convoitées, comme les fronts et les zones périurbaines, les terres neuves, les terres inondables et irrigables (voir Blanc-Pamard, Cambrézy, 1995). Des stratégies de spéculation foncière voient le jour dans les zones de culture commerciale. Ceux qui en ont les moyens sociaux se taillent des domaines les plus vastes possible, sans avoir toujours les moyens de les mettre en valeur, ou de façon très extensive. Les rentes foncières qui résultent de ces pratiques accroissent les inégalités au sein des sociétés paysannes sans aboutir à une intensification de l'exploitation des terres. Ainsi, sur les rives du lac Tchad, les détenteurs des meilleures terres inondables donnent parfois en métayage leurs terres à des ruraux pauvres qui n'ont pas les moyens de les exploiter de façon intensive (Magrin *et al.*, 2010). Devant les enjeux de modernisation et d'investissement agricole, le besoin d'une redéfinition des règles du jeu foncier se fait partout sentir. Mais la sensibilité de la question est si grande, après le rôle

3 Certains d'entre eux ont conservé une imprécision qui a suscité d'amples débats : par exemple, l'affectataire doit être « de la communauté rurale » (originaire de la communauté rurale ? ou résident ?), la terre est affectée moyennant sa « mise en valeur », sans que les caractéristiques de cette mise en valeur soient définies.

4 Souvent, le pouvoir est partagé entre chefs de terre et chefs politiques issus de lignages différents, qui reflètent l'intégration de plusieurs strates de peuplement.

joué par la réforme foncière dans le conflit ivoirien (Chauveau, 2000), que les gouvernements se hâtent d'attendre.

Les partisans d'une clarification des règles en vue d'une privatisation du foncier mettent en avant l'égalité de traitement avec les citadins. Pourquoi les ruraux ne pourraient-ils être propriétaires de leurs terres, alors que les citadins le peuvent depuis longtemps ? Ils soulignent aussi les enjeux de la modernisation agricole, la propriété privée permettant d'hypothéquer des terres, en échange de prêts bancaires pour l'aménagement des terres (pour l'irrigation, par exemple) ou l'équipement. Ils évoquent encore les besoins de financement des jeunes collectivités locales, à qui on demande de gérer des terres sans qu'elles puissent y être fiscalement intéressées. Pour eux, la seule issue aux problèmes fonciers réside dans un cadastrage des terres, assorti de l'instauration d'une propriété privée à l'occidentale, censée permettre l'investissement et la modernisation[5].

D'autres[6] dénoncent les risques sociaux et politiques encourus par la légalisation de la marchandisation des terres, qui pourrait notamment conduire à une prolétarisation de nombre de petits agriculteurs – obligés de vendre leurs terres, lors d'années difficiles, pour ensuite s'employer comme manœuvres chez les plus riches paysans, chez des néopaysans citadins, ou encore dans des exploitations agro-industrielles détenues par des capitaux nationaux ou internationaux. Une marginalisation accrue des éleveurs, dont la mobilité et la légèreté de l'empreinte spatiale définissent des droits fonciers ténus, serait aussi à redouter. Ils insistent ainsi sur le besoin prioritaire de sécurisation des droits fonciers des ruraux et militent pour des innovations institutionnelles capables d'articuler droit moderne, règles traditionnelles et pratiques hybrides, comme la réforme des « petits papiers » mise en œuvre à Madagascar (Teyssier *et al.*, 2009).

Derrière la légalisation de la rente foncière, à travers la définition d'outils réglementaires compatibles avec les pratiques, ce sont des conceptions politiques opposées des trajectoires de développement qui s'affrontent. La promotion d'une agriculture capitaliste ouverte aux investissements étrangers fournirait probablement plus d'opportunités de rentes pour l'État que la défense de la modernisation de l'agriculture familiale. Les dirigeants africains, s'ils semblent tentés par une option qui aurait l'avantage de concilier les souhaits des bailleurs de fonds, l'ambition de promouvoir des changements rapides et leurs intérêts individuels, n'en demeurent pas moins prudents, car conscients de ses implications sociales explosives.

5 Sur la politique de la Banque mondiale en Côte d'Ivoire, voir Bassett (1995).

6 Voir la présentation des termes du débat dans le document du Conseil national de concertation et de coopération des ruraux (CNCR, 2004), qui traite du Sénégal, mais revêt une portée plus générale. Les auteurs se rangent en faveur d'une sécurisation des droits fonciers de l'agriculture paysanne, qui éviterait les risques d'une privatisation simple de la terre.

### *1.2. Les frontières, source de rentes décentralisées ?*

Les frontières nationales sont nées avec les États-nations. Des phénomènes de rente y sont associés, qui reflètent l'originalité des frontières africaines, caractérisées par une relative autonomie par rapport à l'État.

En Afrique, les frontières ont été largement décriées : elles seraient des séquelles négatives de la séquence coloniale, arbitraires dans leurs tracés, néfastes dans leurs conséquences économiques, séparant des peuples unis par la langue et l'histoire, conduisant à une balkanisation d'un continent dont elles seraient pour partie responsables des conflits (Jackson, Rosberg, 1985 : 46 ; Davidson, 1992). Les dirigeants africains s'y sont pourtant peu intéressés : le dogme de l'intangibilité des frontières issues de la décolonisation, énoncé dès sa fondation en 1964 par l'Organisation de l'unité africaine (OUA) et jamais véritablement remis en cause depuis lors malgré de menus ajustements[7], ôte à la frontière l'importance qu'elle avait pu avoir dans la formation de l'État, comme en Europe (Herbst, 2000 : 103-104). Il est tôt pour dire si la création de la République du Soudan du Sud en juillet 2011 marquera une exception ou le début d'une nouvelle ère.

En revanche, un courant scientifique, porté notamment par des géographes, insiste sur les dynamiques liées aux frontières et aux échanges transfrontaliers en Afrique (voir notamment Bennafla, 2002 ; Igué, 2006 ; Walther, Retaillé, 2008 ; et le réseau Aborne[8]). Les potentiels frontaliers – la création de valeur par le jeu sur les différentiels induit par l'existence des frontières – animent les territoires riverains. Dans des économies de peu, ce sont en effet les mécanismes de circulation des biens et de la monnaie qui permettent les prélèvements de plus-value (Debrie, Steck, 2001 : 34). L'étude des espaces frontaliers[9] révèle en réalité le caractère structurant des « périphéries nationales », tant du point de vue de l'identité et de l'espace vécu par les populations que du fonctionnement économique (Igué, 2006 : 11-12). La taille et la configuration des territoires dessinent même des « pays frontières » comme le Bénin, « État-entrepôt » (du Nigeria) selon Igué, Soulé (1992), ou la Gambie.

Les relations entre les États et ces frontières sont ambiguës : les acteurs informels se plaignent des règles étatiques et des contrôles douaniers, alors même que ce sont ces dispositifs qui font le dynamisme et la rentabilité du négoce (Grégoire, Labazée, 1993). Les binômes ou trinômes frontaliers (cf. planche 4) créent de véritables rentes de situation, comme celles qu'on observait à la fin

---

7 Les conflits armés dont les frontières sont les enjeux sont peu nombreux par rapport à l'ensemble de ceux qu'a connus le continent en cinquante ans d'indépendance : Tchad/Libye autour de la bande d'Aouzou, Somalie/Éthiopie, Mali/Burkina Faso…

8 African Borderlands Research Network, dirigé par Paul Nugent : http ://www.aborne.org/.

9 Pour une étude extrêmement détaillée des frontières du Sénégal et de l'Afrique de l'Ouest depuis leur origine, voir Kane, 2010.

des années 1990 à la frontière de la Côte d'Ivoire et du Ghana, à partir des différentiels de prix et de fiscalité des filières cacao (Stary, 1997), ou dans le triangle frontalier Gaya-Malanville-Kamba (Niger, Bénin, Nigeria), où la réexportation des voitures, le commerce des fripes et des céréales valorisent l'ingéniosité d'hommes d'affaires maîtrisant les réseaux de clientèle de part et d'autre des frontières (Walter, Retaillé, 2008 : 116).

Les frontières terrestres africaines fournissent une faible part des recettes budgétaires officielles des États, d'autant que la mise en place de zones de libre échange régionales – la Communauté économique des États de l'Afrique de l'Ouest (Cedeao) et l'Union économique et monétaire ouest-africaine (Uemoa) en Afrique de l'Ouest, la Communauté économique et monétaire d'Afrique centrale (Cemac) en Afrique centrale – limite la taxation des productions nationales. Les agents de l'État sont pourtant omniprésents et fort nombreux à leurs abords, où ils vivent des innombrables prébendes captées sur les flux transfrontaliers[10].

Ainsi, les rentes frontalières n'ont pas le caractère concentré des habituelles rentes étatiques. Elles permettent une intégration régionale par le bas, qui se constitue dans la tension entre des solidarités socioculturelles, des réseaux marchands transfrontaliers connectés aux marchés internationaux et les points de passage contrôlés par l'État, ou plutôt par les agents qu'il y délègue.

La plasticité dynamique de ces zones frontalières peut cependant entrer en concurrence avec des stratégies économiques de l'État. Ainsi, au Sénégal, l'industrie sucrière nationale vit sous la menace continuelle de la contrebande du sucre importé par les frontières gambiennes ou mauritaniennes. Celle-ci anime notamment, le long du fleuve Sénégal, entre Richard-Toll et Saint-Louis, et entre la Gambie et Kaolack, un ballet de trafiquants de tout poil à pied, mobylette, en charrette ou véhicule tout-terrain. Dans ces pays hors zone franc sans industrie sucrière, le sucre arrive au prix mondial, le plus souvent du Brésil. Or, au Sénégal, l'État garantit depuis 1971 un prix de vente avantageux à la Compagnie sucrière du Sénégal (CSS), une entreprise du groupe français Mimran, pour compenser des coûts de production – en énergie notamment – qui ne seraient pas compétitifs. Les Sénégalais paient leur sucre au prix fort[11], mais la CSS constitue le premier employeur du pays hors fonction publique ; elle fait littéralement vivre la ville moyenne de Richard-Toll (près de 50 000 habitants) et anime indirectement le commerce et l'agriculture des espaces ruraux voisins, entre haut delta et moyenne vallée du Sénégal, ainsi que plusieurs entreprises formelles sous-traitantes dans les domaines du

10 Voir la riche description de la frontière tchado-camerounaise entre Ndjaména et Kousseri dans Debos, 2009 : 11-14.

11 Un kilogramme de sucre de la CSS vaut 700 Fcfa en juillet 2010, contre 350 Fcfa pour du sucre « mauritanien ».

transport, de l'assurance, de la fourniture d'intrants[12], etc. L'encouragement donné à la CSS s'intégrait dans une vision d'aménagement du territoire national valorisant la Vallée.

La confrontation entre rentes d'importation et logiques du développement (régional ou national) pose la question banale mais centrale des conditions dans lesquelles une production africaine peut s'imposer dans une économie mondialisée. L'habileté du groupe Mimran à défendre ses intérêts face à l'État sénégalais a jusqu'à présent permis de conserver un équilibre lié à la protection légale qui confère un statut clandestin aux importations de sucre. La CSS se développe et la contrebande fonctionne, au rythme spasmodique de l'évolution du différentiel de prix du sucre et des taux de change, ainsi que des efforts déployés par la douane. Nous verrons (*infra*, chapitre 8) que toutes les productions nationales ne sont pas logées à la même enseigne. Mais cette protection ne peut-elle à son tour être considérée comme une rente (de monopole) ? L'avantage donné à l'une (la rente de monopole sur la production et la distribution du sucre) face à l'autre (les rentes associées aux importations) résulte d'un arbitrage de l'État, dont les déterminants se situent probablement entre logiques personnelles de certains fonctionnaires ou hommes politiques et calcul rationnel des retombées collectives, incluant les stratégies propres de l'ensemble des acteurs bénéficiaires du système.

En somme, les différentiels frontaliers fournissent des rentes de passage, de transit. Leurs effets sont partiellement comparables à ceux des rentes des matières premières ou de l'aide : ils contribuent à la structuration de territoires et entrent parfois en contradiction avec les logiques productives internes. Mais ces rentes résultent du jeu décentralisé d'échanges internes. Elles s'écartent ainsi du cœur de cet essai.

### 1.3. *Des rentes de situation nouvelles autour des services : décentralisation des retombées et fragilité de la dépendance*

*Le tourisme, entre intégration culturelle et risques politiques*

Le tourisme peut aussi apparaître comme la valorisation de rentes – climatiques, paysagères, voire culturelles. Il a connu en Afrique de l'Ouest des fortunes très variées. L'insécurité a tué dans l'œuf des stratégies de développement touristique avant qu'elles ne portent leurs fruits et souvent que les investissements soient amortis. En Côte d'Ivoire, l'économie de loisir bâtie autour d'une nombreuse population expatriée (au moins 20 000 personnes, souvent à hauts revenus, dans les années 1990) a été détruite par les crises de 1999-2002. Au Nord-Cameroun, les hôtels construits à Maroua, à Garoua et dans les monts Mandara à la fin du règne du premier président originaire du Nord, Ahmadou

12 La thèse de Karalan Sy, en cours de rédaction (UGB Saint-Louis/Paris Ouest-Nanterre), développera ces aspects.

Ahidjo, sont surdimensionnés, très souvent vides : les dysfonctionnements de l'État dans les années 1990 (grande irrégularité du trafic aérien, nombreux barrages des forces de l'ordre) et surtout les agissements des coupeurs de routes (voir Saïbou, 2010) ont découragé les touristes.

Plus récemment, au Sahara (Niger, Mali, Mauritanie), les rébellions touarègues puis l'activité de groupes islamistes se revendiquant d'Al Qaïda, comme l'Aqmi (Al Qaïda au Maghreb islamique), ont eu le même rôle. Le déplacement surréaliste[13] du célèbre rallye Paris-Dakar en Amérique latine, à partir de l'annulation de la course de 2008, et l'assassinat de quatre ressortissants français dans le Sud de la Mauritanie, en décembre 2007, en ont sonné le glas. Les vieilles villes sahariennes de l'Adrar, Chinguetti et Ouadane, qui attendaient du tourisme un renouveau, devront encore attendre. Il en est de même pour Tombouctou ou Gao.

Au Mali[14], et surtout au Sénégal, l'insécurité n'a pourtant affecté que localement une activité touristique qui tire profit de rentes très géographiques : un tourisme balnéaire de masse s'est esquissé sur la Petite Côte (cf. planche 4) et en Casamance depuis les années 1980-1990 – où les grands hôtels du Cap Skiring fonctionnent sur le mode de l'enclave, limitant par des liaisons aériennes directes avec Dakar et même la France la perte d'affluence enregistrée dans les hébergements villageois, touchés de plein fouet par l'insécurité consécutive au conflit casamançais (voir Foucher, 2003). Malgré une distance et des coûts de transport aérien très supérieurs à ceux des concurrents du Bassin méditerranéen (Maroc, Tunisie, Égypte...), ces deux pays valorisent une recherche d'ailleurs, voire d'exotisme africain, vendable parce que accessible et rassurant : réputation de paix et d'hospitalité des populations, francophonie, s'associent aux services balnéaires habituels (soleil ; plages du Sénégal), aux ressources historiques (villes et sites historiques de Saint-Louis et Gorée au Sénégal, Djenné dans le delta intérieur du Niger, falaise de Bandiagara et pays Dogon au Mali, classés au patrimoine mondial de l'Unesco), naturelles et culturelles (musique, tissus, artisanat). Dans ces domaines cohabitent le meilleur et le pire, des productions artistiques ou artisanales modernes et originales avec un artisanat d'aéroport éhonté, et jusqu'à des tentatives plus ou moins fructueuses pour répondre au goût occidental pour la grande faune africaine[15].

**13** Car le rallye ne change pas de nom.

**14** Les événements de mars 2012 ont vu la prise du Nord du Mali par une coalition hétéroclite de rebelles touaregs et d'islamistes (une branche malienne et des groupes issus d'Aqmi), les seconds ayant rapidement pris l'ascendant sur les premiers. La défaite de l'armée malienne a provoqué un coup d'État à Bamako. Puis un projet d'intervention militaire de la Cedeao sous mandat onusien s'est dessiné lentement durant l'année 2012. L'incertitude liée à cette situation aura pour conséquence de fermer le Septentrion malien au tourisme international et de le limiter fortement dans le reste du pays pour au minimum de longs mois.

**15** Au Sénégal, le parc national du Niokolokoba, en dépit de son intérêt, n'enregistre qu'une affluence limitée : la faune qui a pu échapper aux braconniers basés en Gambie et en Guinée ne semble pas justifier la longueur du trajet à parcourir depuis le Sénégal littoral. La création d'une réserve de faune privée à Bandia,

Le potentiel de développement que l'on peut attendre du tourisme dans les contextes de ces pays se heurte à des contraintes multiples, en dehors même de la lourde hypothèque sécuritaire. D'une part, il est difficile d'augmenter la fréquentation en raison des coûts (de transport aérien notamment), dans un contexte où le principal bassin émetteur (l'Europe) est en crise économique et où la concurrence entre pays du Sud aux stratégies équivalentes est très forte (le Maroc affiche un grand volontarisme). D'autre part, l'avantage constitué par la diversité des formes du tourisme (balnéaire, historique, de faune, culturel, etc.) en représente aussi une limite, car il brouille l'image de la destination. En outre, la montée en gamme de la fréquentation, qui permet des retombées locales plus importantes, paraît pour le moment difficile à atteindre – l'écart socioculturel avec le pays étant très grand, le coût des investissements élevé et leur rentabilité aléatoire. C'est pourtant le choix qui semble avoir été fait au Sénégal avec la construction, entre 2007 et 2010, de plusieurs complexes résidentiels et hôteliers de luxe à Dakar à l'occasion du sommet de l'Organisation de la conférence islamique (OCI). Enfin, comme souvent en la matière, la répartition de la valeur ajoutée privilégie les acteurs étrangers, tours opérateurs ou grands investisseurs du secteur (Club Méditerranée, Framtour). À quelques exceptions près, les acteurs nationaux ne dominent que des segments relativement marginaux du marché, comme les auberges ou les campements villageois.

proche des centres touristique de la Petite Côte, satisfait certes les appétits de safari du tourisme familial pressé, mais sur un mode plus proche du zoo de Thoiry, en grande couronne parisienne, que des grands parcs d'Afrique orientale ou australe.

## Planche 4 : Rentes de situation

**Photo 10** *Marquage foncier périurbain (Bamako, février 2005).*

*En Afrique comme ailleurs, le foncier fournit des rentes majeures. Sur les fronts périurbains, l'immatriculation mite progressivement les terrains agricoles (ici au sud-ouest de Bamako).*

**Photo 11** *Le bac à Rosso (frontière Mauritanie/Sénégal, avril 2005).*

*Les échanges commerciaux frontaliers fournissent des rentes de transit, publiques ou privées. Ces dernières relèvent de pratiques illégales des agents de l'État ou de l'avantage de situation dont jouissent les commerçants des doublons frontaliers.*

**Photo 12** *Touristes et jeunes riverains à l'hôtel Cocobeach de Mbour (Petite Côte, Sénégal, février 2007).*

*Le tourisme est-il source de rente ? Le besoin de démarcation (grillage) avec le milieu environnant n'est pas sans évoquer les enclaves extractives. Mais le parallèle a ses limites : l'emploi et les liens locaux sont plus importants, la ressource exploitable moins rare, la concurrence mondiale et la sensibilité sociopolitique extrêmes.*

Ainsi, le tourisme fonctionne sur des rentes de situation. Ses présupposés – des investissements publics importants dans les infrastructures (transport aérien et terrestre, équipement des stations et villes touristiques), qui bénéficient potentiellement ensuite à d'autres secteurs de l'économie – comme ses retombées – des emplois nombreux et relativement dispersés géographiquement (hôtellerie, restauration, transport, artisanat, informel, etc.), quoique peu qualifiés – tendent à l'articuler étroitement avec le territoire. Mais son extraversion fondamentale l'expose tout particulièrement aux fragilités de la dépendance.

*Les centres d'appel au Sénégal : succès ou impasse ?*

Les centres d'appel créés au Sénégal au début de la décennie 2000 marquent, à l'instar du tourisme, une forme d'intégration au système économique mondial fondée sur une rente de situation. Celle-ci tient à une conjonction de facteurs favorables : une localisation sur un fuseau horaire très proche de celui de la France métropolitaine (Dakar est à l'heure du temps universel, Paris à GMT + 1 ou GMT + 2 selon les saisons) ; la disponibilité de réseaux (électricité, câbles internet) relativement en avance – en 2003, Dakar était seule à bénéficier, avec Le Cap et le Cap-Vert, d'une connexion à fibre optique transatlantique, avec les câbles Sat 2 (1993) et Atlantis 2 qui la relie au Brésil (Chéneau-Loquay, 2010 : 92) ; des coûts salariaux inférieurs à ceux des pays plus développés du Bassin méditerranéen[16] ; enfin, l'appartenance à la francophonie. Malgré les affres de l'ajustement structurel et ses effets sur le système éducatif, ainsi que l'effacement du français comme langue de communication des jeunes générations, même instruites, au bénéfice du Wolof, l'augmentation du nombre d'étudiants offre une main-d'œuvre potentielle importante parlant correctement le français. Ils sont 50 000 environ à Dakar actuellement, dont 35 000 environ à l'université Cheikh Anta Diop (UCAD). Côté hexagonal, la conjoncture du début des années 2000, où l'ouverture progressive des domaines des télécommunications à la concurrence dans le cadre européen exige une réduction des coûts, a été un aiguillon efficace. En outre, les promoteurs de ces activités sont pour une part des Sénégalais ayant acquis une expérience dans le domaine à l'international. Ce ne sont pas seulement des entreprises extérieures, comme dans le cas des activités minières.

Les effets que l'on peut attendre de ces centres sont encore plus sélectifs que ceux du tourisme. Tous sont aujourd'hui installés à Dakar. Des opérateurs ont tenté d'établir ces activités à Saint-Louis en 2005, où les 5 000 étudiants de l'université Gaston-Berger (UGB) constituaient le vivier principal de recrutement. Mais la médiocrité du réseau Internet et d'autres difficultés

**16** Le revenu mensuel d'un étudiant employé à deux tiers temps dans un centre d'appel dakarois est de l'ordre de 150 euros, il est de 300 euros en Tunisie ou au Maroc (entretiens de l'auteur).

les ont découragés[17]. Les débuts dakarois ont été remarquables : le PCCI, installé fin 2001, a employé près de 2 000 téléopérateurs, et deux ou trois autres centres plus petits, d'une centaine d'opérateurs chacun, ont été installés, pour un total d'environ 3 000 emplois. Puis le système a plafonné. Les débouchés francophones sont limités et affectés par la crise économique de 2008. Le niveau d'anglais des jeunes Sénégalais ne permet pas de prospecter à grande échelle le marché international. Le modèle économique, très dépendant des relations extérieures, fournit certes des emplois appréciables à une jeunesse qui en manque cruellement, mais les perspectives de carrière et de montée en gamme apparaissent limitées. Issus d'une rente de situation en forme de niche, les centres d'appel participent d'une insertion dans la division internationale du travail un peu plus valorisante que l'exportation brute de matières premières. Leurs perspectives de croissance et leurs effets d'entraînement demeurent cependant limités.

Tourisme et centres d'appel jouent sur des rentes de situation ordinaires, qui valorisent les avantages comparatifs d'un lieu. Ce sont cependant des activités productives privées pourvoyeuses d'emplois, qui s'écartent du modèle de système rentier esquissé pour décrire des territoires vivant de flux de ressources extérieures. La notion de rente ne les caractérise pas d'une manière éclairante.

### *1.4. Les rentes du crime ou la mondialisation illicite*

*Contexte et enjeux*

La crise traversée par les pays africains dans les années 1980 a été favorable à un processus de criminalisation des États (Bayart *et al.*, 1997). Pour compenser l'affaiblissement des rentes étatiques, certaines élites ont joué le développement d'activités criminelles. Celles-ci sont parfois directement liées à un détournement d'attributs de souveraineté de l'État, comme des trafics de passeports diplomatiques, de pavillons de complaisance, ou encore le stockage de déchets toxiques dans la Guinée Équatoriale d'avant l'ère pétrolière (Donner, 2004 : 34). D'autres, comme le trafic de drogues, se situent plus explicitement dans l'illicite, hors du domaine de l'État.

La diffusion de ces pratiques délictueuses ne constitue pas une spécificité africaine. En effet, « l'hybridation transnationale de l'État et du crime [...] semble être d'ordre systémique en constituant un des rouages de l'assemblage de l'État et du capitalisme mondial » (Bayart, 2004 : 100). De la respectabilité politico-économique à l'illégalité et à la criminalité, toute une infrastructure bancaire internationale fonctionne à l'interface des États riches et des États fragiles, permettant notamment l'échange entre les armes et les matières

17 Le principal, Quality Center, s'est ensuite installé à Dakar. Un autre souhaitait explorer le marché spécifique des sites érotiques. Le conservatisme de la petite ville et des difficultés internes entre actionnaires en ont eu raison.

premières africaines. « Un tissu de profits et d'opportunités relie directement les troubles des États faibles aux salles de conseils d'administration de Londres, Paris, de New York, de Moscou, de Pékin » (Porteous, 2007 : 505). Les rentes issues des positions de monopole que tel ou tel acteur occupe dans le système ont leurs bénéficiaires au Nord comme au Sud. Elles s'inscrivent dans l'histoire longue des relations entre élites africaines et acteurs mondialisés évoquée plus haut. L'intégration de l'Afrique à la face sombre de l'économie internationale constitue une de ses modalités d'insertion dans la mondialisation. Les rentes associées sont mal connues, de même que leurs liens avec les autres composantes de l'économie et du territoire.

*La drogue en Afrique de l'Ouest dans les années 2000*

Au cours des années 2000, des changements majeurs dans la géo-économie mondiale des drogues ont fourni à des acteurs africains des sources de rente nouvelles. Devant la baisse de la consommation de cocaïne aux États-Unis dans les années 1990, les trafiquants sud-américains décidèrent d'investir plus massivement le marché européen, où la baisse des prix favorisait une très forte augmentation de la consommation (voir ONUDC, 2008 ; Champin, 2010). Les réseaux sud-américains, notamment colombiens, valorisent la position géographique de l'Afrique et la faiblesse des contrôles que ses États faibles sont susceptibles d'exercer. La drogue est acheminée par voie maritime, par bateau de pêche ou de marchandises, et par avion. Entre l'Afrique et l'Europe, les passeurs qui utilisent l'avion sont payés en nature pour les services rendus. Si le premier mode d'acheminement concerne les flux les plus importants, le second a davantage d'effets sur les pays africains, car le transport de la drogue est alors réparti entre un grand nombre d'acteurs locaux (ONUDC, 2008 : 13). Les incidents rapportés par les médias renseignent sur les modes de transport et leurs aléas plus que sur l'intensité du trafic, sur lequel les prises informent de façon très partielle[18] : un Cessna a été mystérieusement abandonné en Mauritanie en mai 2007, après avoir été bricolé pour le vol transatlantique au moyen de réservoirs additionnels ajoutés sous les ailes, de même qu'un Boeing cargo de 10 tonnes de capacité s'est écrasé à Gao, au nord du Mali, le 5 novembre 2009.

Les deux portes d'entrée principales du trafic sont la Guinée-Bissau et le Ghana, d'où la drogue est ensuite acheminée par tous les moyens possibles *via* le Sénégal, la Guinée ou la Gambie d'une part, le Togo, le Bénin ou le Nigeria d'autre part (ONUDC, 2008 : 11-12) (cf. carte 5). Voir jouer un tel rôle de *hub* à la Guinée-Bissau ne surprend guère : pauvreté, instabilité politique et crise de l'État y dessinent un modèle d'« État fragile » (Châtaigner, Magro, 2007). La

**18** En juillet 2007, 2,4 tonnes de cocaïne ont été trouvées au Sénégal au sud de la Petite Côte, dans des embarcations (un voilier, une pirogue) qui venaient probablement de la Guinée-Bissau. La drogue a été brûlée dans les fours de la cimenterie de Rufisque, sous forte couverture médiatique, par des autorités soucieuses de mettre en scène leur lutte contre le trafic.

proximité géographique avec les côtes sud-américaines, la lusophonie, le dessin très découpé des côtes, à la dense végétation de mangroves, et la présence d'archipels protégés, donc peu peuplés, comme celui des Bijagos, enfin l'existence de nombreux terrains d'aviation répartis dans les zones les plus isolées – héritage de la guerre d'indépendance – dessinent les conditions géographiques d'une vraie rente de situation. L'implication du Ghana étonne davantage. Car ce pays est couramment présenté comme un modèle de stabilité et de bonne gouvernance par les bailleurs de fonds internationaux. Elle n'est sans doute pas sans lien avec sa proximité du Nigeria, dont sont originaires les principaux réseaux de trafiquants d'héroïne africains actifs dans le monde, et dont les ressortissants sont à ce titre davantage surveillés que leurs paisibles voisins ghanéens.

**CARTE 5** *Drogues et trafics : des rentes de transit.*
Source : d'après ONUDC, 2008.

De nombreux acteurs bénéficient de ce trafic, sous une forme variée d'intérêts commerciaux formels et informels, légaux et illégaux. La drogue semble souvent utilisée pour acquérir un capital de départ, que l'on fera ensuite fructifier dans des activités moins dangereuses (ONUDC, 2008 : 15).

Une des particularités du trafic de drogue réside dans le contraste entre le faible volume des marchandises et leur très forte valeur, comparable seulement peut-être aux flux souterrains de l'or ou des pierres précieuses comme le diamant. En 2006, l'Afrique a fait transiter environ 40 tonnes de cocaïne, soit le tiers d'une consommation européenne alors estimée à 146 tonnes. Cela représente environ 2 milliards de dollars de valeur, pour 0,5 milliard de dollars de bénéfices. Le chiffre d'affaires des principales activités pourvoyeuses de rente est très comparable : 2 milliards de dollars pour le cacao ivoirien, 900 et 600 millions pour l'or du Ghana et du Mali, 300 millions pour le poisson du Sénégal ou la bauxite de Guinée, 150 millions pour l'uranium du Niger, le coton du Burkina ou les diamants de Sierra Leone, 80 millions pour les noix de cajou de Guinée-Bissau... (ONUDC, 2008 : 42-46). Du transit de la drogue, les intermédiaires africains ne touchent bien sûr que les miettes, mais elles peuvent représenter des montants conséquents par rapport aux économies locales. Ces flux se révèlent plus instables et fluctuants que les rentes associées aux frontières.

## 2. Les rentes migratoires, ou la dépendance décentralisée

Les transferts financiers issus des mouvements migratoires fournissent des revenus réguliers déconnectés d'activités productives pour ceux qui les reçoivent. Le travail des migrants dans les pays d'accueil procure des rentes qui sont parmi les plus décentralisées dans les lieux d'origine : elles bénéficient tantôt à leur famille, tantôt à leur village, tantôt à des groupes sociaux plus élargis. Par extension, on peut considérer que les rentes migratoires contribuent à l'entretien de systèmes territoriaux d'échelle régionale ou nationale, sans que les États y aient pratiquement de prise. Cela n'empêche pas des débats sur les effets de ces migrations, dans des termes très voisins de ceux soulevés par d'autres rentes pourtant contrôlées par l'État (activités extractives, aide) : certains y voient un facteur de développement et d'atténuation de la pauvreté, d'autres un tuteur pernicieux d'une dépendance extravertie – qui alimente dépenses ostentatoires improductives, inflation, inégalités, stérilisation des secteurs productifs (voir par exemple Daffé, 2008).

### 2.1. *Migration et extraversion*

Les migrations actuelles s'inscrivent dans des pratiques de mobilité très anciennes en Afrique, amplifiées par les différentiels de richesse et les possibilités de déplacement associés à la mondialisation contemporaine. Les champs migratoires mettent en relation les espaces de départ avec des horizons qui peuvent être nationaux (des espaces agricoles plus riches, ou, plus souvent, la capitale), africains ou internationaux. Ces différents types de destination ne sont pas toujours cloisonnés. Ils sont au contraire susceptibles de s'articuler au sein de stratégies extraverties valorisant la diversité des ressources extérieures à mobiliser pour un territoire.

Au XXe siècle, de grandes migrations accompagnent la mise en place des économies de rente coloniales : en dehors des mouvements de fuite, elles concernent en Afrique de l'Ouest la mobilisation de la main-d'œuvre des régions densément peuplées de l'intérieur sahélien vers les zones de développement agricole plus proches des littoraux (Côte d'Ivoire, Ghana, Sénégal), qui concentrent l'économie moderne la plus dynamique. Au début des années 1950, on compte 200 000 Mossi de Haute-Volta (actuel Burkina Faso) qui travaillent dans les plantations de Côte d'Ivoire (Iliffe, 2009 : 439)[19], de même que de nombreux *navétanes*[20] originaires du Soudan français (actuel Mali) attirés par les possibilités d'emploi de l'arachide en Sénégambie. Certains travailleurs ayant acquis dans ce navétanat l'expérience de migrations saisonnières vont alimenter les ruées vers le diamant que l'on observe à partir des années 1950 sur un mode tournant, en Sierra Leone, puis en Guinée, en Côte d'Ivoire puis vers l'Afrique centrale (Congo, Angola). Elles concernent notamment de nombreux ressortissants de la moyenne et haute vallée du fleuve Sénégal, Soninké puis surtout Haalpular[21] (Bredeloup, 2007 : 70).

Dans les années 1960, les migrations internationales se développent, avec pour principaux facteurs la demande de main-d'œuvre des anciennes puissances coloniales en plein essor économique, notamment la France. Les situations d'instabilité suivant ou précédant les indépendances (Guinée-Bissau, Cap-Vert, Guinée) s'y ajoutent parfois. Au Burkina Faso et au Mali, la migration internationale est d'abord le fait de ruraux. Au Sénégal, elle concerne successivement des originaires de zones rurales en crise puis des citadins. Les premiers migrants internationaux sont les Soninké (Manchuelle, 2004) de la région de Kayes, au Mali, puis les Haalpular de la moyenne et de la haute vallée du fleuve Sénégal, qui se répartissent aujourd'hui entre Sénégal, Mauritanie et Mali. Puis, dans les années 1980, le bassin arachidier, affecté par les sécheresses et l'épuisement des sols, commence à se tourner aussi vers l'émigration, de même que les banlieues pauvres de Dakar (Tall, 2008 : 39). Dans les années 1990-2000, les foyers de recrutement s'élargissent encore, notamment dans le Sud-Est enclavé (région de Tambacounda).

19 L'économie dynamique de la Côte d'Ivoire attire en fait de toute la sous-région. Le film *Moi, un noir*, de Jean Rouch (1959), montre la cohabitation de cultures différentes dans l'Abidjan d'alors.

20 Migrants saisonniers. Du mot Wolof *navet*, qui désigne la saison des pluies. Pour une histoire détaillée du phénomène, voir David, 1980.

21 Littéralement : « ceux qui parlent le pular », c'est-à-dire les Peul.

Au début des années 1960, la France, où des marins et tirailleurs démobilisés Soninké ou Mandjak ont ouvert la voie, est la destination principale. Le champ migratoire se structure selon un système de noria, de va-et-vient, les migrants travaillant quelques années avant d'être remplacés par des membres de leur famille (Lassailly-Jacob, 2010 : 28). Entre 1964 et 1974, les pays africains dont les économies de rente sont en plein essor prennent aussi de l'importance dans les flux (Gabon, Zaïre, Côte d'Ivoire) : les rentes pétrolières, minières ou cacaoyères fournissent des rentes migratoires. Ces destinations déclineront lorsque ces économies entreront en crise à la fin des années 1970 (Tall, 2008 : 39-41).

Dans les années 1980, alors que la France en récession restreint l'entrée sur son territoire, de nouveaux horizons sont investis par les migrants ouest-africains (principalement du Sénégal, du Mali, de la Mauritanie et du Burkina Faso) : l'Italie, les États-Unis (surtout New York), puis l'Espagne dans les années 1990, où l'appel d'air d'une économie dynamique et de régularisations successives provoque des flux importants. Les pays arabes limitrophes (la Libye pour le Mali, le Niger et le Tchad, à laquelle s'ajoute le Soudan pour ce dernier ; le Maroc pour les pays du Sahel atlantique) ou plus lointains (Arabie Saoudite) constituent aussi des destinations significatives, qui s'inscrivent dans des réseaux de relations commerciales ou religieuses anciennes[22].

Les itinéraires de la migration changent au gré des mesures de contrôle mises en œuvre par l'Union européenne qui a progressivement délocalisé et externalisé ses frontières (Choplin, 2008 ; Brachet, 2009). Ainsi, les voies terrestres débouchant sur les enclaves espagnoles de Ceuta et Melilla perdent de l'importance après 2005. Des voies maritimes les remplacent vers Malte ou l'île italienne de Lampedusa, vers les Canaries, puis par la Grèce… L'axe maritime clandestin vers les Canaries permet le passage de 33 000 personnes lors du pic de l'année 2006, dont la moitié de Sénégalais, le nombre de morts durant la traversée demeurant inconnu (Willems, 2008 : 277). Ainsi, « tout se passe comme si les migrants sénégalais exploraient sans cesse de nouveaux pays d'accueil dès lors que les possibilités d'insertion dans une destination préférentielle s'amenuisent » (Tall, 2008 : 38). Comme la traite d'avant-hier, l'émigration clandestine a un coût humain très élevé – mais la première était contrainte, quand la seconde est volontaire.

**22** Ces migrations sont infiniment moins étudiées que celles de l'Afrique de l'Ouest vers l'Europe. Elles ont pourtant probablement une importance économique, mais aussi politique et religieuse dans les pays de départ, car les migrants en Arabie Saoudite ou au Soudan en reviennent souvent avec des pratiques différentes de celles de l'islam qu'ils pratiquaient à l'origine.

### 2.2. *Importance et dynamique des rentes migratoires*

*L'augmentation des flux et ses incertitudes*

Les rentes de l'émigration ont visiblement connu une forte augmentation au cours des dernières décennies. Leur estimation demeure toutefois délicate. En effet, elles transitent par des canaux largement informels. Les transferts officiels, jadis par mandat, puis par les systèmes d'envoi d'argent modernes de type Western Union, n'en prennent en charge qu'une partie. On estime que les chiffres officiels doivent être multipliés par trois pour s'approcher des montants réels (voir par exemple Jettinger, 2005, sur le Sénégal). Selon que les sources consultées effectuent ou non cet ajustement, les chiffres cités présentent des écarts considérables.

De plus, les estimations mettent l'accent sur les transferts des migrants africains localisés dans les pays de l'OCDE, qui sont les mieux connus. Or, ces migrants sont beaucoup moins nombreux (4 millions) que ceux basés dans d'autres pays africains (17 millions) (Wa Kabwe-Segatti, 2009 : 115), même si on peut considérer qu'ils envoient des sommes supérieures.

Les émigrés en général réduisent au maximum leurs dépenses dans les pays d'accueil, qu'ils considèrent seulement comme un lieu de mobilisation de ressources[23] (Tall, 2008 : 53). Dans les années 1970, 60 à 80 % des migrants envoyaient chez eux régulièrement 15 à 20 % de leurs revenus (Iliffe, 2009 : 439). La logique n'a sans doute pas fondamentalement changé, les montants variant en fonction des conditions économiques locales.

Une estimation de l'ONU prenant en compte les transferts informels considère que les émigrés africains transfèrent 40 milliards de dollars annuellement vers leur pays d'origine (Allix, 2009). C'est moins globalement que l'aide publique au développement. Mais les contrastes entre pays[24] et entre régions étant très prononcés (cf. carte 6), les transferts représentent nettement davantage que l'aide dans les contextes qui en bénéficient le plus (Follana, 2006 : 357). Ils atteignent 25 % du PIB au Cap-Vert, et des niveaux très élevés de la Sénégambie au Ghana et au Togo en passant par le Mali et le Burkina Faso. Les autres pays d'Afrique sahélienne sont à un niveau moyen. Ceux de l'Afrique centrale apparaissent en retrait. Ils sont historiquement moins ouverts à l'émigration internationale car ils sont moins peuplés, tantôt enclavés (RCA, Tchad), tantôt dotés depuis longtemps de rentes extractives (Congo, Gabon).

En 2005, le Sénégal compterait 500 000 émigrés, soit 4 % de la population totale, un taux deux fois supérieur à la moyenne régionale et qui aurait connu une forte croissance au cours des années 2000 (République du Sénégal, UE,

23 Les émigrés mourides évoquent le milieu d'accueil comme un champ (*toll*) à cultiver (Tall, 2008 : 53) : le revenu migratoire est alors placé explicitement sur le même plan que celui des « cultures de rente ».

24 Un site de la Banque mondiale fournit des estimations actualisées (mais partielles) sur ces transferts : www.worldbank.org/prospects/migrationandremittances.

2007). Les flux financiers auraient connu une augmentation plus importante encore. Le montant des transferts aurait été multiplié par 4,3 entre 1995 et 2005, par 2,7 depuis 2000 (Daffé, 2008 : 113). Le Sénégal se classe ainsi au troisième rang africain en valeur absolue après le Nigeria et le Kenya, au quatrième en poids relatif (après le Lesotho, le Cap-Vert, la Guinée-Bissau). 11 % des ménages auraient au moins un émigré (DPEE, 2008), mais ce chiffre atteindrait 20 % à Dakar et Touba (Daffé, 2008 : 117, citant l'enquête DEmIS 1997-1998). Dans certains villages de la région de Louga, la manne issue des émigrés représenterait jusqu'à 90 % des revenus (Tall, 2008 : 54).

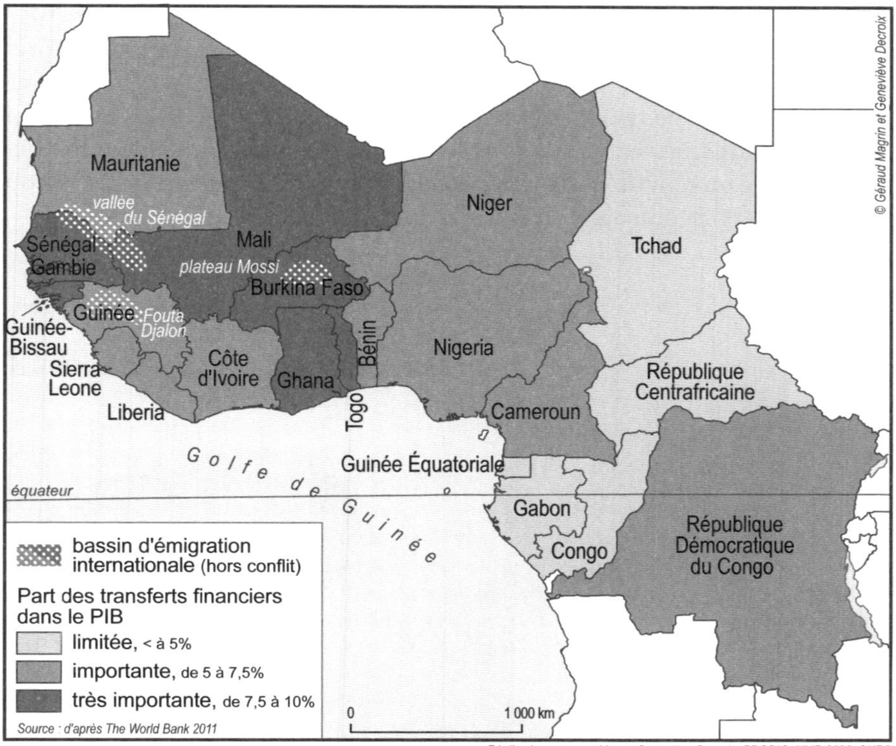


Réalisation cartographique : Geneviève Decroix, PRODIG, UMR 8586, CNRS

**CARTE 6** *Importance et inégalités des rentes migratoires.*

Une particularité forte des rentes migratoires est qu'elles échappent largement aux États. À l'échelle locale, les émigrés représentent parfois un certain poids politique, même si leur éloignement restreint leur capacité d'influence. Face aux sommes concernées, mais aussi aux enjeux de pouvoir sous-jacents, les gouvernements ont pris des initiatives en direction des migrants : ils proclament leur importance, créent des ministères *ad hoc*[25] pour appuyer et coordonner (ou contrôler) leurs initiatives, ou tentent de canaliser leur épargne. Ainsi, le Mali a institué des avantages financiers, sous la forme de taux de change favorables, pour essayer de drainer l'épargne des migrants dans la Banque de l'habitat et la Bank of Africa (Follana, 2006 : 358). Entre des migrants méfiants vis-à-vis des tentatives de récupération politicienne et de taxation, et des États soucieux de canaliser et de coordonner le potentiel politique et économique représenté par les transferts financiers, le fossé semble difficile à combler.

*Extraversion des systèmes spatiaux et propension migratoire*

L'importance du phénomène migratoire peut être interprétée comme l'expression d'un mode de rapport à l'espace extraverti, pour des sociétés qui vivent depuis longtemps de ressources extérieures à leur territoire. Elle se conjugue avec des dynamiques maintes fois observées, où la transition démographique, accompagnée ou non de transformations économiques comme dans l'Europe du XIXe siècle, s'accompagne d'une intensification des flux d'émigration.

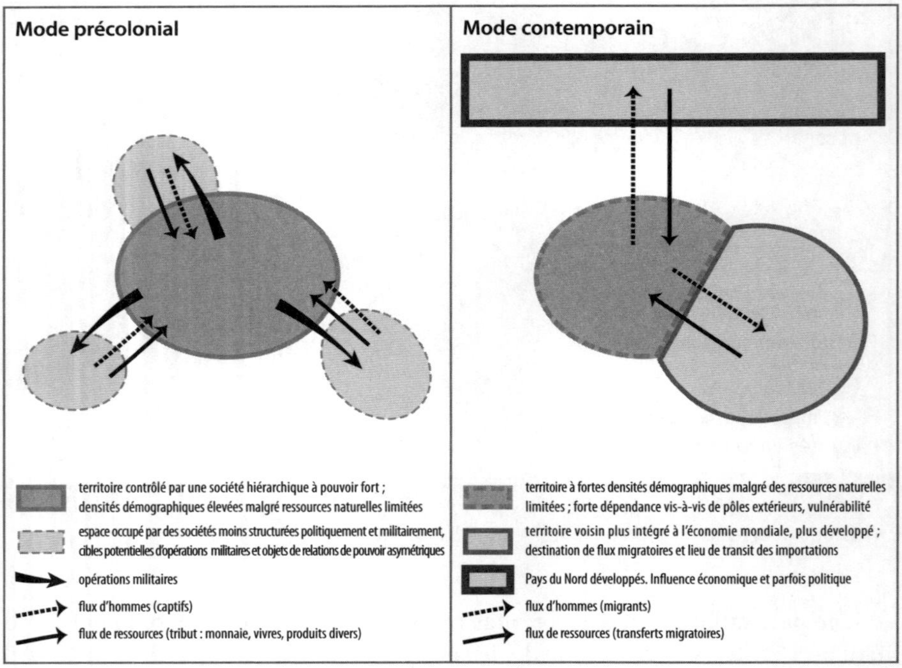


**FIGURE 1** *Densités démographiques, structures sociales et prélèvements extérieurs.*
Source : auteur (d'après Pélissier, 1978).

25 Un ministère des Sénégalais de l'extérieur a par exemple été créé en 2009.

Les explications des pratiques migratoires anciennes de l'Afrique sont multiples. La « culture de la migration » a pu être interprétée comme le reflet des relations entre dominants brutaux et dominés enclins à la mobilité, à l'époque précoloniale comme pendant la colonisation, dans le cadre d'un espace sous-peuplé qui s'y prêtait bien (Kopytoff, 1987).

Les analyses de Paul Pélissier (1978 : 158-160) sur les relations entre sociétés, ressources naturelles et territoires rendent compte également des enjeux contemporains de la mobilité (cf. figure 1). Les fortes densités des zones soudaniennes voient en effet l'opposition, évoquée plus haut, entre paysanneries enracinées issues de sociétés acéphales et sociétés hiérarchiques habituées à nourrir leur population par des prélèvements effectués à l'extérieur (Mossi, Peul, Haoussa, Manding). À l'époque coloniale, chez les Mossi du Burkina comme chez les Peul du Fouta Djalon, les revenus migratoires auraient relayé les tributs autrefois prélevés militairement sur les marges de ces constructions politiques, moyennant la reproduction de leurs pratiques agricoles expéditives dans les espaces d'installation. D'une certaine manière, on peut être tenté de lire par ce prisme les systèmes migratoires de la vallée du fleuve Sénégal Toucouleur ou Soninké, du Ndiambour, du Baol et du Cayor Wolof, fondés sur des sociétés analogues. Cela étant, ces systèmes n'ont investi les perspectives migratoires que lorsque les systèmes économiques à base agricole sur lesquels ils reposaient sont entrés en crise, sous l'effet de facteurs partiellement exogènes : la Vallée a d'abord été déclassée par l'essor du bassin de l'arachide, après la Première Guerre mondiale, qui a concentré l'essentiel de l'économie moderne ; les pôles initiaux de ce bassin (Cayor, Baol, Ndiambour) sont ensuite entrés les premiers en crise, avec les sécheresses des années 1970.

Mais surtout, cette lecture semble aujourd'hui remise en cause par la généralisation du phénomène migratoire : ainsi, les Sérèr, archétype[26] de la paysannerie enracinée aménageant finement son espace agraire (Pélissier, 1966), ont migré massivement quand la crise de leurs systèmes l'a rendu nécessaire. Ils ont alimenté les fronts arachidiers des terres neuves, en y développant des techniques aussi expéditives que celles des Wolof (voir Lericollais, 1999), mais aussi des migrations urbaines, saisonnières[27] ou définitives. Au Sénégal oriental des Peul et des Mandingue comme en Haute-Casamance, de nombreuses familles et des villages entiers vivent au rythme des envois des migrants en Italie ou en Espagne.

Ainsi, l'accentuation des mouvements de population, à l'intérieur du pays ou vers l'extérieur, apparaît comme un phénomène majeur du Sénégal contemporain (Diop, 2008 : 14). Dans ce pays, les difficultés de l'agriculture

**26** Même si son organisation sociale amalgame des structures autoritaires hiérarchiques et des sociétés paysannes acéphales.

**27** Le secteur de la construction et celui du personnel domestique constituent des domaines d'insertion dans la ville où les Sérèr sont très représentés.

(Faye *et al.*, 2007) et les dynamiques migratoires multiformes dessinent une nouvelle ruralité et de nouveaux rapports au territoire dont toutes les leçons n'ont pas encore été tirées. De très nombreux espaces ruraux vivent ainsi des transferts depuis Dakar ou l'étranger, comme les villages du Cayor ou du Baol longeant la route nationale n° 2 (Dakar/Saint-Louis), où la qualité du bâti est totalement déconnectée d'une activité économique endogène, la composition[28] et les imaginaires[29] de la population profondément influencés par cette situation.

De même, en Mauritanie (Choplin, Lombard, 2009 : 99-100), la diaspora est évaluée à 250 000 personnes, soit près de 8 % de la population totale. Son organisation reflète la diversité sociale du pays. Ainsi, la tribu des Tajakant a fourni l'essentiel des diamantaires de Sierra Leone ou de l'Angola. Les Soninké de Kaédi sont spécialisés dans l'importation de matériels de seconde main à destination des classes populaires. Basés en France, en Allemagne ou aux Pays-Bas, ils ne se rendent au pays que trois ou quatre fois dans l'année pour réceptionner les marchandises, leur activité reposant par ailleurs sur d'efficaces réseaux familiaux. Des femmes maures de différentes tribus sont d'actives commerçantes entre Las Palmas, Dubaï, la Chine et la France (Lesourd, 2006). Les circulations migratoires apparaissent ainsi comme un facteur d'intégration mondial pour des périphéries nationales (celle notamment du haut fleuve, entre Sénégal, Mauritanie et Mali), dont les rentes constituent le tribut à verser à ceux qui, en résidant sur le territoire d'origine, sont garants de la reproduction sociale.

Si la migration obéit globalement à un gradient de richesse et d'opportunité, celui-ci n'est pas simple : on sait que les plus pauvres ne sont pas ceux qui migrent le plus, que partir nécessite des moyens financiers et des réseaux sociaux. Les projets migratoires sont le plus souvent décidés dans le cadre de stratégies familiales ou sociales : dans un contexte changeant comme celui du Sahel en particulier, tirer parti de ressources multisites (Dia, 2008 : 193) permet de diversifier les revenus pour minimiser les risques (Azam, Gubert, 2002).

Les ressources tirées des différents sites d'émigration se conjuguent de différentes manières : les maçons et tailleurs Wolof de Dembakane (près de Bakel) étaient payés par l'argent transféré par les Soninké de France (Couty, Lericollais, 1982 : 96). De même, à Agnam Thiodaye, gros village sénégalais de la moyenne vallée, les réalisations d'infrastructures ont été impulsées et coordonnées par les ressortissants partis à Dakar. Si les transferts des migrants

**28** Dans certains hameaux, il ne reste que des femmes, des enfants et des personnes âgées. Les hommes actifs travaillent tous à Dakar et ne viennent qu'une fois par mois environ.

**29** À Kéméber ou à Louga, l'influence des migrants partis en Italie se lit dans l'habitat, mais aussi dans les tenues vestimentaires des jeunes, ou encore les moyens de transport – voiture, mais plus souvent mobylette, voire vespa ou vélo – qui trahissent l'existence de parents émigrés et souvent leur pays de résidence.

internationaux ont largement contribué à leur financement, ils ont été complétés par les apports des Dakarois, mais aussi du village, ce qui montre que les envois cumulés ont pu stimuler une petite économie locale (commerce, bâtiment, transport, maraîchage, hôtel, couture, métallurgie, etc.) (Dia, 2008 : 186-190).

Ailleurs, les différentes échelles de mobilité sont articulées au service de stratégies collectives d'accumulation de richesse et de pouvoir, qui incluent une appropriation du territoire. En Afrique sahélo-soudanienne, de nombreux groupes ethniques prolongent leur territoire d'origine sous la forme de réseaux, qui fonctionnent comme mode d'expansion des territoires originels exclusifs. Ces réseaux-territoires peuvent s'étendre aux horizons de la migration internationale et s'articuler avec des migrations plus régionales. Ainsi, chez les Sérèr Niominka du Saloum, l'argent drainé des migrations au Nord est mobilisé pour financer une colonisation maritime dans les rivières du Sud (Dahou, 2008 : 322). L'insertion précoce dans l'économie maritime et les migrations dans les villes sénégalaises ont facilité le développement de l'économie halieutique moderne, qui a permis l'amplification des migrations internationales, laquelle a en retour financé la mobilité régionale (achat de grosses pirogues, moteurs et moyens de pêche) vers ces rivières du Sud. Les rapports familiaux s'inscrivent dans une économie dont la production repose sur la multilocalité et la migration de longue distance. « La migration appelle la migration » (Dahou, 2008 : 323, 336). L'investissement des rentes d'aujourd'hui prépare celles de demain. Peut-on encore alors parler de rente ?

*Des facteurs culturels de la migration*

On a jusqu'ici insisté, avec la plupart des travaux sur les migrations, sur la dimension sociale du phénomène : les migrations comme stratégie collective pourvoyeuse de rentes pour des systèmes spatiaux reposant sur elles. Or, ces mobilités ont également leur part de construction subjective (Fouquet, 2008 : 241). Au Sahel, en effet, l'émigration répond moins à la misère qu'à une problématique de réalisation individuelle (Timera, 2001). De même, la quête du diamant (ou de l'or) s'inscrit dans le sillage de la geste Pulaar, en valorisant l'exil et ses épreuves comme étapes initiatiques de la construction de soi, qui préparent un retour héroïque (Bredeloup, 2007 : 118, 130). Les désirs migratoires entrent ainsi en dialogue avec la trame sociohistorique de l'extraversion (Fouquet, 2008 : 258), comme forme d'intégration à la société mondiale. Dans ces conditions, les messages des artistes stipendiés pour plaider la prudence face aux risques migratoires semblent bien dérisoires, alors que la chanson populaire Wolof valorisait par ailleurs le voyage et l'aventure, comme le célèbre morceau de Youssou Ndour, *Tukki* (« Voyage ») (Diop, 2008 : 25).

La littérature sur le sujet est partagée : Abasse Ndione, dans *Mbëkë mi*[30]. *À l'assaut des vagues de l'Atlantique* (2008), décrit avec un réalisme froid les épreuves d'un voyage en pirogue, sans distiller de jugement explicite. Un personnage masculin important de la dernière nouvelle de *Trois femmes puissantes* (2008), de Marie Ndiaye, souscrit à l'idée de la mobilité spatiale comme condition du passage à l'âge adulte, voire à la mobilité sociale. *Le mandat* (1966), d'Ousmane Sembène, insiste en revanche, dès 1966, sur les affres de la dépendance asymétrique : en apprenant qu'il va recevoir un mandat (de France), un homme analphabète s'endette, sous la pression sociale, tout en s'exposant aux escroqueries d'intermédiaires peu scrupuleux. *Madame Ba* (2003), d'Erik Orsenna, ou *Le ventre de l'Atlantique* (2004), de Fatou Diome, insistent sur les illusions et les impasses migratoires, sous une forme d'ailleurs mieux reçue en Occident qu'en Afrique[31].

### 2.3. *Les transferts migratoires : stimulants ou analgésiques ?*

Les effets des revenus migratoires et leur potentiel d'entraînement ou d'articulation avec les différents secteurs de l'économie ont alimenté des controverses[32]. Les avis les plus tranchés y voient une chance pour le développement, ou à l'inverse un syndrome de dépendance supplémentaire. De nombreux auteurs sont partagés.

#### *Les différences de générations et d'orientation des investissements*

L'utilisation des transferts migratoires suit plusieurs étapes. Une forte partie, surtout dans les premiers temps, est consacrée à une distribution directe au sein de la cellule familiale. Dans la vallée du fleuve Sénégal, les premiers investissements collectifs concernent la construction de mosquées ou des choix matrimoniaux polygames (Bredeloup, 2007 : 200). Il s'agit de donner des gages d'appartenance et de soumission au milieu social d'origine, malgré la distance. Puis viennent des dépenses qui permettent d'assurer le lien entre migrants et village d'origine, comme la mise en service de bureaux de poste ou de télécentres. Dans un troisième temps, on construit des infrastructures sociosanitaires (dispensaires, écoles, forages). Les investissements productifs sont limités.

L'immobilier est le domaine privilégié de l'investissement individuel. Sur 400 diamantaires originaires de la Vallée, les trois quarts ont construit une maison au village, un tiers en a une à Dakar (Bredeloup, 2007 : 202). Au milieu

30 Littéralement : le « coup de tête » (Wolof). Par référence à l'impulsion qui fait partir et défier les périls. Le terme est devenu synonyme de la dangereuse traversée vers l'Espagne.

31 Aux yeux des jeunes Africains vivant sur le continent, les mises en garde contre les difficultés de la migration émises par les aînés vivant en Occident sont toujours perçues avec méfiance. Ceci vaut d'autant plus lorsque ceux qui les émettent ont réussi, comme écrivain par exemple.

32 Sur les liens entre migration, transferts et développement, voir par exemple Héran, 2002 ; Ammassari, 2004 ; Agunias, 2006 ; Schiff, 2007.

des années 1970, la production d'un habitat locatif à bas prix par les émigrés prend le relais de l'État, incapable de poursuivre les efforts engagés en matière de construction urbaine (Tall, 2008 : 55). Au cours des dernières années, cela vaut pour toutes les gammes de logement, dans les principales capitales du Sahel ouest-africain (Dakar, Bamako, Ouagadougou, Nouakchott, Niamey). Ainsi, à Ouagadougou, les Burkinabé de l'étranger contribuent à la fabrique urbaine en investissant de façon importante dans le nouveau quartier chic de Ouaga 2000 (Bertoncello, 2010).

L'utilisation des rentes migratoires varie selon l'identité et le niveau de vie des migrants. En moyenne, un sur dix seulement utilise une partie de ses revenus pour des investissements productifs (Daffé, 2008 : 117, citant une étude de la BAD[33] de 2007). 61 % des transferts vont au budget familial, 34 % à l'immobilier, 5 % à l'investissement productif... La part de l'investissement augmente bien à partir d'un certain niveau de revenu, mais elle plafonne à 11 % des transferts de plus de 2 millions de francs Cfa par an (Ndione, Lalou, 2005), ce qui reste faible. Enfin, dans la vallée, ceux qui sont partis en France, en moyenne plus instruits, privilégient les investissements collectifs au Fouta, quand ceux qui sont en Afrique – des diamantaires notamment – privilégient leurs familles (Bredeloup, 2007 : 228).

*Effets positifs et dynamiques de changement*

Les nombreux travaux sur l'impact des transferts migratoires sur les économies parviennent à trois types de conclusion (Adams *et al.*, 2008) : on souligne tantôt que ces rentes constituent des revenus comme les autres, tantôt qu'elles ont une propension à alimenter des dépenses ostentatoires improductives, tantôt qu'elles ont des effets positifs, mais marginaux, en favorisant le capital humain et physique (alimentation, santé, etc.). La réalité participe sans doute d'une conjugaison des trois, selon des modalités propres à chaque contexte.

Les migrations inter-africaines ont parfois alimenté des formes d'accumulation ensuite réinvesties dans le pays d'origine dans le commerce ou le transport, comme le montrent les exemples des grands hommes d'affaires sénégalais Ndiouga Kébé et Djily Mbaye (voir Bredeloup, 2007). À des échelles plus modestes, des expériences migratoires ont parfois fourni les idées et financé des innovations productives, comme l'élevage avicole périurbain au Burkina ou au Mali, à partir des migrations en Côte d'Ivoire.

Pour ce qui concerne l'émigration internationale, l'impact positif sur la réduction de la pauvreté est partout remarqué, de même que la propension des transferts à amortir les chocs d'une économie rurale très sensible aux aléas climatiques (Daffé, 2008 : 122). De plus, les sommes arrivent directement aux

33 Banque africaine de développement.

destinataires, ce qui n'est pas le cas de l'APD, dont une bonne part retourne (sous forme de salaires des assistants techniques ou du matériel) vers les pays d'origine (Follana, 2006 : 358).

En termes macroéconomiques, les transferts contribuent à l'atténuation du déficit de la balance des paiements. Au Sénégal, ils représentent environ un quart des recettes d'exportation. Sur la période 2000-2004, ils ont été supérieurs à la fois aux investissements directs étrangers et à l'aide (Daffé, 2008 : 113), tout en constituant des sources de financement très complémentaires de ceux-ci, car touchant des zones géographiques et des acteurs plus dispersés.

Enfin, les profils des migrants récents peuvent laisser espérer qu'ils puissent mettre davantage leur savoir-faire au service d'investissements productifs, car ils sont souvent plus éduqués que ceux du passé. Leurs destinations professionnelles et géographiques – le commerce aux États-Unis ou en Asie – semblent également favorables (Tall, 2008 : 64).

*Obstacles et effets négatifs*

Les effets négatifs des transferts migratoires sont ceux de l'économie de rente : dépendance, faibles effets d'entraînement sur les secteurs productifs, inégalités sociales et tensions afférentes. Ainsi, dans la vallée du fleuve Sénégal, les émigrés ont assuré une « situation d'autosubsistance assistée » en fournissant 30 à 80 % des besoins villageois (Quiminal, 1991). Dans de telles conditions, la production agricole dans les familles d'émigrés serait de 25 % inférieure à celle des autres familles, comme on a pu l'observer dans la région de Kayes (Azam, Gubert, 2002).

Les freins à une véritable accumulation des migrants dans la durée sont nombreux : les efforts et les héritages sont dispersés par les grandes familles, souvent polygames, qui sont la rançon du succès migratoire. En cas de retour, il est difficile de valoriser au Sénégal le capital professionnel acquis à l'extérieur, soit parce que le métier, peu valorisant, ne correspond pas au statut social élevé du migrant de retour (par exemple, ouvrier du cuir), soit parce qu'il n'existe tout simplement pas au pays (ouvrier qualifié dans l'automobile) (Tall, 2008 : 61). Dans le milieu des diamantaires, on observe peu de dynasties, de consolidation des fortunes une fois les pionniers rentrés au pays. La mauvaise maîtrise des relations politico-clientélistes qui structurent le jeu des affaires au Sénégal ne permet pas d'y réussir, sauf exception. Les investissements de refuge se font dès lors dans l'immobilier, pour des rentabilités à long terme aléatoires. Les rares investissements dans l'industrie ne sont pas suivis de succès, le bas niveau d'études initial ne favorisant pas l'accès à ce secteur moderne de l'économie (Bredeloup, 2007 : 204-215). Dans le Nguénar[34], des enquêtes montrent une amélioration indéniable des conditions de vie des populations grâce aux transferts des migrants. Mais l'absence de complémentarité des initiatives, la

34 Une ancienne province du Fouta Toro située au nord-ouest d'Ourossogui, dans la moyenne Vallée.

dispersion des ressources et des énergies, ainsi que les concurrences neutralisent la plupart des projets productifs. La dynamique migratoire ne s'en trouve pas inversée (Fall, 2008 : 207-208).

Certains auteurs en sont ainsi venus à évoquer une « malédiction des transferts de fonds » (Daffé, 2008 : 125), après une autre « malédiction », celle de l'arachide (Diop, 2008 : 28), références manifestement inspirées de la « malédiction des ressources naturelles » (cf. chapitre 3). Une telle « malédiction » migratoire reprend l'idée d'un déterminisme au long cours, met en exergue la contradiction entre des avantages apparents (l'arrivée de revenus) et des problèmes structurels, et identifie le processus rentier comme matrice explicative de ces dysfonctionnements. Des études au Cap-Vert (Gupta *et al.*, 2007), au Sénégal, au Burkina Faso, en Côte d'Ivoire et au Togo (Paillet, 2002) montrent ainsi que les transferts migratoires peuvent avoir des effets proches du « syndrome hollandais », que l'on constate d'ailleurs aussi avec l'aide (Daffé, 2008 : 126).

La lecture des relations entre migrations et développement a beaucoup évolué depuis quarante ans. Dans les années 1960-1970, les migrations apparaissaient comme une manière efficace d'allouer les ressources, la mobilité internationale des travailleurs étant vue comme un facteur de diffusion du développement. Avec la crise des années 1970-1980, on revient au modèle de spécialisation des pays selon leurs dotations en facteurs de production (Daffé, 2008 : 108). La migration devient « le grand absent de la mondialisation » (Faini, 2007) libérale contemporaine.

Encouragé ou contraint, le réflexe migratoire comme soupape de systèmes socio-économiques dans l'impasse s'est diffusé au rythme de la mondialisation, au point de ne plus apparaître comme l'attribut de telle ou telle société africaine, mais comme un phénomène très largement répandu. On peut se demander si cette généralisation des rentes migratoires ne marque pas seulement un changement d'échelle : ce sont des systèmes territoriaux considérés à l'échelle nationale qui vivent désormais de ces ressources exogènes, ce qui traduit le succès, au moins provisoire, du modèle extraverti sur la mise en valeur des ressources locales. Des nuances nationales méritent cependant d'être apportées : le Tchad ou la RCA ne sont pas le Sénégal et le Mali. Les différences de leurs profils rentiers mériteront d'être interprétées (cf. chapitre 4).

On peut en tout cas s'interroger sur les conséquences de la fermeture des principales destinations : durement touchés par la crise économique et le chômage depuis 2008, les États-Unis, l'Italie ou l'Espagne se ferment à l'immigration[35]. Les régions du monde à forte croissance, notamment les puissances

35 La montée de la xénophobie se traduit par des mesures politiques peu favorables aux immigrés, notamment en Italie, où des partis proches de l'extrême droite appartenaient jusqu'en 2011 au gouvernement de M. Berlusconi, ou dans certains États américains. Mais c'est surtout la crise économique qui devrait

asiatiques comme la Chine ou l'Inde, n'ont que faire d'une main-d'œuvre immigrée à bas prix, alors qu'elles disposent encore de réservoirs de centaines de millions de ruraux pauvres prêts à s'employer à n'importe quelles conditions, ou presque. De la fin du XVIIIe au début du XXe siècle, dans la plupart des pays européens affectés simultanément par des transitions démographique et économique (révolutions agricole et industrielle), l'émigration avait offert des soupapes précieuses. Il n'est pas certain que les rentes migratoires soient des ressources indéfiniment renouvelables pour l'Afrique contemporaine.

~

En dehors de l'État, des mécanismes rentiers se déclinent à des échelles et selon des modalités variées. Ils expriment souvent la valorisation de positions géographiques : le foncier urbain ou agricole peut bien sûr être source de rentes, de même que les différentiels frontaliers ; la valorisation de l'espace africain pour des fonctions de transit de flux criminels à l'échelle intercontinentale ou la participation à l'économie des services légaux participent de même de l'insertion du continent dans la mondialisation. S'ils se déclinent sous des modalités spécifiques, ils ne sont pas propres à l'Afrique. Surtout, ils ne participent pas des formes de déconnexion entre ressources et territoires qui sont au cœur de notre étude.

En revanche, les transferts migratoires atténuent la pauvreté à l'échelle locale ou régionale suivant des logiques de transfert analogues à celles de l'aide au niveau national, tout en pénalisant l'essor des activités productives internes. Ce faisant, ils participent au fonctionnement de systèmes territoriaux rentiers dont l'extraversion garantit la survie tout en contraignant le développement.

restreindre les opportunités accessibles aux immigrés, puisqu'elle touche en premier lieu les secteurs du bâtiment, de l'industrie et du tourisme, qui en étaient de gros employeurs.

# 3. Les rentes extractives : une « malédiction des ressources naturelles » ?

« Notre tempérament est voué à la malédiction de la futilité. Don Quichotte et Sancho Pança, la chevalerie et le matérialisme, des déclarations grandiloquentes et une moralité complaisante, des efforts frénétiques en faveur d'une idée et la morne acceptation de toute forme de corruption. Nous avons bouleversé un continent au nom de notre indépendance pour finalement devenir les proies passives d'une parodie de démocratie, les victimes impuissantes de coquins et d'assassins, avec des institutions de comédie, des lois de farce [...]. »

Conrad, *Nostromo*

« Ah, cette malédiction... Le pétrole, ça rend con comme vous pouvez pas imaginer, monsieur Tonmandon. Faut dire que le terrain était favorable [...]. »

Bessora, *Petroleum*

L'ombre de la « malédiction des ressources naturelles » plane sur les trajectoires des États africains. Cette expression à succès dans le champ médiatique exprime le « paradoxe de l'abondance » (Karl, 1997), cette idée *a priori* contre-intuitive selon laquelle la richesse en matières premières naturelles serait en fait source de pauvreté et de difficultés de toutes sortes. Si cette « malédiction » a pu être déclinée de diverses manières (« malédiction de l'arachide », « malédiction des transferts migratoires »), les ressources naturelles fondent sa forme canonique. Or, les rentes constituent la modalité de médiation principale entre l'extraction des ressources naturelles, les acteurs extérieurs impliqués, les États et les sociétés africaines (Magrin, van Vliet, 2009), au point d'apparaître comme la pierre angulaire de cette « malédiction ». Nous resserrerons ici par commodité le champ de l'analyse autour des rentes associées aux activités minières et pétrolières, qui sont emblématiques. Mais des réflexions analogues pourraient être menées autour d'autres ressources naturelles (forestières, halieutiques).

Ce chapitre vise à rappeler les principales implications de la « malédiction des ressources naturelles », à montrer la place que les logiques entières y occupent, mais également à introduire, dans une perspective critique, les limites explicatives de cette notion.

## 1. La « malédiction des ressources naturelles » en question

La « malédiction des ressources naturelles » est une notion utile pour penser les enjeux du développement en relation avec le concept de rente. Elle nécessite cependant d'adopter une perspective critique, peu fréquemment retenue par les médias, qui semblent se satisfaire des facilités qu'elle offre. Suscitée par des faits scandaleux – l'enrichissement de minces élites complices d'acteurs extérieurs intéressés, dans des contextes de grande pauvreté –, cette expression n'est pas neutre : elle véhicule des conceptions anciennes sur l'Afrique, non dénuées d'idéologie et enchâssées dans les jeux de pouvoir contemporains.

### *1.1. Les origines et les fondements de la* resource curse

Comment considérer la « malédiction des ressources naturelles » ? Elle n'est de toute évidence pas un concept, au sens de « représentation mentale générale et abstraite d'un objet » (Petit Robert, 1969), car l'objet en question (une malédiction) se refuse à l'appréhension rationnelle. Constitue-t-elle une théorie ? Dans la mesure où aucun auteur ne s'est engagé dans une élaboration à prétention exhaustive ou systémique prenant en compte la totalité de ses acceptions, cela reste douteux. On peut sans doute la tenir pour une thèse, c'est-à-dire une proposition qu'on tient pour vraie et qu'on s'engage à défendre par des arguments (Petit Robert, 1969), déclinée relativement à des objets variables (dans les domaines économique et politique notamment). À force d'être fréquemment utilisée dans les médias sans être pratiquement jamais questionnée, elle finit selon nous surtout par relever de l'idée reçue. Telle que popularisée par le *Dictionnaire* que Flaubert leur consacre (1913[1]), l'idée reçue se distingue des lieux communs ou banalités par la dimension dogmatique qui y est attachée. Elle recèle une part de vérité mais en même temps fonctionne comme une croyance – qu'on ne questionne pas, qui autorise toutes les simplifications et fait donc le lit des idéologies[2].

Les effets perturbateurs des activités extractives sur leur environnement physique et humain sont observés dans des périodes de forte croissance économique, et donc d'essor de ces activités. Ainsi, au début du siècle passé, en Allemagne, Ernst Friedrich (1904) s'intéresse à l'économie de rapine, prédatrice (*Raubwirtschaft*), facteur de dévastation. Jean Bruhnes en systématise l'analyse dans le cinquième chapitre de sa *Géographie humaine* (1912), accordant aux activités d'extraction minérale une place centrale dans ce qu'il qualifie d'« économie destructive », que l'on qualifierait aujourd'hui en termes d'absence de durabilité.

Dans les années 1930, au Venezuela, on prend conscience de la nécessité de « semer le pétrole » (Mora, 2008), l'expression soulignant l'enjeu d'utiliser la rente pour développer l'ensemble de l'économie, et non de se reposer sur elle.

1 Date de publication posthume d'un texte écrit entre 1850 et 1880.

2 C'est cette ambiguïté de l'idée reçue qui a fait son succès littéraire : Flaubert souhaitait que son *Dictionnaire* soit « arrangé de telle manière que le lecteur ne sache pas si on se fout de lui, oui ou non ».

C'est lors du cycle de croissance suivant que se diffuse l'utilisation de la notion de « malédiction des ressources naturelles ». Elle est en germe dans les travaux de Prebisch (1950) sur la dégradation des termes de l'échange en Amérique latine. Gottmann (1952 : 186) évoque déjà la « malédiction du pétrole » à propos du Venezuela, où l'immense richesse liée au boom pétrolier a ruiné les autres secteurs de l'économie (agriculture, élevage).

En Afrique, l'évocation de la « malédiction des ressources naturelles » se généralise à la fin des années 1990. C'est à la fois un moment de montée en puissance de la demande mondiale en ressources extractives et donc de l'exploitation, et un temps de grande crise économique et politique sur le continent. La thèse de la « malédiction » prend couramment la forme d'une dénonciation du contraste entre des pays détenteurs d'immenses richesses naturelles et la grande pauvreté de la population. Ainsi, le Nigeria a reçu 300 milliards de dollars de revenus pétroliers en vingt-cinq ans, sans que cela permette au PIB par habitant de dépasser 1 dollar par jour en moyenne, soit le niveau de 1960 (Gary, Karl, 2003). De même, l'Angola a reçu 18 milliards de dollars de rente pétrolière entre 1997 et 2002, dont 25 % ont disparu sans laisser de traces dans la comptabilité nationale. L'éducation ne perçoit alors que 3,4 % du budget, laissant 60 % des jeunes sans scolarisation (Sébille-Lopez, 2006 : 172). La guerre n'explique pas tout. Au Gabon comme au Cameroun, les rentes forestières et pétrolières successives des années 1970 permirent d'établir un record de consommation de champagne par habitant, malgré la pauvreté dominante persistante (Pourtier, 1989 : 279).

Un élément de critique récurrent réside dans l'investissement à l'extérieur de l'Afrique d'une partie conséquente des rentes issues des ressources naturelles. Un chiffre souvent avancé envisage que 40 % de la richesse du continent serait ainsi placée à l'extérieur (Soares de Oliveira, 2007 : 142). Les élites africaines détiendraient 800 milliards de dollars dans des centres financiers mondiaux, soit deux fois le PIB continental (Hugon, 2009a : 108). La partie émergée de cet iceberg d'évasion financière serait visible à travers le patrimoine immobilier des présidents africains dans certains pays d'Europe, comme l'a montré la récente affaire en France sur les « biens mal acquis » de quatre présidents de pays pétroliers (Gabon, Congo-Brazzaville, Guinée Équatoriale, Tchad)[3].

Les travaux consacrés à la « malédiction des ressources naturelles » mettent finalement l'accent sur la responsabilité des logiques rentières selon quatre[4] dimensions principales (Rosser, 2006) : de faibles performances macro-économiques ; des régimes à tendance plus autoritaire et moins démocratique que la

3 Voir par exemple *La Libre Belgique*, 1er février 2008.

4 La synthèse efficace de Rosser (2006) n'envisage que les trois premières. Il nous semble que les dégradations environnementales peuvent y être associées, sous des modalités que l'on explicitera *infra*. Voir aussi Ross, 2012.

moyenne ; des conflits particulièrement fréquents et violents ; enfin, des dégradations de l'environnement.

### *1.2. Une notion gênante*

Cela étant, cette thèse de la « malédiction des ressources naturelles » est questionnable à plus d'un titre. D'une part, l'idée de malédiction n'est guère compatible avec la pratique des sciences sociales. Elle sous-entend une punition distribuée ou cautionnée par quelque entité transcendante, dont les effets pérennes condamneraient à un double déterminisme historique et géographique les victimes détentrices de certaines matières naturelles. Le géographe d'aujourd'hui ne croit pas aux malédictions et se méfie des déterminismes. Du reste, de cette « malédiction » aux « paradis fiscaux » ou au « miracle asiatique », la propension du vocabulaire de la mondialisation à recourir au registre du religieux[5] est éloquente : elle tend à sanctuariser les objets qu'elle désigne, gommant les rapports de domination sous-jacents qui pourraient déboucher sur des contestations.

L'importante littérature montrant le lien entre l'abondance des ressources naturelles et les difficultés du développement n'est jamais entièrement convaincante (Rosser, 2006 : 7). La plupart de ses arguments sont à un moment ou à un autre invalidés. Les études présentent des faiblesses communes : elles passent aisément de la corrélation à la causalité, ne prennent pas assez en compte certains facteurs comme les données sociales et celles concernant le contexte géographique et géopolitique ; enfin, elles ne tirent pas assez de leçons des contre-exemples, c'est-à-dire des pays riches en ressources naturelles qui ont réussi à amorcer des processus positifs de développement (Botswana, Afrique du Sud, Indonésie, Malaysia, Chili, etc.) (*ibidem*), sans parler des pays dont la puissance s'est construite au moins en partie sur la valorisation de leurs ressources naturelles (États-Unis, Chine, Russie, Australie, Canada, voire Royaume-Uni, France, Allemagne…) (Ross, 2012). L'entrée déterministe de la malédiction amène à négliger les nombreuses variables politiques et sociales qui interviennent dans les relations entre exploitation des ressources naturelles et développement, de même que les différences induites par la nature des ressources naturelles en question (Rosser, 2006 : 13, 21). Le pétrole et la pêche ont-ils les mêmes effets ? Les possibilités de bifurcation qui peuvent à un moment donné s'offrir aux systèmes territoriaux (Capoccia, Kelemen, 2007) sont également sous-estimées (van Vliet, Magrin, 2009) (cf. chapitre 9).

En outre, le discours de la « malédiction des ressources naturelles » tend à faire admettre une séparation radicale entre un Occident, implicitement présenté comme innocent et vertueux, et des pays africains (en l'occurrence ici la Guinée Équatoriale, mais cela vaudrait tout autant pour le Nigeria,

5 La notion d'État-providence n'entre pas tout à fait dans le même champ.

l'Angola, etc.), perçus comme foncièrement étrangers, différents, ce qui élude la participation des uns et des autres à un même monde, à un même système (Donner, 2009). La « malédiction » légitime ce système tel qu'il fonctionne, en créant une diversion : on ne regarde pas la responsabilité de la dépendance au pétrole des pays riches dans les dysfonctionnements globaux, mais on détourne l'attention vers des « rois nègres » incarnant une altérité radicale. Le stratagème n'est pas forcément innocent : « À travers la dénonciation de la rente s'exprime indirectement une contestation de la légitimité des pays pétroliers ou de leurs États à s'approprier les revenus de l'exportation des hydrocarbures [...]. De là à considérer qu'il serait plus légitime que ces ressources deviennent la propriété de ceux qui en sont les plus grands utilisateurs et remettre ainsi en cause la souveraineté de ces peuples sur leurs ressources naturelles, il n'y a qu'un pas » (Talahite, 2007 : 12). Le flou qui entoure l'utilisation de la notion de rente est tout aussi instrumental : la théorie de l'État rentier permet de ne pas aborder la question de la répartition des flux financiers entre les États détenteurs des ressources et les entreprises (*ibidem* : 12).

Enfin, le succès de la thèse de la malédiction des ressources naturelles appliquée à l'Afrique n'est pas sans rapport avec la complaisance avec laquelle est parfois soulignée, en un afro-pessimisme suspect à force de mauvaise certitude jubilatoire, la « malédiction » dont serait victime le continent noir dans son ensemble. Elle véhicule implicitement des conceptions idéologiques anciennes qui expliquent les malheurs de l'Afrique par la tache originelle située dans l'Ancien Testament – la malédiction de Cham –, qui aurait nourri le « poncif hégélien » du continent noir[6], justifié la traite esclavagiste et la colonisation (voir Chrétien, 2008). Sous sa déclinaison pétrolière, la « malédiction » s'accommode très bien de l'opacité du pétrole, où s'abîment les reflets du continent des ténèbres. Le mythe qui colle à la richesse pétrolière croise très bien celui de l'indépassable misère africaine. L'*oil curse* fonctionnerait finalement comme une « boîte noire » qui contiendrait tous les problèmes du continent (Donner, 2009).

Enfin, la « malédiction des ressources naturelles » prolonge en l'actualisant le débat sur la responsabilité respective des acteurs mondiaux et africains, inauguré autour de la traite esclavagiste, opposant ceux qui mettent l'accent sur le système englobant et ses acteurs (dépendantisme) à ceux pour lesquels tout repose sur la duplicité des acteurs locaux (afro-pessimisme). Notre perspective consiste à prendre en compte l'asymétrie qui s'établit entre acteurs locaux africains et mondiaux dans un contexte globalisé, sans sous-estimer la part d'autonomie des acteurs locaux.

6 Dont on parla beaucoup récemment, après qu'il eut influencé la plume d'Henri Gaino, nègre du premier discours de Nicolas Sarkozy en Afrique, à Dakar, le 27 juillet 2007, au point d'escamoter totalement ce qui se voulait l'annonce d'une « rupture » dans les relations franco-africaines. Ce discours a fait couler beaucoup d'encre parmi les intellectuels. Voir notamment Bayart, 2007.

## 2. Les quatre piliers de la « malédiction »

La notion de « malédiction des ressources naturelles » a donc des limites évidentes. Elle continue à être abondamment utilisée, notamment par commodité, car elle rassemble différentes approches sur les effets de l'exploitation des ressources dans les pays qui en sont détenteurs. Ces champs de réflexion sont centrés sur l'économie, le politique, le rapport au territoire, l'environnement.

### 2.1. *Faibles performances macroéconomiques*

*Effets d'entraînement limités et syndrome hollandais*

Les économies rentières accolées à l'exploitation des ressources naturelles ont des effets problématiques sur le plan macroéconomique, car elles ne semblent pas impulser de phénomène général de développement. Au lieu d'entraîner les autres secteurs de l'économie, elles leur nuisent.

Selon les périodes, les économistes ont mis l'accent sur différents phénomènes (Stevens, 2003) : dans les années 1950-1960, la détérioration des termes de l'échange et la faible relation du secteur d'exportation avec le reste de l'économie étaient soulignées ; lors de la décennie 1970, on insistait sur l'impact des chocs pétroliers sur les pays exportateurs de pétrole ; dans les années 1980, on s'intéressait surtout aux effets du syndrome hollandais ; enfin, depuis les années 1990, on analyse les impacts des revenus tirés des activités extractives sur les comportements des gouvernements.

D'une manière générale, les rentes issues du secteur primaire et de l'aide se convertissent en importations, exerçant peu d'effets d'entraînement sur les activités productrices. Le secteur extractif (mines, pétrole) utilise beaucoup de capital (d'origine étrangère) et peu de travail (national). Les intrants sont le plus souvent importés, car non disponibles localement, et la production est exportée brute. Les liens avec l'économie nationale sont limités : on parle d'économies d'enclave (Auty, 2005). Ainsi, au Niger, entre 1974 et 1984, la valeur retenue[7], c'est-à-dire la somme des paiements de l'entreprise au pays hôte (impôts et taxes, salaires, achats locaux, etc.), expression du niveau d'insertion de la mine dans l'économie, atteint seulement 33 % en moyenne (Ibrahim *et al.*, 1993 : 231). On peut cependant échapper à ce constat : des travaux menés au Ghana ont par exemple montré l'importance, inattendue, des liens économiques d'amont entre l'industrie aurifère et le tissu économique national, aboutissant à l'émergence de véritables *clusters* (Bloch, Owusu, 2011).

7 Dans la littérature, cette notion de « valeur retenue », pourtant intéressante, n'est plus très en usage au cours des deux dernières décennies. Est-elle devenue trop difficile à calculer, ou bien le fait qu'elle soit passée de mode signifie-t-il autre chose quant aux relations entre ces activités et leur milieu d'accueil, inscrites dans un contexte néolibéral où de tels critères sont dévalués ?

Le syndrome hollandais, ou *dutch disease*, est le symptôme le plus couramment convoqué de la « malédiction des ressources naturelles ». Comme cette dernière, il est employé dans des sens assez différents. L'expression, apparue d'abord dans un article de *The Economist* en 1977, faisait référence au phénomène observé aux Pays-Bas à la fin des années 1960, quand l'exploitation des gisements de gaz naturel de Groningue sembla être la cause des difficultés des autres secteurs de l'économie : l'appréciation du taux de change lié aux flux financiers associés à la vente du gaz et l'orientation préférentielle des facteurs de production (capital, travail, mais aussi priorités de l'État) vers le secteur extractif auraient été responsables d'une crise de l'agriculture et de l'industrie, dont la baisse de la compétitivité et des exportations aurait été le signe. Par extension, on utilise parfois simplement ce terme pour désigner les évolutions divergentes entre le secteur extractif quand il croît rapidement et les autres.

Or, des études ultérieures ont montré que le *dutch disease* n'avait pas existé comme il avait été décrit, même pas aux Pays-Bas (Stijns, 2001). En Afrique, de même, ses mécanismes ont été limités : les producteurs de pétrole de la zone franc (principalement le Gabon, le Congo-Brazzaville, le Cameroun, puis la Guinée Équatoriale et le Tchad) n'ont pas connu de surévaluation monétaire, dans la mesure où le franc Cfa, arrimé au franc français puis à l'euro, a conservé un taux de change presque[8] stable. De même, le Nigeria n'a guère utilisé ses ressources de change d'origine pétrolière pour apprécier la naïra, préférant maintenir face à ses voisins francophones les avantages d'une monnaie faible (Magrin, van Vliet, 2009 : 109). En revanche, une corrélation entre l'essor extractif et le déclin de l'agriculture a pu être observée dans plusieurs pays. En Guinée par exemple, entre 1973 et 1979, la part du secteur minier dans le PIB est multipliée par quatre, en parallèle au déclin de l'agriculture (Souaré *et al.*, 1993 : 157). Dans tous les cas, l'interprétation de telles évolutions doit considérer des tendances de longue durée.

Enfin, l'impact négatif des économies rentières sur les différentes composantes de l'économie n'épargne pas les domaines sociaux. La pauvreté s'y nourrit ainsi de mécanismes spécifiques : la généralisation des prélèvements clientélistes sur les ressources disponibles pour les systèmes de santé et d'éducation aboutit à une dégradation du capital humain (Destremau, 2000 : 498).

#### *Volatilité et endettement*

Rente rime avec dépendance. Les fluctuations des prix des matières premières, très supérieures à celles qui touchent les produits manufacturés, exposent les États producteurs à des retournements de tendance fréquents et brutaux (cf. figure 2).

8 La seule modification fut la dévaluation de 50 % de la valeur du franc Cfa, le 13 janvier 1994, dont la décision fut sans lien direct avec un quelconque syndrome hollandais.

L'instabilité des prix eut tendance à augmenter depuis 1971, la fin des accords de Bretton Woods et la généralisation des changes flottants. La hausse tendancielle des prix des matières premières extractives au cours des années 1960 fut suivie d'une envolée dans les années 1970 (1973-1983), d'un contre-choc dans les années 1980 (1984-1997), puis d'une nouvelle hausse rapide à la fin des années 1990 (1998-2008), avant une certaine stabilisation (2009-2011). Ainsi, au Gabon, entre 1960 et 1984, les exportations furent multipliées par 76, le budget de l'État par 134 (en francs courants), avant que le pays n'entre en « ramadan financier » devant le contre-choc pétrolier (Pourtier, 1989, tome 2 : 189, 192). Au même moment, les revenus pétroliers de l'État nigérian passèrent de 27,4 à 7 milliards de dollars de 1980 à 1986 (Soares de Oliveira, 2007 : 84). Or, partout où ce fut possible, la production continua d'augmenter dans les années 1980, malgré la baisse des cours, pour compenser la diminution de la rente de l'État : d'un point de vue économique (Ibrahim *et al.*, 1993 : 220), on est loin de l'optimisation d'une ressource naturelle telle que définie par Hotelling (1931)[9], mais au contraire dans la manifestation d'une très forte dépendance à une seule ressource.

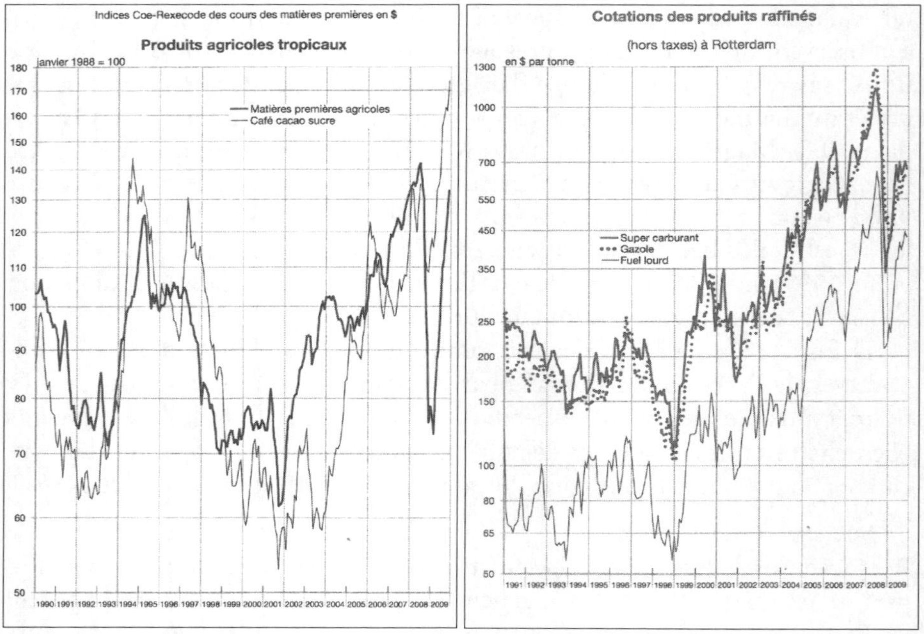


**FIGURE 2** *L'instabilité des prix des matières premières.*
Source : Chalmin, 2010 : 364, 622.

9 Auteur de la première analyse économique de l'utilisation de ressources non renouvelables, Harold Hotelling montre que l'objectif d'un détenteur de ressources de ce type consiste à maximiser ses recettes seulement si sa recette marginale croît à un taux égal au taux d'intérêt (Ibrahim *et al.*, 1993 : 216).

La dégradation des termes de l'échange est une autre caractéristique de la dépendance envers les ressources naturelles. Elle est très variable d'une ressource à l'autre. Il est probable par exemple que le pétrole, qui a connu plusieurs fortes hausses depuis les années 1970, y est moins sensible que certains produits agricoles ou miniers, dont la valeur relative diminue du fait de l'émergence progressive de produits concurrents. Ainsi, on a pu considérer que les matières premières non énergétiques avaient perdu par an en moyenne 0,6 % de leur valeur relative entre 1900 et 1990 face aux produits manufacturés. Entre 1960 et 2000, les matières premières perdent 40 % de leur pouvoir d'achat (Carroué, 2005 : 129).

Par ailleurs, le contexte des années 2000 rappelle celui des années 1960-1970 : la hausse des prix des matières premières favorise les investissements étatiques et donc l'endettement. Les pays producteurs de pétrole, qui sont les plus solvables, se distinguent parce qu'ils sont structurellement les plus endettés et qu'ils parviennent toujours à trouver prêteur, même en temps de crise, mais à des conditions très défavorables (Soares de Oliveira, 2007 : 34-35).

Cette volatilité des rentes issues des ressources naturelles a de lourdes conséquences sociales et politiques. Au début de l'exploitation, le gonflement des rentes semble toujours provoquer une amélioration de la situation économique et sociale dans les pays bénéficiaires. Mais la faillite sanctionne le premier retournement de conjoncture (Gary, Karl, 2003 : 21). Le premier cercle du pouvoir surmonte toujours les difficultés qui en résultent, mais les autres destinataires de la rente se trouvent brutalement sevrés (Soares de Oliveira, 2007 : 37).

## 2.2. *L'État rentier, son territoire et sa société*

*Ressources exogènes et nature de l'État*

L'origine extérieure des ressources des États africains a contribué à en modeler la nature. La théorie wébérienne du patrimonialisme s'est largement imposée dans la littérature[10] à ce sujet (Médard, 1982 ; Lemarchand, 1988) et a été notamment popularisée par la notion de « politique du ventre » (Bayart, 1989). Selon ces approches, le pouvoir est structuré par la redistribution clientéliste de la rente étatique, la prédation et la corruption nécessaires s'inscrivant dans une historicité caractérisée par l'absence de contre-pouvoirs efficaces. La redistribution repose cependant sur des bases personnelles profondément inégalitaires et hiérarchisées. Dès lors, les luttes entre factions ont pour enjeu le pouvoir, mais aussi les richesses et les possibilités d'accumulation auxquelles il donne accès (Bayart, 1989 : 287). Ces dernières reposent sur une centralisation, voire une confiscation des moyens de production et d'échange (Cooper, 1981).

10 Voir la revue de littérature sur le clientélisme de Van de Walle, 2007.

Le concept d'État rentier a été créé dans le contexte des pays du golfe Persique pétrolier. Il désigne des pays où l'État est l'agent central de la captation et de la redistribution des flux de richesses, la légitimité du pouvoir provenant alors de sa capacité à redistribuer la rente, sous différentes formes : subventions, gratuité des services publics, absence d'impôts, etc. Les bénéficiaires principaux sont les groupes sociaux inclus dans la nationalité du pays en question ; de nombreux étrangers permettent au système de fonctionner, en assurant un ensemble de tâches pénibles en dehors de ce système de protection (Destremau, 2000 : 491).

Les problèmes des États rentiers, hypertrophiés par le développement de fonctions redistributives et incapables d'appuyer l'essor d'activités productives, ont nourri une abondante littérature, dont le champ d'application s'est peu à peu étendu élargi en dehors des pays pétroliers arabes pour s'intéresser aussi à l'Afrique (Mahdavy, 1970 ; First, 1974 ; Skocpol, 1982 ; Beblawi, 1987 ; Luciani, 1987 ; Tanter, 1990 ; Gunn, 1993 ; Chaudhry, 1994 ; Karl, 1997 ; van de Walle, 1998 ; Auty, 2001[11]). En effet, l'écart que ces écrits soulignent par rapport à l'idéal-type de l'État wébérien – en matière de rapport à la violence, à la bureaucratie, à l'impôt, au territoire et à la population – vaut pour les États africains, qui semblent fonctionner sur le même mode rentier. Il serait maximal dans les États pétroliers, archétypes des États rentiers, alimentés par une seule ressource (Karl, 1997 ; Soares de Oliveira, 2007).

En Afrique, deux profils différents d'États rentiers – correspondant à des différences de degré plus que de nature ? – ont pu être distingués. Le Congo Zaïre correspond au premier, jusqu'à la caricature : victime du « syndrome de la mine », il serait la figure emblématique du pillage des ressources du pays, les pratiques du roi Léopold[12] fonctionnant, de façon inconsciente, comme modèle pour le président Mobutu, pour lequel l'État patrimonial et ses ressources naturelles apparaissent comme le butin du vainqueur, arrivé au pouvoir par la force et la ruse, qu'il partage à sa guise (Pourtier, 2007 : 93). Ailleurs, le modèle rentier s'est accompagné, surtout lors des bonnes années des décennies 1960-1970, d'un profil de l'État plus constructeur et redistributeur, à travers notamment les canaux d'une large fonction publique, comme en Côte d'Ivoire ou au Gabon. La décennie troublée des années 1990 aurait finalement brouillé la distinction entre les deux modèles.

*La faiblesse de la fiscalité, symptôme de déconnexion entre État et société*

La faiblesse de la fiscalité représente un des signes distinctifs des États rentiers, traduisant leur relative déconnexion avec leur territoire. En Europe, les guerres ont joué un rôle central dans la genèse des États-nations. Celles menées contre des puissances extérieures ont contribué à forger le sentiment

**11** D'après Rosser, 2006 : 15.

**12** Dont le Congo fut de 1885 à 1908 la propriété personnelle, avant qu'il en fasse don à l'État belge.

national et à unifier des populations hétérogènes (Bean, 1973 ; Tilly, 1975), tout en obligeant les États à être plus efficaces dans leur administration et à collecter davantage d'impôts (Herbst, 2000 : 113). Rien de tel en Afrique, où l'héritage des frontières découpées selon des logiques exogènes – les concurrences entre puissances européennes à la fin du XIXe siècle –, puis leur cristallisation par l'OUA en 1964 ne leur permirent pas de jouer un rôle semblable. L'impératif du développement lui fut substitué dans les années 1960, non sans déboires.

La faiblesse de la pression fiscale en Afrique apparaît comme une constante. Au début des années 1960, les taxes directes internes représentaient seulement 22 à 29 % des revenus des gouvernements (Herbst, 2000 : 117). Au début des années 2000, on considérait que la pression fiscale représentait en moyenne 10 % du PIB en Afrique, contre 21 % aux États-Unis et environ 40 % en Europe (Smith, 2003 : 80). On observe en outre la coexistence d'une peur d'une forte taxation (fondée sur l'arbitraire fréquent des prélèvements), qui dissuade l'investissement étranger, et d'une imposition réelle faible (Collier, 1995). Comme pendant l'époque coloniale, les prélèvements sont concentrés géographiquement sur quelques pôles économiques actifs (mines, agro-industries, voire régions de plantation) et sur la capitale, le reste du territoire national étant peu concerné (Herbst, 2000 : 126). Avec les crises des années 1980 et l'ajustement structurel, la fragmentation de la société et l'affaiblissement de la capacité des États à fournir des biens publics rendirent encore plus difficile la taxation. Dès lors, les États tendent à se reposer sur une taxation indirecte (douanes, TVA) et sur les rentes diverses tirées de l'extraversion. Dans ce contexte, l'aide subventionne l'incapacité des gouvernements africains à prélever des impôts (Herbst, 2000 : 131).

Le lien entre État et société en est d'autant affaibli. Une implication en est l'absence de réciprocité de devoirs entre État et citoyens. En outre, un État qui n'a pas besoin d'inciter à une hausse des productions nationales pour pouvoir y prélever ses ressources vitales peut se permettre d'être aveugle : il n'a pas besoin de cartes, de recensements, de statistiques et autres outils de gouvernement dont les applications sont en bonne partie fiscales (Raffestin, 1980 : 63 ; Soares de Oliveira, 2007 : 82). La diversification des rentes en réponse aux crises des années 1980-1990 correspond bien à cette logique d'éloignement de l'État vis-à-vis de ses administrés.

*Des rentes incompatibles avec la démocratie ?*

Les effets des rentes issues des ressources naturelles sont souvent considérés comme néfastes à la qualité des institutions et défavorables à la démocratie, alors qu'en sens inverse les démocraties rentières seraient peu performantes en termes de développement.

La thèse de la « malédiction des ressources naturelles » considère que les rentes qui en sont tirées s'accompagnent de régimes plus fréquemment autoritaires qu'ailleurs. L'exogénéité des ressources en hydrocarbures, en particulier, expliquerait le caractère autoritaire des régimes, en une résurgence de la vieille théorie du « despotisme oriental » développée par Montesquieu, Marx ou Wittfogel (Talahite, 2007 : 2-3) : la rareté de la ressource en eau ici, l'abondance du pétrole là, auraient des effets profonds sur les systèmes politiques.

Certains auteurs, comme Choplin et Lombard (2009 : 85), ont formulé l'hypothèse d'une déconnexion croissante, en Afrique, entre les élites et la majorité. Cette analyse se nourrit notamment du contraste béant entre des fortunes croissantes placées à l'extérieur à partir de la captation de rentes extraverties et la précarité du tissu économique et social, dont les élites semblent parfaitement s'accommoder, jouissant sans entrave des facilités offertes par la mondialisation contemporaine. Ces pratiques ne suffisent pas selon nous à établir la déconnexion de ces élites vis-à-vis de structures sociales dans lesquelles elles demeurent profondément immergées. Les lignages, les tribus, les clans, voire les confréries ou les groupes religieux continuent d'exercer sur les dirigeants une forte influence. L'enchâssement des élites dans le corps social participe d'ailleurs de la pérennité de ces systèmes politico-économiques rentiers et clientélistes : l'opposition habituelle entre élites *compradores* et populations dominées exclues des bénéfices pétroliers ne rend pas compte de la continuité symbolique qui lie l'ensemble de la pyramide sociale dans un ordre symbolique partagé (Mbembé, 2000) : les élites sont le produit d'une société dont elles partagent la représentation du monde, et la captation de la rente pétrolière en constitue une des modalités principales de domination, qu'elle soit consentie ou résignée (Magrin, van Vliet, 2009 : 34).

Si la démocratie est partout difficile à faire vivre[13], elle l'est d'autant plus en situation pétrolière. En effet, l'importance des rentes tirées des ressources naturelles favorise le clientélisme : dans des contextes marqués par un faible niveau d'éducation, un accès à l'information limité et de fortes solidarités communautaires inscrites dans un registre « traditionnel », la tentation est forte pour les hommes politiques d'acheter des porteurs de voix (chefs traditionnels ou religieux, syndicalistes, hommes-ressources de tout poil) plutôt que d'obtenir des votes en fournissant des biens publics (Collier, Hoeffler, 2005b : 115). Historiquement, le contrôle politique en Afrique visait les hommes, non les territoires. Plus les rentes sont élevées, moins la valeur des hommes est importante, leur nombre croissant tendant d'ailleurs à faire baisser leur valeur. Ils n'ont de l'importance qu'au moment des élections (Soares de Oliveira, 2007 : 127). La principale fonction de celles-ci devient finalement de constituer un moment fort de la redistribution clientéliste, l'essentiel des flux passant par le filtre

13 Comme le montrent par exemple les dérives populistes observées au cours des dernières années dans maints pays occidentaux où l'on croyait la démocratie plus solide.

opaque et sélectif des intermédiaires, une partie étant directement distribuée sous forme d'argent ou de sacs de riz. Dans ce contexte, les rentes issues des ressources naturelles semblent inverser les bénéfices habituels de la démocratie sur l'économie : en leur absence, les taux de croissance des démocraties sont supérieurs à ceux des autocraties ; avec elles, c'est l'inverse (Collier, 2005 : 5).

Le problème réside en partie dans la conception de la démocratie que l'on considère. Les médias occidentaux, en ne mettant l'accent que sur les joutes électorales successives en Afrique, escamotent des registres essentiels, comme la possibilité de création d'un champ politique support de projets de sociétés concurrents et l'existence de moyens de contrôle et de contre-pouvoirs. Car les contrôles améliorent l'efficacité des investissements. Au Nigeria par exemple, le président Obasanjo, lors de son dernier mandat (2003-2007), a introduit l'obligation de passer des appels d'offres pour les marchés publics, ce qui a eu pour effet de faire diminuer les coûts des infrastructures de 40 % (Collier, Hoeffler, 2005b : 118).

La diversification et la consolidation des systèmes rentiers semblent à l'origine de cette idée dominante que, malgré des changements cosmétiques apportés par les transitions démocratiques, la continuité l'emporte (Bayart *et al.*, 1997 ; Chabal, Daloz, 1998 ; Schatzberg, 2001 ; Schaeffer, 1999), la démocratisation venant même alimenter la gestion de l'extraversion par les élites africaines (Bayart, 2006).

*L'État failli durable, stade suprême de l'État rentier ?*

Un grand nombre de qualificatifs ont été utilisés pour décrire l'État africain, dont la persistance à ne pas se conformer à l'idéal wébérien, à ne pas remplir les fonctions attendues (Darbon, Quantin, 2007 : 481), et l'inventivité pour en détourner ou en réinventer des formes ont concentré l'attention de nombreux politistes[14].

La notion d'« État failli durable » a été proposée (Prunier, Gisselquist, 2003) pour désigner un État – en l'occurrence le Soudan –, qui, bien qu'incapable ou sans volonté de remplir le rôle classique de l'État (assurer le monopole de la violence légale), se montrait étonnamment fort et résistant. À la différence d'« États faillis » classiques, que les dérives des élites au pouvoir corrompues et criminalisées menaient à leur perte (*state collapse*), comme en Sierra Leone, au Liberia, en Somalie, l'État failli durable se révèle résilient.

Cette notion semble parfaitement convenir aux producteurs de pétrole africains (Soares de Oliveira, 2007 : 21, 29-30) : ceux-ci connaissent certes des processus analogues à ceux des « États faillis » ordinaires, mais, d'une part, l'importance des ressources tirées du pétrole leur permet de financer leur appareil coercitif et d'acheter les allégeances nécessaires pour conserver

14 On a notamment parlé d'États fragiles, d'États voyous (*rogue states*), d'États défaits ou faillis… Voir Châtaigner, Magro, 2007.

le pouvoir, d'autre part, ils bénéficient d'une reconnaissance et d'un soutien extérieur continu de la part du système international, c'est-à-dire les États, l'ONU, les institutions financières. Car, quelles qu'aient été les avancées néolibérales depuis les années 1980 et la perte de prérogatives des États, le système pétrolier international continue à nécessiter l'existence d'un État centralisé stable pour sécuriser l'extraction d'un point de vue juridique. L'exploitation de pétrole exige en effet des investissements lourds, à très long terme, source en retour de flux financiers incomparables. L'État constitue encore aujourd'hui la seule forme vraiment stabilisée de récipiendaire des rentes pétrolières (*ibidem* : 52-53, 60).

La notion d'« État failli durable » met l'accent sur des mécanismes simples mais importants pour comprendre la pérennité des systèmes politico-économiques rentiers, malgré les dysfonctionnements multiformes de l'État. Son origine renvoie néanmoins au contexte particulier qui l'a vu naître : les études menées en Angola ou en Guinée Équatoriale au début des années 2000 ont été influencées par des situations caricaturales : des États dont les recettes pétrolières disparaissent dans les turpitudes des dirigeants ou l'achat d'armes sans se soucier de bien public. Elle a selon nous le défaut de ne voir dans ces situations pétrolières que les facteurs stables des relations entre élites nationales, acteurs extérieurs et sociétés, sans considérer les accidents de l'histoire – comme la chute de Kadhafi en 2011 – et les espaces de bifurcation qui peuvent se révéler à la faveur de certaines circonstances (cf. chapitre 9).

### 2.3. *Tensions territoriales et conflits*

*Abondance des ressources naturelles et conflits*

La relation entre l'abondance des ressources naturelles et les tensions géopolitiques et les conflits n'est pas simple. La captation et la redistribution des rentes issues de l'exploitation de ces ressources sont-elles des causes ou des conséquences de la fragilité des États, ou les deux à la fois (Pourtier, 2007 : 92) ? Est-ce l'augmentation des rentes qui augmente leur caractère conflictogène en attisant l'avidité des acteurs, ou est-ce au contraire leur diminution qui déchaîne les ressentiments, quand le partage laisse des parts de plus en plus congrues ?

De prime abord, les corrélations entre rentes extractives et conflits en Afrique[15] ne sont pas automatiques : certains pays ont connu de nombreux conflits sans disposer pour autant de ressources naturelles importantes (Somalie, Rwanda) ; d'autres, connus comme des États rentiers, à partir de ressources naturelles non renouvelables et/ou agricoles, n'ont pas connu de conflits civils ou extérieurs depuis leur indépendance (Gabon, Ghana, Botswana, voire Guinée).

15 Voir la synthèse de Martinez (2010) sur les liens entre rentes des hydrocarbures et conflits en Afrique du Nord (Algérie, Libye) et au Moyen-Orient (Irak), à la veille du « printemps arabe » de fin 2010, et celle de Bridge et Le Billon sur la géographie politique du pétrole (2012).

Plusieurs auteurs ont cependant montré que l'abondance en ressources naturelles avait une influence sur la durée des conflits et la difficulté à agir sur eux (voir par exemple les écrits de Paul Collier et Anke Hoeffler, ainsi que ceux de Michael Ross).

Longtemps, l'attention s'est concentrée sur le potentiel de conflit associé à l'approvisionnement des grandes puissances en matières premières, ou aux pénuries environnementales dans les pays pauvres. Le terme de « guerre des ressources » (*resource war*) est apparu au début des années 1980, pour désigner les craintes d'un affrontement entre États-Unis et URSS autour du pétrole du Moyen-Orient ou des ressources minérales africaines (Le Billon, 2005 : 1). Cette crainte resurgit d'ailleurs périodiquement, alimentée récemment par les rivalités liées à la croissance de la consommation des pays développés et à la demande massive en matières premières des États émergents géants comme la Chine et l'Inde, qui pourraient déboucher sur des pénuries, des guerres pour les approvisionnements, ainsi que des contestations des droits de propriété sur les ressources (Klare, 2001).

Dans les années 1990, les conflits africains amènent à considérer de « nouvelles guerres ». Leurs économies décentralisées, sous l'égide de seigneurs de guerre ou de milices, dépendent beaucoup de ressources extraverties (pillage des ressources minières, aide, transferts de diasporas) (Kaldor, 1999). On diagnostique ensuite des « guerres de réseaux », qui reflètent l'intégration contestée des ressources des territoires et des populations dans l'économie globale (Reno, 1998 ; Duffield, 2001 ; Ferguson, Brian, 2003).

Une autre lecture met l'accent sur les liens directs que l'on peut établir, notamment en étudiant des statistiques de conflits, entre guerres civiles et ressources. Les travaux de Collier et Hoeffler (1998, 2002, 2005a) insistent sur la centralité de l'avidité (*greed*) comme facteur déclencheur des conflits, le ressentiment et les revendications (*grievance*) pouvant également intervenir, mais de façon secondaire. Ils seront critiqués pour l'accent porté sur la seule échelle nationale, la non-prise en compte des trajectoires des États et de l'histoire, finalement le déterminisme économiciste qui imprègne leur analyse (Marchal, Messiant, 2002).

La nature des ressources naturelles a des répercussions sur leur forme d'exploitation, les rentes qu'elles fournissent, mais également les conflits qui y sont associés (cf. carte 7). Ainsi, il semble que les ressources concentrées (*point source resources*), c'est-à-dire celles dont les sites d'exploitation sont géographiquement en nombre limité, et les flux financiers entièrement contrôlés par l'État affectent la croissance économique davantage que les ressources diffuses (*diffuse natural resources*), comme les cultures de rente (coton, arachide) ou la pêche artisanale (Isham *et al.*, 2002 ; Sala-i-Martin, Subramanian, 2003 ; Auty, 2005). Le pétrole constitue la ressource concentrée par excellence. Au sein des pays riches en ressources naturelles, les pays pétroliers sont très exposés aux guerres civiles (Ross, 2001 ; De Soysa, 2002 ; Fearon, Laitin, 2003 ; Fearon, 2005). Mais ce seraient surtout les ressources pillables (*lootable resources*), plus encore que les ressources concentrées, qui seraient un facteur favorable à ce type de conflit (Ross, 2003 ; Humphreys, 2005), leur commercialisation finançant les mouvements rebelles.

Dans cette distinction, la concentration en termes de mode d'exploitation et de contrôle compte tout autant que celle en termes de distribution spatiale (Le Billon, 2005 : 1). Une même ressource peut être concentrée ici, comme le diamant en Afrique du Sud ou au Botswana, où l'exploitation est étroitement encadrée par l'État, et le pétrole en général ; et pillable ailleurs, comme le diamant durant la guerre civile de Sierra Leone[16]. Le pétrole du Nigeria apparaît en situation intermédiaire : la rente est le ciment de l'État, mais on estime que 10 % de la production annuelle est volée (Sébille-Lopez, 2005 : 164), ce qui représente tout de même environ 250 000 barils par jour, soit la production de pays comme le Gabon, le Congo ou le Tchad en période faste.

Des corrélations ont finalement pu être établies entre la nature des ressources, leur localisation et les types de conflit qu'elles favorisent (Le Billon, 2005 : 16) (cf. carte 5) : ainsi, des ressources concentrées proches de la capitale verront plus fréquemment des coups d'État ou des interventions étrangères, l'enjeu étant de contrôler la rente étatique de l'État, alors que des sécessions peuvent survenir si ces ressources sont situées sur des périphéries du territoire (Biafra, Soudan). Des ressources diffuses proches du centre du pays peuvent faciliter des rébellions paysannes, quand elles entretiendront plus fréquemment des seigneurs de guerre – appuyés par des acteurs étrangers – sur les périphéries nationales (Sierra Leone, Angola, RDC).

Les forêts apparaissent comme une des ressources les plus fréquemment corrélées aux guerres civiles : elles abritent d'abord les rebelles, et favorisent ensuite toutes sortes de trafics (Le Billon, 2005 : 11). La production de drogue, en Afrique subsaharienne, ne semble en revanche guère aller de pair avec les conflits. La culture de cannabis est en effet très décentralisée (de nombreux petits acteurs produisent et vendent), le caractère diffus des bénéfices ayant peu d'effets de monopole et donc déterminant peu la violence. Même le cannabis du Sénégal, dont on disait qu'il finançait l'armement du Mouvement des forces démocratiques de Casamance (MFDC)[17], a peu de débouchés en dehors de la région, du fait d'une qualité peu recherchée (ONUDC, 2008 : 34).

Enfin, il faut souligner que, parmi le petit nombre de conflits entre États africains depuis les indépendances, le contrôle des ressources naturelles n'a

16 L'expression « diamant du sang » (*blood diamond*) a été d'abord utilisée par G. Campbell, 2002.

17 Principal mouvement indépendantiste casamançais, actif sous forme de rébellion depuis les années 1980.

que rarement occupé une place centrale. Dans la longue histoire des interférences entre la stratégie libyenne et la vie politique intérieure du Tchad, la bande d'Aozou a certes constitué un objet d'affrontement dans les années 1980 (voir Rabier, 1994). Mais les richesses en uranium et en pétrole qu'on prête à ce territoire saharien[18] ultrapériphérique pour les deux pays n'y ont sans doute joué qu'un rôle très secondaire à côté d'autres considérations[19].

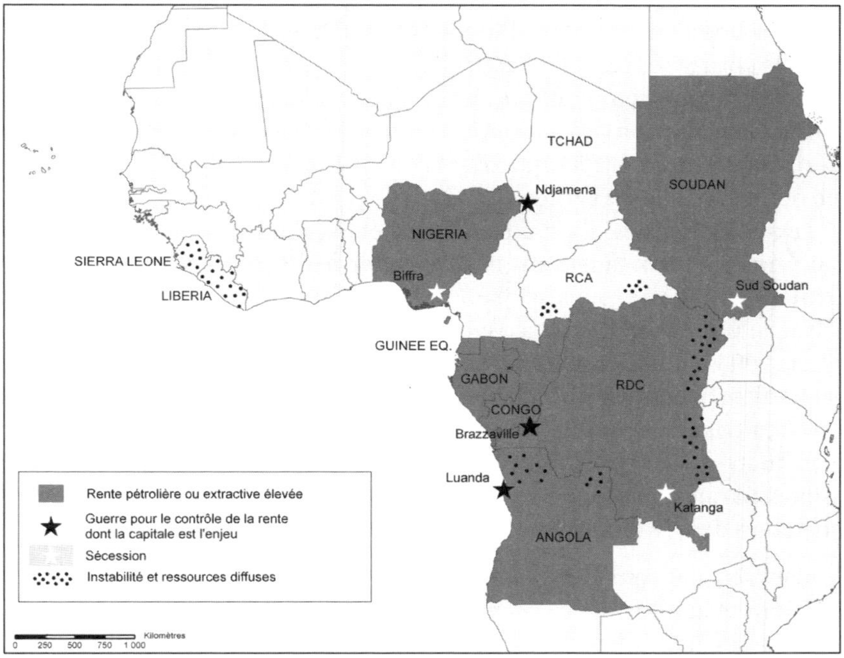


**CARTE 7** *Rentes des ressources naturelles et conflits : des corrélations imparfaites.*
Source : d'après Le Billon (2005). Réalisation : J.-F. Cuenot.

Le différend qui opposa le Nigeria au Cameroun à partir de décembre 1993 pour la possession de la presqu'île de Bakassi fut parmi les rares conflits dont l'enjeu principal était lié à une potentielle rente pétrolière. Il avait pour objet une zone de mangroves qui commande des eaux territoriales riches en pétrole, très lâchement peuplée par des communautés de pêcheurs appartenant en majorité à des groupes ethniques basés au Nigeria. Les combats, de faible intensité, prirent la forme d'escarmouches peu nombreuses en 1993-1994. Le conflit fut rapidement porté devant la Cour internationale de justice de La Haye. Celle-ci reconnut dans un arrêt du 10 octobre 2002 l'appartenance

18 Sans découverte prouvée à notre connaissance.
19 Nationalisme panafricain anti-impérialiste de la Libye (qui conteste une frontière coloniale tout en s'immisçant dans le jeu intérieur tchadien), souvent vécu comme… impérialiste, du point de vue tchadien.

de Bakassi au Cameroun. Résultant apparemment davantage d'une succession d'imprévus frontaliers que d'une stratégie délibérée de l'un ou de l'autre des protagonistes, cette crise donna l'impression qu'aucun acteur, parmi les États directement concernés comme parmi leurs partenaires internationaux, n'avait intérêt à ce qu'elle s'envenime. L'ONU joua les bons offices pour la démarcation de la frontière, avec des appuis de la France et de l'Union européenne, dont des États membres ont des intérêts pétroliers de part et d'autre de la frontière, à travers la Française Total et l'Anglo-Néerlandaise Shell (Arfouillère, 2010). Malgré les concurrences (cf. chapitre 5), il semble bien que les intérêts pétroliers aient convergé pour contenir et résoudre rapidement ce conflit.

Enfin, l'exploitation des ressources naturelles a de toute évidence constitué un des facteurs des conflits qui se succèdent sur les périphéries de la République démocratique du Congo (RDC) depuis 1996, à forte implication régionale : l'exploitation des diamants et des métaux du Kivu, du Katanga ou du Kassaï a financé les belligérants (milices, intermédiaires et officiers supérieurs des armées rwandaise, ougandaise, angolaise, zimbabwéenne) et a sans doute constitué le mobile de certains d'entre eux à certains moments (ONU, 2002 ; Pourtier, 2004 ; Pourtier, 2007). Mais la dimension internationale du conflit doit articuler ici une lecture de la trajectoire chaotique de l'État congolais et de la faible maîtrise de ses périphéries avec les histoires non moins tumultueuses d'autres États de la région des Grands Lacs (Rwanda, Burundi). La question des rentes paraît ici secondaire par rapport à celle du peuplement (densités, construction des rivalités ethniques, autochtonie).

*Tensions verticales, tensions horizontales*

Les tensions et conflits liés à la captation et à la redistribution des rentes issues des ressources naturelles obéissent à des logiques à la fois verticales (entre niveaux au sein des États) et horizontales (entre espaces riverains des ressources et autres régions) (Magrin, van Vliet, 2009).

Toute une littérature[20] développe le rôle du pétrole dans les conflits du Nigeria (voir Human Rights Watch 1999, 2002 ; Watts, 2004 ; Sébille-Lopez, 2006, 2009). Le géant d'Afrique de l'Ouest, dont il est aussi le premier producteur de pétrole (chronologiquement et quantitativement[21]), a connu une des premières guerres civiles sur cette partie du continent. Les élites Igbo, après avoir échoué à prévenir leur marginalisation en prenant le contrôle du pouvoir fédéral, ont en effet provoqué la sécession d'un des trois États fédérés qui composaient le pays à l'indépendance, à partir de l'argument selon lequel les richesses pétrolières régionales ne devaient pas bénéficier aux régions déshéritées du Nord,

**20** Au-delà de littérature scientifique, les conflits nigérians ont inspiré aussi les romanciers. Voir *Sozaboy*, de Ken Saro-Wiwa, sur les enfants soldats, ou *Onitsha*, de J.M.G. Le Clézio, sur la guerre du Biafra.

**21** Le Nigeria a été depuis les années 1950 le premier producteur africain. Il produit à la fin des années 2000 environ 2 millions de barils par jour et se trouve en passe d'être rejoint par l'Angola.

engageant ainsi la terrible guerre du Biafra (1966-1969). L'autodétermination par la sédition qu'elle manifestait avait été un mode d'expression territoriale banal dans l'Afrique précoloniale. La tentation d'y revenir, malgré le dogme fraîchement énoncé par l'OUA de l'intangibilité des frontières héritées, a mobilisé contre elle à la fois les Nigérians des autres parties du pays, et la plupart des dirigeants africains (Herbst, 2000 : 106-107), provoquant la défaite des Biafrais et l'arrivée au pouvoir durable de militaires représentant les intérêts des élites musulmanes du Nord du pays.

La réponse territoriale au conflit biafrais fut la mise en œuvre d'une scissiparité progressive. Objet d'un partage vertical (entre État central, États fédérés et gouvernements locaux) et horizontal (entre États producteurs et autres), la rente pétrolière est au cœur de négociations permanentes dont les règles (provisoires) sont périodiquement cristallisées jusque dans la Constitution. La rente est communément qualifiée de *national cake*. Ces négociations favorisent l'émergence de revendications communautaires qui s'inscrivent dans des mailles territoriales de plus en plus fines. Le pays passa ainsi de 3 à 36 États fédérés entre 1960 et 1996, de 301 *local governements* en 1976 à 774 en 1996 (Sébille-Lopez, 2005 : 170-171). Un statut de communauté riveraine (*host community*) avantage financièrement ceux dont le territoire est occupé ou traversé par des installations ou des oléoducs, déclenchant des compétitions exacerbées entre groupes. Par ailleurs, les gouvernements locaux reçoivent une part de la rente nettement inférieure à celle des États fédérés, alors même qu'ils ont en charge des fonctions importantes en termes d'éducation et de santé (*ibidem* : 177-179). On assiste finalement à un double mouvement paradoxal : d'un côté, la force centralisatrice du pétrole a rendu l'État plus visible et globalisé, de l'autre, la politique de revendication ethnique a fragmenté et discrédité l'État, en une « tension entre centralisme fiscal et dispersion politique » (Watts, 2004 : 129). La rente apparaît donc de manière ambivalente comme le ciment de la nation en même temps que comme le ferment de sa dissolution.

#### *Des relations complexes entre pétrole et conflits : Tchad et Soudan*

Si les ressources naturelles contribuent souvent d'une manière ou d'une autre aux conflits, il est bien difficile de démêler leur influence dans des crises qui ont toujours de multiples dimensions et enchevêtrent, à partir de lignes de clivage enracinées dans l'histoire, facteurs locaux, nationaux et interventions d'acteurs extérieurs ou mondialisés. Les exemples en apparence similaires du Soudan et du Tchad soulignent cette complexité (cf. figure 3).

Un facteur d'instabilité extérieur commun doit beaucoup au pétrole : au Soudan comme au Tchad, c'est l'argent du pétrole libyen qui a pu financer l'implication quasi continue de ce voisin dans les différentes phases des guerres civiles qui ont commencé peu après les indépendances, dans les années 1960 (Behrends, 2008 : 44).

Au Soudan, la géographie du pétrole a beaucoup compté dans le jeu de l'antagonisme Nord-Sud. Après une première paix en 1972, des compagnies américaines furent invitées à prospecter dans le Sud, qui bénéficiait d'une semi-autonomie. La découverte de gisements en 1978 s'accompagna d'une redéfinition des contours des entités pour faire « passer » le pétrole dans la partie nord du pays. Les gisements furent rebaptisés *Unity*, un slogan autant qu'une menace face à des tentations sécessionnistes du Sud. Le gouvernement de Khartoum imposa à l'oléoduc un tracé géopolitique, qui aboutit à Port-Soudan, et non au Kenya, comme l'auraient souhaité les élites du Sud (Behrends, 2008 : 45).

Parallèlement, les originaires du Sud furent exclus des décisions et de la formation supérieure dans le domaine pétrolier ; l'emplacement des raffineries fut choisi dans le Nord (Le Billon, 2005 : 19 ; cf. aussi carte 23). Ainsi, les enjeux pétroliers ont-ils occupé une place importante dans la reprise de la guerre civile, avec d'autres facteurs culturels et idéologiques, comme l'imposition de la *sharia* sur tout le territoire national.

À la fin des années 1990, la mise en exploitation des gisements d'*Unity* s'accompagna de déplacements de populations importants, ces régions vidées de leurs habitants illustrant un cas extrême de déconnexion entre ressources et territoires (Ferguson, 2005 : 378). Cela étant, le pétrole a contribué ensuite à trouver la solution au conflit civil. En effet, le partage de la rente pétrolière a été un des points négociés dans les accords de paix de 2003. Une partie de la rente est revenue au Sud, avant qu'il devienne un État après le référendum de janvier 2011. De même, le conflit du Darfour, qui prit le relais de celui du Sud au cours des années 2000, ne doit pas grand-chose au pétrole, mais s'explique plutôt par l'abandon ancien de la région par le pouvoir central, et l'exacerbation de facteurs de tension locaux (conflits pour l'eau et la terre entre groupes) par leur instrumentalisation dans un champ politique national, régional et international (Behrends, 2008 : 48 ; Tubiana, 2009).

Au Tchad, la contribution du pétrole à l'instabilité politique récurrente du pays depuis 1965 apparaît plus indirecte. Le prisme pétrolier agit facilement comme tentation de lecture des péripéties de l'histoire : le premier président François Tombalbaye a été assassiné en 1975, alors que les gisements de Doba (1973) et Sédigui (1974) avaient été découverts par Conoco, l'entreprise américaine qui avait profité du faible intérêt d'Elf pour le pétrole tchadien à la fin des années 1960 (Magrin, 2003a : 35-36). Ne pouvait-on y voir la main de la France ? La reconstitution d'un consortium autour de Shell, Chevron (1976) et Exxon (1978) butait sur la phase la plus aiguë de la guerre civile (1979-1982), puis sur le contre-choc pétrolier. En 1990, l'arrivée d'Idriss Déby au pouvoir, avec l'aide des services secrets français, suivie peu après par l'entrée d'Elf dans le nouveau consortium (Exxon, 40 %, Shell, 40 %, Elf, 20 %), ne s'explique-t-elle pas à nouveau par les intérêts pétroliers hexagonaux (Agir ici-Survie, 1999 ;

Maoundonodji, 2009 : 250) ? Mais une telle lecture évacue de trop nombreux facteurs[22].

Au cours des années 1990, la question pétrolière est fréquemment convoquée à propos du rejeu de la fracture Nord-Sud (Magrin, 2002). Les violations des droits de l'homme consécutives aux luttes contre les rébellions du Sud du pays, comme l'arrestation de l'opposant Ngarlejy Yorongar, sont vite mises en parallèle avec la répression des populations des bouches du Niger au Nigeria et la pendaison de l'écrivain Ken Saro-Wiwa, le défenseur de la cause Ogoni (1995) (ICG, 2009 : 4). Le pétrole alimente en outre l'idée que les « Nordistes » font main basse sur les richesses du Sud (Tulipe, 2004). La définition d'une région de production bénéficiaire d'une partie de la rente atténue les tensions, sans que la question des limites de l'entité en question soit clairement réglée.

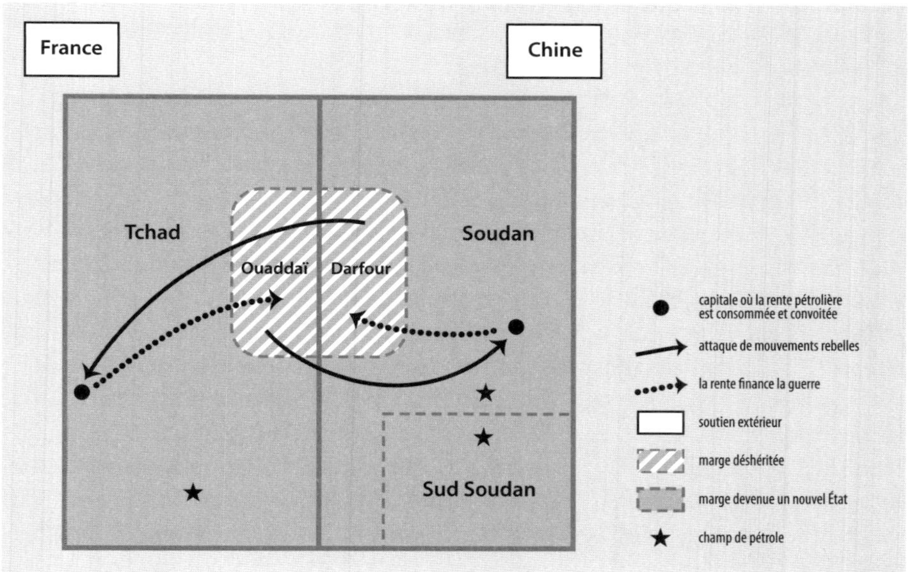


**FIGURE 3** *Pétrole et conflit au Tchad et au Soudan (2006-2008).*
Source : auteur.

22 La dégradation des relations entre la France et les présidents Tombalbaye et Habré avaient de nombreuses causes, et la question pétrolière n'y semblait pas centrale. Les fragilités de leur régime ne tenaient pas en outre uniquement à la dégradation de leurs relations avec Paris, mais avaient de nombreuses autres raisons externes (relations tendues avec la Libye ou le Soudan, lâchage de Habré par les États-Unis après sa victoire contre la Libye, en contexte post-guerre froide) et internes (impopularité au sein des élites et de la population, etc.).

La reprise des rébellions au Tchad après le début de l'exploitation pétrolière, en octobre 2003, n'a rien à voir avec ce champ jusqu'ici structurant la géopolitique tchadienne de l'opposition Nord-Sud (cf. planche 5). Elle a pour origine le mécontentement de proches du régime se sentant trop mal récompensés ou déçus dans leurs espoirs de succéder à Idriss Déby à la présidence, après que celui-ci a modifié la Constitution par référendum en juin 2005[23] pour pouvoir briguer un nombre indéfini de mandats.

En apparence, la thèse de la « malédiction des ressources naturelles » est vérifiée (Behrends, 2008 : 49), comme celle de l'« État failli durable » : le pouvoir se renforce avec l'argent du pétrole et le soutien international, malgré les crises sociopolitiques. Mais on peut aussi interpréter ces cycles de rébellion/réconciliation sur un pas de temps plus long, comme une caractéristique du fonctionnement du champ politique au Tchad depuis les années 1980, indépendamment de la question pétrolière (Magrin, 2008a).

23 L'annonce en avait été faite l'année précédente.

## Planche 5 : Pétrole et conflits récents au Tchad

**PHOTO 13** *Le pétrole exacerbe les tensions intercommunautaires.*

*Les tensions multiformes de l'ère pétrolière (inflation, emploi, cloisonnement de l'espace) jettent de l'huile sur le feu des oppositions entre groupes. Ici, éleveur Peul ou Arabe face à agriculteur Sara.*

Source : dessin du journal *Ndjaména Hebdo* (2010).

**PHOTO 14** *Président ou chef de guerre ?*

*Entre 2005 et 2009, la rente pétrolière attise les appétits de groupes rebelles. Elle explique aussi l'attachement au pouvoir d'Idriss Déby, qui abandonne ses habits de chef d'État moderne pour revêtir ceux de chef de guerre.*

Source : affiche de propagande photographiée chez un commerçant (cliché : G. Magrin, novembre 2009).

**PHOTO 15** *Affiche du défilé militaire de la victoire après février 2008.*

Source : affiche de propagande et de publicité pour la Sner (cliché : G. Magrin, juin 2010).

*Le défilé militaire qui commémore la République le 10 décembre 2008 célèbre surtout la victoire d'Idriss Déby face aux colonnes rebelles de février 2008, en une démonstration de force où s'emploie la moitié de la rente pétrolière annuelle.*

### 2.4. *L'environnement menacé : l'œuvre du profit et la part de la rente*

*Une conscience environnementale tardive*

Les dégradations environnementales peuvent être présentées comme le quatrième pied de la « malédiction des ressources naturelles ». La littérature dominante en économie et sciences politiques ne le considère pourtant qu'à la périphérie de cette réflexion. Deux hypothèses peuvent être avancées pour expliquer la discrétion de ce thème : d'une part, considérer l'impact environnemental de prélèvements effectués sur des ressources naturelles peut sembler relever du pléonasme, surtout dans le cas de ressources naturelles non renouvelables. D'autre part, dans l'histoire de la conscience environnementale, ce sont plutôt les dégradations en lien avec la croissance économique dans les pays du Nord qui ont joué le rôle déclencheur. Si l'impact environnemental est un simple effet collatéral de l'exploitation de ressources mobilisées dans le cadre d'un processus de croissance économique, il ne participe pas du paradoxe fondateur de la thèse de la « malédiction des ressources naturelles ».

Le lien entre rentes et dégradations environnementales n'est pas non plus simple à établir, pour les mêmes raisons. En effet, les impacts environnementaux sont associés à des activités productives (agricoles, minières, industrielles). Ils résultent de la priorité accordée au profit par les acteurs économiques au détriment de toute autre considération – comme on peut le voir en Chine au cours des années 1990-2000, où la priorité accordée à la croissance économique s'est effectuée aux dépens de l'environnement[24] (Yang *et al.*, 2012). Ce qui est spécifique dans le cas de l'Afrique aujourd'hui, c'est un contexte qui laisse l'essentiel de la régulation environnementale aux mains du secteur privé : les États sont pauvres, dépendants des rentes fournies par l'exploitation des ressources naturelles et dotés de médiocres capacités de régulation ; les contre-pouvoirs (médias, société civile) sont tout aussi faibles. La recherche de profit (par les entreprises de toutes origines) et celle de rentes (par les États) se conjuguent pour fournir des conditions particulièrement défavorables à la protection de l'environnement.

Cela étant, la conscience des problèmes environnementaux est un construit social et politique, dont les liens avec la réalité des impacts varient. Dans cette perspective, la dénonciation des impacts environnementaux négatifs de l'exploitation forestière ou des « cultures de rente » a occupé une place significative dans les débats sur le développement : le terme de « désertification » n'est-il pas né en 1949 sous la plume d'un forestier, Aubreville, en Oubangui-Chari ? L'arachide et le coton n'ont-ils pas été accusés d'accélérer l'érosion des sols (notamment par R. Dumont, 1986) ? Les enjeux institutionnels et

24 Cette question sensible est notamment abordée dans le roman policier de Qiu Xiaolong, auteur chinois installé aux États-Unis : *Les courants fourbes du lac Tai*, paru en 2009.

politiques de la manipulation – souvent par la généralisation d'observations environnementales ponctuelles – des données écologiques ont depuis été souvent analysés, par des géographes français (Pelletier, 1993 ; Rossi, 2000), dans une approche assez similaire à celle de la *political ecology*.

La conscience de l'impact environnemental des activités minières a été fluctuante. Des géographes européens du début du XX^e^ siècle s'y intéressent, relevant ce paradoxe que les « sauvages » usent de leur ressource avec prudence et des règles évitant de les épuiser, alors que « la civilisation » pratique les formes de dévastation les plus caractérisées, au détriment des « générations futures », tout en s'accompagnant de catastrophes écologiques (effondrement, inondations) et de baisse de la biodiversité (Bruhnes, 1912 : 348-350).

Elle renaît en Europe dans le contexte des années 1970, alors même que ces activités ont amorcé leur déclin (Deshaies, 2007 : 43)[25]. En 1992, dans les montagnes Rocheuses, aux États-Unis, la pollution de la rivière Alamosa par le cyanure de la mine d'or Victor de Summitville amplifie la prise de conscience de l'impact environnemental d'activités dont les ruées (vers l'or, vers le pétrole) ont été un des moteurs de la conquête de l'Ouest[26]. Il y aurait dans l'Ouest des États-Unis 500 000 anciens sites miniers, plus ou moins pollués (Deshaies, 2007 : 95). Le « gruyère » minier de l'Est du Congo – ces paysages défigurés par les trous des creuseurs artisanaux à la suite des récentes ruées vers le coltan ou d'autres métaux précieux – n'a rien d'unique.

L'expression de la conscience des problèmes environnementaux autour de l'exploitation des ressources naturelles non renouvelables est assez récente dans les pays du Sud. À la fin des années 1990, les impacts de la mine d'or de Yanacocha, au Pérou, dont les eaux ont été empoisonnées au cyanure et au mercure, ont donné lieu à de premières dénonciations des risques de l'exploitation minière dans les pays pauvres[27].

En Afrique, les contestations se manifestent surtout au cours de la dernière séquence (1997-2008) de course aux ressources. Dans le domaine du pétrole, jusqu'à une date récente, la question environnementale n'est importante qu'au Nigeria, où elle devient un des objets privilégiés des contestations multiformes qui se développement dans les zones d'exploitation *on shore*. Ailleurs, l'ombre des pollutions pétrolières revêt plus souvent la forme des accidents de navigation (Torrey Canyon (1967), Amoco Cadiz (1978), Exxon Valdez (1989), Erika (1999)) que celle d'accidents directement liés à la production.

En Mauritanie, néanmoins, au cours des années 2000, l'environnement occupe une place centrale dans les débats qui entourent le début de l'exploitation

**25** Selon Deshaies, Faugères (1987) serait le premier géographe français (depuis Bruhnes ?), à aborder, à partir du lignite en Macédoine, les thèmes de la dégradation environnementale liée à la mine et des enjeux régionaux de l'après-mine.

**26** Voir *L'or*, de B. Cendrars.

**27** Voir le film *The Price of Gold*, www.guarango.org (cité par Deshaies, 2007 : 48).

pétrolière du champ offshore de Chinguetti, situé à 80 km au sud-ouest de Nouakchott. De nombreux et influents acteurs internationaux sont en effet impliqués depuis des décennies dans la préservation des très riches écosystèmes littoraux du banc d'Arguin, classés en 1989 au patrimoine mondial de l'Unesco. Ils appartiennent à la société civile comme à des organisations de coopération[28].

Ces acteurs militèrent d'une part pour que l'exploitant, initialement l'entreprise australienne Woodside, remplacée fin 2007 par la Malaysienne Petronas, adopte les standards de protection de l'environnement les plus élevés[29], d'autre part pour que l'État définisse des règles du jeu plus claires en matière de protection de l'environnement face aux risques pétroliers (UICN Mauritanie, 2009).

*Les impacts environnementaux miniers et pétroliers*

Différents paramètres influencent les impacts environnementaux des activités extractives : le type d'activité, l'évolution technologique et les standards utilisés, la situation au sein du cycle minier, et bien sûr la sensibilité du milieu d'accueil.

Ainsi, l'opposition intuitive entre des activités artisanales, qui seraient peu polluantes car mobilisant de faibles moyens, et des extractions industrielles à lourd impact doit être relativisée : si l'échelle de l'exploitation influence bien sûr ses impacts, les activités artisanales, peu régulées et très concurrentielles, nourrissent des relations « pionnières » à l'environnement (trous creusés sans égard pour les autres utilisations de l'espace, large utilisation de cyanure et mercure pour séparer les métaux des stériles, etc.), quand les activités modernes tendent de plus en plus à mettre en œuvre des technologies et des règles d'opération visant à réduire leur empreinte écologique.

Les techniques industrielles et les standards qui en codifient l'utilisation intègrent aujourd'hui l'enjeu environnemental de façon croissante, si bien que les activités extractives sont en moyenne nettement moins polluantes que quelques décennies auparavant. Les entreprises, suivant leur nature (grandes entreprises cotées en Bourse, à visibilité mondiale, ou entreprises moins connues ; entreprises nationales de pays émergents) et le contexte de leur intervention (dans des pays de l'OCDE très réglementés ou dans des PMA à faible capacité de régulation), ont néanmoins des pratiques variées en la matière (cf. *infra*, chapitres 5 et 9).

De plus, les technologies nouvelles qui permettent d'atteindre des matières premières auparavant inaccessibles créent de nouveaux enjeux

28 On peut citer notamment la Fondation internationale du banc d'Arguin (Fiba), financée par la Mava (fondation privée créée par Luc Hoffmann, du laboratoire suisse Hoffmann-La Roche), l'Union internationale pour la conservation de la nature (UICN), les gouvernements français, hollandais, allemand, espagnol, japonais, l'Union européenne…

29 Sur les pincipaux risques environnementaux pétroliers offshore, voir Semelin, 2003 ; Kloff, Wicks, 2004.

environnementaux : la généralisation des exploitations minières par l'usage de carrières en découverte, permise par des excavatrices de plus en plus puissantes qui creusent des carrières de plusieurs centaines de mètres de profondeur, détruit le paysage sur des superficies plus vastes que les galeries de la génération minière antérieure (Deshaies, 2007 : 4). De même, la multiplication des forages pétroliers en offshore ultra profond (jusqu'à plus de 3 000 m de profondeur) fait émerger des risques nouveaux, comme l'a montré la catastrophe de la plateforme BP Deep Water Horizon dans le golfe du Mexique en avril 2010. Les coûts des mesures de sécurité susceptibles de prévenir un tel accident ont été jugés trop élevés pour un risque dont la probabilité était jugée infime. C'est la même évaluation erronée du risque qui a autorisé les promoteurs de la plateforme à faire l'économie de toute planification d'urgence en cas d'accident. Cette pollution, une des plus grandes de l'histoire pétrolière, sera-t-elle à même de faire évoluer la gestion environnementale du risque offshore ? L'importance des enjeux économiques à venir laisse la question incertaine (voir Magrin, van Dessel, 2010).

En outre, le moment du cycle minier où l'on observe tel ou tel site détermine très largement son potentiel d'impact sur l'environnement : en début de cycle, les installations sont neuves et les règles de sécurité bien respectées. Puis, au fur et à mesure que le cycle se déroule, le matériel vieillit, les rotations d'opérateurs et la généralisation du recours à la sous-traitance provoquent un relâchement du suivi et une augmentation potentielle des dommages (van Vliet, 1998 ; Magrin, van Vliet, 2005).

La prospection n'est pas anodine. *On shore*, les quadrillages associés aux phases sismiques de la recherche (*sismic chessboards*) sont parfois visibles dans la végétation, notamment la mangrove, de nombreuses années après le passage des engins. Offshore, la sismique est dangereuse pour les mammifères marins et certains poissons, dont elle perturbe l'orientation et la reproduction (Kloff, Wicks, 2004 : 28).

Durant tout le cycle minier – de la prospection au chantier de construction des infrastructures, puis à la phase de production –, les espaces concernés sont affectés par des bruits, des circulations de véhicules, des poussières. Or, les hasards de la géologie ont souvent placé les sites miniers sur des périphéries des territoires nationaux, dans des zones peu peuplées, qui faisaient office de refuge pour la biodiversité (par exemple au sud-est du Sénégal). La construction des pistes accélère le déboisement et le braconnage, de même que les déplacements de populations attirées par les perspectives d'emploi ou d'affaires, selon les logiques propres aux ruées vers l'or (Magrin, 2009b).

L'impact le plus direct est celui des prises de terres pour les besoins des exploitations. Dès le début du XX^e^ siècle, on observe que l'exploitation de l'or aux États-Unis donne l'impression qu'« en tous points les hommes picorent la terre » (Bruhnes, 1912 : 404-405). Si les activités d'extraction artisanale apparaissent comme un champ de bataille vu d'avion (Causse, 1991), les exploitations minières industrielles sont les activités qui provoquent les transformations les plus complètes de la surface de la terre. Elles seraient les seules œuvres humaines visibles de l'espace, et non la grande muraille de Chine, comme on le dit parfois (Deshaies, 2007 : 60). La transformation du paysage par les mines est donc assortie d'un jugement négatif implicite : l'adjectif « minier » appliqué à l'agriculture désigne des pratiques dévastatrices, non durables, qui entament le capital productif du milieu (Deshaies, 2007 : 7). Les carrières, barrages de boues et installations associées aux mines d'or d'Afrique de l'Ouest (Sénégal, Mali) consomment chacun entre quelques centaines et quelques milliers d'hectares, qui sont autant de terres agricoles ou de pâturages perdus. L'exploitation du pétrole de Doba, au Tchad, a nécessité de construire plus de 800 puits de pétrole, alors que 300 étaient initialement prévus, ce qui a amené à revoir les programmes de déplacement et de réinstallation des paysans riverains initialement envisagés (Magrin *et al.*, 2012). L'importance de ces impacts doit néanmoins être appréciée selon l'échelle considérée : considérable localement, elle devient très relative à l'échelle des vastes régions concernées.

À partir des activités extractives, des pollutions accidentelles ou frauduleuses risquent en permanence d'affecter les eaux, les ressources halieutiques et fauniques, la fertilité des terres : rejets de pétrole, de polluants chimiques (dont cyanure et mercure pour l'or, boues de forage et eaux de production toxiques pour le pétrole) et de fluides divers (Boocock, 2002). L'exploitation minière exerce des pressions sur l'eau : elle en consomme beaucoup et la rejette potentiellement chargée en acides et en fer ; son traitement est alors coûteux (Deshaies, 2007 : 98, 100). La question de la gestion des héritages se pose au sein de la profession minière (Eggert, 1994) : extraire un kilogramme d'or amène à produire 500 kg de déblais. Combien de temps les compagnies peuvent-elles accepter d'être responsables des sites après leur fermeture (Belem, 2009 : 136) ? En Afrique de l'Ouest, où l'exploitation est souvent récente (or du Mali, Burkina Faso, Sénégal) ou encadrée par l'État (fer de Mauritanie, bauxite de Guinée), les questions des retombées locales ou nationales des rentes extractives semblent prioritaires par rapport à ces enjeux qui semblent bien lointains.

La situation est quelque peu différente dans le delta du Niger, au Nigeria, où les pollutions pétrolières sont une des causes de l'instabilité qui affecte la région depuis les années 1990. Le désastre écologique y apparaît tout particulièrement comme participant de la « malédiction des ressources naturelles », sans que son ampleur soit vraiment mesurée avec précision. Il s'explique en partie par l'ancienneté des héritages : le delta du Niger fut la première région pétrolière d'Afrique, une bonne partie des installations sont anciennes et relèvent de technologies ou de standards qui n'ont plus cours aujourd'hui. Ainsi, on relève environ 300 fuites de pétrole par an dans le delta, dont une bonne partie sont causées par des sabotages. Dans un milieu de mangrove très humide, contenir les fuites et récupérer les fluides perdus se révèlent très difficiles. Les taux d'hydrocarbures dans les eaux sont ainsi 360 à 680 fois plus élevés que ceux acceptés par l'Union européenne (Watts, 2004 : 135). Ces pollutions des eaux et des sols ont des conséquences directes sur des populations pauvres, nombreuses – les densités dépassent localement 300 habitants au km$^2$ –, qui vivent en relation étroite avec les ressources naturelles (agriculture, pêche, cueillette) de milieux fragiles.

Le décalage entre la misère des riverains des zones de production, due notamment à l'impact environnemental local de la production, et l'importance de la rente pétrolière, captée et redistribuée par l'État selon des logiques géopolitiques leur faisant peu de part, a été à l'origine des mouvements de contestation qui se sont développés dans les bouches du Niger à partir du milieu des années 1990. Mais la multiplication des revendications et le développement de l'insécurité qui s'ensuivirent se cristallisèrent davantage sur la captation de parts de rente que sur les enjeux environnementaux (Watts, 2004; Sébille-Lopez, 2005).

La notion de « malédiction des ressources naturelles » n'est pas sans utilité pour penser les relations entre rentes, territoires et développement, à condition d'en faire un usage critique.

En effet, la rente semble bien au cœur de cette « malédiction » : c'est par elle que passe, dans une large mesure, le lien entre l'exportation des ressources et le pays qui les détient. Ainsi, les systèmes rentiers semblent responsables de la déconnexion fréquemment observée entre États, ressources et territoires : les secteurs pourvoyeurs de rente n'ont guère d'effets d'entraînement sur les autres et soumettent l'économie et la société aux caprices de cours volatiles; les enjeux de captation et de redistribution de la rente favorisent des pouvoirs autoritaires, des systèmes politiques clientélistes, des États inefficaces en termes de développement, fiscalement déconnectés de leur territoire; de plus, des tensions et conflits multiformes naissent des inégalités exacerbées qui résultent de l'abondance en ressources; enfin, la recherche de rentes amène souvent à sacrifier l'environnement et les populations riveraines des activités d'extraction.

Mais on n'est pas forcé de croire aux « malédictions ». La rhétorique de la « malédiction des ressources naturelles » passe trop facilement de la corrélation à la causalité, néglige les contre-exemples des pays riches en ressources ayant réussi, se perd parfois dans les travers de l'économicisme. L'exploitation de ressources naturelles, notamment extractives, fonctionne de fait souvent comme un révélateur, voire comme un catalyseur de dynamiques sociales antérieures, et produit des effets différenciés selon les contextes propres à chaque pays.

# RENTES ET TERRITOIRES : FORMES ET VARIABLES DE LA CONJUGAISON

La rente oriente, elle ne détermine pas. Les systèmes rentiers, « comme mode d'insertion spécifique dans l'économie capitaliste internationale » (Destremau, 2000 : 490), influencent la trajectoire des États et des territoires. Les sociétés africaines interprètent l'extraversion en fonction de leur histoire, de leurs héritages socioculturels et de leur propension à les amalgamer au répertoire mondialisé – selon des modes de créolisation inhérents à l'historicité qui leur est propre (Bayart, 1989 : 50) –, de leur position géographique aussi. Celle-ci n'est pas indifférente : elle éclaire l'identité des acteurs en présence, l'ancienneté des relations, leurs champs, leurs conditions plus ou moins favorables, qui dessinent des profils d'extraversion variés.

Au cours des dernières décennies, les séquences erratiques du temps mondial conjuguent donc leurs effets avec les configurations propres à chaque pays. L'interaction entre cycles internationaux et territoires africains est également déterminée par les stratégies des acteurs mondiaux, la façon dont ils perçoivent les ressources du continent et conçoivent les modalités de leur exploitation. Enfin, les interactions entre spatialités africaines anciennes, logiques modernes de l'État, cycles mondiaux et pratiques des acteurs extérieurs donnent naissance à des formes spatiales spécifiques, où cohabitent de manière contradictoire des logiques de connexion avec les dynamiques de l'économie endogène et de fragmentation territoriale.

# 4. Types, temps et trajectoires des systèmes rentiers

> « La mondialisation a enlevé à l'État les moyens et même l'envie de sauver son mariage avec la nation. Le flirt et l'adultère ne sont-ils pas désormais une fatalité, pardonnés d'avance, voire ouvertement encouragés ? »
>
> Zygmunt Bauman, *Identité*

Au-delà des points communs situés dans le registre de l'extraversion, les systèmes rentiers présentent maintes différences d'un pays à l'autre. Celles-ci tiennent à l'histoire de leur mise en place, à l'importance des rentes, à leur origine, mais aussi à l'ensemble des facteurs qui, réunis à huis clos au sein des frontières nationales, ont défini des trajectoires étatiques spécifiques. Les cycles économiques de croissance ou de récession du système mondial englobant les ont profondément influencées. Deux exemples (Tchad, Sénégal) montreront combien les conditions géographiques comptent dans l'articulation du donné des sociétés et du jeu des relations extérieures.

## 1. L'inégale vulnérabilité des systèmes rentiers

Différents types de systèmes rentiers peuvent être distingués suivant l'importance des rentes, mais aussi leur origine et leur forme, plus ou moins diffuse ou concentrée. Mais ces distinctions ne suffisent pas à expliquer les différences entre pays, car elles se corrèlent mal avec les indicateurs de développement ou la présence de conflits. La dépendance énergétique apparaît en revanche comme un point commun inattendu, dans la mesure où elle concerne aussi bien les États producteurs d'hydrocarbures que les autres. À la fois cause et conséquence du sous-développement, l'insuffisant accès à l'énergie participe de la vulnérabilité africaine dans la mondialisation (Magrin, 2007b). Il exprime aussi la prépondérance de la recherche des rentes d'exportation sur la valorisation locale des ressources.

### *1.1. Des systèmes rentiers nationaux diversifiés*

*Rentes et typologies des économies africaines*

Différentes typologies des économies africaines ont été proposées. On y lit des formes différentes de systèmes rentiers et aussi, en filigrane, les articulations de ces systèmes avec l'économie productive endogène.

En adoptant comme critère la spécialisation internationale, Hugon distingue cinq régimes d'accumulation (Hugon, 2009a : 89-93) : les économies stationnaires, proches de l'économie coloniale de traite, où le poids des activités agropastorales inscrites dans l'économie locale ou régionale est très élevé, induisant une forte vulnérabilité vis-à-vis des aléas climatiques. On y trouve notamment les pays du Sahel. Les agroexportateurs, comme la Côte d'Ivoire, le Ghana, voire le Cameroun, dont la croissance a reposé sur l'exportation de produits agricoles variés, mieux valorisés sur le marché mondial que ceux de la catégorie précédente. Les économies minières et pétrolières, reposant entièrement sur la rente qui en est issue. Les économies industrielles ouvertes sur l'extérieur (Afrique du Sud, Maurice, Botswana), peu représentées dans l'espace ouest-africain étudié. Enfin, les économies de guerre, caractérisés par des situations de désintégration de l'État, d'anarchie.

L'articulation entre abondance de ressources naturelles et possibilités géographiques fournit une deuxième grille (Igué, 2006 : 252) : on y considère des pays exportateurs de matières premières, agricoles (Côte d'Ivoire, Ghana, Cameroun) ou pétrolières (Nigeria, Gabon, Congo, Angola), aux revenus les plus élevés ; d'autre part, des pays côtiers à faibles ressources naturelles, mais jouissant d'une grande facilité d'approvisionnement sur le marché mondial : les revenus y sont plus faibles, mais restent à un niveau intermédiaire (Sénégal, Bénin, Togo). Enfin, les pays enclavés, aux possibilités agricoles limitées, menacés par la sécheresse, qui sont les plus pauvres.

Au sein de ces classements, cependant, les démarcations sont malaisées, et ce d'autant plus que les anciens clivages sont remis en cause par la diversification croissante des économies : où situer le Tchad, parmi les États sahéliens agro-exportateurs, les pays pétroliers ou les économies de guerre ? Où placer un pays comme la Guinée, à la fois pauvre, en position littorale et disposant de potentiels agricoles et miniers abondants ? Et le Sénégal, qui participe des fragilités du Sahel, mais aussi du modèle agro-exportateur et des prémices du modèle industriel ? De manière générale, les pays enclavés à faibles revenus de l'intérieur sahélien sont en passe de mettre en valeur leurs ressources minérales : le Tchad et le Niger exploitent du pétrole, le Mali pourrait les rejoindre ; le Burkina Faso et le Mali sont devenus de grands producteurs d'or ; le Niger va augmenter sa production d'uranium. La diversification des sources de rentes brouille l'ancienne répartition des rôles.

On peut aussi utiliser comme critère de typologie l'importance de l'économie extractive, en particulier pétrolière, qui est à l'origine des systèmes rentiers les plus accomplis et les plus simples. Trois situations méritent alors d'être isolées : les pays non pétroliers représentent encore en 2012 onze des quinze pays de l'Afrique de l'Ouest. Ils dépensent 40 à 50 % de leurs recettes d'exportation pour importer de l'énergie et sont à ce titre très dépendants des fluctuations des prix mondiaux.

Les pays rentiers sont ceux où le secteur extractif représente une part importante du PIB (au moins 40-50 %), du budget de l'État (entre les deux tiers et les trois quarts) et des exportations (au moins 40 % selon Auty, 2005 : 31). De tels États ne sont qu'une poignée (Nigeria, Angola, Gabon, Congo, Guinée Équatoriale). La rente pétrolière ou minière pèse d'un tel poids que tout le système économique et politique national s'organise autour de sa captation et de sa ventilation, du fonctionnement des institutions aux stratégies des acteurs et aux relations avec l'extérieur (Soares de Oliveira, 2007 : 13), jusqu'aux imaginaires sociaux et territoriaux qui s'enracinent dans la quête de l'or noir. Ainsi, de la même manière que Balandier évoquait le concept de « situation coloniale » pour décrire les effets prégnants d'un contexte de domination politique sur la structuration de l'économie, de la société et des identités, et finalement sur la condition même de l'existence (Balandier, 1951), la notion de « situation pétrolière » peut être proposée pour rendre compte des points communs entre les différents États concernés[1]. La rente est le ciment interne de cette « situation pétrolière ». Ces pays sont évidemment les plus exposés à la « malédiction des ressources naturelles », souvent déclinée en « malédiction pétrolière ».

Enfin, d'autres États semblent relever d'une situation intermédiaire intéressante, même si elle est jusqu'ici peu considérée par la littérature, peut-être parce que le caractère récent de l'exploitation et les incertitudes sur son ampleur fournissent une image floue de l'évolution des structures de l'économie[2]. Ce sont des États où l'exploitation pétrolière ou minière est significative, mais sans être assez importante pour construire un contexte analogue à une « situation pétrolière ». Au Tchad, par exemple, les prévisions de revenus pour l'État envisagées au début de la production ne semblaient pas en mesure de transformer l'économie agropastorale nationale en économie rentière sur le modèle des pays de l'Afrique centrale forestière : le modeste budget de l'État était censé passer de 170 à 240 milliards de francs Cfa, soit une augmentation de 40 %, à la fois substantielle et modique en comparaison des multiplications connues dans d'autres pays (Magrin, 2003a : 66, 78). La hausse des prix du pétrole dans le courant des années 2000 et la renégociation du contrat avec le consortium dans des conditions plus favorables au pays en 2006[3] ont permis au Tchad d'engranger des recettes nettement plus importantes que prévu (Pegg, 2009 : 315-316). Mais les conditions d'investissement de la rente et les caractéristiques du pays – vaste, pauvre, relativement peuplé – ne semblent pas en mesure de bouleverser à brève échéance ses structures agropastorales. Il revient alors à penser les articulations entre la rente pétrolière et les autres secteurs de l'économie, de même qu'avec le territoire.

1 *Petroleum*, de Bessora (2004), en fournit une vision romanesque tragicomique.

2 La Mauritanie exploite du pétrole depuis 2006, mais la production – de l'ordre de 10 000 barils par jour (b/j) depuis 2009 – est très loin des attentes initiales (75 000 b/j). Le Ghana et le Niger sont devenus producteurs en 2011, le Mali pourrait suivre.

3 Les revenus pétroliers directs passent de 12,5 % à 20 % du montant des ventes, et certaines exemptions de taxe sont supprimées.

*Des corrélations imparfaites*

Les corrélations entre la taille, l'origine et la nature des rentes et les trajectoires des pays fonctionnent mal (Magrin, 2010a : 63-64). Ainsi, parmi les pays disposant au cours des dernières décennies de rentes importantes et peu diversifiées, pétrolières en l'occurrence, certains connurent des conflits (Nigeria, Congo), mais pas tous (le Gabon resta en paix). Des conflits affectèrent des pays à rentes assez importantes et assez diversifiées, comme la Côte d'Ivoire (cacao, aide), la RDC (mines, aide) ou le Tchad (coton, aide, pétrole), mais d'autres, aux caractéristiques semblables, n'en connurent guère, comme le Sénégal, le Ghana, le Burkina Faso (arachide, cacao ou coton; aide, transferts migratoires) ou la Mauritanie (mines, pêche, aide). Enfin, des pays à faibles rentes d'origines peu diversifiées connurent globalement la paix, comme la Guinée (bauxite) ou le Niger (uranium). D'autres furent en proie à de terribles conflits civils, à l'image de la Sierra Leone (diamant), du Liberia (fer, caoutchouc), ou à l'anarchie, comme la République Centrafricaine (rente géopolitique, diamants) (cf. carte 8).

On n'observe pas non plus de corrélation franche entre production pétrolière et indicateurs de développement (Magrin, van Vliet, 2009 : 119). Ainsi, selon l'indicateur de développement humain (IDH) du PNUD, le mieux placé des pays subsahariens en 2007-2008 est un producteur de pétrole, le Gabon (119$^{e}$). Mais les deux plus gros producteurs sont très mal classés (le Nigeria est 158$^{e}$, 31$^{e}$ sur 50 en Afrique; l'Angola 162$^{e}$). L'évolution entre 1995 et 2008 ne montre pas de corrélation entre les trajectoires positives ou négatives et l'exploitation pétrolière. La Guinée Équatoriale a connu une progression (du 142$^{e}$ au 127$^{e}$ rang) parallèle à son entrée en production à la fin des années 1990. Le Nigeria a perdu une dizaine de places, mais certains États non pétroliers aussi (RDC, Afrique du Sud). Certes, la prise en compte du PIB par habitant dans le calcul de l'IDH joue en faveur des États pétroliers, surtout les moins peuplés. Mais cela ne suffit pas à établir la thèse de la « malédiction pétrolière ».

Si la difficulté d'établir des corrélations entre systèmes de rente et résultats du développement invite à une grande prudence dans l'identification de liens de causalité, la vulnérabilité demeure une caractéristique principale de ces systèmes (Dubresson, Raison, 1998 : 17). Elle est due à la dépendance vis-à-vis des fluctuations des cours mondiaux, à la consommation d'espaces et de ressources non renouvelables ou renouvelables sous certaines conditions, enfin, à la faible productivité associée à des systèmes fondés sur les prélèvements et les monopoles.

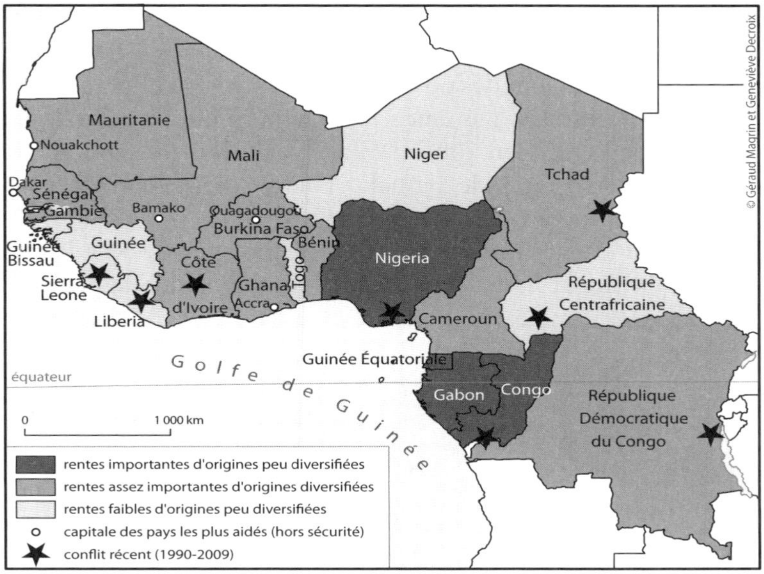


Réalisation cartographique : Geneviève Decroix, PRODIG, UMR 8586, CNRS

**CARTE 8** *Une absence de corrélation entre profil rentier et fragilité sociopolitique.*
Source : Magrin, 2010a.

### 1.2. *De la dépendance énergétique*

Le poids de la dépendance énergétique africaine est un thème relativement peu traité[4] par le monde du développement[5]. Serait-il sous-estimé par rapport à d'autres contraintes ? Le jugerait-on implicitement hors des champs d'intervention possibles ? Quoi qu'il en soit, l'énergie constitue en Afrique un des nœuds qui empêchent la valorisation nationale des ressources. Une même dépendance énergétique s'observe dans tous les pays, qu'ils soient ou non producteurs d'hydrocarbures ou de matières premières servant à produire de l'énergie, comme l'uranium. Ceci trahit un effet pervers supplémentaire de la recherche des rentes tirées de l'exportation de ces ressources (cf. cartes 9 et 10).

L'Afrique est de loin le continent qui consomme le moins d'énergie, ce qui reflète son niveau de développement : 0,5 tonne équivalent pétrole (tep) par an et par habitant en moyenne, contre 1 en Chine, 4 en Europe, 8 aux États-Unis (Chevalier, 2005 : 57). Mais les chocs et les pressions qui s'exercent sur les marchés mondiaux n'y ont pas moins de fortes conséquences. En 2005 (Nigeria) et 2006 (Guinée), des émeutes urbaines consécutives à des hausses du prix de

4 Il ne fournit ni objectifs prioritaires ni slogans mobilisateurs, contrairement aux « luttes » (*sic*) contre la pauvreté, la corruption (et son envers, la promotion de la bonne gouvernance), la désertification, le sida, etc.
5 On entend par là les institutions, acteurs, théories et discours dont le développement constitue la raison d'être et l'objectif proclamé.

l'essence ont fait des dizaines de morts (Sébille-Lopez, 2006 : 17). Dans des villes très étendues, ces hausses condamnaient les pauvres à rester dans leurs quartiers périphériques, loin des possibilités d'emplois ou de revenus localisés dans les quartiers centraux. Les émeutes de la faim qui frappèrent plusieurs villes d'Afrique de l'Ouest en 2008 (Dakar, Nouakchott, Conakry, Abidjan, Ouagadougou, Douala, Yaoundé, Bamako, Niamey, des villes nigérianes, etc.) avaient, parmi d'autres, des causes énergétiques.

Les activités modernes (industrie, services, transports), dont la productivité est structurellement handicapée par un coût de l'énergie parmi les plus

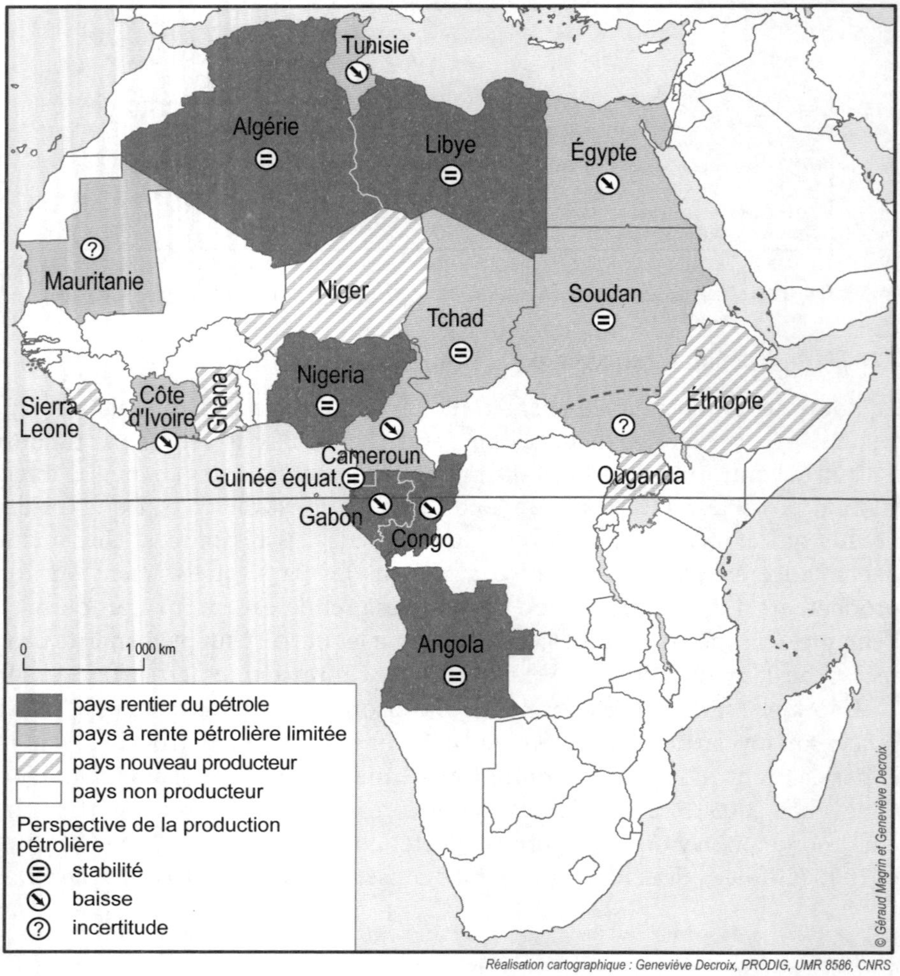


**CARTE 9** *États et pétrodépendance en Afrique (2010).*
Source : auteur.

élevés du monde, sont aussi frappées de plein fouet. Au Sénégal, la facture pétrolière consomme 50 % des exportations. Une hausse de 10 dollars du baril de pétrole ampute le PIB d'1,5 %[6]. De même, la géographie des producteurs de coton, dont les industries textiles embryonnaires ont été victimes du coût de l'énergie, ne recoupe pas celle des producteurs d'énergie (hydrocarbures ou hydroélectricité). Les écosystèmes, les contextes d'enclavement et de niveau de développement opposent une Afrique côtière relativement avantagée dans l'accès à l'énergie à un intérieur plus vulnérable. Au Sénégal, les chefs-lieux de département ont pratiquement tous accès au réseau national, alors que seules quatre ou cinq villes secondaires au Tchad disposaient d'une centrale thermique, au fonctionnement irrégulier, jusqu'en 2009.

La faiblesse de la consommation s'explique aussi par le recours massif aux énergies traditionnelles et humaines – le portage par les animaux ou les femmes. Elle s'accompagne de pressions sur l'environnement, à travers la demande citadine en bois énergie (charbon de bois).

L'absence de valorisation des potentialités énergétiques locales traduit la priorité accordée à l'exportation de matières premières brutes et aux rentes qu'elle fournit (cf. carte 10). Ainsi, dans certains pays comme le Congo ou la Guinée, le scandale énergétique s'ajoute au « scandale géologique » : la sous-valorisation des potentialités hydroélectriques apparaît comme une conséquence de l'incapacité à construire l'État (Magrin, 2007b). En Guinée, à la fin des années 1980, moins de 1 % d'un potentiel évalué à 62 milliards de kWh sur 250 sites était exploité (Souaré *et al.*, 1993 : 148). L'exportation de bauxite brute ou même d'alumine dans ce contexte apparaît comme doublement irrationnelle (Campbell, 1983). Le site majeur d'Inga, au Congo, est actuellement exploité à moins de 5 % de sa capacité.

L'exploitation pétrolière conduit aux mêmes aberrations. Ainsi, le Nigeria, premier producteur africain de pétrole et septième mondial, est obligé d'importer régulièrement du carburant du fait de capacités de raffinage insuffisantes. Les subventions qu'il accorde pour maintenir bas le prix intérieur lui coûtent 2 milliards de dollars par an (Sébille-Lopez, 2005 : 163-164). En outre, dans ce pays comme presque partout en Afrique, le gaz associé à la production de pétrole est brûlé (76 %) ou réinjecté, très rarement exploité. Au Nigeria, cela représentait il y a peu une perte de 2 milliards de dollars (Sébille-Lopez, 2005 : 160), en plus d'un désastre écologique (2 à 2,5 milliards de pieds cubiques de gaz perdus par jour, soit 35 millions de tonnes de $CO_2$ et 12 millions de tonnes de méthane produites (Watts, 2004 : 135)), contribuant à la pollution de l'air local (bruit, lumière) et au réchauffement climatique global. L'absence de marché du

6 Voir la communication de Dittrick et Blaustein (2007) à la première conférence africaine sur les biocarburants de Ouagadougou, 27-29 novembre 2007.

gaz au Nigeria, comme dans les autres pays, et les difficultés techniques de mise en œuvre d'un train de liquéfaction de gaz naturel ont retardé tous les projets de transformation locale, même destinés à l'exportation. Or, les installations nécessaires sont coûteuses et très sensibles à l'insécurité.

Au Nigeria, depuis les années 1980, les compagnies pétrolières, en réponse aux critiques des ONG, promettent de mettre un terme à ce gaspillage. Au Tchad, il était prévu d'utiliser une partie du gaz de production pour satisfaire des besoins énergétiques de la région (selon Africa Confidential, 30 août 2002, cité par Soares de Oliveira, 2007 : 281). Mais en 2010, sept ans après le début de l'exploitation, aucun progrès sensible n'avait été réalisé : le torchage n'a été que diminué, et l'énergie produite par les turbines de la base de Komé ne sert toujours pas le réseau du Tchad méridional, malgré les revendications constantes des ONG, des populations riveraines, voire du gouvernement tchadien.

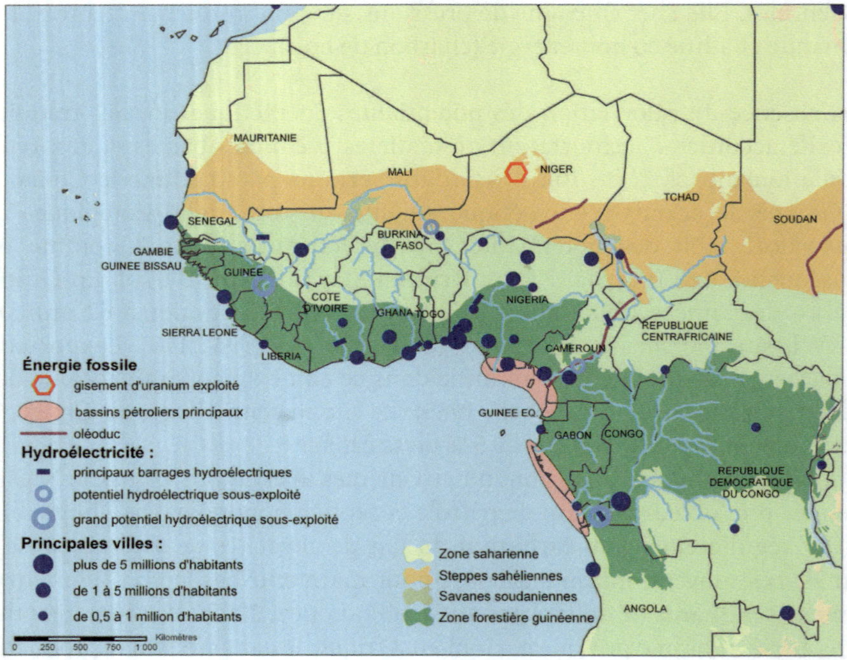


**CARTE 10** *Des ressources énergétiques entre sous-exploitation et extraversion.*
Source : auteur. Réalisation : J.-F. Cuenot.

Des projets en cours semblent montrer des évolutions. Le Trans Saharan Gas Pipeline (TSGP), qui acheminerait du gaz nigérian vers l'Union européenne, *via* le Niger et l'Algérie, ne semble pas sur le point d'être construit dans l'immédiat pour des raisons de sécurité et du fait des incertitudes sur les réserves (Augé, 2010). En revanche, un autre projet, le West African Gas Pipeline (WAGP), devrait permettre d'approvisionner le Bénin, le Togo et le Ghana en gaz nigérian[7]. En outre, deux projets pétroliers novateurs viennent d'être réalisés au Niger et au Tchad (2009-2011, cf. chapitre 9).

## 2. Cycles économiques et dynamiques de l'État

Les dynamiques de l'État colonial puis indépendant et ses relations avec son territoire sont fortement influencées par les cycles économiques mondiaux. Faible à la charnière du XXe siècle (1890-1910)[8], l'État apparaît en situation intermédiaire dans les années 1920-1930 (la crise de 1929 venant étouffer ce qui se voulait apogée coloniale), puis plus fort dans les années 1950-1960, en crise profonde dans le contexte de l'ajustement structurel, durant les années 1980-1990. Les années 2000 voient une embellie qui rappelle le cycle favorable antérieur, même si la crise financière de 2008 semble atténuer le rebond. Il s'agit ici de saisir comment la trajectoire erratique de l'État, suivant les cycles de ses ressources, compose avec celle, linéaire, de l'espace et de la démographie régionale, marquée par la densification démographique et la croissance urbaine.

### 2.1. *Essor et décadence de l'État*

Durant les années 1960, les États africains prolongent les dynamiques engagées à la fin de l'ère coloniale. Faute d'acteurs privés et de capitaux suffisants, l'État se positionne au cœur des dynamiques de développement. Il apparaît comme l'acteur clé d'un pouvoir « infrastructurel » (Mann, 1984) ou « développemental[9] » (Woo-Cumings, 1999), au sens qu'il investit profondément la société et implante ses actions sur le territoire avec la logistique nécessaire (Soares de Oliveira, 2007 : 63).

Les rentes tirées des cultures commerciales et des activités minières sont investies dans les infrastructures, les villes et la fonction publique. En 1985, alors que l'ajustement structurel n'est pas vraiment enclenché, les budgets publics atteignent le quart du PIB en Afrique de l'Ouest. Le projet de construire des États-nations passait par l'élargissement des bases sociales des régimes, favorisant les classes moyennes citadines qui étaient leurs clientes (Dubresson, Raison, 1998 : 13).

La fin des années 1970 marque un tournant (Iliffe, 2009 : 507). Entre 1965 et 1980, alors que les prix des matières premières étaient élevés, le PIB par tête augmenta en moyenne de 1,5 % par an (contre 1,3 % en Inde au même moment). Entre 1980 et 1990, il déclina de 1 % (quand l'Inde atteignait + 3 %). La crise

7 Mis en service en 2011, il a été endommagé par un navire de pirates au large en août 2012.

8 La violence du premier État colonial est aveu de faiblesse : elle vise à compenser l'insignifiance des moyens disponibles par rapport aux ambitions de la conquête.

9 Cette notion met l'accent sur la capacité de l'État à produire de la régulation, indépendamment des conditions politiques (autoritaires ou démocratiques).

des années 1980 fut généralisée. Le retournement des cours des matières premières consécutif aux chocs pétroliers des années 1970 et à la récession des pays occidentaux moteurs de la croissance des Trente Glorieuses souligna les faiblesses économiques des États africains. Le montant de l'endettement ne put être supporté qu'avec l'aide des institutions de Bretton Woods, qui imposèrent en échange les plans d'ajustement structurels. Ceux-ci se mettront en place progressivement au cours des années 1980. En 2000 encore, le service de la dette représentait 25 à 35 % des revenus de l'État au Cameroun, au Sénégal ou en Guinée, le remboursement de la dette consommant quatre fois plus que les dépenses de santé et d'éducation (Carroué, 2005 : 28).

Les plans d'ajustement structurel s'efforcèrent de transformer l'économie de rente en économie productive de marché (Hugon, 2009a : 20). Retrait de l'État des secteurs productifs et libéralisation étaient censés casser les systèmes pourvoyeurs de rentes et faire émerger des structures plus efficientes. À une première génération de plans succédèrent dans les années 1990 les facilités d'ajustement structurel renforcées, puis en 1999 les facilités de réduction de la pauvreté pour la croissance (*ibidem* : 82-85). La bonne gouvernance (1989) puis la participation (1994) furent mises en avant pour améliorer les résultats de ces nouvelles politiques (Totté *et al.*, 2003 : 44, 59), avec des succès tout aussi limités.

Le bilan de ces politiques est globalement décevant : on n'observe une croissance du PIB par habitant que dans 6 pays sur 29 (Hugon, 2009a : 86). La crise compromit la capacité de l'État à exercer le pouvoir, en particulier en milieu rural, où l'appareil administratif devint rare ou impuissant, car démuni de tout moyen (Herbst, 2000 : 19). Au Tchad, par exemple, dans la zone ONDR de Dourbali, qui constitue un des greniers à céréales pour Ndjaména, dont elle n'est éloignée que de quelques dizaines de kilomètres, le secteur de l'Office national du développement rural (ONDR) n'a que 4 agents pour une population de 320 000 habitants, soit 1 pour 10 à 12 000 exploitants. Durant les années 1960-1970, il y eut pourtant jusqu'à un moniteur saisonnier pour une centaine de producteurs en zone cotonnière (Magrin, 2001 : 80-81). La libéralisation des filières agricoles amène aussi un retour des « rentes géographiques » (Dubresson, Raison, 1998 : 89) : à l'espace isotrope créé de façon volontariste par les États, notamment par le prix d'achat homogène des produits agricoles d'exportation, succède une revanche de la géographie. Si le prix d'achat varie peu au sein d'une zone de collecte, la production est abandonnée dans les zones marginales, souvent des espaces enclavés où elles fournissaient la seule ressource monétaire (Renaudin, 2010), ce qui aggrave les inégalités spatiales. On assiste ainsi à l'épuisement du modèle de l'État territorial (Mbembé, 1999).

Les plans d'ajustement structurel ont un défaut majeur : ils se présentent comme des outils purement technocratiques, à finalité économique, et nient la dimension politique du système qu'ils prétendent rénover. Ils demandent parallèlement aux élites nationales qui en sont les principales cibles de les mettre en œuvre (Soares de Oliveira, 2007 : 44). Il n'est pas étonnant dans ces conditions que ces dernières les aient, à leur profit, détournés et vidés de leur substance (Hibou, 1999). Puisque l'exploitation des forces productives autochtones est rendue impossible à l'État, les détenteurs du pouvoir élargissent leurs stratégies d'extraversion (Bayart, 2006 : XIII) ou investissent les espaces ouverts par la libéralisation.

La privatisation de telle ou telle entreprise d'État est ainsi souvent réalisée au profit de proches du régime, grâce à de l'argent public « patrimonialisé ». Leurs positions leur garantissent ensuite un accès aisé aux marchés les plus lucratifs. Ainsi, les conditionnalités qui accompagnent ces plans ont « accéléré le dédoublement des structures de pouvoir, qui était déjà l'un des traits marquants du régime colonial et de l'"État-rhizome" postcolonial » (*ibidem* : XXI). Les plans d'ajustement structurel ont correspondu à la période où la croissance a été la plus faible. Ils ont eu pour effet d'affaiblir considérablement les États, qui rendent moins de services de développement, tout en renforçant les comportements rentiers et patrimoniaux des dirigeants (van de Walle, 2001 : 14, 274-275).

La crise des années 1980-1990 sanctionne les dysfonctionnements politiques et économiques des États tels qu'ils ont été construits depuis 1960, révélés par la dette. Mais le remède des PAS a tellement affaibli le malade qu'il est devenu partie prenante de la crise. La « malédiction des ressources naturelles » a bon dos.

### 2.2. *Les années 2000 : retour de cycle ou recommencement ?*

*Un parfum d'années 1960 ?*

En Afrique de l'Ouest, les années 2000 ne sont pas sans rappeler la première décennie de l'indépendance. Elles dessinent un contexte très nettement différent de celui des deux décennies précédentes, marquées par la disette économique et la crise abyssale de l'État. Ce changement est permis par la conjugaison de plusieurs facteurs : la hausse mondiale des cours des matières premières (cf. figure 4), tirée cette fois par la croissance des pays émergents, en particulier le pôle asiatique et la Chine, le desserrement de l'étau de la dette (lié notamment, mais pas exclusivement, à l'initiative pays pauvres très endettés (PPTE)), l'augmentation de l'aide (aux horizons élargis à de nouveaux bailleurs, comme la Chine), la circulation planétaire accrue de capitaux d'origines variées (pétrodollars, fonds de pension anglo-saxons, capitaux chinois, sud-américains, etc., dont l'Afrique ne capte qu'une part infime, mais qui suffit à s'y voir) ; et même une reprise pluviométrique au Sahel, où les pluies sont nettement supérieures à celles des décennies sèches 1970-1980, même si elles restent en deçà de l'optimum 1950-1968.

L'initiative PPTE est menée de 1996 à 1999 et concerne 21 pays en Afrique. Elle est prolongée par l'initiative d'allègement de la dette multilatérale. Ensemble, ces mesures conduisent quasiment à l'annulation des dettes de ceux qui atteignent le « point d'achèvement[10] », comme le Sénégal, le Mali, le Ghana. La dette extérieure passe ainsi de près de 80 % du PIB africain en 1994 à 22 % en 2008 (Raffinot, 2009 : 174). Les passifs de l'État qu'étaient les dettes se convertissent en ressources (Vallée, 1999).

Ces cycles de l'économie se traduisent par des mues de l'État. L'État fort, aménageur et développeur des décennies 1950-1960-1970, avait été sévèrement ajusté, vidé de sa substance et doublé par les rhizomes des groupes au pouvoir lors des décennies suivantes. Celles-ci avaient été caractérisées par la baisse des régulations étatiques et de nombreux conflits. L'État retrouve au cours de

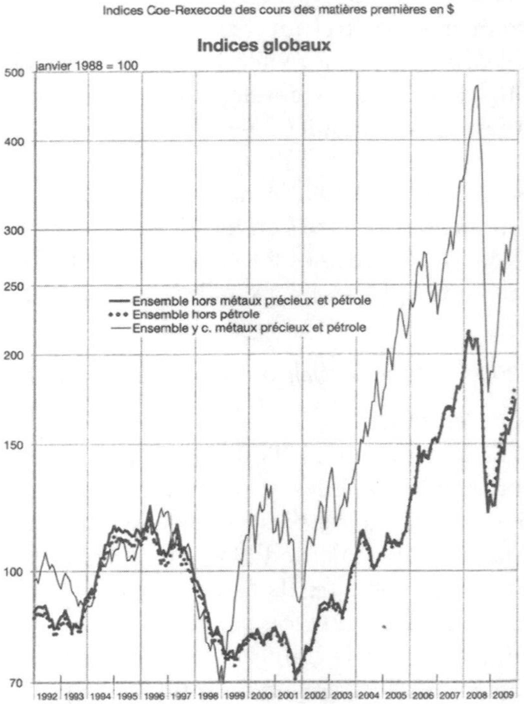


**FIGURE 4** *La hausse du prix des matières premières durant les années 2000.*
Source : Chalmin, 2010 : 122.

10 Dans le jargon des institutions de Bretton Woods, ce terme désigne un seuil atteint par les indicateurs macroéconomiques à partir d'objectifs définis entre chaque État et le FMI.

la période récente des marges de manœuvre financières et avec elles l'ambition de conduire le projet du développement, qu'il affirme par des postures volontaristes, de grands projets. Mais l'État n'est pas un phénix qui renaîtrait identique des cendres de l'ajustement, et son affirmation récente n'est pas sans ambiguïté : son amaigrissement drastique et le partage des rôles avec le monde de la coopération internationale, en charge de fait de l'essentiel de l'exercice des fonctions de légitimation durant presque trois décennies, ont réduit ou supprimé sa capacité à définir des stratégies de développement et à les mettre en œuvre sur le terrain, où les agents publics qui n'ont pas été supprimés sont souvent vieillissants, sans moyens et démotivés. En dehors des élites politiques, une partie des meilleurs cadres ont été attirés par les hauts salaires offerts par les projets des bailleurs ou des grandes ONG. En outre, l'État intervient dans une arène du développement qui n'a plus rien à voir avec le champ qu'il régentait en monopole dans les années 1960, puisqu'elle se trouve occupée – voire encombrée – par une multitude de projets menés par les bailleurs de fonds, des ONG, des collectivités locales, dont il est bien en peine d'assurer la coordination.

Le recours à une communication moderne dessinant en trois dimensions le monde virtuel des futures réalisations – au Sénégal surtout, mais même au Tchad –, dont beaucoup ne vivent que le temps de résistance physique du panneau qui les supporte, illustre à la fois ce regain d'État et ses limites. Enfin, les choix d'investissement réalisés, qui mettent l'accent sur les infrastructures, à forte visibilité et à coût élevé, s'inscrivent eux aussi pleinement dans la continuité des pratiques de l'âge d'or des années 1960 : ils ont pour fonction à la fois d'affirmer symboliquement la place centrale de l'État dans le processus de développement et de financer le clientélisme par les détournements qu'ils favorisent (voir à la fin de ce chapitre l'exemple du Sénégal et dans le chapitre 9 celui du Tchad).

Ce retour de l'État s'affirme également dans le champ symbolique et la relation avec l'extérieur. Les booms des matières premières sont favorables aux « nationalismes extractifs » : le rayonnement extérieur d'un Mobutu correspondait aux périodes fastes du cuivre, au début des années 1970 ; le petit Gabon faisait danser l'Afrique aux rythmes d'Africa n°1[11], grâce aux recettes de l'âge d'or pétrolier, au début des années 1980. De même, l'envolée des cours du brut au début des années 2000 réveille les nationalismes pétroliers africains : la Guinée Équatoriale prend le relais du Gabon en lançant Africa 24, une chaîne de télévision panafricaine[12]. Dans un registre différent, c'est forts de leurs recettes

11 Certes basée à Paris.
12 Également basée à Paris.

pétrolières record, entre 2005 et 2008, que le Tchad et le Soudan financent chacun les rébellions qui les menacent réciproquement.

Une autre différence majeure avec les années 1960 mérite d'être signalée : le dynamisme économique perceptible dépasse les seules marges de manœuvre recouvrées des États. La circulation d'argent, visible notamment dans les capitales d'Afrique de l'Ouest (cf. planche 6), y répercute la respiration de l'économie mondiale, en passant par les nombreux canaux établis avec le système monde : transferts migratoires, investissements privés d'origines diverses, parfois opaques. Bamako, Ouagadougou, Nouakchott, Niamey, mais encore plus Dakar fourmillent de chantiers (Melly, 2010). Ce rythme débridé de la fabrique urbaine étonne les chercheurs (Diop, 2008 : 19). À Dakar, le nombre d'immeubles de luxe sur la Corniche ou sur le Plateau, les centaines, voire les milliers de villas de haut ou de très haut standing réparties dans plusieurs quartiers (Point E, Fenêtre Mermoz, Almadies, Ouakam, Hann-Maristes, etc.), ne sont pas financés par l'économie domestique de l'arachide et du poisson. L'origine des investissements autorise toutes les spéculations : les migrants ne peuvent suffire, même en comptant les joueurs de football. Réorientation de capitaux (français, libanais) auparavant fixés à Abidjan et fuyant l'incertitude ivoirienne ? Pétrodollars arabes en quête de diversification ? Blanchiment d'argent de la drogue ? Investissements de dirigeants africains soucieux de diversifier les placements en cas de revers de fortune ? Un peu de tout cela sans doute.

Alors que la densité des recherches en sciences sociales compose une des cordes de l'extraversion sénégalaise, l'absence de connaissances sur le « Sénégal des riches » et la fabrique urbaine mondialisée qui en est l'expression surprend. Or, l'articulation, ou son absence, entre cette interface mondialisée en devenir, même si elle est encore modeste, et les dynamiques économiques et sociales du territoire est un élément clé pour en comprendre le devenir. Il y a là une porte à ouvrir pour des recherches futures.

Enfin, ces flux à l'origine des rentes immobilières de demain masquent la timidité des changements dans le secteur productif moderne : en dépit de quelques succès ponctuels dans le domaine de l'agriculture d'exportation ou dans celui des services (tourisme, centres d'appel), on ne voit pas se dessiner de changement structurel, à travers une montée en gamme de produits agroalimentaires, industriels ou tertiaires susceptibles d'être valorisés dans le contexte de la mondialisation. Les changements productifs concernent davantage l'économie agropastorale, stimulée par cette croissance urbaine à l'origine en partie extravertie (cf. chapitre 8).

En milieu rural aussi, les temps semblent plutôt favorables : dans bien des régions de l'Afrique sahélo-soudanienne, les signes extérieurs d'aisance comme les troupeaux, les motos, les toits de tôle, n'ont jamais été aussi nombreux.

*La crise de 2008, un miroir de la mondialisation africaine*

La crise financière qui frappe les États-Unis puis l'Europe à partir de l'été 2008 semble clore un cycle favorable qui n'aurait été que de courte durée. L'analyse de ses conséquences doit montrer si la diversification économique a réduit la vulnérabilité de l'Afrique. Autrement dit, il s'agit de mesurer si des changements structurels ont été accomplis depuis les années 1960, ou si l'ajustement n'a rien changé à la fragilité de systèmes politico-économiques rentiers reposant sur l'exportation de matières premières brutes.

De prime abord, la crise mondiale de 2008 ne pouvait qu'avoir des effets négatifs en Afrique du fait de conséquences apparemment inévitables : baisse du prix des matières premières (exportées par les pays africains), de l'aide des pays du Nord, des transferts de migrants – premiers touchés par le chômage et les crises de leurs secteurs d'activité principaux (bâtiment, tourisme, industrie) –, des pétrodollars et flux financiers mondiaux, dont le tarissement ne peut que desservir une destination de diversification peu sûre et très périphérique. Dans les pays producteurs de pétrole, on pouvait craindre que des prévisions budgétaires imprudentes, fondées sur des anticipations déraisonnables des cours, aboutissent à des interruptions brutales des grands chantiers, à une reprise de l'endettement et à des crises politiques et sociales liées à la réduction drastique de la rente à redistribuer, au gré des calendriers électoraux et successoraux[13]. Allait-on voir de nouveaux plans d'ajustement structurel, en réponse au retour de l'endettement ? Ou bien la Chine, dans le rôle à la fois de client stable et de prêteur, pourrait-elle façonner une nouvelle configuration ?

**13** Au Gabon, par exemple, la coïncidence de la mort d'Omar Bongo et d'une baisse de la rente pétrolière semblait réserver des moments difficiles, à l'image de la succession d'Houphouët Boigny en Côte d'Ivoire, dont le décès en pleine crise économique, juste avant la dévaluation du franc Cfa, ouvrit la voie à une guerre de succession dont le pays se remet péniblement.

## Planche 6 : Des métropoles irriguées par des flux d'argent mondialisés

**PHOTO 16** *Ouaga 2000, ou l'urbanisme post-ajustement (décembre 2006).*

*Le quartier chic de Ouaga 2000 illustre la circulation d'argent dans l'Afrique des années 2000 et le creusement des inégalités au profit des élites politiques et des migrants qui ont réussi.*

**PHOTO 17** *Immeubles de standing récents sur la petite Corniche Est (Dakar, février 2007).*

*Stabilité politique et cadre de vie agréable font de Dakar une destination privilégiée pour des investissements immobiliers d'origines multiples, souvent obscures.*

**PHOTO 18** *Immeuble en construction à Nouakchott (mai 2008).*

*À Nouakchott, la rapidité de certaines fortunes et leur traduction immobilière alimentent la rumeur sur l'importance du trafic de drogue.*

Dans un premier temps, l'Afrique est apparue étrangement épargnée par la crise, comme si elle était protégée par son secteur informel et sa faible ouverture à l'économie financière internationale. Les effets immédiats de la crise mondiale ont même semblé plutôt bénéfiques : dans les pays non producteurs, la baisse du prix du pétrole, et celle, qui y est liée, des produits alimentaires importés, comme le lait, le riz ou l'huile, ont fourni une bouffée d'oxygène et mis un terme aux « émeutes de la faim ».

Avec un temps de retard, cependant, la crise mondiale a fait sentir ses effets, avec une intensité et une durée inégales. Les pays miniers et agricoles ont souffert ponctuellement de la baisse des cours (pays du Sahel, Cameroun, Côte d'Ivoire, Kenya), mais certains produits ont résisté, et les pays producteurs avec (l'or, valeur refuge ; le cacao, « grâce » aux déboires de la Côte d'Ivoire, où la situation politique fait baisser la production). Au Mali et au Burkina Faso, la hausse des prix de l'or compensa pour l'État (pas pour les paysans) la baisse, ponctuelle, de celle du coton ; la baisse des prix du pétrole frappa les producteurs, avantageant tous les autres. Mais elle ne dura que quelques mois. Les transferts des migrants diminuèrent, une baisse de croissance de 1 % au Nord s'accompagnant d'une baisse quatre fois supérieure des transferts (Jacquemot, 2009 : 137). L'aide fut touchée également, les dons passant sous le niveau de 100 milliards de dollars, à comparer aux 3 000 milliards de dollars mobilisés pour la relance des pays de l'OCDE. La crise des secteurs les plus touchés (tourisme, BTP, transports aériens) fut en partie compensée par le dynamisme de l'agroalimentaire et des télécommunications (Hugon, 2009b : 156) : il semble bien que la diversification économique observée au cours des dernières décennies dans nombre d'États en réponse aux crises ait contribué à en amortir les impacts. De plus, la baisse des cours des matières premières a été de courte durée : la vigueur de la croissance asiatique les a rapidement réorientés à la hausse.

Certains économistes évoquaient en 2008 le découplage de la crise, son cantonnement aux pays développés, les émergents y échappant par leur dynamique propre et les plus pauvres par leur marginalisation (Raffinot, 2009 : 173). Du point de vue de l'Afrique, il semble que les canaux de propagation de la crise soient bien à situer du côté des relations avec l'Europe et les États-Unis (aide, transferts migratoires, baisse de certains prix), mais que les nouveaux liens tissés avec le pôle asiatique d'une part, la diversification économique d'autre part, enfin la construction progressive d'économies d'échanges intérieures ou régionales aient permis de les compenser pour partie : l'Afrique semble moins vulnérable qu'au début des années 1980 du fait d'une diversification progressive de ses relations mondiales et d'une densification de son économie endogène. Évoquer sa marginalisation ne nous semble pas rendre compte de ces dynamiques.

## 3. Deux trajectoires (Tchad, Sénégal)

À travers deux brèves monographies, il s'agit à présent d'illustrer les développements qui précèdent sur la relation entre les rentes, les dynamiques de l'État et leurs liens avec le territoire. En scellant l'unité des États, les enveloppes frontalières ont permis l'affirmation de spécificités nationales, largement influencées par la position géographique et les relations extérieures qui en ont été tributaires. À l'enclavement du Tchad, qui se révèle historiquement comme un facteur de violences, répond l'ouverture du Sénégal, qui a permis une extraversion originale, jusqu'à présent favorable à la paix, mais guère au développement. Ces différences se reflètent dans les modes d'extraction et de redistribution des rentes.

### 3.1. *Les dangers du carrefour : le Tchad entre enclavement et mondialisation*

La trajectoire tourmentée du Tchad s'explique en partie par les effets d'un contexte géographique marqué par l'enclavement, qui a demandé plus de violence qu'ailleurs pour extraire des rentes (traite esclavagiste[14], puis culture cotonnière, avant le pétrole), ainsi que par des voisinages instables. L'histoire des violences postcoloniales pour la captation de la rente de l'État s'inscrit dans celle, « sans fin[15] » (Reyna, 1990), des violences extraverties des royaumes sahéliens esclavagistes. Elle définit un profil territorial original caractérisé par l'importance des fonctions militaires, pour les acteurs nationaux comme pour ceux de l'extérieur. Cette rente de situation, qui fait du Tchad un « pays des hommes en armes » (Debos, 2009), valorise pourtant, de façon plus discrète, les avantages de la charnière, en favorisant une économie d'échanges régionale. Articulée avec l'économie rentière du pétrole, celle-ci n'est pas sans potentiel de développement.

*L'instabilité chronique d'un pays charnière à faibles rentes*

« La guerre a été courte cette année » (Magrin, 2008a). Par cette phrase entendue après les combats ayant opposé en février 2008 trois colonnes de rebelles tchadiens venues du Soudan à l'armée gouvernementale, les habitants de Ndjaména expriment le caractère régulier, sinon saisonnier, des violences militaires dans le pays.

Depuis l'indépendance, en effet, ce vaste pays (1 284 000 km$^2$) pauvre, peu peuplé (3 millions d'habitants en 1960, 6 en 1993, 11 en 2010), qui s'étend du Sahara aux savanes soudaniennes d'Afrique centrale, a peu connu la paix. Dès 1965, un mouvement rebelle, le Front de libération national du Tchad (Frolinat), défendit par les armes les intérêts d'abord de paysans du Centre-Est, puis ceux d'une cause assimilée à celle des musulmans du Tchad, contre le pouvoir

14 L'enclavement a cependant exercé une protection par rapport à la traite atlantique.

15 *Wars Without End* est le titre de l'ouvrage de Reyna (1990) consacré au royaume précolonial du Baguirmi.

détenu par des originaires du Sud du pays, chrétiens pour la plupart, appartenant pour l'essentiel au groupe ethnique Sara (voir Buijtenhuis, 1978). En 1975, le président Tombalbaye fut assassiné lors d'une révolution de palais. En 1979-1980, des combats terribles mirent aux prises à Ndjaména les partisans du Premier ministre Hissein Habré, un des leaders du Frolinat, avec les troupes du président Malloum, représentant l'ancien régime « sudiste », puis, après la défaite de celles-ci et leur repli dans le Sud du pays, des leaders du Frolinat entre eux (voir Buijtenhuis, 1987). Goukouni Oueddeye (Teda, ou Toubou du Nord), éphémère président du Gouvernement d'union nationale du Tchad (Gunt), fut évincé en 1982 par Hissein Habré (appartenant au groupe des Daza, ou Toubou du Sud, parfois aussi appelés Goranes[16]). Celui-ci lutta contre les rébellions du Sud et du Nord – soutenues par la Libye –, tout en menant une politique de répression interne sanguinaire[17]. À la fin des années 1980, il semblait avoir durablement consolidé son pouvoir, quand il fut renversé par un de ses anciens lieutenants, Idriss Déby, un Zaghawa, en décembre 1990, avec l'appui du Soudan, qui lui servit de base arrière. Les États-Unis et la France cessèrent de soutenir Habré : alors que la guerre froide se terminait, celui-ci n'était plus utile dans la guerre contre une Libye désormais affaiblie. Son rejet des transitions démocratiques en cours et les violations des droits de l'homme dont il s'était rendu coupable le rendaient infréquentable. Au cours des années 1990, Idriss Déby dut à son tour faire face à de multiples mouvements de rébellion qui se développaient sur les périphéries du territoire (cf. carte 11) : dans le Sud, à partir du mouvement des « codos », militaires de l'ancien régime rejoints par de jeunes « sudistes » (1992-1993, puis 1997-1998), au lac Tchad (1990-1993), autour d'anciens fidèles de Hissein Habré réunis autour de Moussa Medela, au Tibesti (1997-2002), avec Youssouf Togoïmi, un leader Toubou (Magrin, 2008a). Il les réprima à nouveau violemment, les populations civiles soupçonnées d'abriter les rebelles étant durement touchées lors des opérations. Après un coup d'État manqué en 2004, des Zaghawa longtemps membres du premier cercle du pouvoir partirent à leur tour en rébellion, furieux du projet présidentiel de modifier la Constitution qui limitait le nombre de mandats, alors que la production pétrolière naissante promettait une rapide augmentation de la rente de l'État (cf. chapitre 9). En avril 2006 puis février 2008, des colonnes rebelles venues de l'est parvinrent à porter la guerre jusque dans la ville de Ndjaména, en vain[18].

16 Sur les noms des divisions internes au groupe Toubou, voir Baroin, 2003 : 6-8.

17 40 000 personnes auraient été enlevées et torturées, souvent tuées, dans les prisons de la Direction de la documentation secrète (DDS), la police politique du régime. Voir sur le sujet le film d'Issa Serge Coelo, *Ndjaména City* (2006), ou le témoignage littéraire de Zakaria Fadoul Khidir, *Les moments difficiles. Dans les prisons d'Hissein Habré en 1989.*

18 Il s'en fallut de très peu que les assaillants réussissent, en février 2008, puisque le président fut acculé dans son palais présidentiel à partir duquel il livra une bataille décisive. Il fut notamment sauvé par l'appui

Ainsi, tout se passe comme si les guerres au Tchad manifestaient des cycles pour le contrôle de la capitale et de la rente étatique à laquelle elle donne accès, en une adaptation géopolitique de la dialectique du maître et de l'esclave : le guerrier qui prend le pouvoir s'amollit dans le confort de la capitale, dont il finit par être chassé par l'avidité du rebelle, qui puise dans l'ascétisme de la brousse l'énergie de le renverser, avant d'être à son tour victime des délices du pouvoir et de l'avidité d'un prochain rebelle. Les chefs rebelles, lorsqu'ils se sentent en position de faiblesse, négocient leur ralliement avec le régime, en échange de postes juteux pour eux (ministre) et leurs proches (intégration à la fonction publique et à l'armée). Les revendications politiques de fond sont quasiment absentes de ces négociations qui rythment la vie politique tchadienne depuis trente ans (Debos, 2009). La rente convoitée, du reste, fut longtemps modeste : elle fut fournie essentiellement par la culture du coton, jusqu'au début des années 2000, et par l'aide. Les ressources représentées par l'élevage et le secteur du vivrier marchand, qui alimentent des flux d'exportation anciens, à la croissance importante au cours des dernières décennies, vers le Nigeria et l'Afrique centrale méridionale (Cameroun, RCA, Congo), relèvent largement du secteur informel et donc échappent aux prélèvements officiels de l'État (Magrin, 2001).

Ce modèle est néanmoins contrarié dans la réalité par quelques paramètres. Nous reviendrons sur les conséquences de l'arrivée de la rente pétrolière, en octobre 2003. De manière plus structurelle, les interventions extérieures, et notamment celles des pays voisins, brouillent ce tête-à-tête idéal du président et du rebelle. La position n'est-elle pas cette dimension la plus importante du territoire qui, en influençant son rôle dans un système de relations, détermine sa personnalité politique (Gottmann, 1952 : 119-120) ?

Ainsi, depuis les années 1960, la Libye et le Soudan ont financé tour à tour différents mouvements rebelles, contribuant à faire pencher la balance des rapports de force. Les rébellions ne peuvent être dangereuses pour le pouvoir de Ndjaména que lorsqu'elles sont soutenues de l'extérieur. Elles vivotent et s'étiolent avec le temps sinon. Dans l'opinion publique tchadienne se serait enracinée depuis longtemps l'idée que les malheurs du pays sont dus aux convoitises extérieures sur les ressources nationales, dans un contexte de faiblesse de l'État[19] (ICG, 2009 : 7). Pour la Libye, après l'échec des tentatives d'union du Maghreb arabe, le Tchad est aux premières loges des États sahariens pauvres qui constituaient des relais d'influence naturels des projets panafricains du Guide[20]. Pour le Soudan, de même, le Tchad représente comme une marche à contrôler (De Waal, 2008).

de la Libye et de la France, qui lui fournirent des informations et des armes aux moments décisifs (voir Iyebi-Mandjek, 2008).

**19** La Libye aurait convoité l'uranium de la bande d'Aozou, le Nigeria les ressources du lac Tchad, les Occidentaux, le Soudan, et maintenant les Chinois le pétrole…

**20** Les prises de position des chefs d'État membres de l'UA lors de la crise libyenne de 2011 s'expliquent en partie par les pétrodollars distribués par Kadhafi au cours des dernières décennies.

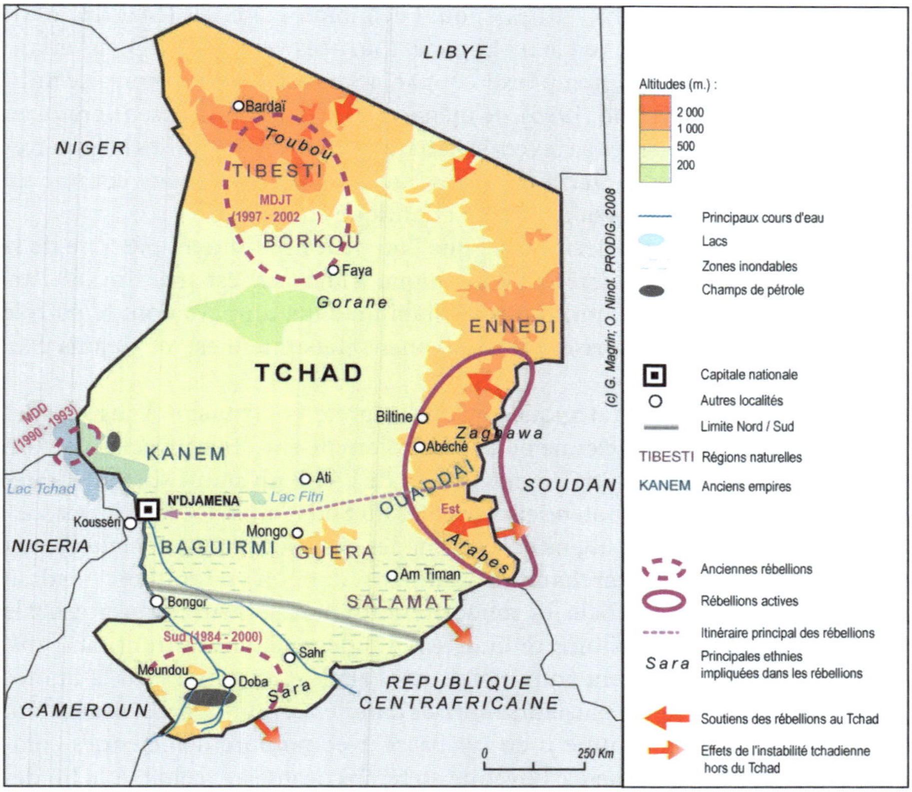


**CARTE 11** *Géographie des conflits au Tchad.*
Source : Magrin, 2008a.

Mais le carrefour géopolitique occupé par le Tchad peut également être lu sur une plus longue durée. Les interférences libyennes et soudanaises dans le jeu politique tchadien sont inscrites dans l'histoire des relations d'échanges économiques, religieux, culturels et des conflits qui unissaient les entités politiques du Nord du bassin tchadien et le bassin du Nil d'un côté, la Méditerranée de l'autre. Ils marquent l'actualité de la tension ancienne qui caractérise cet espace entre les pôles arabo-méditerranéen, d'un côté, et le versant atlantique, de l'autre. Le retournement territorial colonial, qui oriente l'essentiel du commerce vers la « voie fédérale[21] » (Sautter, 1958), a structuré le territoire tchadien actuel.

21 On désignait ainsi la voie la plus utilisée pour les échanges extérieurs du Tchad à l'époque coloniale, qui passait par l'Oubangui-Chari puis le Congo. Plus long que les autres itinéraires possibles (par le Nigeria ou le Cameroun) et supposant de multiples ruptures de charge (entre navigation, portage et chemin de fer), ce trajet bénéficiait de l'avantage d'un parcours entièrement situé au sein de l'AEF, ce qui allégeait les contrôles et les taxes.

Sa capitale et ses régions « utiles » pour l'économie coloniale (Magrin, 2001) ont été implantées sur l'axe Chari-Logone, tournées vers le Sud-Ouest atlantique. Mais la menace longtemps exercée par la Senoussiyya sur l'emprise militaire française (voir Triaud, 1995), de même que les liens humains, migratoires et commerciaux conservés à travers le Sahara, ou entre les familles originaires de la région du Ouaddaï-Darfour (Bégin-Favre, 2008), impriment comme un refoulé territorial à l'inversion spatiale atlantique et coloniale.

C'est aussi dans cette perspective que l'on peut lire l'intérêt pérenne de la France pour le Tchad. L'intérêt économique français y est très limité : l'armée française assure un minimum de stabilité dans un pays dont le pétrole est exploité par des entreprises principalement étatsuniennes[22] et, depuis peu, chinoises.

Mais les fonctions stratégiques qu'on lui prête contribuent à justifier les relations étroites que l'ancienne puissance coloniale entretient avec le pays. En effet, ce territoire avait initialement au sein de l'AEF un statut surtout stratégique. L'exploitation des potentiels agricoles du Sud n'était possible qu'en soumettant les royaumes sahéliens et les nomades sahariens, tout en neutralisant le pouvoir des réseaux marchands musulmans, dont on craignit fort pendant la Première Guerre mondiale les solidarités ottomanes. Il eut jusqu'en 1920 le statut particulier de territoire militaire. À l'indépendance, durant cinq ans, les espaces sahariens furent administrés par l'armée française. Puis la France intervint militairement à plusieurs reprises dans les conflits tchadiens, au nom d'accords de défense comme il en fut passé avec nombre d'anciennes colonies, pour contenir l'influence libyenne en temps de guerre froide. À la fin des années 1990, alors que le gouvernement Jospin, pour faire des économies et prendre des distances avec le dispositif militaire hérité de la « Françafrique[23] », réduisait le nombre de bases militaires françaises en Afrique en fermant les sites de Bouar et Bangui, en RCA, la base de Ndjaména ne fut pas remise en cause. Car, au sein de l'armée française, le Tchad est considéré d'une manière singulière : la défense de la présence à Ndjaména dépasse les intérêts corporatistes et ceux offerts par un vaste espace d'entraînement désertique où les avions peuvent voler à basse altitude (Magrin, 2008a). Le souvenir de Félix Éboué et celui de la colonne Leclerc agissent sans doute moins que les fonctions stratégiques contemporaines prêtées au territoire – base arrière de l'intervention occidentale au Ouaddaï, qui subit les contrecoups de la crise du Darfour de 2003 à 2010, espace de stabilité relative à préserver face à la désagrégation de la RCA, au sud, et aux risques terroristes croissants du Sahara menacé par

22 Elf est sorti du consortium en 2000, au moment de sa fusion avec Total.

23 L'expression, forgée d'abord dans un sens positif par le premier président ivoirien Félix Houphouët-Boigny pour rendre compte de la densité des liens entre la France et ses anciennes colonies d'Afrique, fut ensuite retournée, en un sens péjoratif, pour désigner les relations postcoloniales malsaines qui prospérèrent entre élites françaises et africaines, *via* des réseaux occultes véhiculant la corruption, au Sud comme au Nord.

Aqmi. La forte militarisation du Tchad dans la deuxième partie des années 2000 trahissait la pérennité de cette fonction stratégique liée à sa position de charnière entre une « diagonale des crises » (qui court du Soudan et de la Corne de l'Afrique aux Grands Lacs vers l'Angola, en passant par la RDC et la RCA, voir Mbembé, 2005) et une Afrique de l'Ouest relativement plus paisible. À Ndjaména, on croisait alors à la fois de nombreux « militaires » tchadiens et des soldats français ou de l'Eufor (la première intervention extérieure de l'Union européenne, sous forte influence française), des gendarmes et policiers aux armes de l'Union africaine, d'autres sous les couleurs de l'ONU (la Minurcat[24])...

La garnison entrepôt, lieu-métaphore forgé dans le bassin du lac Tchad pour définir une forme de gouvernance, où les frontières du licite et de l'illicite se brouillent autour de l'articulation de fonctions militaires et commerciales (Roitman, 1998), sied fort bien à Ndjaména, en particulier à la fin des années 2000. Des militaires de tout poil et de toutes origines y surveillent, tout en le ponctionnant parfois, le commerce régional (dont Ndjaména, avec son million d'habitants, constitue un débouché, depuis le Cameroun et le Nord du Nigeria, et un point d'éclatement vers le nord et l'est), l'acheminement international de l'aide vers l'Est du pays et le Darfour, le transit du pétrole de Doba, tout en s'y surveillant réciproquement. Cette fonction n'est pas sans influence sur la violence omniprésente dans le champ politique et l'espace tchadien.

*Les déterminants de la violence*

La violence est centrale au Tchad. L'absence de monopole de l'État en la matière, qui trahit la distance avec l'idéal wébérien, ne signifie pas cependant que la violence soit généralisée et inscrite dans un horizon anarchique qui la rendrait inintelligible. Elle s'inscrit au contraire dans une histoire où les modalités de mise en relation avec le reste du monde ont leur part (Magrin, 2001 ; Bégin-Favre, 2008 ; Debos, 2009).

La militarisation du Tchad ne tient pas qu'aux interventions extérieures. Inscrit dans une tradition ancienne dans le bassin du lac Tchad, le métier des armes s'est imposé depuis les années 1960 comme un statut social, une façon d'accéder à la reconnaissance et à la richesse (Debos, 2009). Il s'est structuré selon les logiques du factionnalisme, une variante militarisée du clientélisme en politique, à partir de la fin des années 1960. Dans l'espace urbain ndjaménois, la densité d'hommes en uniformes et en armes surprend. Leur mobilité physique est tout aussi étonnante (Tulipe, 2008) : ils sont rarement casernés et circulent à toute heure à pied, en vélo, en moto ou en véhicule, selon leur rang et leur fonction. Cette fluidité reflète celle attachée à leur statut : militaires aujourd'hui (la diversité des pièces de vêtements qui composent des uniformes bariolés disent celle des soutiens extérieurs), d'un corps ou d'un autre

24 Mission des Nations unies en République Centrafricaine et au Tchad.

(les uniformes ne sont pas toujours de bons repères, et un uniforme se prête), ils peuvent devenir rebelles demain, revenir comme militaires ralliés quelques années après (s'ils n'ont pas été tués entre-temps), ou franchir, le temps d'une courte période de besoins financiers à satisfaire ou pour des moments plus longs, en cas de destin heurté, la ligne très ténue qui sépare les forces de l'ordre des rangs des coupeurs de route (voir Debos, 2009, et sur les coupeurs de route, Saïbou, 2010). Alors que personne ne connaît officiellement le nombre de militaires de l'armée nationale (Debos, 2009), l'existence de ces quelques milliers d'hommes sans qualification, mais qui trouvent dans le métier des armes moyen de subsistance et statut social, et sont toujours prêts à s'engager pour une aventure auprès d'un chef charismatique en échange d'un peu d'argent et de force promesses, constitue un des ingrédients du cycle de la violence au Tchad. Y mettre un terme suppose de leur inventer un autre avenir.

Certaines lectures réduisent les causes des conflits tchadiens à l'enfermement, par des frontières coloniales artificielles, de peuples que l'histoire opposait. Pour autant, la diversité ethnique, linguistique et religieuse, de même que la violence de l'histoire précoloniale sont partagées par de nombreux espaces qui s'étendent du Sahel atlantique au Nil. Elles n'expliquent pas la triste régularité et l'omniprésence de la violence au Tchad. Le Mali est découpé selon des proportions écogéographiques comparables, partagé entre un tiers saharien peu peuplé, un tiers sahélien héritier de grands royaumes et un tiers soudanien qui compte notamment des populations lignagères, parfois animistes ou très récemment islamisées. Or, il a connu une histoire incomparablement plus irénique[25]. « L'artificialité initiale des États porte des risques, non une fatalité » (Magrin, 2008a).

Mais le retournement de territoire de l'époque coloniale s'est accompagné au Tchad d'un renversement social qui a compté : les premières élites politiques à l'indépendance furent recrutées en particulier parmi les populations originaires du Sud animiste et chrétien, qui avaient adhéré massivement à l'institution scolaire, dans laquelle elles percevaient un mode d'ascension sociale. Inversement, à quelques exceptions près, les populations du Nord musulmanes opposèrent à l'école coloniale un refus (Khayar, 1976) qui était résistance passive et culturelle à la domination coloniale, perçue comme hostile à l'islam. Les frustrations associées à ce sentiment de déclassement vécu par les populations du Nord, en particulier celles qui cultivent le souvenir de la grandeur de l'empire du Ouaddaï (Bégin-Favre, 2008), mais aussi les instrumentalisations politiques successives des identités de « nordiste » et de « sudiste »,

25 Jusqu'à l'« accident » de mars 2012, qui laisse le pays coupé en deux sous la pression conjuguée du retour de combattants touaregs armés de Libye et du renforcement d'un Aqmi originaire d'Algérie, exposant dramatiquement les faiblesses de l'État malien, sans que les racines du conflit puissent être tenues pour internes.

encouragées par la guerre civile des années 1970-1980, puis par les influences de l'islam réformiste dans les années 1990 (Lemarchand, 1986; Centre culturel Al Mouna, 1996; Magrin, 2001 : 345-347), installèrent durablement cette représentation dans le champ politique et les rapports sociaux. L'opposition Nord-Sud existe dans les représentations communes des Tchadiens. Qu'elle soit une construction historique n'y change rien. Mais elle ne structure plus aujourd'hui le champ politique national comme par le passé et semble plus faiblement mobilisatrice: les souvenirs des combats de 1979[26] s'éloignent, les années 2000 sont celles d'une rupture symbolique et générationnelle. La génération du pétrole n'est pas celle où la réussite reposait sur le statut d'ancien combattant ou de gros producteurs de coton. Les élites méridionales ont été soit recyclées par le régime quand il avait besoin d'alliés (notamment à la charnière 2006-2008), soit contraintes à l'exil; elles ont parfois trouvé dans la société civile ou le monde du développement des terrains « neutres » où s'employer. Pour de nombreux Tchadiens, la crise de l'État, les difficultés de la vie quotidienne à Ndjaména ou en brousse, la montée des inégalités, le recours à d'autres niveaux identitaires en réponse à la fragmentation de la société (clan, ethnie) semblent en passe de masquer, voire de combler le fossé Nord-Sud.

La violence au Tchad tiendrait plus fondamentalement à la manière dont le pouvoir est acquis et conservé. L'État, déjà faible, est menacé par les logiques sociales sahariennes, marquées par la culture de la razzia et du butin (Claudot-Hawad, 2002), où les modes segmentaires se combinent avec ceux du clan et de l'échange (Mbembé, 2005 : 66). La razzia n'inspire pas seulement les techniques militaires[27] (Magrin, 2008a). La pratique des groupes qui ont pris le contrôle de l'appareil d'État semble reproduire par certains aspects le mode de fonctionnement de l'empire du Ouaddaï, dont le sultanat Zaghawa était une marge intégrée (Bégin-Favre, 2008). Le Ouaddaï a été un des derniers royaumes sahéliens de l'interface sahélo-saharienne. La diffusion des armes et la montée des concurrences, africaines et européennes, au cours du XIX^e^, en ont fait un système politique et militaire fondé sur la violence, à l'image du Baguirmi étudié par Reyna (1990), dont le seul objectif était de se renforcer contre ses ennemis. Dans cette lecture, la régularité des campagnes annuelles de lutte de l'armée gouvernementale contre les rébellions évoque celle des campagnes menées par les sultans pour collecter des esclaves (Herbst, 2000 : 35). Les prélèvements effectués sur les ressources de l'État l'assimilent à une caravane soumise au pillage. Dans les villes nomades, les guerres éclatent entre factions et tribus pour le contrôle du pouvoir, non entre nomades et sédentaires

**26** Les combats de février 1979 furent fondateurs dans cette opposition Nord-Sud, car des massacres croisés de civils eurent lieu – de chrétiens au nord du pays, de musulmans dans le Sud (voir Magrin, 2001 : 33-34).

**27** Le « rezzou TGV » – c'est-à-dire l'affrontement entre colonnes de véhicules *pick-up* équipés de mitrailleuse ou de canon léger et chargés de combattants enturbannés, lancés à pleine vitesse – s'est imposé comme la forme dominante des affrontements dans les conflits tchadiens.

apparaissent comme un champ de bataille vu d'avion (Causse, 1991), les exploitations minières industrielles sont les activités qui provoquent les transformations les plus complètes de la surface de la terre. Elles seraient les seules œuvres humaines visibles de l'espace, et non la grande muraille de Chine, comme on le dit parfois (Deshaies, 2007 : 60). La transformation du paysage par les mines est donc assortie d'un jugement négatif implicite : l'adjectif « minier » appliqué à l'agriculture désigne des pratiques dévastatrices, non durables, qui entament le capital productif du milieu (Deshaies, 2007 : 7). Les carrières, barrages de boues et installations associées aux mines d'or d'Afrique de l'Ouest (Sénégal, Mali) consomment chacun entre quelques centaines et quelques milliers d'hectares, qui sont autant de terres agricoles ou de pâturages perdus. L'exploitation du pétrole de Doba, au Tchad, a nécessité de construire plus de 800 puits de pétrole, alors que 300 étaient initialement prévus, ce qui a amené à revoir les programmes de déplacement et de réinstallation des paysans riverains initialement envisagés (Magrin *et al.*, 2012). L'importance de ces impacts doit néanmoins être appréciée selon l'échelle considérée : considérable localement, elle devient très relative à l'échelle des vastes régions concernées.

À partir des activités extractives, des pollutions accidentelles ou frauduleuses risquent en permanence d'affecter les eaux, les ressources halieutiques et fauniques, la fertilité des terres : rejets de pétrole, de polluants chimiques (dont cyanure et mercure pour l'or, boues de forage et eaux de production toxiques pour le pétrole) et de fluides divers (Boocock, 2002). L'exploitation minière exerce des pressions sur l'eau : elle en consomme beaucoup et la rejette potentiellement chargée en acides et en fer ; son traitement est alors coûteux (Deshaies, 2007 : 98, 100). La question de la gestion des héritages se pose au sein de la profession minière (Eggert, 1994) : extraire un kilogramme d'or amène à produire 500 kg de déblais. Combien de temps les compagnies peuvent-elles accepter d'être responsables des sites après leur fermeture (Belem, 2009 : 136) ? En Afrique de l'Ouest, où l'exploitation est souvent récente (or du Mali, Burkina Faso, Sénégal) ou encadrée par l'État (fer de Mauritanie, bauxite de Guinée), les questions des retombées locales ou nationales des rentes extractives semblent prioritaires par rapport à ces enjeux qui semblent bien lointains.

La situation est quelque peu différente dans le delta du Niger, au Nigeria, où les pollutions pétrolières sont une des causes de l'instabilité qui affecte la région depuis les années 1990. Le désastre écologique y apparaît tout particulièrement comme participant de la « malédiction des ressources naturelles », sans que son ampleur soit vraiment mesurée avec précision. Il s'explique en partie par l'ancienneté des héritages : le delta du Niger fut la première région pétrolière d'Afrique, une bonne partie des installations sont anciennes et relèvent de technologies ou de standards qui n'ont plus cours aujourd'hui. Ainsi, on relève environ 300 fuites de pétrole par an dans le delta, dont une bonne partie sont causées par des sabotages. Dans un milieu de mangrove très humide, contenir les fuites et récupérer les fluides perdus se révèlent très difficiles. Les taux d'hydrocarbures dans les eaux sont ainsi 360 à 680 fois plus élevés que ceux acceptés par l'Union européenne (Watts, 2004 : 135). Ces pollutions des eaux et des sols ont des conséquences directes sur des populations pauvres, nombreuses – les densités dépassent localement 300 habitants au km$^2$ –, qui vivent en relation étroite avec les ressources naturelles (agriculture, pêche, cueillette) de milieux fragiles.

Le décalage entre la misère des riverains des zones de production, due notamment à l'impact environnemental local de la production, et l'importance de la rente pétrolière, captée et redistribuée par l'État selon des logiques géopolitiques leur faisant peu de part, a été à l'origine des mouvements de contestation qui se sont développés dans les bouches du Niger à partir du milieu des années 1990. Mais la multiplication des revendications et le développement de l'insécurité qui s'ensuivirent se cristallisèrent davantage sur la captation de parts de rente que sur les enjeux environnementaux (Watts, 2004 ; Sébille-Lopez, 2005).

La notion de « malédiction des ressources naturelles » n'est pas sans utilité pour penser les relations entre rentes, territoires et développement, à condition d'en faire un usage critique.

En effet, la rente semble bien au cœur de cette « malédiction » : c'est par elle que passe, dans une large mesure, le lien entre l'exportation des ressources et le pays qui les détient. Ainsi, les systèmes rentiers semblent responsables de la déconnexion fréquemment observée entre États, ressources et territoires : les secteurs pourvoyeurs de rente n'ont guère d'effets d'entraînement sur les autres et soumettent l'économie et la société aux caprices de cours volatiles ; les enjeux de captation et de redistribution de la rente favorisent des pouvoirs autoritaires, des systèmes politiques clientélistes, des États inefficaces en termes de développement, fiscalement déconnectés de leur territoire ; de plus, des tensions et conflits multiformes naissent des inégalités exacerbées qui résultent de l'abondance en ressources ; enfin, la recherche de rentes amène souvent à sacrifier l'environnement et les populations riveraines des activités d'extraction.

Mais on n'est pas forcé de croire aux « malédictions ». La rhétorique de la « malédiction des ressources naturelles » passe trop facilement de la corrélation à la causalité, néglige les contre-exemples des pays riches en ressources ayant réussi, se perd parfois dans les travers de l'économicisme. L'exploitation de ressources naturelles, notamment extractives, fonctionne de fait souvent comme un révélateur, voire comme un catalyseur de dynamiques sociales antérieures, et produit des effets différenciés selon les contextes propres à chaque pays.

Ces politiques ne remettent pas en cause le double déséquilibre spatial qui oppose l'Ouest et l'Est du Sénégal : 80 % de la population et 90 % des richesses nationales sont concentrées à l'ouest d'une ligne Dagana-Sédhiou. Dakar contraste avec le « désert sénégalais », la capitale concentrant le quart de la population, mais l'essentiel de l'industrie, des services de haut niveau et de la vie intellectuelle et culturelle nationale.

Au cours des années 2000, ces déséquilibres cohabitent avec l'affirmation des centres secondaires et des bourgs semi-ruraux, s'inscrivant dans une dynamique générale en Afrique de l'Ouest (Bertrand, Dubresson, 1997) : les équipements de l'État, les transferts des émigrés et les fonctions de passage contribuent au développement d'activités commerciales ou artisanales et à l'attractivité de centres comme Kaffrine, Koungheul ou Koupentoum sur l'axe Kaolack-Tambacounda ; Guéoul, Ngaye Mékhé ou Kémében sur l'axe Dakar/Saint-Louis.

Après les réseaux hiérarchisés de la traite initiale, son étatisation, de l'indépendance à la fin des années 1980, avait instauré des relations directes entre Dakar et les lieux de collecte, déclassant les niveaux intermédiaires du système commercial et urbain. Au cours de la période récente, la libéralisation du commerce permet une certaine complexification des polarisations rurales et des flux : les marchés hebdomadaires ruraux (*loumas*[32]) en sont les lieux centraux (Ninot *et al.*, 2002).

De sa longue histoire d'interface, le Sénégal a tiré une capacité à entretenir des relations favorables avec la Terre entière, ou presque. Il est le rentier par excellence des bons sentiments du monde envers l'Afrique, ainsi que des intérêts moins avouables qui s'y dissimulent. Au niveau politique, d'abord : pilier de la francophonie[33], il bénéficie d'une sollicitude continue de la France, avec laquelle les relations parfois orageuses s'inscrivent dans une turbulence postcoloniale savamment gérée. Il est aussi choyé par l'Union européenne, car l'Italie et l'Espagne ont de nombreux migrants sénégalais, et le pays compte dans le contrôle des flux migratoires et des trafics. De même, certains États membres de l'Union européenne, ainsi que le Japon ont des intérêts à pêcher dans les eaux sénégalaises. Intérêts nationaux de pêche (Japon, Espagne) et de maîtrise de l'immigration (Espagne, Italie, Union européenne) n'ont pas été étrangers au renouveau des politiques de coopération africaine de ces pays. Le Sénégal a des relations presque aussi étroites avec les États-Unis, qui reposent sur des ponts panafricanistes anciens, sur la relative proximité géographique et

32 Singulier : *loumo* ; mot peul.

33 Abdou Diouf, président du Sénégal de 1980 à 2000, préside depuis 2001 l'Organisation internationale de la francophonie. Le président de l'indépendance et poète Léopold Sédar Senghor (1960-1980) en a été un artisan majeur et un symbole.

sur une exploitation judicieuse de la rente mémorielle de l'esclavage à Gorée[34], puis, également, sur des liens migratoires[35]. Il est un des premiers récipiendaires de l'aide américaine, à travers le Millenium Challenge Account (MCA), qui y a été mis en place à partir de 2009.

Mais le pays valorise aussi son appartenance au monde musulman, dont les principaux pays (pétromonarchies du Golfe, Iran[36]) ont des représentations diplomatiques assorties de programmes de coopération à Dakar. L'organisation du sommet de l'OCI à Dakar en 2008 a permis la mobilisation de capitaux importants pour la construction d'infrastructures dans la ville, dans des conditions de transparence sujettes à caution (Coulibaly, 2009). Le Sénégal bénéficie bien sûr de l'aide chinoise et de la coopération indienne. Il a même noué des partenariats avec les deux Corée (De Jong, Foucher, 2010 : 196) !

Les relations avec l'extérieur fonctionnent largement sur la base d'un malentendu plus ou moins productif : les acteurs étrangers ont besoin d'un partenariat modèle en Afrique, d'un exemple. Le Sénégal excelle à leur tenir le langage attendu en matière de démocratie, de bonne gouvernance, de postcolonialisme ou de mémoire de la traite, de solidarité musulmane ou de solidarité Sud-Sud. La vitrine fait plus ou moins illusion, mais en a-t-on tellement de rechange ? Le choix du Sénégal tient aussi aux ressources de sa situation, à la stabilité offerte par ce pays agréable à vivre pour ceux chargés de mettre en œuvre de telles coopérations. Il fournit le siège régional pour l'Afrique de l'Ouest à plusieurs ambassades et services de coopération (Japon, Canada), et à de nombreuses institutions internationales, notamment onusiennes, surtout depuis la crise ivoirienne.

Le pays a besoin en contrepartie de l'appui extérieur, symboliquement, mais surtout matériellement, pour faire fonctionner un système politique reposant sur la redistribution clientéliste de la rente étatique. Jusqu'à présent, la virtuosité des acteurs[37] a permis de préserver la paix sociale, mais le

**34** Gorée ne fut pas, quantitativement, un des principaux centres de la traite atlantique. Surtout, la « Maison des esclaves » que l'on fit visiter au pape Jean-Paul II et à trois présidents africains (Jimmy Carter, Bill Clinton, Georges Bush), en présentant la « porte de l'oubli » comme un exécutoire majeur de ce trafic, semble bien n'avoir jamais eu de telles fonctions (Smith, 2003 : 87-88). Il reste que la beauté de l'île se prête fort bien à une exploitation mémorielle esthétisante. Pour les touristes noirs américains, Gorée est une destination en soi du retour aux sources africain.

**35** Dont le film *Little Senegal*, de Rachid Bouchareb (2001) montre bien la complexité.

**36** En 2011, le Sénégal a rompu ses relations diplomatiques avec l'Iran, l'accusant d'armer les mouvements séparatistes casamançais. L'usine de montage de taxis de Thiès appuyée par la coopération iranienne en a fait la première les frais, et avec elle les chauffeurs qui avaient choisi ces voitures rustiques et bon marché, dont les pièces détachées risquent de devenir introuvables.

**37** Un acteur, c'est, littéralement, quelqu'un qui joue. Dans les relations du petit monde du développement, nationaux et étrangers jouent beaucoup, avec plus ou moins de conviction et de talent. Certains sont passés maîtres dans l'art de porter plusieurs casquettes : au Sénégal, on peut être à la fois élu local – politicien du parti au pouvoir ou de l'opposition (peu importe, les limites sont floues et labiles) –, dirigeant d'une fédération d'ONG, producteur de riz et dirigeant d'une grande organisation de producteurs…

La rente oriente, elle ne détermine pas. Les systèmes rentiers, « comme mode d'insertion spécifique dans l'économie capitaliste internationale » (Destremau, 2000 : 490), influencent la trajectoire des États et des territoires. Les sociétés africaines interprètent l'extraversion en fonction de leur histoire, de leurs héritages socioculturels et de leur propension à les amalgamer au répertoire mondialisé – selon des modes de créolisation inhérents à l'historicité qui leur est propre (Bayart, 1989 : 50) –, de leur position géographique aussi. Celle-ci n'est pas indifférente : elle éclaire l'identité des acteurs en présence, l'ancienneté des relations, leurs champs, leurs conditions plus ou moins favorables, qui dessinent des profils d'extraversion variés.

Au cours des dernières décennies, les séquences erratiques du temps mondial conjuguent donc leurs effets avec les configurations propres à chaque pays. L'interaction entre cycles internationaux et territoires africains est également déterminée par les stratégies des acteurs mondiaux, la façon dont ils perçoivent les ressources du continent et conçoivent les modalités de leur exploitation. Enfin, les interactions entre spatialités africaines anciennes, logiques modernes de l'État, cycles mondiaux et pratiques des acteurs extérieurs donnent naissance à des formes spatiales spécifiques, où cohabitent de manière contradictoire des logiques de connexion avec les dynamiques de l'économie endogène et de fragmentation territoriale.

entre le dedans et le dehors, le riz importé[46] (comme conséquence indirecte du système arachidier et de la répartition impériale des rôles), le poisson national et les légumes « exotiques » (d'origine européenne ou américaine) cultivés localement, pour refléter une culture urbaine sénégalaise originale.

Dans presque tous les ménages sénégalais urbains, on mange aujourd'hui du riz tous les jours à midi, sauf lors de la *tabaski*[47]. Dans de nombreux foyers, on mange même tous les jours du *ceebu jën* rouge. Or, ce que l'on présente souvent à l'extérieur comme le plat traditionnel sénégalais par excellence est en fait une création relativement récente. Avant l'époque coloniale, le riz n'était cultivé et consommé au Sénégal qu'en Casamance (Pélissier, 1966). À l'époque coloniale, la diffusion de sa consommation a été progressive. Elle concernait d'abord les militaires et reposait sur les importations de riz indochinois dans le cadre impérial. Il fut longtemps considéré comme un plat de fête, susceptible d'honorer des invités de marque, sa consommation étant même interdite aux civils durant les conflits mondiaux. L'importance passée de l'arachide se lit en creux dans l'essor de la consommation de riz : la promotion de la culture s'accompagna d'un déficit en mil, qui rendit les importations de riz nécessaires. L'augmentation de la population, de l'urbanisation et de la consommation devait contribuer à en faire un poste structurellement élevé des importations du pays : malgré tous les efforts déployés pour accroître la production de riz par des aménagements dans la Vallée (Seck *et al.*, 2009), celle-ci reste loin de couvrir les besoins nationaux. Au milieu des années 2000, la production sénégalaise fournit environ 300 000 tonnes (un petit tiers de Casamance, deux gros tiers de la Vallée), pour près de 900 000 tonnes importées (Fall, 2010 : 57-58). Vendu entier, le riz national n'a longtemps guère été utilisé pour préparer le *ceebu jën* en dehors de la Vallée, les ménagères dakaroises lui préférant le riz brisure parfumé importé du Sud-Est asiatique, qu'elles savent mieux cuire. Il semble que des améliorations récentes dans la qualité du décorticage soient en train de remettre en cause cette contrainte.

Au cours des deux dernières décennies, le *ceebu jën* gagne du terrain. « Aujourd'hui il y a à la fois africanisation des cuisines citadines[48] et, en même temps, en milieu rural, alignement progressif des régimes alimentaires sur ceux des villes » (Pélissier, 2000 : 5). Le riz progresse en ville comme en

fermenté et séché (*guedj*), un peu de cybium fumé (*yet* : un mollusque en forme de très gros coquillage), du tamarin et l'inévitable bouillon cube… » (Diop, Magrin, 2011).

**46** Comme conséquence indirecte du système arachidier et de la répartition impériale des rôles : l'importation de riz brisure d'Indochine permit de compenser la baisse de la production de mil liée à l'essor de la culture de rente arachidière.

**47** Terme utilisé en Afrique de l'Ouest pour désigner l'*Aïd el Kebir*, la fête du mouton commémorant le sacrifice d'Abraham.

**48** Par diffusion, notamment à Dakar ou dans les plus grandes villes, de plats « africains » non sénégalais : poulet braisé à la mode des « maquis » ouest-africains, semoule de manioc (*attiéké*) ou de maïs (*gari*), banane plantain, niébé, etc.

brousse, notamment au nord du bassin arachidier, accompagnant une baisse de la production de mil et sorgho. La multiplication des marchés hebdomadaires joue un rôle important dans la diffusion de modes de consommation urbains, la restauration fournissant des revenus à des femmes. Le riz s'impose de plus en plus à midi, même en milieu rural (cf. planche 8). Le pain progresse de la même façon au petit déjeuner, surtout le long des axes routiers. Le coût joue aussi : le riz n'est pas toujours moins cher que les céréales locales mais, à valeur sociale identique, les plats à base de riz coûtent moins que ceux à base de mil, qui exigent du sucre, du lait, de l'huile, de la viande (PASR, 1996 : 20, 23).

Parallèlement au progrès du riz, la diffusion du *ceebu jën* est favorisée par la diversification de l'agriculture. Le développement des systèmes maraîchers irrigués ou arrosés de la Vallée et des Niayes (Touré, Seck, 2005) répond aux difficultés de l'agriculture pluviale. L'essor de la pêche et l'amélioration de la distribution de ses produits constituent aussi des facteurs favorables (Diop, Magrin, 2011). Les années 1970-1980 voient à la fois l'augmentation du nombre des pêcheurs, de nombreux paysans se convertissant à la pêche maritime face à la crise de l'arachide et aux sécheresses, la généralisation d'innovations techniques (senne tournante, motorisation) et des améliorations du réseau routier. Les mêmes causes climatiques (sécheresses) provoquant une crise de la pêche continentale, la marée parvient régulièrement dans les gros villages de la Vallée, où les villages de migrants à haut pouvoir d'achat reçoivent les poissons de meilleure qualité, les autres se contentant de la sardinelle[49] (Magrin, Seck, 2009). Outre son goût, le *ceebu jën* doit son succès à ses qualités nutritives. C'est un plat complet, qui comporte lipides (huile), glucides (riz) et apports (fibres, vitamines) de légumes variés[50], mais surtout de protéines (poisson) à bas prix ; il limite ainsi le niveau de malnutrition, y compris parmi les classes citadines pauvres.

Cela étant, le *ceebu jën* est une conquête fragile (Diop, Magrin, 2011). Même si l'essentiel de l'effort financier des aménagements repose sur les bailleurs, le riz coûte cher à l'État, qu'il s'agisse d'utiliser une partie des recettes d'exportation pour l'importer ou d'en subventionner plus ou moins directement la production dans la Vallée. D'autre part, l'augmentation de l'effort de pêche par les bateaux industriels étrangers et la flottille artisanale, en réponse à la demande nationale et mondiale croissante, n'est pas durable. Même les espèces pélagiques comme le *yaboye*, que ses arêtes mettent provisoirement à l'abri des appétits mondiaux, pourraient être à leur tour affectées en cas d'augmentation forte des cours des farines animales. La contrepartie nationale au riz importé

49 Couramment appelée *yaboye* en Wolof.
50 Même si la longue cuisson en limite la teneur en vitamines.

activités agropastorales inscrites dans l'économie locale ou régionale est très élevé, induisant une forte vulnérabilité vis-à-vis des aléas climatiques. On y trouve notamment les pays du Sahel. Les agroexportateurs, comme la Côte d'Ivoire, le Ghana, voire le Cameroun, dont la croissance a reposé sur l'exportation de produits agricoles variés, mieux valorisés sur le marché mondial que ceux de la catégorie précédente. Les économies minières et pétrolières, reposant entièrement sur la rente qui en est issue. Les économies industrielles ouvertes sur l'extérieur (Afrique du Sud, Maurice, Botswana), peu représentées dans l'espace ouest-africain étudié. Enfin, les économies de guerre, caractérisés par des situations de désintégration de l'État, d'anarchie.

L'articulation entre abondance de ressources naturelles et possibilités géographiques fournit une deuxième grille (Igué, 2006 : 252) : on y considère des pays exportateurs de matières premières, agricoles (Côte d'Ivoire, Ghana, Cameroun) ou pétrolières (Nigeria, Gabon, Congo, Angola), aux revenus les plus élevés ; d'autre part, des pays côtiers à faibles ressources naturelles, mais jouissant d'une grande facilité d'approvisionnement sur le marché mondial : les revenus y sont plus faibles, mais restent à un niveau intermédiaire (Sénégal, Bénin, Togo). Enfin, les pays enclavés, aux possibilités agricoles limitées, menacés par la sécheresse, qui sont les plus pauvres.

Au sein de ces classements, cependant, les démarcations sont malaisées, et ce d'autant plus que les anciens clivages sont remis en cause par la diversification croissante des économies : où situer le Tchad, parmi les États sahéliens agro-exportateurs, les pays pétroliers ou les économies de guerre ? Où placer un pays comme la Guinée, à la fois pauvre, en position littorale et disposant de potentiels agricoles et miniers abondants ? Et le Sénégal, qui participe des fragilités du Sahel, mais aussi du modèle agro-exportateur et des prémices du modèle industriel ? De manière générale, les pays enclavés à faibles revenus de l'intérieur sahélien sont en passe de mettre en valeur leurs ressources minérales : le Tchad et le Niger exploitent du pétrole, le Mali pourrait les rejoindre ; le Burkina Faso et le Mali sont devenus de grands producteurs d'or ; le Niger va augmenter sa production d'uranium. La diversification des sources de rentes brouille l'ancienne répartition des rôles.

On peut aussi utiliser comme critère de typologie l'importance de l'économie extractive, en particulier pétrolière, qui est à l'origine des systèmes rentiers les plus accomplis et les plus simples. Trois situations méritent alors d'être isolées : les pays non pétroliers représentent encore en 2012 onze des quinze pays de l'Afrique de l'Ouest. Ils dépensent 40 à 50 % de leurs recettes d'exportation pour importer de l'énergie et sont à ce titre très dépendants des fluctuations des prix mondiaux.

Les pays rentiers sont ceux où le secteur extractif représente une part importante du PIB (au moins 40-50 %), du budget de l'État (entre les deux tiers et les trois quarts) et des exportations (au moins 40 % selon Auty, 2005 : 31). De tels États ne sont qu'une poignée (Nigeria, Angola, Gabon, Congo, Guinée Équatoriale). La rente pétrolière ou minière pèse d'un tel poids que tout le système économique et politique national s'organise autour de sa captation et de sa ventilation, du fonctionnement des institutions aux stratégies des acteurs et aux relations avec l'extérieur (Soares de Oliveira, 2007 : 13), jusqu'aux imaginaires sociaux et territoriaux qui s'enracinent dans la quête de l'or noir. Ainsi, de la même manière que Balandier évoquait le concept de « situation coloniale » pour décrire les effets prégnants d'un contexte de domination politique sur la structuration de l'économie, de la société et des identités, et finalement sur la condition même de l'existence (Balandier, 1951), la notion de « situation pétrolière » peut être proposée pour rendre compte des points communs entre les différents États concernés[1]. La rente est le ciment interne de cette « situation pétrolière ». Ces pays sont évidemment les plus exposés à la « malédiction des ressources naturelles », souvent déclinée en « malédiction pétrolière ».

Enfin, d'autres États semblent relever d'une situation intermédiaire intéressante, même si elle est jusqu'ici peu considérée par la littérature, peut-être parce que le caractère récent de l'exploitation et les incertitudes sur son ampleur fournissent une image floue de l'évolution des structures de l'économie[2]. Ce sont des États où l'exploitation pétrolière ou minière est significative, mais sans être assez importante pour construire un contexte analogue à une « situation pétrolière ». Au Tchad, par exemple, les prévisions de revenus pour l'État envisagées au début de la production ne semblaient pas en mesure de transformer l'économie agropastorale nationale en économie rentière sur le modèle des pays de l'Afrique centrale forestière : le modeste budget de l'État était censé passer de 170 à 240 milliards de francs Cfa, soit une augmentation de 40 %, à la fois substantielle et modique en comparaison des multiplications connues dans d'autres pays (Magrin, 2003a : 66, 78). La hausse des prix du pétrole dans le courant des années 2000 et la renégociation du contrat avec le consortium dans des conditions plus favorables au pays en 2006[3] ont permis au Tchad d'engranger des recettes nettement plus importantes que prévu (Pegg, 2009 : 315-316). Mais les conditions d'investissement de la rente et les caractéristiques du pays – vaste, pauvre, relativement peuplé – ne semblent pas en mesure de bouleverser à brève échéance ses structures agropastorales. Il revient alors à penser les articulations entre la rente pétrolière et les autres secteurs de l'économie, de même qu'avec le territoire.

1 *Petroleum*, de Bessora (2004), en fournit une vision romanesque tragicomique.

2 La Mauritanie exploite du pétrole depuis 2006, mais la production – de l'ordre de 10 000 barils par jour (b/j) depuis 2009 – est très loin des attentes initiales (75 000 b/j). Le Ghana et le Niger sont devenus producteurs en 2011, le Mali pourrait suivre.

3 Les revenus pétroliers directs passent de 12,5 % à 20 % du montant des ventes, et certaines exemptions de taxe sont supprimées.

clientèle (les jeunes, les femmes du Parti…) sans procéder d'aucune vision de long terme. Très souvent, personne ne sait très bien ce qu'on en fera, aucun personnel, aucun budget, aucun projet ne sous-tendent ces constructions. Le monde paysan avait été mécontenté par les dysfonctionnements de la filière arachidière et la maladroite tentative de privatisation du ranch de Dolly[58], qui sert de refuge aux éleveurs Peul du Ferlo. À Dakar, le boom immobilier des quartiers riches soulignait la profondeur accrue des contrastes sociaux.

La victoire éclatante du président Wade a donc montré la grande stabilité du système politique organisé autour de la personne du président et des liens entre politique et religion, malgré les changements intervenus dans la société sénégalaise. Ses scores les plus élevés (Magrin, 2007a) sont atteints dans le Centre-Ouest et le Nord du bassin arachidier, Wolof et mouride, comme le président. Les régions périphériques s'y sont massivement ralliées (Sénégal oriental, moyenne et haute vallée Halpulaar), de peur sans doute d'être punies par le pouvoir. C'est logiquement dans les départements les plus urbanisés que les voix sont les plus dispersées. Les faiblesses de l'opposition, qui a délégué de fait son rôle aux médias pour critiquer la multiplication désordonnée des projets présidentiels et les errements de la gouvernance, ont eu leur rôle. Le président Wade a su aussi imposer sa figure familière et paternelle dans le quotidien des Sénégalais, par la télévision. Il a su faire rêver, son populisme incarnant une synthèse efficace politiquement entre la prétention sénégalaise à l'excellence et le triomphe du modèle Baol Baol[59], qui investit l'État après s'être diffusé dans la société (Diop, 2004 ; Magrin, 2007a).

Le modèle agricole proposé repose toujours sur la transposition du modèle intensif, mécanisé, qui est celui des agricultures du Nord. Il a été décliné à travers différents projets présentiels : le Sénégal agricole, les agropoles, le plan Reva (Retour vers l'agriculture), la Goana (Grande offensive agricole pour la nourriture et l'abondance). Ce type de rêve techniciste n'est-il pas sans rappeler, à nouveau, les projets modernistes des années 1960 ? Ces projets s'accompagnaient toujours d'un opportunisme manifeste, s'adressant à la fois à l'opinion publique sénégalaise et aux bailleurs potentiels[60].

---

**58** Ce ranch avait été créé en 1967 pour promouvoir une forme d'élevage modernisée par l'adéquation entre charge bovine et pâturages. Après la faillite des sociétés chargées de sa gestion, il fut rétrocédé aux organisations d'éleveurs de la région. En 2003, le président Wade décida d'en affecter la moitié de la superficie au khalife général des Mourides, susceptible, lui, de savoir mieux le mettre en valeur que les éleveurs (Magrin, 2007d).

**59** Débordant la région éponyme pour englober l'Ouest et le Nord-Ouest du bassin arachidier, ce modèle s'enracine dans des régions à peuplement Wolof, sous influence mouride. Il est caractérisé par la pratique généralisée du commerce, le faible niveau d'éducation, le règne de l'informel dans tous les domaines, une forte émigration internationale (principalement vers l'Italie, les États-Unis, plus récemment l'Espagne), la débrouillardise (parfois jusqu'aux marges de la légalité…).

**60** Les agropoles devaient être financées par des partenaires américains. Le Reva était formulé lors du pic migratoire en pirogues vers les Canaries, on en attendait des financements espagnols et de l'UE. La Goana répondait à l'émoi international associé aux « émeutes de la faim » de 2008.

Le contexte économique favorable évoqué plus haut a joué un rôle dans ce succès politique. L'argent circule dans le pays comme il ne l'a pas fait depuis vingt ou trente ans. La généralisation des bourses aux étudiants, la reprise de recrutement dans la fonction publique – ils avaient été gelés depuis vingt ans –, l'annonce de la gratuité des soins aux personnes âgées montrent que la machine redistributrice de l'État recommence à fonctionner, comme si les plans d'ajustement structurel n'étaient plus qu'un lointain souvenir. Si la consolidation des institutions, la moralisation de la vie politique, la transparence et la démocratie ne sont pas indifférentes aux Sénégalais, elles n'ont pas jusqu'à présent cristallisé d'expression politique. Tant que le système redistributif fonctionne, le pouvoir reste légitime (Magrin, 2007a). Le système sociopolitique cimenté par des rentes d'origines diverses s'est consolidé en s'immergeant dans les flux de la mondialisation contemporaine. Mais le temps a finalement joué contre le président Wade, dont les rêves de succession monarchique ont déplu à nombre de Sénégalais, provoquant sa nette défaite à l'élection présidentielle de février 2012 et l'élection de Macky Sall. La diversification des relations extérieures et la complexification du système rentier pourraient bien, ici aussi, élargir les espaces de bifurcation (cf. chapitre 9), sans qu'il soit possible, à l'heure où nous écrivons ces lignes, de savoir quand et comment ces possibilités seront exploitées.

Les grammaires de l'extraversion comparables partagées par les pays de l'Ouest africain cohabitent avec différents profils rentiers. Les paramètres distinctifs en sont la dominante agricole ou minière des sources de rente, leur diversité, leur montant – sans qu'aucune de ces catégories ne soit suffisante à elle seule pour expliquer les histoires nationales ou les conflits. Les cycles de l'économie se répercutent sur ceux de l'État, à l'action territoriale erratique. Les rentes élevées et l'État développeur des années 1960 laissent la place à des décennies de crise, particulièrement marquées des années 1980 au début des années 2000, puis à un regain d'État dans les années 2000, sous les formes nouvelles d'un État « ajusté », partiellement décentralisé, en situation de pouvoir partagé. La crise financière de 2008 révèle la permanence de la dépendance, mais aussi les changements du monde depuis les années 1960 : l'Afrique sort de son tête-à-tête avec l'Europe (et l'Amérique) pour élargir ses horizons aux pays émergents, ce qui semble à même d'amortir les à-coups conjoncturels de tel ou tel pôle du système mondial.

Cette grille de lecture considérant les systèmes rentiers et la dynamique des relations extérieures est mobilisée pour interpréter les trajectoires du Tchad et du Sénégal. Dans le premier, l'enclavement a contribué à une insertion violente dans le système international qui a pesé de façon continuelle sur la construction l'essence ont fait des dizaines de morts (Sébille-Lopez, 2006 : 17). Dans des villes très étendues, ces hausses condamnaient les pauvres à rester dans leurs quartiers périphériques, loin des possibilités d'emplois ou de revenus localisés dans les quartiers centraux. Les émeutes de la faim qui frappèrent plusieurs villes d'Afrique de l'Ouest en 2008 (Dakar, Nouakchott, Conakry, Abidjan, Ouagadougou, Douala, Yaoundé, Bamako, Niamey, des villes nigérianes, etc.) avaient, parmi d'autres, des causes énergétiques.

Les activités modernes (industrie, services, transports), dont la productivité est structurellement handicapée par un coût de l'énergie parmi les plus

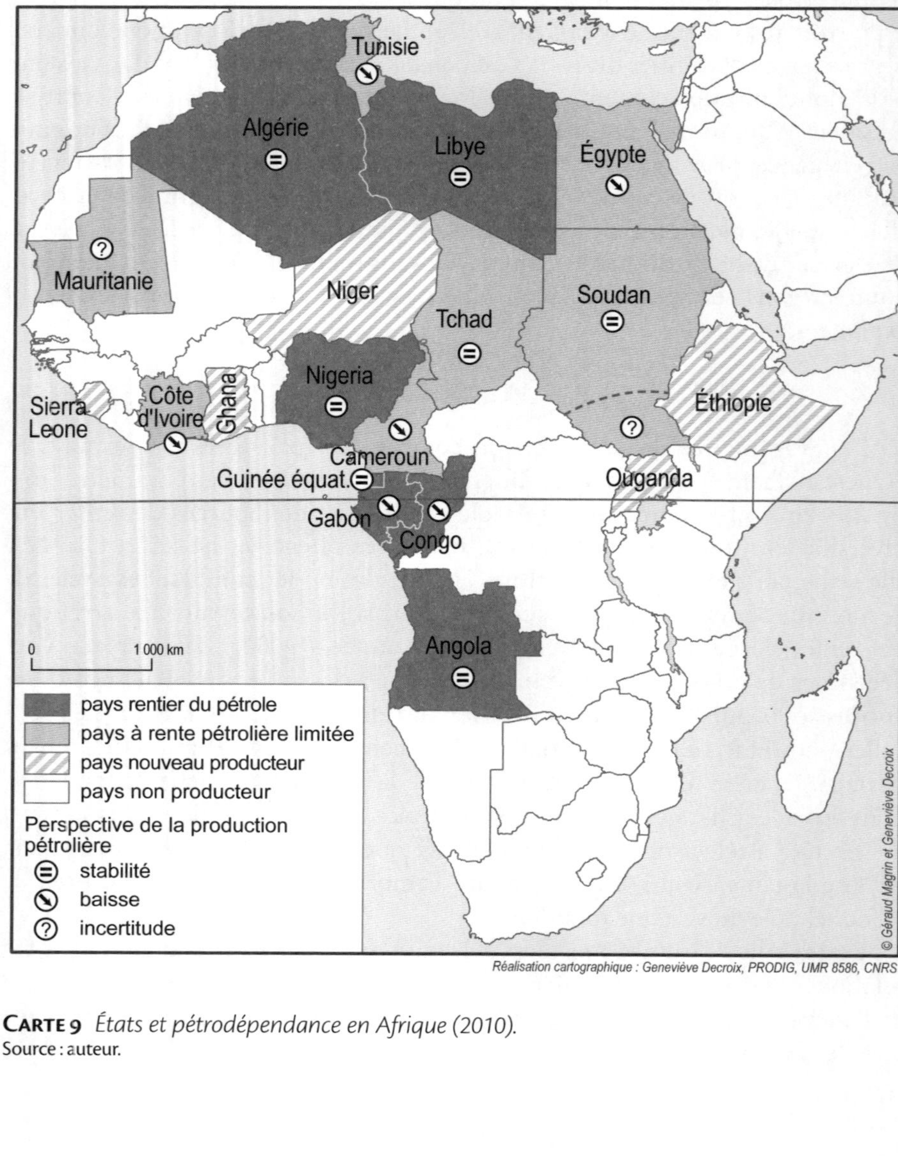


**CARTE 9** *États et pétrodépendance en Afrique (2010).*
Source : auteur.

élevés du monde, sont aussi frappées de plein fouet. Au Sénégal, la facture pétrolière consomme 50 % des exportations. Une hausse de 10 dollars du baril de pétrole ampute le PIB d'1,5 %[6]. De même, la géographie des producteurs de coton, dont les industries textiles embryonnaires ont été victimes du coût de l'énergie, ne recoupe pas celle des producteurs d'énergie (hydrocarbures ou hydroélectricité). Les écosystèmes, les contextes d'enclavement et de niveau de développement opposent une Afrique côtière relativement avantagée dans l'accès à l'énergie à un intérieur plus vulnérable. Au Sénégal, les chefs-lieux de département ont pratiquement tous accès au réseau national, alors que seules quatre ou cinq villes secondaires au Tchad disposaient d'une centrale thermique, au fonctionnement irrégulier, jusqu'en 2009.

La faiblesse de la consommation s'explique aussi par le recours massif aux énergies traditionnelles et humaines – le portage par les animaux ou les femmes. Elle s'accompagne de pressions sur l'environnement, à travers la demande citadine en bois énergie (charbon de bois).

L'absence de valorisation des potentialités énergétiques locales traduit la priorité accordée à l'exportation de matières premières brutes et aux rentes qu'elle fournit (cf. carte 10). Ainsi, dans certains pays comme le Congo ou la Guinée, le scandale énergétique s'ajoute au « scandale géologique » : la sous-valorisation des potentialités hydroélectriques apparaît comme une conséquence de l'incapacité à construire l'État (Magrin, 2007b). En Guinée, à la fin des années 1980, moins de 1 % d'un potentiel évalué à 62 milliards de kWh sur 250 sites était exploité (Souaré *et al.*, 1993 : 148). L'exportation de bauxite brute ou même d'alumine dans ce contexte apparaît comme doublement irrationnelle (Campbell, 1983). Le site majeur d'Inga, au Congo, est actuellement exploité à moins de 5 % de sa capacité.

L'exploitation pétrolière conduit aux mêmes aberrations. Ainsi, le Nigeria, premier producteur africain de pétrole et septième mondial, est obligé d'importer régulièrement du carburant du fait de capacités de raffinage insuffisantes. Les subventions qu'il accorde pour maintenir bas le prix intérieur lui coûtent 2 milliards de dollars par an (Sébille-Lopez, 2005 : 163-164). En outre, dans ce pays comme presque partout en Afrique, le gaz associé à la production de pétrole est brûlé (76 %) ou réinjecté, très rarement exploité. Au Nigeria, cela représentait il y a peu une perte de 2 milliards de dollars (Sébille-Lopez, 2005 : 160), en plus d'un désastre écologique (2 à 2,5 milliards de pieds cubiques de gaz perdus par jour, soit 35 millions de tonnes de $CO_2$ et 12 millions de tonnes de méthane produites (Watts, 2004 : 135)), contribuant à la pollution de l'air local (bruit, lumière) et au réchauffement climatique global. L'absence de marché du

6 Voir la communication de Dittrick et Blaustein (2007) à la première conférence africaine sur les biocarburants de Ouagadougou, 27-29 novembre 2007.

des flux mondiaux, légalement ou non ; les achats récents de terres agricoles participent d'une longue histoire ; l'or ouest-africain a retrouvé au début du XXIe siècle son ancienne centralité historique. Les ressources extractives sont considérées ici comme des archétypes de cette relation entre Afrique et système monde, par leur importance ancienne pour l'ensemble des protagonistes de leur exploitation. D'autres ressources (forestières, halieutiques) et plus récemment les investissements fonciers à grande échelle pourraient nourrir des questionnements analogues.

## 1. L'Afrique dans la géopolitique mondiale des ressources extractives

Les matières premières extractives ont été à l'origine des flux importants les plus anciens de l'Afrique vers l'extérieur ; ils sont encore aujourd'hui stratégiques pour le système global, en dépit de leur apparente modicité par rapport aux productions mondiales. L'or africain contribue aux équilibres monétaires de la Méditerranée antique, et plus encore à ceux du Moyen Âge ; celui d'Afrique de l'Ouest réalise son grand retour sur la scène mondiale en participant à la frénésie des années 2000, puis en étant mis à contribution pour rassurer les marchés financiers ébranlés par la découverte de leur fragilité après les chocs de 2008. Surtout, les ressources énergétiques africaines, en hydrocarbures ou en uranium, ont une importance qui dépasse beaucoup leur abondance, du fait de leur géopolitique globalement favorable aux acteurs mondiaux, malgré les risques. Ces acteurs extérieurs n'ont jamais été aussi nombreux et divers – des *majors* occidentales du pétrole aux entreprises nationales des pays émergents, en passant par de nombreuses compagnies indépendantes de toutes origines. Ils sont souvent présentés comme concurrents, alors qu'ils sont également complémentaires. Leurs différences de nature et de stratégie influencent les relations avec leurs environnements d'accueil.

### 1.1. *L'intérêt pour les ressources minérales africaines*

#### *Ressources et mondialisation*

La géographie des matières premières africaines mondialisées présente une continuité relative. Les changements sont liés à celui du statut des matières, qui deviennent ressources dans certains contextes, puis peuvent perdre de leur intérêt économique ou stratégique. Les ressources ont en effet une nature sociopolitique et socioéconomique profonde : la matière naturelle devient ressource par un processus complexe, à travers lequel l'homme « invente » les propriétés de la nature. La ressource est le résultat d'un processus de production qui nécessite un acteur (A), une matière (M), une pratique (r), la formule A r M => P (propriété de la ressource) explicitant le caractère relationnel de la ressource (Raffestin, 1980 : 204-205). Ce n'est qu'un certain contexte technique et économique qui permet la transformation de la matière en ressource

(Zimmermann, 1933). Il suppose la création d'une demande, rendue possible par un usage, en même temps que les techniques permettant l'exploitation à des conditions compatibles avec l'économie.

L'exploitation ancienne de l'or est le fait d'acteurs africains[3]. Le contrôle des flux vers le monde méditerranéen permet alors de grandes constructions politiques. Le plus ancien champ aurifère[4] d'Afrique occidentale est celui du Bambouk, qui fournit la matière des pièces d'or de la Carthage romaine en 296. La puissance du Ghana (IXe-XIe) repose sur la production de l'or du Bambouk, de même qu'au XIe siècle celle des Almoravides se construit sur son contrôle, en complément de la production de blé des plaines du Maroc atlantique. Au XIIIe siècle, la croissance du commerce de l'or du Bambouk et du Bouré entraîne un transfert de pouvoir et la création de l'empire du Mali, centré sur les terres cultivables du Haut-Niger, qui culmine au XIVe siècle avant d'être concurrencé par l'or Akan, puis, surtout, par l'afflux d'or américain au XVIe siècle (Iliffe, 2009 : 96-97, 104-109, 167).

En outre, une certaine stabilité peut être observée dans les aires les plus concernées par les appétits extérieurs en ressources africaines : le golfe du Biafra, l'Angola et le Mozambique ont fourni au début du XIXe siècle plus de 80 % des exportations anglaises et françaises d'esclaves (Iliffe, 2009 : 265). Les mêmes bouches du Niger et l'Angola fournissent l'écrasante majorité des exportations de pétrole subsaharien.

L'Afrique (y compris l'Afrique du Nord) représente environ 10 % des réserves mondiales de pétrole, un tiers de celles des matières minières (Hugon, 2009 : 37). Dans le domaine des hydrocarbures, le Nigeria et la Libye fournissent les deux tiers à eux seuls (cf. carte 12). Les années 1990 ont vu une réappréciation de l'intérêt pétrolier de l'Afrique, les nouvelles technologies offshore permettant une augmentation des réserves prouvées : la première découverte en ultraprofond est le gisement de Girassol, en Angola, en avril 1996. En moins de trois ans, vingt-cinq découvertes équivalentes ont été réalisées, un rythme unique au monde (Soares de Oliveira, 2008 : 93). Le golfe de Guinée avait en 2004 55 milliards de barils de réserve prouvées, soit moins de 5 % des réserves mondiales, pour une production de 4,85 millions de barils/jour (6,2 % de la production d'alors) (Copinschi, Noël, 2005 : 29).

Depuis le milieu des années 2000, la production du Nigeria a diminué sous l'effet de l'insécurité dans le delta, de 2,5 à 2 millions de barils/jour environ. Mais dans le même temps, celle de l'Angola a doublé (de 1 à 2 millions de barils/

3 Sur les continuités civilisationnelles associées au commerce de l'or, voir Girard, 1992.

4 L'extraction de pierres à outils dans la vallée du Nil, il y a trente-cinq mille ans, serait la plus ancienne industrie extractive du monde (Iliffe, 2009 : 23).

des années 1980 fut généralisée. Le retournement des cours des matières premières consécutif aux chocs pétroliers des années 1970 et à la récession des pays occidentaux moteurs de la croissance des Trente Glorieuses souligna les faiblesses économiques des États africains. Le montant de l'endettement ne put être supporté qu'avec l'aide des institutions de Bretton Woods, qui imposèrent en échange les plans d'ajustement structurels. Ceux-ci se mettront en place progressivement au cours des années 1980. En 2000 encore, le service de la dette représentait 25 à 35 % des revenus de l'État au Cameroun, au Sénégal ou en Guinée, le remboursement de la dette consommant quatre fois plus que les dépenses de santé et d'éducation (Carroué, 2005 : 28).

Les plans d'ajustement structurel s'efforcèrent de transformer l'économie de rente en économie productive de marché (Hugon, 2009a : 20). Retrait de l'État des secteurs productifs et libéralisation étaient censés casser les systèmes pourvoyeurs de rentes et faire émerger des structures plus efficientes. À une première génération de plans succédèrent dans les années 1990 les facilités d'ajustement structurel renforcées, puis en 1999 les facilités de réduction de la pauvreté pour la croissance (*ibidem* : 82-85). La bonne gouvernance (1989) puis la participation (1994) furent mises en avant pour améliorer les résultats de ces nouvelles politiques (Totté *et al.*, 2003 : 44, 59), avec des succès tout aussi limités.

Le bilan de ces politiques est globalement décevant : on n'observe une croissance du PIB par habitant que dans 6 pays sur 29 (Hugon, 2009a : 86). La crise compromit la capacité de l'État à exercer le pouvoir, en particulier en milieu rural, où l'appareil administratif devint rare ou impuissant, car démuni de tout moyen (Herbst, 2000 : 19). Au Tchad, par exemple, dans la zone ONDR de Dourbali, qui constitue un des greniers à céréales pour Ndjaména, dont elle n'est éloignée que de quelques dizaines de kilomètres, le secteur de l'Office national du développement rural (ONDR) n'a que 4 agents pour une population de 320 000 habitants, soit 1 pour 10 à 12 000 exploitants. Durant les années 1960-1970, il y eut pourtant jusqu'à un moniteur saisonnier pour une centaine de producteurs en zone cotonnière (Magrin, 2001 : 80-81). La libéralisation des filières agricoles amène aussi un retour des « rentes géographiques » (Dubresson, Raison, 1998 : 89) : à l'espace isotrope créé de façon volontariste par les États, notamment par le prix d'achat homogène des produits agricoles d'exportation, succède une revanche de la géographie. Si le prix d'achat varie peu au sein d'une zone de collecte, la production est abandonnée dans les zones marginales, souvent des espaces enclavés où elles fournissaient la seule ressource monétaire (Renaudin, 2010), ce qui aggrave les inégalités spatiales. On assiste ainsi à l'épuisement du modèle de l'État territorial (Mbembé, 1999).

Les plans d'ajustement structurel ont un défaut majeur : ils se présentent comme des outils purement technocratiques, à finalité économique, et nient la dimension politique du système qu'ils prétendent rénover. Ils demandent parallèlement aux élites nationales qui en sont les principales cibles de les mettre en œuvre (Soares de Oliveira, 2007 : 44). Il n'est pas étonnant dans ces conditions que ces dernières les aient, à leur profit, détournés et vidés de leur substance (Hibou, 1999). Puisque l'exploitation des forces productives autochtones est rendue impossible à l'État, les détenteurs du pouvoir élargissent leurs stratégies d'extraversion (Bayart, 2006 : XIII) ou investissent les espaces ouverts par la libéralisation.

La privatisation de telle ou telle entreprise d'État est ainsi souvent réalisée au profit de proches du régime, grâce à de l'argent public « patrimonialisé ». Leurs positions leur garantissent ensuite un accès aisé aux marchés les plus lucratifs. Ainsi, les conditionnalités qui accompagnent ces plans ont « accéléré le dédoublement des structures de pouvoir, qui était déjà l'un des traits marquants du régime colonial et de l'"État-rhizome" postcolonial » (*ibidem* : XXI). Les plans d'ajustement structurel ont correspondu à la période où la croissance a été la plus faible. Ils ont eu pour effet d'affaiblir considérablement les États, qui rendent moins de services de développement, tout en renforçant les comportements rentiers et patrimoniaux des dirigeants (van de Walle, 2001 : 14, 274-275).

La crise des années 1980-1990 sanctionne les dysfonctionnements politiques et économiques des États tels qu'ils ont été construits depuis 1960, révélés par la dette. Mais le remède des PAS a tellement affaibli le malade qu'il est devenu partie prenante de la crise. La « malédiction des ressources naturelles » a bon dos.

### 2.2. *Les années 2000 : retour de cycle ou recommencement ?*

*Un parfum d'années 1960 ?*

En Afrique de l'Ouest, les années 2000 ne sont pas sans rappeler la première décennie de l'indépendance. Elles dessinent un contexte très nettement différent de celui des deux décennies précédentes, marquées par la disette économique et la crise abyssale de l'État. Ce changement est permis par la conjugaison de plusieurs facteurs : la hausse mondiale des cours des matières premières (cf. figure 4), tirée cette fois par la croissance des pays émergents, en particulier le pôle asiatique et la Chine, le desserrement de l'étau de la dette (lié notamment, mais pas exclusivement, à l'initiative pays pauvres très endettés (PPTE)), l'augmentation de l'aide (aux horizons élargis à de nouveaux bailleurs, comme la Chine), la circulation planétaire accrue de capitaux d'origines variées (pétrodollars, fonds de pension anglo-saxons, capitaux chinois, sud-américains, etc., dont l'Afrique ne capte qu'une part infime, mais qui suffit à s'y voir) ; et même une reprise pluviométrique au Sahel, où les pluies sont nettement supérieures à celles des décennies sèches 1970-1980, même si elles restent en deçà de l'optimum 1950-1968.

contrôle de ressources stratégiques. Cette double perspective est lourde d'implications quant à la relation de l'Afrique au monde. Ainsi, à la fin du XIXe siècle, le Royaume-Uni aurait décidé de procéder à la colonisation en Afrique car l'absence de grande formation étatique stable y était perçue comme un obstacle à l'investissement privé (Bayart, 2006 : XXXV) et donc une contrainte à la fois d'ordre économique et politique. Après la guerre froide, la valeur relative des minerais africains a semblé s'effondrer. La « décote géopolitique » d'une « prime de réserve évanouie » (Smith, 2003 : 54), qui concernait particulièrement l'uranium, mais pouvait s'étendre plus largement, n'est pas sans rapport avec l'entrée d'un grand nombre de pays africains dans une décennie de turbulence et de chaos de 1989 à 2001. Ensuite, la boulimie de matières premières qui s'amorce à la fin des années 1990, les perspectives de pénurie de pétrole et les menaces de changement climatique changent à nouveau la donne : l'uranium retrouve sa dimension stratégique, le pétrole africain semble plus précieux que jamais.

Malgré le faible poids mondial de ses réserves, le pétrole africain possède des propriétés particulières qui lui confèrent un grand intérêt pour les acteurs mondiaux. Ce n'est pas sans rapport avec le contexte du marché : face à la vive demande de l'économie mondiale en croissance et en raison des tensions géopolitiques persistantes au Moyen-Orient, tout gisement, même secondaire, possède pour les marchés pétroliers une importance stratégique (Sébille-Lopez, 2006 : 8).

De plus, pour les États-Unis et l'Europe, mais aussi pour la Chine, il apparaît comme un pétrole relativement sûr : il n'a pas de grands détroits à franchir (Sébille-Lopez, 2006 : 45), ni Ormuz, ni Malacca vers la Chine, ni canal de Suez vers l'Europe, il ne dépend pas des soubresauts de l'Orient compliqué. Vers les États-Unis, la route est moins longue que par le golfe Persique, et le pétrole africain, fréquemment léger, est adapté aux besoins des raffineries états-uniennes, qui produisent surtout de l'essence (Lafargue, 2005 : 45). L'augmentation de la part de la production offshore dispense de gérer des relations complexes avec le milieu d'accueil (Copinschi, Noël, 2005 : 30). Son caractère récent promet un potentiel de découverte encore important, contrairement aux vieux bassins pétroliers mondiaux, où les nouvelles trouvailles seront limitées, quand la production n'est pas sur une courbe descendante (Chevalier, 2004 ; Sébille-Lopez, 2006).

Mais surtout, et c'est sans doute là l'essentiel, l'Afrique offre la dernière lice concurrentielle pour l'industrie pétrolière internationale (Copinschi, Noël, 2005 : 30). Car la plus grande partie des réserves mondiales sont aujourd'hui contrôlées par des compagnies nationales de grands pays producteurs, en Arabie Saoudite, en Algérie, en Libye, au Venezuela, au Mexique ou en Russie. Ces pays et ces compagnies ont certes besoin d'accords avec les *majors* internationales pour bénéficier de leur technologie et de leurs investissement, mais l'importance de leurs réserves et l'existence de capacités nationales de négociation forgées au cours d'histoires pétrolières déjà longues autorisent des rapports de force moins favorables aux compagnies étrangères. Il en va autrement en Afrique subsaharienne, où les compagnies nationales, quand elles existent, sont le plus souvent récentes et dotées de capacités techniques limitées[5]. Les États africains, de même, disposent de capacités de négociation encore réduites. Leur besoin pressant de rentes définit des relations particulièrement asymétriques avec les compagnies pétrolières internationales, surtout quand l'exploitation est balbutiante. Le pétrole africain présente de ce fait la meilleure rentabilité du monde pour les compagnies internationales, malgré un coût d'exploitation élevé (Soares de Oliveira, 2007 : 221) – 10 dollars le baril en moyenne, contre 3-4 dollars dans le Golfe. Cela explique la mise en exploitation de gisements enclavés, malgré des conditions géopolitiques apparemment inconfortables, au Soudan (1999), au Tchad (2003), au Niger (2011), bientôt en Ouganda (2013 ?), grâce à la construction d'enclaves reproduisant plus ou moins les conditions d'une production offshore.

Ces facteurs expliquent l'effervescence pétrolière qui s'est emparée de l'Afrique depuis la fin des années 1990, à tel point qu'on a pu considérer que la course au pétrole y ressemblait au partage (*scramble for Africa*) de la fin du XIX^e^ siècle entre puissances européennes (Behrends, 2008 : 44[6]). La prospection est active partout, sur terre comme sur mer, et de nouvelles « provinces pétrolières » voient le jour (voir Cedeao-CSAO/OCDE, 2006a ; Augé, 2012). Partout, une vive compétition règne entre *majors* occidentales, compagnies indépendantes du monde entier et entreprises nationales de pays émergents (Chine, Malaisie, Brésil, Inde, pour l'essentiel). Entre le jeu des États consommateurs et celui des pays producteurs, elle dessine une « nouvelle donne pétropolitique » (Pourtier, 2001 : 11). Les vieilles chasses gardées postcoloniales laissent la place à des configurations plus complexes.

La compagnie la première installée garde cependant une sorte de prééminence attachée à son droit d'aînesse, comme Shell au Nigeria, Chevron en Angola, Total (qui récupère les actifs d'Elf Aquitaine) au Gabon et au Congo-Brazzaville, Exxon en Guinée Équatoriale et au Tchad (cf. carte 13). Celle-ci tient au volume de la production et à l'importance des flux financiers associés, mais aussi à l'influence multiforme exercée par chaque compagnie pionnière sur les règles du jeu mises en place dans chaque pays (contrats, lois et codes sectoriels, spécifications techniques et environnementales). Le golfe de Guinée occupe ainsi pour les *majors* une place beaucoup plus importante que sa part dans leur production mondiale : environ 25 % de l'activité amont

5 La Sonangol angolaise constituant de ce point de vue une exception remarquable, voir Soares de Oliveira, 2007.

6 Voir aussi Frynas, Paolo, 2007, sur le sujet.

pétrolières record, entre 2005 et 2008, que le Tchad et le Soudan financent chacun les rébellions qui les menacent réciproquement.

Une autre différence majeure avec les années 1960 mérite d'être signalée : le dynamisme économique perceptible dépasse les seules marges de manœuvre recouvrées des États. La circulation d'argent, visible notamment dans les capitales d'Afrique de l'Ouest (cf. planche 6), y répercute la respiration de l'économie mondiale, en passant par les nombreux canaux établis avec le système monde : transferts migratoires, investissements privés d'origines diverses, parfois opaques. Bamako, Ouagadougou, Nouakchott, Niamey, mais encore plus Dakar fourmillent de chantiers (Melly, 2010). Ce rythme débridé de la fabrique urbaine étonne les chercheurs (Diop, 2008 : 19). À Dakar, le nombre d'immeubles de luxe sur la Corniche ou sur le Plateau, les centaines, voire les milliers de villas de haut ou de très haut standing réparties dans plusieurs quartiers (Point E, Fenêtre Mermoz, Almadies, Ouakam, Hann-Maristes, etc.), ne sont pas financés par l'économie domestique de l'arachide et du poisson. L'origine des investissements autorise toutes les spéculations : les migrants ne peuvent suffire, même en comptant les joueurs de football. Réorientation de capitaux (français, libanais) auparavant fixés à Abidjan et fuyant l'incertitude ivoirienne ? Pétrodollars arabes en quête de diversification ? Blanchiment d'argent de la drogue ? Investissements de dirigeants africains soucieux de diversifier les placements en cas de revers de fortune ? Un peu de tout cela sans doute.

Alors que la densité des recherches en sciences sociales compose une des cordes de l'extraversion sénégalaise, l'absence de connaissances sur le « Sénégal des riches » et la fabrique urbaine mondialisée qui en est l'expression surprend. Or, l'articulation, ou son absence, entre cette interface mondialisée en devenir, même si elle est encore modeste, et les dynamiques économiques et sociales du territoire est un élément clé pour en comprendre le devenir. Il y a là une porte à ouvrir pour des recherches futures.

Enfin, ces flux à l'origine des rentes immobilières de demain masquent la timidité des changements dans le secteur productif moderne : en dépit de quelques succès ponctuels dans le domaine de l'agriculture d'exportation ou dans celui des services (tourisme, centres d'appel), on ne voit pas se dessiner de changement structurel, à travers une montée en gamme de produits agroalimentaires, industriels ou tertiaires susceptibles d'être valorisés dans le contexte de la mondialisation. Les changements productifs concernent davantage l'économie agropastorale, stimulée par cette croissance urbaine à l'origine en partie extravertie (cf. chapitre 8).

En milieu rural aussi, les temps semblent plutôt favorables : dans bien des régions de l'Afrique sahélo-soudanienne, les signes extérieurs d'aisance comme les troupeaux, les motos, les toits de tôle, n'ont jamais été aussi nombreux.

*La crise de 2008, un miroir de la mondialisation africaine*

La crise financière qui frappe les États-Unis puis l'Europe à partir de l'été 2008 semble clore un cycle favorable qui n'aurait été que de courte durée. L'analyse de ses conséquences doit montrer si la diversification économique a réduit la vulnérabilité de l'Afrique. Autrement dit, il s'agit de mesurer si des changements structurels ont été accomplis depuis les années 1960, ou si l'ajustement n'a rien changé à la fragilité de systèmes politico-économiques rentiers reposant sur l'exportation de matières premières brutes.

De prime abord, la crise mondiale de 2008 ne pouvait qu'avoir des effets négatifs en Afrique du fait de conséquences apparemment inévitables : baisse du prix des matières premières (exportées par les pays africains), de l'aide des pays du Nord, des transferts de migrants – premiers touchés par le chômage et les crises de leurs secteurs d'activité principaux (bâtiment, tourisme, industrie) –, des pétrodollars et flux financiers mondiaux, dont le tarissement ne peut que desservir une destination de diversification peu sûre et très périphérique. Dans les pays producteurs de pétrole, on pouvait craindre que des prévisions budgétaires imprudentes, fondées sur des anticipations déraisonnables des cours, aboutissent à des interruptions brutales des grands chantiers, à une reprise de l'endettement et à des crises politiques et sociales liées à la réduction drastique de la rente à redistribuer, au gré des calendriers électoraux et successoraux[13]. Allait-on voir de nouveaux plans d'ajustement structurel, en réponse au retour de l'endettement ? Ou bien la Chine, dans le rôle à la fois de client stable et de prêteur, pourrait-elle façonner une nouvelle configuration ?

**13** Au Gabon, par exemple, la coïncidence de la mort d'Omar Bongo et d'une baisse de la rente pétrolière semblait réserver des moments difficiles, à l'image de la succession d'Houphouët Boigny en Côte d'Ivoire, dont le décès en pleine crise économique, juste avant la dévaluation du franc Cfa, ouvrit la voie à une guerre de succession dont le pays se remet péniblement.

été à la puissance américaine ce que le charbon avait été au Royaume-Uni du XIX^e^ siècle : la base économique, mais aussi symbolique de la puissance. La conscience de la finitude des ressources amène cependant l'élaboration précoce d'une stratégie impériale conçue à l'échelle mondiale : dès 1860-1890 s'esquissent ainsi dans les universités états-uniennes les premières doctrines sur la conservation des ressources naturelles qui débouchent, après la Seconde Guerre mondiale, sur la décision d'importer des matières premières du monde entier plutôt que d'exploiter rapidement celles du territoire national (Gottmann, 1952 : 175, 185).

Très tôt également, la réticence des États-Unis par rapport à la colonisation[8] détermine un autre choix de longue durée : « La politique américaine semble préférer pouvoir jouer sur un clavier aussi large que possible, plutôt que de se concentrer [...] sur le contrôle de quelques territoires particulièrement bien pourvus ou situés » (Gottmann, 1952 : 178). En d'autres termes, les États-Unis raisonnent à l'échelle mondiale pour leur approvisionnement en matières premières et font le choix de l'élargissement du marché, plutôt que de miser sur des relations bilatérales exclusives ou privilégiées.

Par ailleurs, l'Afrique n'occupe pas une place centrale dans la politique extérieure des États-Unis. Au temps de la guerre froide, elle en était un terrain d'affrontement secondaire, volontiers sous-traité aux alliés français, anglais, belges ou sud-africains. Depuis les attentats du 11 septembre 2001, l'administration américaine s'y intéresse à nouveau sous l'angle de la lutte antiterroriste et des approvisionnements pétroliers (Leriche, 2003 : 7). La stratégie états-unienne, à nouveau, vise l'élargissement de l'offre mondiale et non la maîtrise exclusive des gisements (Sébille-Lopez, 2006 : 76). Entre 1990 et 2003, la part du pétrole du golfe de Guinée commercialisée aux États-Unis a même diminué, de 40 à 30 % (Copinschi, Noël, 2005 : 32). Les États-Unis utilisent leur influence au niveau des institutions mondiales (FMI, Banque mondiale, OMC) pour créer des conditions de sécurité aux investissements privés échaudés par les nationalisations des années 1970 (Sébille-Lopez, 2007 : 77). Au début des années 2000, un livre blanc utilisé par l'administration américaine, *Africa Oil, A Priority for US National Security and African Development*, recommande de faire monter la part du pétrole africain dans les importations états-uniennes de 16 % en 2005 à 25 % en 2010 (Sébille-Lopez, 2006 : 131, 137). Parallèlement, les États-Unis de G.W. Bush renforcent leur présence en Afrique : le Millenium

les ruées initiales et celles de l'Afrique aujourd'hui : risque des premières installations, ruse sur les limites des concessions, enjeux territoriaux et violence associée.

**8** Les États-Unis n'ont pas cherché à se créer un empire colonial à une époque où cela semblait un attribut normal de la puissance, d'une part, parce que leur essor économique s'est effectué avec un léger décalage par rapport à celui des puissances coloniales européennes ; d'autre part et surtout, parce que leur passé de colonie britannique et leurs bases philosophiques libérales n'étaient guère compatible avec cette forme de domination politique directe.

Challenge Account (MCA) vise à canaliser l'aide au développement là où des efforts sont démontrés en matière de démocratie et de lutte contre la corruption (Leriche, 2003). L'Africa Growth and Opportunity Act (Agoa) exonère de droits de douane vers les États-Unis les exportations d'un certain nombre de pays, afin d'y attirer les investissements : les critères pour y prétendre sont l'existence d'une économie de marché, le respect des normes de l'Organisation internationale du travail (OIT), des droits de l'homme, des efforts en matière de démocratie, de politique anticorruption, de lutte contre les trafics et le terrorisme (Latreille, 2003 : 41, 43). Un certain nombre de pays miniers et pétroliers font partie de ceux qui sont éligibles en 2003, dont le Tchad, la Guinée, la RCA, la RDC, mais pas tous (l'Angola, la Guinée Équatoriale, le Gabon n'y sont pas alors), ce qui montre les marges de liberté qu'autorise l'interprétation de ces critères. L'opération pan-Sahel, menée à partir de 2002 à échelle réduite (formation et équipement d'une compagnie de réaction rapide en Mauritanie, au Mali, au Niger et au Tchad), est élargie en 2005 sous la forme de la Trans-Saharan Counter-Terrorism Initiative (TSCTI). Ces programmes visent à soutenir les États sahélo-sahariens dans leur lutte contre le terrorisme[9]. Ils permettent aux États-Unis de conforter leur présence militaire en Afrique, ce qui peut contribuer à sécuriser leurs approvisionnements pétroliers (Sébille-Lopez, 2007 : 142-145). La dégradation brutale de la situation au Mali en mars 2012 montre cependant les limites d'une telle stratégie.

Les représentants des États-Unis ont été plus loin que ceux des pays européens en matière de pressions pour les droits de l'homme et la démocratie, mais ils ont toujours tu leurs récriminations lorsque les intérêts des entreprises états-uniennes se sont trouvés menacés (Soares de Oliveira, 2007 : 289). Ainsi, en Guinée Équatoriale, les États-Unis avaient fermé leur ambassade en 1995. Ils l'ont rouverte au début des années 2000, au moment où Exxon et d'autres compagnies américaines étaient à l'origine du boom pétrolier du pays, malgré le scandale de la Riggs Bank en 2004 (*ibidem* : 229-230)[10]. Celui-ci n'eut guère d'influence durable sur les relations bilatérales. De même, au Tchad, durant les turbulences des années 2000 et lors du conflit avec la Banque mondiale (cf. chapitre 9), l'essentiel pour les États-Unis, au-delà des appels au respect des principes éthiques (droits de l'homme, démocratie), fut la stabilité du pays et le maintien de bonnes relations avec le régime, quelle que soit sa nature (Behrends, 2008 : 44).

La présidence de G.W. Bush (2000-2008) a montré à un point rare, notamment lors de la deuxième guerre d'Irak (2003-2010), combien le pouvoir américain pouvait être influencé par les intérêts privés, tant sa proximité était grande

**9** Voir par exemple www.globalsecurity.org/military/ops/tscti.htm.

**10** Une enquête du Sénat a révélé l'existence de 60 comptes appartenant au président équato-guinéen et à sa famille, totalisant 700 millions de dollars, d'où des virements étaient directement réalisés par les compagnies pétrolières. Voir United States Senate, 2004.

## 3. Deux trajectoires (Tchad, Sénégal)

À travers deux brèves monographies, il s'agit à présent d'illustrer les développements qui précèdent sur la relation entre les rentes, les dynamiques de l'État et leurs liens avec le territoire. En scellant l'unité des États, les enveloppes frontalières ont permis l'affirmation de spécificités nationales, largement influencées par la position géographique et les relations extérieures qui en ont été tributaires. À l'enclavement du Tchad, qui se révèle historiquement comme un facteur de violences, répond l'ouverture du Sénégal, qui a permis une extraversion originale, jusqu'à présent favorable à la paix, mais guère au développement. Ces différences se reflètent dans les modes d'extraction et de redistribution des rentes.

### 3.1. *Les dangers du carrefour : le Tchad entre enclavement et mondialisation*

La trajectoire tourmentée du Tchad s'explique en partie par les effets d'un contexte géographique marqué par l'enclavement, qui a demandé plus de violence qu'ailleurs pour extraire des rentes (traite esclavagiste[14], puis culture cotonnière, avant le pétrole), ainsi que par des voisinages instables. L'histoire des violences postcoloniales pour la captation de la rente de l'État s'inscrit dans celle, « sans fin[15] » (Reyna, 1990), des violences extraverties des royaumes sahéliens esclavagistes. Elle définit un profil territorial original caractérisé par l'importance des fonctions militaires, pour les acteurs nationaux comme pour ceux de l'extérieur. Cette rente de situation, qui fait du Tchad un « pays des hommes en armes » (Debos, 2009), valorise pourtant, de façon plus discrète, les avantages de la charnière, en favorisant une économie d'échanges régionale. Articulée avec l'économie rentière du pétrole, celle-ci n'est pas sans potentiel de développement.

*L'instabilité chronique d'un pays charnière à faibles rentes*

« La guerre a été courte cette année » (Magrin, 2008a). Par cette phrase entendue après les combats ayant opposé en février 2008 trois colonnes de rebelles tchadiens venues du Soudan à l'armée gouvernementale, les habitants de Ndjaména expriment le caractère régulier, sinon saisonnier, des violences militaires dans le pays.

Depuis l'indépendance, en effet, ce vaste pays (1 284 000 km$^2$) pauvre, peu peuplé (3 millions d'habitants en 1960, 6 en 1993, 11 en 2010), qui s'étend du Sahara aux savanes soudaniennes d'Afrique centrale, a peu connu la paix. Dès 1965, un mouvement rebelle, le Front de libération national du Tchad (Frolinat), défendit par les armes les intérêts d'abord de paysans du Centre-Est, puis ceux d'une cause assimilée à celle des musulmans du Tchad, contre le pouvoir

14 L'enclavement a cependant exercé une protection par rapport à la traite atlantique.
15 *Wars Without End* est le titre de l'ouvrage de Reyna (1990) consacré au royaume précolonial du Baguirmi.

détenu par des originaires du Sud du pays, chrétiens pour la plupart, appartenant pour l'essentiel au groupe ethnique Sara (voir Buijtenhuis, 1978). En 1975, le président Tombalbaye fut assassiné lors d'une révolution de palais. En 1979-1980, des combats terribles mirent aux prises à Ndjaména les partisans du Premier ministre Hissein Habré, un des leaders du Frolinat, avec les troupes du président Malloum, représentant l'ancien régime « sudiste », puis, après la défaite de celles-ci et leur repli dans le Sud du pays, des leaders du Frolinat entre eux (voir Buijtenhuis, 1987). Goukouni Oueddeye (Teda, ou Toubou du Nord), éphémère président du Gouvernement d'union nationale du Tchad (Gunt), fut évincé en 1982 par Hissein Habré (appartenant au groupe des Daza, ou Toubou du Sud, parfois aussi appelés Goranes[16]). Celui-ci lutta contre les rébellions du Sud et du Nord – soutenues par la Libye –, tout en menant une politique de répression interne sanguinaire[17]. À la fin des années 1980, il semblait avoir durablement consolidé son pouvoir, quand il fut renversé par un de ses anciens lieutenants, Idriss Déby, un Zaghawa, en décembre 1990, avec l'appui du Soudan, qui lui servit de base arrière. Les États-Unis et la France cessèrent de soutenir Habré : alors que la guerre froide se terminait, celui-ci n'était plus utile dans la guerre contre une Libye désormais affaiblie. Son rejet des transitions démocratiques en cours et les violations des droits de l'homme dont il s'était rendu coupable le rendaient infréquentable. Au cours des années 1990, Idriss Déby dut à son tour faire face à de multiples mouvements de rébellion qui se développaient sur les périphéries du territoire (cf. carte 11) : dans le Sud, à partir du mouvement des « codos », militaires de l'ancien régime rejoints par de jeunes « sudistes » (1992-1993, puis 1997-1998), au lac Tchad (1990-1993), autour d'anciens fidèles de Hissein Habré réunis autour de Moussa Medela, au Tibesti (1997-2002), avec Youssouf Togoïmi, un leader Toubou (Magrin, 2008a). Il les réprima à nouveau violemment, les populations civiles soupçonnées d'abriter les rebelles étant durement touchées lors des opérations. Après un coup d'État manqué en 2004, des Zaghawa longtemps membres du premier cercle du pouvoir partirent à leur tour en rébellion, furieux du projet présidentiel de modifier la Constitution qui limitait le nombre de mandats, alors que la production pétrolière naissante promettait une rapide augmentation de la rente de l'État (cf. chapitre 9). En avril 2006 puis février 2008, des colonnes rebelles venues de l'est parvinrent à porter la guerre jusque dans la ville de Ndjaména, en vain[18].

**16** Sur les noms des divisions internes au groupe Toubou, voir Baroin, 2003 : 6-8.

**17** 40 000 personnes auraient été enlevées et torturées, souvent tuées, dans les prisons de la Direction de la documentation secrète (DDS), la police politique du régime. Voir sur le sujet le film d'Issa Serge Coelo, *Ndjaména City* (2006), ou le témoignage littéraire de Zakaria Fadoul Khidir, *Les moments difficiles. Dans les prisons d'Hissein Habré en 1989*.

**18** Il s'en fallut de très peu que les assaillants réussissent, en février 2008, puisque le président fut acculé dans son palais présidentiel à partir duquel il livra une bataille décisive. Il fut notamment sauvé par l'appui de l'époque. Les trois principales compagnies chinoises sont la CNPC (China National Petroleum Corporation), la Sinopec (China Petroleum and Chemical Corporation) et la CNOOC (China National Offshore Oil Corporation).

Les entreprises pétrolières chinoises sont entrées en Afrique par le Soudan, la CNPC prenant la tête de la Greater Nile Petroleum Operation Co, en consortium avec Talisman (Canada) et Petronas. L'indifférence chinoise au statut de paria de la communauté internationale du Soudan, alors enlisé dans son conflit Nord-Sud – avant celui du Darfour –, a fourni un avantage comparatif décisif à ses entreprises. Dans ce pays, la Chine a montré sa capacité à mettre en œuvre des accords globaux, où les investissements pétroliers sont complétés par de l'aide, le financement d'infrastructures, des prêts à taux bas (Soares de Oliveira, 2008 : 95-96). Avec la même stratégie, ces entreprises ont ensuite pu prendre pied en Angola, au Nigeria, en Guinée Équatoriale au milieu des années 2000, plus récemment au Tchad et au Niger.

### 1.3. *Des entreprises variées, concurrentes et complémentaires*

Les entreprises qui exploitent les ressources extractives présentent, comme acteurs centraux de la mondialisation contemporaine, des caractéristiques et des stratégies communes. Les différences entre elles tiennent à leur domaine d'activité, à leur origine, à leur statut (public ou privé) et à leur taille. Celles-ci influencent leur relation au pays hôte et la manière dont elles gèrent les impacts de leur activité.

#### *Le temps des transnationales extractives*

L'espace mondialisé offre un champ d'action inédit aux entreprises transnationales et à la mobilité du capital. Ces entreprises définies par leur capacité à maîtriser l'organisation d'activités complexes dans un grand nombre de pays sont issues d'un système capitaliste territorialisé à base nationale ; elles ont presque toujours été appuyées par un État fort, avec lequel elles continuent d'entretenir des relations importantes (Carroué, 2005 : 57-58). La production et la centralisation d'informations occupent une place centrale dans leur fonctionnement, et leur permettent de conserver le contrôle réel des ressources (Raffestin, 1980 : 223). Au-delà de la concurrence qui les oppose entre elles, elles convergent pour souhaiter des conditions économiques, juridiques et politiques favorables, et se distinguent par leur capacité à présenter la défense de leurs intérêts particuliers comme relevant de l'intérêt général (Carroué, 2005 : 58). Dans le domaine des matières premières, alors que l'immobilité géographique des ressources les expose à des risques géopolitiques, la stratégie des transnationales consiste à disperser géographiquement leurs activités afin de réduire les risques, ce qui permet aussi de gérer l'irrégularité de la demande

(aujourd'hui Exxon) ; Standard Oil of California ; Gulf Oil ; Texaco (Chevron), Royal Dutch Shell, Anglo-Persian Oil Company (BP).

mondiale, en ayant à disposition un portefeuille de gisements suffisamment large, lesquels sont exploités ou mis en sommeil selon leurs conditions de rentabilité du moment.

Le secteur des mines est très concentré. Quatorze multinationales y constituaient en 2005 60 % de la capitalisation boursière. Il est aussi très dynamique, les fusions et acquisitions se succédant au gré des tendances du marché et des stratégies de concentration des acteurs, horizontale ou verticale. Certains groupes sont très spécialisés, d'autres assemblent en conglomérats des activités diverses. Leur stratégie consiste à construire des positions oligopolistiques pour influencer l'offre et le niveau des prix, et augmenter leur pouvoir de négociation. En 2005, les cinq premières étaient Alcoa (États-Unis), BHP Billiton et Rio Tinto (Royaume-Uni/Australie), Anglo American (Afrique du Sud)[14], Alcan (Canada) (Carroué, 2005 : 185) ; l'Indienne Arcelor Mittal dans le fer ou la De Beers dans le diamant occupent en Afrique des places importantes.

Un grand nombre de petites entreprises sont également impliquées, surtout dans les activités amont (prospection, parfois production). Couramment appelées les *juniors*, elles sont cotées à la Bourse de Toronto. Leur activité, beaucoup plus spasmodique que celle des grands groupes, a été fortement stimulée en Afrique à la charnière des années 2000, grâce au prix élevé des matières premières, à l'importance des capitaux disponibles sur les marchés et aux nouveaux codes miniers attractifs.

Les grandes entreprises pétrolières[15] sont souvent nées dans un contexte colonial qui a protégé les firmes nationales et leur a conféré une rentabilité exceptionnelle, assurant leur suprématie ultérieure (Soares de Oliveira 2007 : 160). À partir de bases géographiques variées qui reflètent des histoires différentes, les transnationales du pétrole ont toutes aujourd'hui des implantations multiples. Elf en 1971 a perdu 50 % de ses réserves avec la nationalisation du pétrole algérien, ce qui l'a poussé à se diversifier. Total, qui l'a absorbé, a des réserves équilibrées entre l'Europe (27 %), l'Afrique (28 %), le Moyen-Orient (25 %) et le reste du monde (20 %) (Carroué, 2005 : 191-192).

*Nature de l'entreprise et implications pour le territoire d'accueil*

Les différences entre types d'entreprises extractives influencent leurs relations avec leurs milieux d'accueil, au niveau local comme à l'échelle nationale.

Les plus grands groupes miniers, et surtout les *majors* du pétrole, font partie des plus grandes entreprises du monde. Le chiffre d'affaires d'Exxon-Mobil, première entreprise mondiale, de l'ordre de 400 milliards de dollars en 2007,

14 Issue de l'empire Oppenheimer, qui a aussi donné naissance à la De Beers. Sa filiale Anglogold occupe une des premières places mondiales pour la production d'or. Elle a notamment des mines au Mali, en Tanzanie, Namibie, au Malawi…

15 Sur l'histoire des compagnies pétrolières, voir Horsnell, 1999.

Sa capitale et ses régions « utiles » pour l'économie coloniale (Magrin, 2001) ont été implantées sur l'axe Chari-Logone, tournées vers le Sud-Ouest atlantique. Mais la menace longtemps exercée par la Senoussiyya sur l'emprise militaire française (voir Triaud, 1995), de même que les liens humains, migratoires et commerciaux conservés à travers le Sahara, ou entre les familles originaires de la région du Ouaddaï-Darfour (Bégin-Favre, 2008), impriment comme un refoulé territorial à l'inversion spatiale atlantique et coloniale.

C'est aussi dans cette perspective que l'on peut lire l'intérêt pérenne de la France pour le Tchad. L'intérêt économique français y est très limité : l'armée française assure un minimum de stabilité dans un pays dont le pétrole est exploité par des entreprises principalement étatsuniennes[22] et, depuis peu, chinoises.

Mais les fonctions stratégiques qu'on lui prête contribuent à justifier les relations étroites que l'ancienne puissance coloniale entretient avec le pays. En effet, ce territoire avait initialement au sein de l'AEF un statut surtout stratégique. L'exploitation des potentiels agricoles du Sud n'était possible qu'en soumettant les royaumes sahéliens et les nomades sahariens, tout en neutralisant le pouvoir des réseaux marchands musulmans, dont on craignit fort pendant la Première Guerre mondiale les solidarités ottomanes. Il eut jusqu'en 1920 le statut particulier de territoire militaire. À l'indépendance, durant cinq ans, les espaces sahariens furent administrés par l'armée française. Puis la France intervint militairement à plusieurs reprises dans les conflits tchadiens, au nom d'accords de défense comme il en fut passé avec nombre d'anciennes colonies, pour contenir l'influence libyenne en temps de guerre froide. À la fin des années 1990, alors que le gouvernement Jospin, pour faire des économies et prendre des distances avec le dispositif militaire hérité de la « Françafrique[23] », réduisait le nombre de bases militaires françaises en Afrique en fermant les sites de Bouar et Bangui, en RCA, la base de Ndjaména ne fut pas remise en cause. Car, au sein de l'armée française, le Tchad est considéré d'une manière singulière : la défense de la présence à Ndjaména dépasse les intérêts corporatistes et ceux offerts par un vaste espace d'entraînement désertique où les avions peuvent voler à basse altitude (Magrin, 2008a). Le souvenir de Félix Éboué et celui de la colonne Leclerc agissent sans doute moins que les fonctions stratégiques contemporaines prêtées au territoire – base arrière de l'intervention occidentale au Ouaddaï, qui subit les contrecoups de la crise du Darfour de 2003 à 2010, espace de stabilité relative à préserver face à la désagrégation de la RCA, au sud, et aux risques terroristes croissants du Sahara menacé par

**22** Elf est sorti du consortium en 2000, au moment de sa fusion avec Total.

**23** L'expression, forgée d'abord dans un sens positif par le premier président ivoirien Félix Houphouët-Boigny pour rendre compte de la densité des liens entre la France et ses anciennes colonies d'Afrique, fut ensuite retournée, en un sens péjoratif, pour désigner les relations postcoloniales malsaines qui prospérèrent entre élites françaises et africaines, *via* des réseaux occultes véhiculant la corruption, au Sud comme au Nord.

Aqmi. La forte militarisation du Tchad dans la deuxième partie des années 2000 trahissait la pérennité de cette fonction stratégique liée à sa position de charnière entre une « diagonale des crises » (qui court du Soudan et de la Corne de l'Afrique aux Grands Lacs vers l'Angola, en passant par la RDC et la RCA, voir Mbembé, 2005) et une Afrique de l'Ouest relativement plus paisible. À Ndjaména, on croisait alors à la fois de nombreux « militaires » tchadiens et des soldats français ou de l'Eufor (la première intervention extérieure de l'Union européenne, sous forte influence française), des gendarmes et policiers aux armes de l'Union africaine, d'autres sous les couleurs de l'ONU (la Minurcat[24])...

La garnison entrepôt, lieu-métaphore forgé dans le bassin du lac Tchad pour définir une forme de gouvernance, où les frontières du licite et de l'illicite se brouillent autour de l'articulation de fonctions militaires et commerciales (Roitman, 1998), sied fort bien à Ndjaména, en particulier à la fin des années 2000. Des militaires de tout poil et de toutes origines y surveillent, tout en le ponctionnant parfois, le commerce régional (dont Ndjaména, avec son million d'habitants, constitue un débouché, depuis le Cameroun et le Nord du Nigeria, et un point d'éclatement vers le nord et l'est), l'acheminement international de l'aide vers l'Est du pays et le Darfour, le transit du pétrole de Doba, tout en s'y surveillant réciproquement. Cette fonction n'est pas sans influence sur la violence omniprésente dans le champ politique et l'espace tchadien.

*Les déterminants de la violence*

La violence est centrale au Tchad. L'absence de monopole de l'État en la matière, qui trahit la distance avec l'idéal wébérien, ne signifie pas cependant que la violence soit généralisée et inscrite dans un horizon anarchique qui la rendrait inintelligible. Elle s'inscrit au contraire dans une histoire où les modalités de mise en relation avec le reste du monde ont leur part (Magrin, 2001 ; Bégin-Favre, 2008 ; Debos, 2009).

La militarisation du Tchad ne tient pas qu'aux interventions extérieures. Inscrit dans une tradition ancienne dans le bassin du lac Tchad, le métier des armes s'est imposé depuis les années 1960 comme un statut social, une façon d'accéder à la reconnaissance et à la richesse (Debos, 2009). Il s'est structuré selon les logiques du factionnalisme, une variante militarisée du clientélisme en politique, à partir de la fin des années 1960. Dans l'espace urbain ndjaménois, la densité d'hommes en uniformes et en armes surprend. Leur mobilité physique est tout aussi étonnante (Tulipe, 2008) : ils sont rarement casernés et circulent à toute heure à pied, en vélo, en moto ou en véhicule, selon leur rang et leur fonction. Cette fluidité reflète celle attachée à leur statut : militaires aujourd'hui (la diversité des pièces de vêtements qui composent des uniformes bariolés disent celle des soutiens extérieurs), d'un corps ou d'un autre

**24** Mission des Nations unies en République Centrafricaine et au Tchad.

pétrolières ou minières chinoises extraient le pétrole ou d'autres ressources d'endroits inhospitaliers, même s'ils appartiennent à des États mis au ban de la communauté internationale, comme le Soudan (Sébille-Lopez, 2006 : 203). Par la création de filiales, les entreprises pétrolières chinoises concilient d'ailleurs présence sur les marchés financiers internationaux et investissements dans des États parias : les filiales « propres » sont placées en Bourse, ce qui leur permet de lever des capitaux sur le marché, tandis que les maisons mères travaillent dans des États marginalisés, comme le Soudan (Soares de Oliveira, 2008 : 103).

La concurrence entre compagnies cohabite avec la constitution très fréquente de consortiums (ou de *joint-ventures*, avec les compagnies nationales des pays hôtes), qui permettent de partager les risques. On observe en outre fréquemment une répartition des rôles tacite entre les différents types de compagnies : dans le domaine pétrolier, les *majors* occidentales disposent d'une avance technologique dans l'offshore ultraprofond qui leur permet de conserver leur monopole. Indépendantes et *juniors* sont très présentes dans la prospection. Elles exploitent parfois des gisements ou des mines de taille petite à moyenne, correspondant à leur capacité, mais revendent aussi souvent leurs découvertes aux très grandes entreprises. À l'inverse, il arrive que de grandes compagnies revendent des gisements en fin de cycle, dont la rentabilité diminue à mesure que les problèmes environnementaux et sociaux augmentent (van Vliet, 1998), à de petites entreprises, indifférentes aux conséquences potentielles de ces remous sur leur image (Walker, Howard, 2002).

La participation des entreprises chinoises à des consortiums dont sont membres des entreprises de l'OGP peut contribuer à accélérer leur apprentissage dans de nombreux domaines, dont celui de la responsabilité sociale et environnementale. De même, le recours très répandu et, semble-t-il, croissant à la sous-traitance permet-il la circulation des pratiques et des normes. En Mauritanie, Total a sous-traité la sismique de son forage de Ouadane (2009-2010) à une entreprise chinoise, ce qui lui a permis d'abaisser ses coûts, sans modifier ses standards, puisqu'il est d'usage que les codes de l'entreprise mère s'appliquent en cas de sous-traitance.

## 2. Les acteurs mondiaux face aux ressources nationales

La relation entre États dépositaires des ressources et entreprises détentrices des techniques détermine la taille des rentes, mais aussi les formes des enclaves qui en assurent la production. Cette relation fluctue au gré de rapports de force mouvants, avec la médiation des bailleurs de fonds internationaux plus ou moins désintéressés. Le rapport au territoire de ces acteurs extérieurs participe des ambiguïtés mondialisées : l'affaiblissement des États africains facilite l'intégration insensible de leurs ressources à la territorialité des puissances consommatrices ; et pourtant la rigidité apparente d'investissements extractifs de long terme cohabite avec la mobilité et la fluidité inhérentes à des activités adaptables aux variations des cours mondiaux ou au changement de stratégies mondiales des firmes. Dans cette configuration, chaque site africain n'est jamais qu'un pôle parmi d'autres possibles. Dans l'espace et dans le temps, il n'a pas la même signification selon qu'on se situe du point de vue de la firme ou de la stratégie de développement du pays hôte.

### 2.1. *Rente de l'État, profit des entreprises et jeu des bailleurs de fonds*

*Les relations entre acteurs et leur évolution*

Les relations entre entreprises et États détenteurs des ressources semblent cycliques. Les rapports de force autour des ressources naturelles s'établissent en fonction du rapport à la matière et aux techniques permettant de les traduire en ressources, c'est-à-dire de les extraire, de les transformer et de les transporter, d'assurer la mise en relation entre les sites de production et de consommation finale. Quatre catégories d'acteurs sont distingués par Raffestin[18] (1980 : 216) : ceux qui ne contrôlent ni les techniques ni la matière (A), ceux qui contrôlent les techniques (Ar), ceux qui contrôlent la matière uniquement (AM), enfin les acteurs maîtrisant la matière et la technique (ArM). On comprend bien que A est potentiellement dominé (par exemple : les pays africains non producteurs de pétrole et d'énergie), ArM en position de force[19], et qu'Ar et AM sont en positions intermédiaires : en Afrique, ce sont les firmes étrangères d'un côté, les États de l'autre (d'après Raffestin, 1980 : 218).

Or, « en position intermédiaire » ne signifie pas « à égalité ». Car la matière est liée à un territoire; elle est enfermée dans une « prison spatiale » dont la solution ne dépend pas de ceux qui possèdent la matière, mais de ceux qui maîtrisent sa circulation et l'énergie qui la permet, c'est-à-dire les grandes entreprises. Posséder la ressource donne une certaine liberté vis-à-vis du temps, mais rend dépendant de l'extérieur pour mettre en mouvement la matière. Les transnationales augmentent par ailleurs leur contrôle des ressources en complexifiant les techniques utilisées, ce qui est rendu nécessaire par la raréfaction des ressources aisément exploitables (Raffestin, 1980 : 218-220).

L'évolution des rapports entre les États africains détenteurs des ressources et les entreprises capables de les valoriser est marquée par des phases bien contrastées (Mora, 2008). Aux positions de force initiales des entreprises dans le contexte colonial répondent les nationalismes des années 1960-1970, allant

18 Une telle grille de lecture demeure intéressante, mais elle mériterait d'être complétée pour tenir compte de la complexification du jeu extractif, où ONG, organismes de financement privés (fonds d'investissements) ou publics (bailleurs multilatéraux), voire collectivités locales et populations riveraines interfèrent dans les stratégies et relations entre entreprises et États.

19 En matière d'énergie, cet acteur-là existe-t-il ? Les États-Unis n'ont pas tout à fait suffisamment de ressources sur leur sol par rapport à leurs besoins; la Russie pas tout à fait assez de technologie...

jusqu'à la nationalisation de certaines ressources. En Guinée, les conventions de 1960 paraissent favorables au pays, mais le manque de capacités nationales de contrôle et de gestion dans le secteur ne permet pas d'accroître la valeur ajoutée sur place, de diminuer l'exportation de bauxite brute, d'augmenter celle d'alumine, voire de fabriquer de l'aluminium pour le marché local (Souaré *et al.*, 1993 : 144-147). Puis l'ajustement structurel, la vogue néolibérale, les nouveaux codes miniers ou pétroliers placent à nouveau les entreprises en position très favorable. Dans les années 2000, le boom des prix des matières premières, le contexte post-ajustement et la montée en puissance de la Chine réveillent les nationalismes extractifs en élargissant les marges de manœuvre des États. Quoi qu'il en soit, les relations entre États et compagnies ont été plus souvent caractérisées par le pragmatisme que par les relations agressives ou cyniques souvent décrites (Soares de Oliveira, 2007 : 201).

*Taille de la rente et part de l'entreprise dans le domaine pétrolier*
*In matters of mining taxation, governments rarely believe that companies pay too much tax; companies rarely believe that they pay too little tax; and citizens rarely believe that they actually see tangible benefits from the taxes that are paid*[20](Otto *et al.*, 2006 : xi). La répartition des bénéfices de l'exploitation des ressources extractives – rente de l'État, profit de l'entreprise – dépend de facteurs qui sont à la fois nombreux et évolutifs (Leenhardt, 2005 : 71).

L'ancienneté de la province pétrolière joue, en laissant plus ou moins d'espoirs de découvertes futures. Les risques estimés comptent aussi. La localisation du pétrole et les besoins de transport sous-jacents pénalisent les sites enclavés par rapport à l'exploitation littorale ou offshore, car un oléoduc de 1 000 km représente 2 milliards de dollars d'investissements environ. La qualité du pétrole intervient aussi. La manière dont elle est prise en compte dit cependant combien les rapports de force sont prépondérants dans l'arithmétique des contrats : au Tchad, par exemple, face aux critiques de la société civile et de l'opposition devant la faible part du bénéfice pétrolier revenant au pays – 12,5 % des revenus pétroliers directs dans le contrat initial –, les services de la communication d'Exxon répondaient que ce chiffre traduisait les surcoûts associés à la qualité médiocre du brut de Doba, très dense et visqueux. Or, dans le même temps, un magazine de communication interne[21] destiné aux employés et actionnaires vantait l'intérêt des investissements en cours au Tchad, et notamment la qualité de son brut, compatible avec les raffineries du groupe, gage d'une excellente rentabilité.

**20** « En matière de taxation minière, les gouvernements considèrent rarement que les entreprises paient trop de taxes ; les entreprises considèrent rarement qu'elles en paient trop peu ; et les citoyens remarquent rarement les bénéfices tangibles des taxes qui sont payées. » (Traduction de l'auteur.)

**21** J'ai consulté ce magazine en août 2001 dans une salle d'attente d'Exxon au Tchad.

La part qui revient à l'État à partir de la vente du pétrole varie beaucoup d'un pays à l'autre : selon le FMI, elle était en moyenne en 2005 de 50 % – 12,5 % au Tchad, 21 % en Guinée Équatoriale, 90 % au Nigeria (Soares de Oliveira, 2007 : 82). Il semble à première vue y avoir une relation entre l'ancienneté et l'importance de la production et la part qui revient à l'État. C'est au Nigeria, grand producteur le plus précoce, que la part de l'État a été négociée à la hausse en premier. Dès les années 1970, les profits sont partagés à parts égales entre les entreprises et le pays, des *joint-ventures* sont mises en place (*ibidem* : 186). Des producteurs récents, comme la Guinée Équatoriale, le Tchad ou Sao Tome, ont obtenu apparemment des conditions contractuelles moins favorables. Or les contrats de partage de production qui, sous différentes formes, ont eu tendance à remplacer les contrats de concession fondés sur les royalties et les taxes, présentent une grande complexité, qui les rend très difficiles à interpréter (Johnston, 2007). Souvent, durant les premières années de l'exploitation, la part de l'entreprise est plus élevée, de façon à lui permettre d'amortir rapidement les investissements. Puis la part de l'État augmente après trois à cinq ans. Ce système est naturellement très avantageux pour les entreprises.

*L'intervention ambiguë de la Banque mondiale dans le secteur minier*

L'intervention des institutions financières internationales, en particulier la Banque mondiale, a eu pour effet d'amplifier le boom extractif qu'a connu l'Afrique à partir de la fin des années 1990, sans que cela se traduise par un renforcement de l'État ou des progrès tangibles en matière de développement.

La Banque mondiale intervient à travers sa filiale de la Société financière internationale (SFI) pour des prêts au secteur privé. Mais son influence passe surtout par sa contribution majeure à la redéfinition des cadres de régulation du secteur : dans les années 1980 et 1990, deux générations de codes miniers et pétroliers furent adoptées sous l'égide de la Banque, qui les inspira et en finança la mise en œuvre. Les institutions financières internationales expliquaient l'échec des activités extractives à entraîner le développement par la corruption et le manque de transparence. Elles se gardaient bien de prendre en compte les relations de pouvoir et d'influence avec les acteurs extérieurs (entreprises, États, voire bailleurs de fonds), qui rendent ces dysfonctionnements possibles. Ces réformes d'inspiration libérale créèrent un climat favorable à l'investissement, tout en affaiblissant les capacités de l'État et en abaissant les normes et les standards sociaux (Campbell, 2004 ; Campbell, 2009a).

Ainsi, en Guinée, un nouveau code minier fut mis en place en 1995 avec l'assistance de la Banque mondiale, avec pour objectif d'attirer davantage d'investissements extérieurs (Campbell, 2009b). Comme les mauvais résultats des plans d'ajustement structurel étaient attribués uniquement à la corruption qui baignait les affaires de l'État, la nouvelle politique mit l'accent sur la transparence. Elle occulta en revanche l'opacité qui touchait les négociations des contrats miniers, les prix, les relations de l'État avec les entreprises ou les bailleurs de fonds. Cette politique produisit des résultats : les investissements et la production augmentèrent fortement à la fin des années 1990. En 2004, le secteur minier représentait 92 % des exportations du pays. Néanmoins, de 1997 à 2004, la hausse de la valeur des exportations minières s'accompagna d'une baisse de leur contribution aux revenus de l'État – de 73 % en 1986 à 18 % en 2004. Les exemptions diverses dépassèrent le montant des taxes collectées. Les contraintes sur les finances publiques qui en résultèrent contribuent à expliquer les mauvais résultats macroéconomiques, et ceux-ci se traduisirent par une dégradation des relations avec les institutions de Bretton Woods… Ce cercle vicieux n'est pas sans lien avec la course en avant initiée par la libéralisation du secteur et l'élaboration de codes miniers de plus en plus attractifs. En contournant l'État pour la mise en œuvre des projets d'appui au secteur comme en encadrant la relation directe entre compagnies et communautés, les nouvelles politiques minières contribuèrent à l'affaiblir.

Au Ghana, les codes miniers de 1986 et 2006 accompagnèrent de même une vigoureuse croissance du secteur, apparemment très positive en termes macroéconomiques (croissance du nombre des mines, du PIB, de la valeur des exportations, etc.). Mais les conditions imposées par ces codes limitèrent très fortement leurs effets d'entraînement positifs à l'échelle nationale et locale (Akabzaa, 2009 : 25-26). Au Mali, deux codes miniers se succédèrent de manière encore plus rapprochée : celui de 1999 est nettement plus attractif que celui de 1991 – les royalties passant de 6 à 3 % seulement –, mais il formule davantage d'exigences sociales et environnementales que le précédent, qui restait presque muet sur le sujet (Belem, 2009 : 126).

On peut s'interroger sur les raisons qui ont amené les institutions de Bretton Woods à promouvoir le secteur extractif comme moteur de la lutte contre la pauvreté, à condition qu'il soit libéralisé. Un des mobiles souvent invoqués réside dans les convergences entre les stratégies de ces institutions et celles de leurs principaux contributeurs, les pays de l'OCDE. La « bonne gouvernance » préconisée par ces institutions n'a-t-elle pas été un argument pour faciliter les privatisations, la pénétration des capitaux étrangers, l'imposition d'un mode de production nécessaire aux pays développés ? La MIGA (Multilateral Investment Guarantee Agency), filiale de la Banque mondiale spécialisée dans l'assurance des risques politiques, a ainsi favorisé 11 milliards de dollars d'investissement dans des projets énergétiques de 1992 à 2003. Ainsi, « la mondialisation contemporaine exprime une tendance qui est à l'opposé de celle de l'"euthanasie douce du rentier" souhaitée par Keynes » (dans la *Théorie générale de l'emploi, de l'intérêt et de la monnaie*) (Serfati, 2006). Les détenteurs du capital financier exigent une rente, et les institutions financières internationales jouent davantage ce jeu que celui du développement des pays détenteurs de ressources.

Soit. Mais, au-delà, l'intérêt des bailleurs de fonds pour cette économie extractive du ponctuel, de l'enclave réside aussi peut-être dans sa nature encapsulée dans la société et dans l'espace, après que ces acteurs ont été échaudés par les échecs des grandes politiques de développement agricole ou industriel impulsées par l'État. Une telle conception produit l'illusion d'être mieux maîtrisable, grâce à de grandes compagnies internationales à l'efficacité démontrée. Le développement d'économies d'enclaves ne serait alors pas un effet secondaire non souhaité ou gênant, mais plutôt un choix sélectif d'intervention. Celui-ci ferait suite à la perte des illusions de développement par l'État territorial, auxquelles l'ajustement structurel essaie de tourner le dos.

### 2.2. *Les territoires des ressources*

*Mots et souverainetés enchevêtrés*

Si l'État constitue jusqu'ici le cadre territorial incontournable pour l'exploitation des ressources, l'importance de ces dernières peut brouiller les limites de la souveraineté, comme l'illustrent certains mots couramment utilisés.

On a vu que l'existence même de l'État était pourvoyeuse de rente : pour l'exploitation de ressources extractives qui nécessitent de lourds investissements, il apporte une garantie juridique indispensable. Bien monnayée, celle-ci consolide les États les plus ébranlés, jusqu'à en faire des « États faillis durables » (Soares de Oliveira, 2007). Or, si la demande en produits tropicaux (sucre, cacao, café) a constitué un système spatial atlantique (voir Gilroy, 2003) qui n'a pas été sans effet sur le sous-développement tropical, le pétrole a aussi été, dans la deuxième moitié du XX$^{e}$ siècle, une matière première assez importante pour produire un système spatial liant espaces de production et de consommation (Donner, 2009). La consolidation des États producteurs en a été une dimension. Mais l'ampleur de leurs difficultés et l'imprévisibilité dont ils sont malgré tout porteurs ont rendu possible un glissement de sens : la production de discours internationaux accroissant la décrédibilisation des États africains, après celle de l'Irak, a mené à énoncer l'idée d'une souveraineté partagée sur les ressources. Au milieu des années 1990, quand un certain nombre de pays d'Afrique noire affrontent une « décennie du chaos », Boutros Boutros-Ghali, alors secrétaire général de l'ONU, affirme dans un discours que le temps de la souveraineté absolue et exclusive, dont la théorie n'a souvent jamais recoupé la réalité, est dépassé (Herbst, 2000 : 259). À ceux qui dénoncent une résurgence de l'impérialisme occidental, on oppose ainsi le concept politiquement correct de « souveraineté partagée » (Krasner, 1999 ; 2003). La situation difficile des pays africains et les mots utilisés pour la décrire rendent possible un tel discours. En effet, évoquer l'existence d'« États fragiles » procède d'une dynamique convenue de production d'oxymores du développement, permettant d'affirmer et de nier dans la même expression la validité de la qualification d'États (Darbon, Quantin, 2007 : 477). La logique de ces discours n'est pas sans rappeler que les assertions à portée culturaliste, du type « l'État ne peut fonctionner en Afrique, car les sociétés sont… ou ne sont pas… », ne sont jamais exemptes d'idéologie. Car le savoir de l'Occident sur l'Orient peut refléter davantage les intérêts et la politique de l'Occident que la « réalité » de l'Orient (Saïd, 1978).

Entendons-nous : il ne s'agit pas de sous-estimer la réalité des difficultés (variables, mais souvent considérables) des États africains, que l'on peut mesurer à l'écart entre leur action de fourniture de biens publics et les responsabilités que leur confie leur propre Constitution. Mais nous partageons la méfiance des auteurs cités pour les prêts-à-penser comme la notion d'« État fragile », dont la neutralité apparente participe de rapports de force et d'intérêts diffus.

Ce qui est en jeu pour les puissances occidentales à l'origine de ces constructions idéologiques, c'est la sécurité de leurs approvisionnements énergétiques. Déjà, après les chocs pétroliers de la fin des années 1970, la doctrine Carter stipulait que celui qui s'approprie le golfe Persique menace les intérêts vitaux des États-Unis. Après la guerre froide, en élargissant ses théâtres hors d'Europe, l'Otan assume que la protection du libre accès aux ressources naturelles participe des enjeux de sécurité qui la concernent (Serfati, 2006 : 3-4). Cela amène à considérer que les espaces pétroliers sont des interfaces, où différents territoires et différentes souverainetés se trouvent superposés. En effet, le pétrole appartient à l'espace de vie (le *life space* défini par Frémont (1982)) des États consommateurs auxquels il est indispensable, il fait partie de leur « territoire ressource ». Dans cette perspective, les espaces pétroliers d'Afrique centrale peuvent être considérés comme appartenant aux territoires ressources des groupes sociaux qui les exploitent et ainsi constituer une dimension de leur souveraineté territoriale, sous forme d'enclaves (Donner, 2009). Les pays du Nord contribuent d'ailleurs déjà à l'exercice de certains aspects de la souveraineté dans le golfe de Guinée, mais aussi ailleurs, sur les marges sahariennes du Sahel, à travers la surveillance aérienne ou maritime et l'appui juridique aux délimitations frontalières.

La traduction sémantique des relations dissymétriques entre pays développés consommateurs de ressources africaines et pays hôtes s'étend aussi au vocabulaire professionnel employé par les compagnies pétrolières. La polysémie de plusieurs expressions est signifiante. Ainsi du terme de « province pétrolière ». On parle couramment des « vieilles provinces pétrolières » d'Afrique centrale (Gabon, Cameroun, Congo) ou des « nouvelles provinces pétrolières » de l'Afrique médiane (Soudan, Tchad, Ouganda). Ce mot désigne une « région », un espace d'échelle intermédiaire, plus large qu'un gisement précis, moins qu'un grand État, qu'un espace sous-régional bien délimité ou qu'un macrobassin pétrolier, comme le golfe de Guinée. Cette notion présente en l'occurrence l'avantage de la plasticité : les frontières d'une province pétrolière sont évolutives, au gré des nouvelles découvertes, mais contenues au sein d'un ensemble offrant des conditions géologiques communes. La province s'oppose à la capitale. Elle est surtout, historiquement, une partie constitutive d'un empire. Quel est celui auquel appartiennent les provinces pétrolières africaines, qu'elles soient anciennes ou nouvelles ? La souveraineté partagée, « enchevêtrée » (Donner, 2009) affleure à nouveau.

Dans une perspective différente, l'expression « projet de développement » utilisée dans le secteur minier et pétrolier, lorsqu'il s'agit de passer de la phase d'exploration à celle d'exploitation, interfère avec les nombreux « projets de développement » qui sont une des formes canoniques de l'aide depuis très longtemps. Exxon a mis en œuvre le *Chad Development Project* (voir Magrin, 2003a ; Donner, 2003). Il s'agit évidemment davantage de développer un projet pétrolier au Tchad que de développer le Tchad. Mais l'intervention de la Banque mondiale en accompagnement au projet a accentué l'équivoque de son intitulé auprès des Tchadiens, ce qui n'est pas étranger à l'ampleur des attentes soulevées, gonflée par la fusion des rêves pétroliers et de l'imaginaire du développement.

Pour les compagnies pétrolières ou minières, les habitants proches des sites d'exploitation ou affectés par les activités sont toujours désignés par le terme de « communautés », avec lesquelles il s'agit d'entretenir d'aussi bonnes relations que possible à coût raisonnable. La société civile reprend couramment l'expression à son compte, sans y voir malice. Outre qu'elle permet de court-circuiter l'écran de l'État, cette catégorie a le mérite de la commodité : on ne gère pas des relations avec des citoyens individuellement[22], mais, sous couvert de respect des coutumes africaines « traditionnelles », on négocie avec quelques chefs. Durant les phases de prospection ou aux débuts de l'installation, quelques cadeaux peuvent suffire à acheter le calme social, la *social licence to operate* dont l'entreprise a besoin, dans la grande tradition de la traite d'autrefois. La communication de l'entreprise, sur les sites Internet ou les journaux internes, met l'accent sur les réalisations communautaires, les bonnes relations avec « nos communautés » s'inscrivant ainsi dans une tradition minière paternaliste qui participe ici aussi de l'étanchéification de l'enclave : comme les programmes conservationnistes « gâtent » aujourd'hui les habitants des villages périphériques des aires protégées, on choie les communautés riveraines des installations, sans se préoccuper des déséquilibres avec les villages un peu

**22** J'interprète ici le sens de cette notion qui imprègne les discours. Mais celle-ci ne régit pas toutes les réalités : ainsi, les processus de compensation – lorsque des maisons ou des champs sont touchés par des infrastructures – sont le plus souvent à la fois « communautaires » (par exemple construction d'équipements pour des villages affectés) et individuels (chaque individu concerné reçoit une somme d'argent en contrepartie).

plus lointains ou de l'inscription du développement dans la durée à l'échelle régionale. Car cela n'est pas, bien sûr, du ressort des firmes.

*Exploitation et (in)sécurité*

L'insécurité constitue un paramètre comme un autre géré par les acteurs extérieurs pour exploiter les ressources extractives.

On a parfois avancé que l'insécurité aurait dissuadé certains projets. Cela peut être vrai à un certain niveau d'intensité : au Tchad, à la charnière des années 1980, les changements de régime, dans un contexte de quasi-anarchie, puis les fluctuations des cours sur les marchés mondiaux ont retardé l'exploitation du pétrole. En revanche, le rôle de l'insécurité parfois avancé pour expliquer le retrait d'Elf et Shell du consortium pétrolier visant à exploiter les gisements de Doba, en 1999, est discutable : selon nous, ce sont davantage les risques pour l'image des entreprises associés aux possibilités de répression gouvernementale qui ont découragé ces entreprises. Elles tentaient en effet alors de se remettre, l'une du tentaculaire procès Elf, l'autre de l'impact désastreux pour sa notoriété de la répression du pays Ogoni au Nigeria.

Avec la hausse du prix des matières premières de la fin des années 1990, les entreprises ont investi partout, en contexte pacifique (Mali, Guinée) comme en contexte de guerre ou d'instabilité (Angola, Sierra Leone, RDC, Soudan, Tchad). Pour les compagnies extractives, les États en crise sont des investissements rentables à long terme, au-delà des aléas de la vie politique locale, que l'on sait intégrer et gérer (Soares de Oliveira, 2007 : 205). Cette période a montré que les activités extractives pouvaient cohabiter avec des conflits sans dommages, grâce notamment à l'extension des compagnies de sécurité privée et au perfectionnement de leur système d'enclavement (Ferguson, 2005 : 379 ; Donner, 2011). La sécurité serait devenue une fonction comme une autre pour les compagnies, comme produire de l'électricité ou construire des infrastructures (Singer, 2003 : 227).

Si les frontières constituent un cadre légal indispensable pour assurer la sécurité juridique de l'exploitation, les compagnies pétrolières et les États sur lesquels elles s'appuient ont contribué à leur processus de délimitation dans les zones d'incertitude. Ainsi du territoire maritime de la Guinée Équatoriale, enclavé entre ceux du Nigeria, du Gabon, du Cameroun et de Sao Tome (Donner, 2004 : 43, 54), ou de la *joint development zone* créée entre Sao Tome et le Nigeria en 2001 (Soares de Oliveira, 2007 : 236).

On peut distinguer quelques profils sécuritaires différents. Le modèle angolais, où, en dehors d'un offshore important, l'enclavement des installations est garanti par un pouvoir fort, apparaît comme un idéal pour les entreprises. L'ingérable delta du Niger, dans un État secoué par de fréquents soubresauts en partie liés aux instrumentalisations identitaires du partage de la rente, fait à l'inverse figure de repoussoir (Ferguson, 2006 : 201-202). Les revendications violentes dans le delta à la fin des années 1990 et au début des années 2000 auraient provoqué une baisse d'un tiers de la production (Gary, Karl, 2003 : 27).

Dans les pays africains où se développe la production *on shore*, les entreprises extractives déploient une grande diversité de stratégies d'immunisation des enclaves (Donner, 20011), allant de la création de conditions proches de l'offshore, par le recours à des travailleurs étrangers et à des compagnies de sécurité privée (Ferguson 2006 : 203), à des systèmes de responsabilité sociale des entreprises (RSE) sophistiqués. Le Soudan a poussé le plus loin la logique du vide, puisque des concessions ont été vendues comme « zones inhabitées », alors que les habitants venaient d'en être expulsés par la force (Christian Aid, 2001). Sous des formes différentes, les activités extractives parmi les plus rentables sont menées par de petites firmes flexibles (souvent originaires du Canada, d'Australie, des États-Unis), opérant dans des espaces à faible gouvernabilité riches en minéraux, comme la RDC. Les innovations techniques (liaisons satellite, transport aérien) et dans la sécurité autorisent des opérations qui s'exemptent des coûts sociopolitiques qu'il y aurait à maintenir stable le territoire environnant (Ferguson, 2006 : 203). À l'inverse, le projet pétrolier de Doba, au Tchad, fournit un modèle élaboré d'accompagnement multiforme, avec la Banque mondiale comme architecte de la médiation entre le système pétrolier et son milieu d'accueil (cf. chapitre 9 ; Magrin, van Vliet, 2005). Ce fut, à cette échelle, une exception. De nombreuses entreprises ont cependant développé depuis une large gamme d'outils à fonctions équivalentes (Donner, 2011).

### 2.3. *Temps et espace de l'extraction*

Les activités extractives sont un pur produit de la mondialisation : leur rapport à l'espace, au temps et à la mobilité articule le local et le global, l'adaptation aux pulsations de courte durée et l'inscription dans des stratégies de long terme.

*Une économie spasmodique*

Les activités extractives sont sujettes à forte variabilité. En dépit de leur diversité, elles restent soumises, d'une manière ou d'une autre, au syndrome de la ruée vers l'or. La recherche minière est aléatoire, les coûts d'exploitation élevés, la rentabilité fluctuante, au gré de marchés parmi les plus volatiles, sensibles aux crises géopolitiques et aux à-coups des conjonctures économiques. En 2000, le boom de la téléphonie mobile – une des innovations les plus rapidement diffusées de l'histoire – amène les industriels qui s'approvisionnaient à long terme à se tourner vers les marchés *spot*. Le cours du tantale passe de 30 à 210 dollars la livre en quelques mois (Hocquard, 2006 : 2). De même, en 2008, le prix du pétrole passe de 150 dollars le baril en juillet à 40 dollars quelques mois plus tard, du fait de la crise financière.

Cette instabilité temporelle définit des rapports particuliers des activités extractives à l'espace géographique. L'exploration est nomadisante ; elle est « un phénomène de l'humanité non fixée », comparable sous sa forme pillarde la plus sommaire à une campagne de chasse, comme la poursuite de l'or en Californie et en Alaska (Bruhnes, 1912 : 348, 394). Les véhicules de la sismique dessinent leur échiquier, puis les forages cristallisent une activité intense de quelques mois – une demi-douzaine de cadres, une centaine d'employés, un camp grillagé –, qui déjà suffit à faire enfler la rumeur. Si le puits s'avère sec ou que les résultats ne laissent pas espérer des suites rentables (gisement d'hydrocarbure trop modeste, fragmenté ou mal configuré ; teneur trop faible en minerai), tout s'arrête. Un an après, il ne reste plus grand-chose, en dehors de la tête de puits, d'une ou deux fosses à déchets peu visibles[23]. Si l'on trouve, en revanche, des ruées s'organisent, attirant chômeurs ou aventuriers de la région, du pays et des États voisins. Cela vaut d'autant plus avec les matières premières à forte charge imaginaire, comme l'or, le diamant ou le pétrole. Au Tchad, après trente ans d'attente, le projet pétrolier exerce des impacts importants durant trois ans (travaux, compensations, emploi, opportunités d'affaires), inaugurant trente ans de cycle de production à moindres effets locaux (Magrin, 2009b ; cf. carte 14).

Mais cette logique de la ruée atteint aussi les entreprises. En Mauritanie, la découverte des gisements de Chinguetti par Woodside, en 2003, provoque l'afflux de compagnies du monde entier. Une bonne partie des blocs du territoire national sont attribués, en offshore et *on shore* dans le bassin côtier, et dans le bassin saharien de Taoudéni, au nord-est du pays (Augé, 2007). Après des premières explorations décevantes *on shore*, notamment le forage Héron 1 de la CNPC, à proximité du parc national du Diawling, au sud-ouest du pays, la plupart des compagnies attributaires de blocs attendent les résultats des recherches menées par Total à Ouadane (2009-2010). Car c'est l'entreprise qui dispose de la plus grande expérience dans la région, des moyens les plus importants, des technologies les plus avancées. En cas de trouvaille, l'exploration reprendra, la valeur des terrains adjacents augmentera. Car, pour certaines compagnies peu expérimentées, acheter un permis proche d'un grand opérateur constitue une forme de spéculation foncière. Si la recherche est infructueuse, le désert du Nord-Est mauritanien sera à nouveau abandonné par l'activité pétrolière jusqu'à ce qu'un prochain saut technologique ou un nouveau palier dans les prix du pétrole en renouvelle l'attractivité[24].

Le rapport à l'espace et à la ressource de l'extraction artisanale et des entreprises industrielles de toutes tailles est assez semblable. Orpailleurs et mineurs

**23** Voir par exemple UICN Mauritanie, 2009 : 26.

**24** Des forages d'exploration infructueux avaient été réalisés dans la même zone dans les années 1960. Les innovations technologiques, qui permettent d'atteindre plusieurs milliers de mètres de profondeur, expliquent le retour des pétroliers sur des terrains un moment abandonnés.

artisanaux ont une pratique spatiale extensive (ils mobilisent très peu de capitaux), fluide, et une grande capacité de réaction aux variations du marché, qui semble s'opposer à l'appropriation plus intensive et durable des grandes entreprises, dont l'inscription dans l'espace physique se matérialise par des installations lourdes. D'une certaine manière, cette distinction rappelle celle de la spatialité des éleveurs et des agriculteurs (Mbodj, 2011). La différence cependant tient à l'échelle des activités et à leur temporalité : car les entreprises extractives aussi mènent des prospections nomades, passent d'un gisement à l'autre, mènent un cycle à son terme ou l'interrompent selon sa rentabilité. Mais les temps de réaction sont plus longs, de même que les durées d'exploitation, à la mesure d'investissements incomparables.

Quoi qu'il en soit, le contexte des années 2000 amplifie la variabilité des activités extractives. Il est influencé par l'explosion de la finance mondiale, rupture majeure des dernières décennies (Chesnais, 1997). L'extension de la logique financière aux activités productives a des impacts territoriaux importants. Les fonds de pension, en particulier, jouent un rôle important dans le financement des activités minières. Leur logique de court terme entre fréquemment en contradiction avec celle de la production industrielle : on attend un certain niveau de rentabilité annuelle. Le film de Thierry Michel, *Katanga business* (2009), montre bien comment les mines du Katanga qui ont survécu au démantèlement du système de la Gécamines revivent, en faisant renaître l'espoir de leurs milliers d'employés, puis s'arrêtent brutalement, au gré des décisions d'administrateurs préoccupés de rentabilité à très court terme. En un siècle d'exploitation, les acteurs étrangers se sont succédé. Acteurs indiens et chinois s'ajoutant aux Belges et aux Anglo-Saxons ont laissé dans la région de gigantesques excavations remplies d'eau et des usines de rouille, en plus d'un tissu urbain régional fragilisé par les à-coups de cette économie spasmodique.

La mobilité, l'absence de volonté de durer se traduisent dans les formes matérielles de la présence des entreprises et leur mode de fonctionnement. À Komé, dans le Sud du Tchad, ce n'est qu'à partir de 2005 que quelques bâtiments en dur ont été construits. Jusque-là, depuis 2000, toute l'activité était assurée dans des mobile homes, jusqu'au logement des cadres expatriés.

Durant les chantiers, on embauche la main-d'œuvre non qualifiée pour des durées courtes. Derrière l'argument de faire bénéficier de l'emploi industriel le plus grand nombre de riverains, cela permet de gérer la variabilité des besoins en main-d'œuvre (Magrin, 2003a; Fournier, 2003). De même, on a recours à la sous-traitance, selon des logiques qui évoluent au rythme du cycle minier (van Vliet, 1998) : au début, on emploie des sous-traitants qualifiés, renommés et coûteux. Au fur et à mesure, on recrute des sous-traitants moins cotés. Des systèmes de migration pendulaire de travail à grande distance sont de plus en

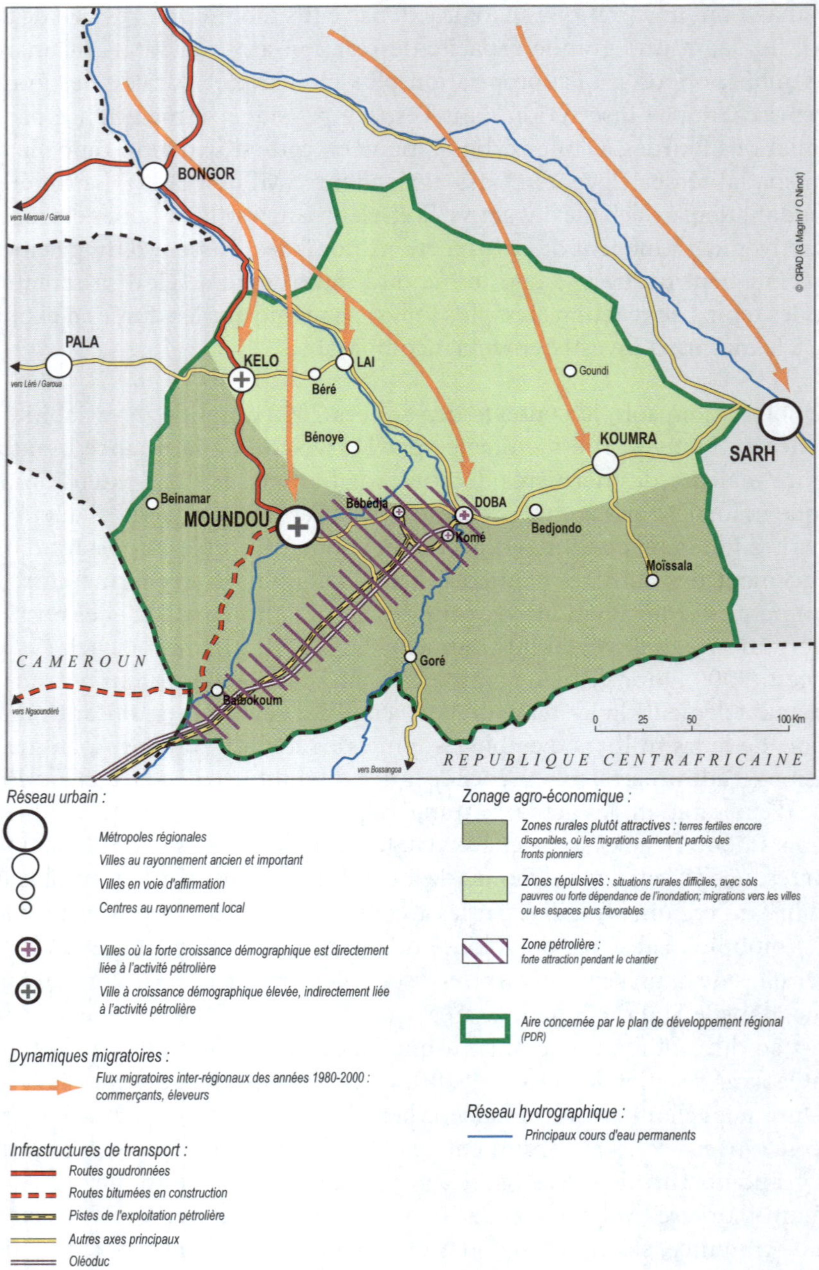


**Carte 14** *Chantier pétrolier et migrations au Tchad (2000-2005).*
Source : Magrin, 2009b.

plus utilisés par les compagnies extractives, selon le système du *fly in/fly out* (Deshaies, 2007 : 108) accompagnant les enclaves extractives contemporaines.

En Afrique comme en Amérique latine, les pratiques spatiales illustrent alors les hiérarchies sociales (Fournier, 2003 : 8) : les migrants pauvres, nationaux ou sous-régionaux, s'inscrivent dans l'espace contraignant des lieux. Leur horizon est celui des systèmes de transport locaux et de leurs moyens limités. Les cadres, mais aussi les techniciens et ouvriers qualifiés participent de l'espace globalisé des flux : après quelques semaines sur les sites de production africains, ils regagnent leurs pays pour une durée équivalente[25] de congés – ingénieurs et géologues américains, canadiens ou sud-africains, environnementalistes français, soudeurs d'oléoducs philippins ou malaysiens. Tous dépendent du temps dominant du système minier ou pétrolier (Castells, 2001).

*L'entreprise et son hôte : des temporalités et des spatialités décalées*

Les ressources extractives n'ont pas la même signification du point de vue des États africains et des entreprises transnationales qui les exploitent, car elles s'inscrivent dans des temporalités et des spatialités décalées.

La localisation des transnationales dépend d'une combinaison de facteurs de production potentiellement très instable. Elle peut donc être très temporaire, sans s'inscrire dans les profondeurs régionales, entrant alors en conflit avec la territorialité stable et concrète des populations riveraines et de l'État (Raffestin, 1980 : 84-85).

À l'échelle locale, le décalage des temporalités s'inscrit dans la durée du cycle minier (van Vliet, 1998). Au début du cycle, la propension des entreprises à compenser les impacts négatifs de leur activité est élevée : elles cherchent à se faire accepter par leur milieu d'accueil. Puis, au fur et à mesure que le cycle avance, elles recourent à un nombre croissant de sous-traitants, voire passent la main à des opérateurs moins regardants sur les aspects sociaux et environnementaux. Les coûts augmentent avec le vieillissement du matériel; les entreprises se ferment progressivement à la négociation. En parallèle, la capacité de formulation de revendications et de négociation des populations riveraines évolue selon une courbe inverse : très faible au début, elle augmente avec l'avancée du cycle, avec l'expérience et des appuis extérieurs, comme au Tchad (van Vliet, Magrin, 2012a). Alors que, en début de cycle, des marges financières qui auraient permis de réduire les impacts négatifs n'ont pas été utilisées, à la fin, les effets négatifs de l'exploitation restent à la charge des populations et de l'État. De telles contradictions sont facteurs de conflit.

**25** Il existe ici de grandes différences selon les entreprises : à Exxon Tchad, un cadre travaille quatre semaines avant de disposer de la même durée de congés. Dans des entreprises asiatiques ou des sociétés minières de moindre dimension, le rapport peut descendre à trois semaines de travail pour une semaine de repos.

À l'échelle nationale, l'asymétrie entre États dépendants de rentes extractives pour planifier leur développement et opérateurs miniers raisonnant à l'échelle planétaire se manifeste également. Dans certains cas, les firmes sont en mesure de jouer la concurrence entre territoires au niveau mondial. Durant les années 2000, par exemple, l'État du Sénégal a négocié âprement avec deux entreprises minières, la Sud-Africaine Kumba Resources, puis le géant indien Mittal-Steel, qui emporta finalement la concession, pour que l'exploitation des gisements de fer de la Falémé, au Sénégal oriental, ait des effets d'entraînement importants sur l'économie régionale et nationale (voir Greig, 2006 ; Ndiaye, 2007 ; Sangaré, 2007). La convention signée le 22 février 2007 entre la Miferso (Société d'exploitation des mines de fer du Sénégal oriental), pour l'État du Sénégal, et Mittal prévoyait la construction d'une bretelle de chemin de fer de 311 km du site d'extraction à Tambacounda, puis la rénovation de la ligne ferroviaire existante jusqu'à Bargny, où la construction d'un port minéralier en eau profonde était envisagée. Un premier traitement du minerai sur place et une usine sidérurgique près de Dakar devaient fournir jusqu'à 30 000 emplois, dont 20 000 pour la région productrice[26]. Dans un espace peu peuplé, longtemps resté en marge du développement national (Ninot, 2003), un tel projet semblait tenir du miracle, même s'il risquait d'avoir des effets perturbateurs importants. Or, le retournement de conjoncture intervenu après la crise de juillet 2008 et la baisse des cours du fer qui en a résulté – il est passé de 25 à 80 dollars la tonne de 2000 à 2004, a culminé à 210 dollars en avril 2008 avant de chuter à 60 $/t en mars 2009 (Chalmin, 2010 : 484-486) – a conduit Mittal à annoncer, en 2009, le gel du projet. L'entreprise qui contrôle les relations (l'acteur Ar de Raffestin) est en position de force par rapport à l'État maître des ressources (AM), en gérant un portefeuille de gisements planétaire, au gré de la demande, tout en conservant le contrôle des réserves en vue d'un prochain cycle haussier. L'État en est réduit à une triste dépendance empêchant toute planification du développement. Au Sénégal, l'arrêt du projet marque un bégaiement de l'histoire : dans le contexte très semblable des années 1970, un projet d'exploitation du fer de la Falémé avait déjà été élaboré en partenariat avec l'Iran du shah – il a inspiré le récent projet de Mittal. Mais le renversement du shah (1979) et celui des cours mondiaux du fer à la suite des chocs pétroliers et de la crise des pays du Nord qui s'en est suivie ont mis le projet en sommeil pour trente ans.

En outre, les incertitudes qui entourent les activités extractives handicapent le renforcement des capacités nationales qui permettraient aux pays d'atténuer leur dépendance et d'augmenter les retombées locales. Quand une activité démarre timidement, comme c'est le cas de l'exploitation pétrolière en Mauritanie, faut-il investir massivement dans le renforcement des capacités,

26 Entretien à Dakar avec le directeur de la Miferso, 11 avril 2007.

alors qu'un essor du secteur grâce aux prospections en cours semble aussi probable qu'un retrait de Petronas et une fin prématurée de l'ère pétrolière ? Au Tchad, de même, la Banque mondiale et Exxon justifiaient le recours massif à de la main-d'œuvre qualifiée extérieure par la durée limitée du pic des travaux (octobre 2000-octobre 2003). Si bien que les compétences nationales disponibles ne sont pas beaucoup plus importantes à présent qu'un deuxième projet pétrolier est mis en œuvre, sous l'égide de la CNPC.

Enfin, les incertitudes sur le rythme et les contours de la transition énergétique rendue nécessaire par l'épuisement des réserves de pétrole et/ou le réchauffement climatique auront, à nouveau, des conséquences différentes pour les entreprises transnationales et les États. Pour certains, les changements viendront du *peak oil*, ce moment où la production pétrolière commencera à baisser en valeur absolue. Les prédictions des spécialistes sur le moment où il surviendra varient dans de larges proportions, de quelques années à quelques décennies. Les réserves mondiales de pétrole étaient estimées par BP[27] à 1 150 milliards de barils en 2004, dont 880 contrôlés par les pays de l'Opep. Il est probable, en tout cas, que le *peak* du pétrole d'accès aisé et bon marché semble proche (Soares de Oliveira, 2007 : 272). Mais nul ne sait s'il fera sentir ses effets avant le « *peak* atmosphère propre », où les impacts du réchauffement climatique seront tellement négatifs que les pays les plus puissants trouveront intérêt à accélérer la transition technologique vers des énergies non carbonées (Sterner, Persson, 2007).

Dès lors, les entreprises pétrolières se positionnent de plus en plus comme des productrices d'énergie. Elles tireront des profits considérables de la période de hauts niveaux des prix mondiaux du pétrole qui devrait se poursuivre. Elles les emploieront, chacune selon ses stratégies propres, pour se positionner dans la nouvelle matrice énergétique à naître, les plus fortes étant celles qui sauront peser sur sa définition. Les profits d'aujourd'hui seront les rentes d'innovation de demain.

Nul ne peut prédire actuellement les implications de tels changements pour les pays africains. Les rentiers du pétrole exclusif qui n'auront pas su investir dans le capital le plus polyvalent, c'est-à-dire le renforcement des ressources humaines, seront confrontés à des transitions difficiles. On n'ose songer au destin d'un Nigeria brutalement sevré de pétrole, ni même à celui du Gabon ou du Congo. Les énergies de substitution ou les matières premières associées aux nouveaux complexes énergétiques redessineront la géographie des États rentiers, non sans tâtonnements : jusqu'à la catastrophe de Fukushima en mars 2011, on pensait que les grands possesseurs d'uranium (Niger, peut-être

27 Qui fait référence en la matière dans la profession.

Gabon et RCA) remplaceraient les États pétroliers d'aujourd'hui. Les métaux associés aux énergies solaires ou aux véhicules électriques, qu'ils soient des revenants (cuivre) ou de nouvelles sources de convoitise (nickel, lithium, etc.), redistribueront quelques cartes. Mais sans rien changer à la dépendance fondamentale inhérente au retard technologique de l'Afrique, qui fait que, pour longtemps encore, tous ces changements se décideront hors d'elle.

Un changement d'angle de vue nous a conduit ici à considérer les ressources africaines telles qu'elles sont perçues par les acteurs mondiaux et ce que cela implique. Depuis l'économie-monde mise en place à l'époque moderne, l'intérêt de l'Afrique réside principalement dans son potentiel d'exportation de ressources naturelles. Au cours de la période récente, les deux types de stratégies déployées par les puissances mondiales autour des activités extractives – contrôler des gisements déterminés ou élargir l'offre pour alimenter le marché – convergent pour intensifier l'exploitation des ressources du continent. Les perspectives de croissance et de pénurie énergétique aboutissent à une concurrence tous azimuts entre compagnies du monde entier, de tailles et de natures variées, des grandes transnationales du Nord à de petites indépendantes, en passant par les entreprises nationales des pays émergents. Les conséquences de cette concurrence sur les milieux d'accueil restent indécises : *dumping* socioenvironnemental ou émulation vertueuse ?

Les relations asymétriques qui président aux relations entre acteurs nationaux et extérieurs évoluent dans ce nouveau contexte et questionnent les relations entre ressources et territoires : la territorialité des ressources n'est plus un sujet tabou, la part des États fond sous le soleil des codes néolibéraux promus par la Banque mondiale, l'éventail d'investissements offerts aux stratégies mondiales des entreprises souligne la dépendance d'États demandeurs et la vulnérabilité de leurs territoires. Les effets des activités extractives dépendront largement des régulations qu'États, acteurs locaux ou société civile sauront imposer.

# 6. Les formes spatiales : enclaves et liens

> « La pensée archipélagique convient à l'allure de nos mondes. Elle en emprunte l'ambigu, le fragile, le dérivé. Elle consent à la pratique du détour, qui n'est pas fuite ni renoncement. Elle reconnaît la portée des imaginaires de la Trace, qu'elle ratifie. Est-ce là renoncer à se gouverner ? Non, c'est s'accorder à ce qui du monde s'est diffusé en archipels précisément, ces sortes de diversités dans l'étendue, qui pourtant rallient des rives et marient des horizons. ».
>
> Édouard Glissant, *Traité du tout-monde*

> « Quand on aborde l'espace sans préparation, on y ripe à tous les coups. »
>
> Nimrod, *Le Bal des princes*

La mondialisation contemporaine repose sur des logiques de fluidité – circulation des capitaux, des produits, des informations, mobilité (plus ou moins contenue) des hommes, qui menacent des États-nations construits sur un contrôle exclusif du territoire. L'Afrique est un lieu bien indiqué pour étudier cette tension, car celle-ci définit de même les rapports à l'espace des sociétés africaines et de leurs États : à la fluidité du rapport précolonial à l'espace se sont superposées les velléités de contrôle territorial des États modernes, selon des logiques d'hybridation.

À ces rapports à l'espace se conjuguent des formes spatiales répandues dans les économies fondées sur l'exportation des ressources naturelles, comme le front et surtout l'enclave (Bataillon *et al.*, 1991). Si les fronts sont devenus discrets, les enclaves sont un paradoxe en vogue de la mondialisation contemporaine : le succès de cet objet géographique tient à la tension entre isolement et confinement d'un côté, relation et ouverture de l'autre, qui en fait l'existence. Or, les enclaves sont une des formes privilégiées associées à la production des rentes. Leurs effets sur les territoires et leurs dynamiques – entre implant extraverti, liens et archipel ; structuration régionale et fragmentation sociospatiale – sont révélateurs de ceux de la mondialisation en Afrique.

## 1. Spatialités africaines et territoire de l'État moderne

La désarticulation entre ressources et territoires qui résulte des logiques rentières – cette propension à vivre de la captation de flux de ressources exogènes ou extravertis – n'est pas sans rapport avec les relations difficiles entre une spatialité[1] africaine marquée par la fluidité, la multiplicité des allégeances et des appartenances, et les logiques modernes de l'État, construites sur l'encadrement exclusif du territoire. En quoi le rapport rentier au territoire et aux ressources traduit-il cette difficile articulation ? Doit-on, dans la juxtaposition entre spatialité africaine et territorialité importée, diagnostiquer une forme de schizophrénie spatiale, ou bien une forme d'hybridation ? Si la logique de l'hybridation et du métissage est si prégnante dans le champ social ou dans celui du politique, pourquoi ne concernerait-elle pas aussi l'espace ?

### *1.1. La tension du lisse et du strié*

La mondialisation souligne l'importance de l'opposition entre deux principes, mouvement et structure, que je qualifie à mon tour en tentant de les résumer. Plusieurs auteurs ont eu recours à des oppositions binaires proches pour désigner cette tension centrale de la mondialisation contemporaine, associant le cellulaire et le vertébré (l'anthropologue Arjun Appadurai), la déterritorialisation et la reterritorialisation (le juriste Alain Supiot), le liquide et le solide (le philosophe Zygmunt Bauman), le lisse et le strié (le philosophe Gilles Deleuze et le psychiatre Félix Guattari). Le lisse est le nomade, mouvement et circulation permanente. Le strié est ordre, quadrillage ; il renvoie par exemple au maillage des États territoriaux (Mongin, 2009 : 182). La différence entre le lisse et le strié paraît simple, mais elle peut se brouiller, les passages entre les deux étant toujours possibles (Deleuze, Guattari, 1980 : 592, 624). Le strié ne maîtrise pas le lisse, car il y a des zones d'interstice où le pouvoir peut se rendre visible, ou invisible. Le couple lisse/strié souligne ainsi la nature de la société de « flux en réseau », où les connexions sont des espaces ambigus, à la fois propices au contrôle et à la disjonction et au piratage. « Dans les connexions [...] il y a un mélange hybride de "lisse" et de "strié" » (Mongin, 2009 : 190).

À dire vrai, cette tension n'est pas spécifique à la mondialisation *contemporaine*, cette phase d'amplification de la mondialisation généralement datée des années 1990, qui procède de changements techniques (ère des NTIC), politiques (fin du monde bipolaire) et des mutations économiques associées (vogue néolibérale et dérégulation financière). Jean Gottmann, au début des années 1950, accordait déjà une grande importance à cette confrontation entre le compartimentement du monde et les flux de tous ordres, en distinguant les systèmes de mouvement (la circulation dans l'espace) et les systèmes de résistance au mouvement (les symboles, appelés iconographies). Cela concernait notamment, mais pas exclusivement, les rapports entre États et flux. « Il y a donc eu entre la circulation, qui est tout mouvement, et la rigidité, fût-elle de brève durée, de l'organisation politique une certaine hostilité, une opposition

1 Le terme de spatialité englobe l'habiter, l'action spatiale, la pratique spatiale, l'usage, le parcours, la territorialité (Lévy, Lussault, 2003 : 866-868).

de nature. » Or, c'est la circulation qui définit la position du territoire et son évolution, dans un système de relations. C'est elle qui détermine le compartimentement (Gottmann, 1952 : 219).

Les implications pour l'analyse géographique de l'essor de l'aviation civile, comme des innovations techniques majeures dans le domaine des transports et communications, ont été perçues par Poirier (1947) et Gottmann au début des années 1950. La navigation aérienne provoque un raidissement des intérêts nationaux, car la fluidité qu'elle autorise entre en lutte avec les cloisonnements existants : la phase actuelle d'accélération de la mondialisation ne s'accompagne-t-elle pas de phénomènes de même nature, à une tout autre échelle ? L'Afrique offre *a priori* une configuration extrême, où le lisse des flux endogènes et mondialisés semble balayer le strié de l'État territorial moderne, fraîchement et superficiellement enraciné.

### 1.2. D'une spatialité l'autre...

Trois âges de la territorialité peuvent être définis (Pourtier, 2005 : 40-43). Celui, d'abord, de la fluidité d'une humanité peu nombreuse ignorant la finitude, correspondant aux pratiques des chasseurs cueilleurs du Grand Nord ou à celles des habitants de la forêt équatoriale aujourd'hui ; celui, ensuite, de la modernité territoriale, définie par la géométrie, au service de la rationalité bureaucratique de l'État ; celui, enfin, de la postmodernité, défini par sa complexité, l'importance du transfrontalier et du transnational, qui brouillent les pavages étatiques. Dans cette complexité territoriale à géométrie variable (Antheaume, Giraut, 2005 : 29), l'Afrique à nouveau se distingue par ses territorialités palimpseste, car ces trois âges de la territorialité s'y entrelacent sans vraiment se succéder.

*Le régime spatial précolonial*

Avant la colonisation, la faiblesse du peuplement et les rapports du pouvoir à l'espace définissaient une relation fluide des sociétés au territoire. Les structures précoloniales étaient celles de réseaux, non d'enclos spatiaux (Debrie, Steck, 2001 : 32). Le territoire apparaissait comme un espace de circulation plus que celui d'une exclusivité spatiale. La société, mobile, était prête à se déplacer pour faire face aux menaces sur ses ressources (Iliffe, 2009 : 132). L'espace de production, discontinu et cristallisé dans quelques pôles de peuplement épars séparés par des zones de friches, s'intégrait dans un espace continu de circulation (Retaillé, 1997 ; Mbembé, 2005). Les sites productifs pouvaient connaître des utilisations variées au cours de l'année, comme le célèbre delta intérieur du Niger étudié par Gallais (1984)[2]. Des complémentarités temporelles liaient des sites différents dans une unité de circulation. Le territoire ne pouvait être une

2 Les situations de multi-usage de l'espace analogues étaient cependant relativement rares dans ce contexte ancien caractérisé par le faible nombre des hommes et une certaine abondance des ressources.

surface comprise à l'intérieur d'une enveloppe, dont les ressources auraient été la propriété d'un groupe fixe. La cohabitation sur une même surface de plusieurs territoires – d'éleveurs, de pêcheurs, d'agriculteurs – définissait une territorialité qui n'était pas fondée sur la propriété exclusive (Retaillé, 1997 : 128).

Sur les périphéries des constructions politiques, l'autorité se perdait « dans une pénombre sans État » (Iliffe, 2009 : 144), des zones tampons à souverainetés multiples et fluctuantes, confins plutôt que lignes frontières (Sautter, 1982 : 383). Les centres eux-mêmes étaient relatifs et mouvants, la territorialité itinérante et les allégeances et liens sociaux fréquemment superposés, voire enchevêtrés (Mbembé, 2005 : 52).

Du VI^e^ à la fin du XIX^e^ siècle prévalait un modèle sahélien de structuration de l'espace fondé sur des flux méridiens entre Sahara et zone forestière, construit autour de marchés, maillons mobiles d'une chaîne de routes elles-aussi mobiles aboutissant à des villes charnières, comme Tombouctou, Gao, Agadez, Abéché. Ce qui faisait le pouvoir, ce n'était pas tant alors la capacité à maîtriser le milieu qu'à contrôler le système des lieux : « Le réseau l'emporte sur le territoire » (Walther, Retaillé, 2008 : 110-112).

*La modernité territoriale importée*

Le découpage colonial de l'Afrique et l'importation de l'État (Badie, 2000) y introduisent le rapport à l'espace et au territoire qui prévaut alors en Europe. Il est issu des conceptions datant de la Renaissance et de la mise en place de l'État moderne, utilisant la cartographie comme instrument du pouvoir de l'État, à partir d'une syntaxe euclidienne simple : la surface, la ligne et le point (Raffestin, 1980 : 131).

La carte permet la linéarisation de la frontière, car « la modernité territoriale s'exprime par une hypervalorisation de la ligne » (Pourtier, 2006 : 128). Le changement de rôle des frontières revêt une grande importance : à l'époque précoloniale, elles reflétaient la force fluctuante du pouvoir ; elles valent à présent pour elles-mêmes, enveloppes intangibles indépendantes de la substance de l'État. Au-delà de discours de circonstance favorables à la tradition, les dirigeants africains rejetèrent la pratique précoloniale de frontières molles à souverainetés multiples sur la Terre, conscients de la protection apportée par ces lignes à un territoire exempté de luttes externes (Herbst, 2000 : 97-98, 252-253).

À l'intérieur de ces lignes frontières, l'État devient gestionnaire des surfaces et des ressources qu'elles contiennent. La modernité territoriale signifie alors la mise en ordre administrative d'États-nations sur le modèle européen, avec pavage administratif intégral et emboîtement de différents niveaux (Antheaume, Giraut, 2005 : 16). Une spécificité africaine tient au caractère exogène des découpages, internes comme externes. Une autre réside dans l'opposition juridique entre les espaces urbains, bénéficiaires de statuts municipaux plus ou moins autonomes et de l'immatriculation du foncier, et les espaces ruraux, à régime politique et foncier au moins partiellement coutumier (Mamdani, 1996).

L'État moderne bouleverse aussi le rapport au contenu du territoire. Les complémentarités agro-écologiques observées à un moment donné sont érigées en vocations rigides, notamment au nom de la recherche de rentes, indépendamment de la variabilité temporelle des supports physiques des territoires. Ces vocations mettent en avant les considérations techniques sur les pratiques sociales. L'espace pensé comme support de production exclusif devient l'objet de conflits entre groupes pour des ressources localisées. La souplesse des lieux de l'espace de circulation antérieur est occultée, alors qu'elle permettait la survie de sociétés dépendantes de ressources irrégulières (Retaillé, 1997 : 137-138 ; 2006 : 33).

Les logiques de l'État moderne sont aussi celles de la sédentarité. Pour l'État, mobilité et circulations sont perçues comme manifestation de crise ou logiques antagoniques, voire subversives, et non comme l'expression d'une adaptation à l'incertitude (Walther, Retaillé, 2008 : 109-110) qui fonde le modèle géographique de la « condition sahélienne » (Gallais, 1975). Les schémas de développement proposés par l'État s'inscrivent toujours dans les périmètres bien délimités propices à l'intervention technique, sans égard pour les logiques de circulation antérieures. Les multiples expériences d'aménagements des vallées par l'irrigation le soulignent (Sautter, 1987), en ne prenant en compte ni la multiplicité des usages de l'espace dans le temps ni les activités les plus mobiles, comme l'élevage ou la pêche. Ce *hiatus* est à l'origine de nombre des échecs observés, expression de la contradiction « entre un savoir organisé sur des bases importées et des formes d'espaces et de pouvoirs qui appartiennent à l'espace mobile de l'Afrique sahélienne » (Walther, Retaillé, 2008 : 119). Les territoires figés de la décentralisation se heurtent d'ailleurs aux mêmes limites.

En Afrique de l'Ouest, en privilégiant la production régionale sur la circulation générale (*ibidem* : 120) à travers la distribution des vocations pourvoyeuses de rentes, et en inversant les polarités géographiques vers les littoraux atlantiques, substituant des villes macrocéphales aux cités de l'interface sahélo-saharien, les logiques de développement de l'État moderne amènent à considérer les espaces sahéliens comme marginaux et enclavés.

#### *Une spatialité métisse*

L'échec de la construction d'États développeurs, constaté dans les années 1980-1990, a pourtant révélé l'amalgame de logiques spatiales précoloniales marquées par la mobilité, la fluidité du rapport à l'espace et les cadres de l'État territorial moderne. Envisager les dynamiques des sociétés africaines sous l'angle d'un *métissage spatial* – équivalent des formes de métissages étudiées par les autres sciences humaines, version géographique de l'hybridation sociale de Latour, ou de l'État hybride de Bayart – a constitué une grille de lecture privilégiée pour les géographes africanistes des années 1950-1970 (D'Alessandro-Scarpari, 2005 : 189-199), voire au-delà (Pélissier, 2004).

Ce métissage a été fécondé en milieu rural par les premières « cultures de rente », articulées à l'économie agraire antérieure dans les finages, les calendriers agricoles, les stratégies paysannes. Leur essor et la mise en place de l'administration chargée entre autres de les accompagner sont à l'origine de la naissance du réseau urbain et des relations villes-campagnes, qui sont une des matrices de ce métissage. Les flux de produits et les commerçants qui en sont les vecteurs s'inscrivent en effet dans une tradition ancienne d'échanges à longue distance et de réseaux commerciaux liant les lisières du Sahara aux savanes et à la forêt équatoriale (Couty, 1968).

Face aux prétentions hégémoniques des États en cours d'affirmation des années 1960-1970, les sociétés ouest-africaines ont opposé la souplesse de leurs réseaux sociaux. Mobilité et diversification économique généralisée ont constitué les réponses aux crises climatiques, économiques, voire politiques. Les dynamismes marchands transfrontaliers ont pénalisé les efforts d'industrialisation inscrits dans les cadres nationaux et compromis les efforts de construction communautaire régionale (Dubresson, Raison, 1998 : 201). Car les configurations retenues, héritées des anciennes fédérations coloniales plus ou moins adaptées (Pourtier, 1995), ne prennent pas en compte les réseaux qui les transcendent, notamment aux frontières du Nigeria.

De même, la généralisation des prélèvements illégaux par les détenteurs des forces de l'ordre sur les routes africaines doit-elle être lue comme une faillite de l'État importé ou comme la réminiscence d'un ancien rapport de l'État et de ses agents aux ressources, fondé sur le prélèvement sur les flux commerciaux, partiellement décentralisé au profit des collecteurs ? De telles pratiques sont évoquées dans les récits d'un René Caillié en route vers Tombouctou au début du XIXe siècle (Caillié, 1830), ou d'un Michel Leiris bloqué avec Marcel Griaule sur les confins abyssins dans les années 1930 (Leiris, 1934). On pourrait soulever la même question du rapport à l'argent public des gouvernants, qui s'assimile parfois à ce qu'était le butin du vainqueur : « État failli » ou retour d'un refoulé précolonial ?

En Mauritanie, le passage d'une société nomade, où le pouvoir reposait sur le contrôle des flux commerciaux transsahariens, à un État d'apparence moderne, à la population aux deux tiers urbanisée, signale-t-il un changement radical dans le rapport au territoire ? La coexistence de logiques de développement modernes, par exemple l'aménagement du Fleuve et la mise en valeur irriguée sous l'égide de la Sonader[3], la société publique de développement régional, avec des stratégies rentières renouvelées, où le contrôle des

3 Société nationale de développement rural de la Mauritanie.

flux associé à la maîtrise de l'étendue maritime et de ses ressources (pêche, pétrole, aide) se substitue à celui des voies sahariennes (Magrin *et al.*, 2011) (cf. figure 5), atteste l'hybridation de l'État. En même temps, le métissage spatial se révèle, par exemple lorsque la migration internationale, prolongeant les anciennes mobilités, s'inscrit de plus en plus dans un cadre national revendiqué (Choplin, 2008).

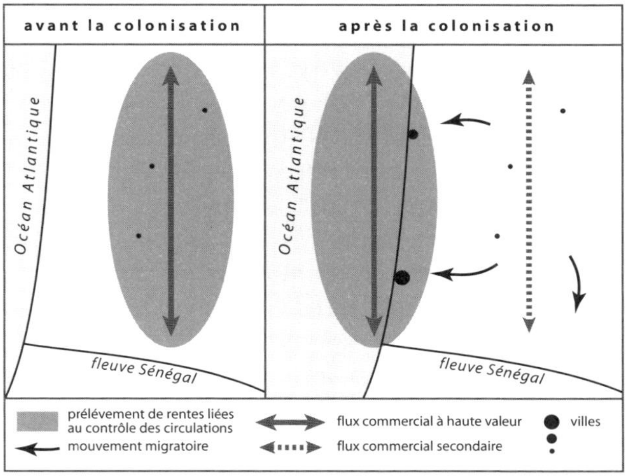


**FIGURE 5** *Littoralisation des circulations et diversification des rentes en Mauritanie.*

Source : d'après Magrin *et al.*, 2011.

Ainsi, les tentatives de l'État pour imposer les principes d'une territorialité rigide face aux circulations inscrites dans une tradition ancienne apparaissent-elles inabouties. « Le continent africain demeure le théâtre de l'imbrication de plusieurs grammaires spatiales » (Bredeloup, 2007 : 104).

### *1.3. Mobilité et réseaux : avec ou contre les territoires ?*

La relation entre le compartimentement et la circulation est centrale pour comprendre l'organisation des espaces et leur dynamique (Gottmann, 1952 : 67). Dans l'Afrique d'aujourd'hui, ces deux principes en apparence contradictoires s'affirment avec force. Cependant, l'intérêt de cette distinction réside davantage dans les liens, les interstices, les échanges, les réversibilités que dans une confrontation statique. Si le lisse et le strié n'existent que par leur mélange (Deleuze, Guattari, 1980 : 593), leur incorporation réciproque, on peut être tenté d'en dire autant du couple réseau-territoire : est-il des territoires qui ne soient irrigués par des réseaux ? Est-il des réseaux qui ne prennent appui, à un moment ou un autre, sur des territoires, quitte à les subjuguer ou à les subvertir ? L'Afrique n'est pas avare de contradiction en ces temps mondialisés : les pratiques mobiles sont qualifiées de « traditionnelles », alors que ce qui est fixe est dit « moderne » (Retaillé, 2005 : 193-195). Mais le nomadisme ne serait-il pas autre chose qu'une forme préhistorique de vivre l'espace, un régime de spatialité qui aurait un moment perdu sa primauté (Retaillé, 2006 : 230) ?

Si l'on s'accorde à penser que l'amplification des circulations et mobilités dont procède la mondialisation constitue un défi pour les territoires, cela vaut d'autant plus en Afrique, où ceux-ci peinaient à s'affirmer face aux circulations multiformes des spatialités anciennes. L'enjeu pour les politiques de développement de l'État n'est plus d'empêcher ces circulations, mais de les valoriser (Alvergne, 2008 : 25). Le Sahel montre bien que la mobilité généralisée ne concerne pas seulement l'ère postmoderne des métropoles mondiales (Vanier, 2005 : 323), car les logiques réticulaires qui sous-tendent ses sociétés composent au contraire une territorialité spécifique.

Si la complexité territoriale contemporaine oppose des difficultés à la cartographie, en enchevêtrant et enchâssant réseaux et territoires de différentes échelles et natures (Debarbieux, Vanier, 2002 ; Lévy, 2002), l'Afrique présentait depuis longtemps une semblable superposition de spatialités complexes des sociétés traditionnelles, de réseaux commerçants, de règles coloniales et d'influences économiques extraverties (D'Alessandro-Scarpari, 2005 : 130-131). La nouveauté de cette complexité territoriale est donc discutable. On peut tenir en revanche qu'elle y est amplifiée par la cohabitation de temporalités différentes dans le rapport à l'espace – traditionnelle, moderne, postmoderne – et que les logiques extraverties qui ont présidé à la mise en place des États ont contribué à empêcher l'articulation entre circulations et étendue : la recherche de rentes par la captation des flux a pu se passer de construire des territoires.

## 2. Les formes spatiales de l'extraversion

L'extraversion a été beaucoup étudiée sous l'angle de ses conséquences économiques (vulnérabilité à la volatilité des prix, dépendance du marché, dégradation des termes de l'échange) et politiques (dysfonctionnements des États rentiers, conflits), moins sous celui de ses formes spatiales. Celles-ci ont pu être décrites avec les schémas d'aménagement des fleuves, dont la dimension prométhéenne intéressait en elle-même (Seck *et al.*, 2009 : 33), beaucoup moins souvent pour l'exploitation pétrolière d'Afrique centrale ou pour l'activité minière. Or, ces formes disent beaucoup des modalités d'insertion dans la mondialisation. Elles traduisent l'ampleur des effets sociaux et spatiaux des économies de rente, leurs dynamiques, la part d'autonomie dont disposent les acteurs locaux. La baisse de vitalité apparente des fronts agricoles semble signifiante, tandis que s'impose l'enclave comme forme dominante des économies rentières. Celle-ci conserve-t-elle son essence pure de sas extraverti, ou bien est-elle susceptible de s'ancrer suffisamment dans le territoire pour y exercer des effets d'entraînement ? L'enclave peut-elle muer en greffe ? L'archipel des enclaves minières ou pétrolières peut-il connecter autrement qu'en exportant les ressources brutes vers l'horizon mondial ?

### 2.1. *Les fronts en berne*

Les fronts pionniers[4] agricoles ne sont plus ce qu'ils étaient. Ces processus ont eu leur heure de gloire des années 1950 aux années 1970[5], quand des politiques agricoles volontaristes étaient à la base des stratégies de développement. Ils voyaient la course aux terres pour les cultures de rente alimenter l'extension progressive des zones agricoles au détriment de forêts ou de zones incultes, en même temps qu'un déploiement du peuplement à partir de zones jugées trop denses vers des zones « vierges ». À partir du centre Baoulé, le front cacaoyer de Côte d'Ivoire a nourri le « miracle ivoirien » et permis l'augmentation rapide de la production et de la rente de l'État (Dubresson, 1994 : 150-152). Les « Terres neuves » de l'arachide au Sénégal (Rocheteau, 1975), la vallée de la Bénoué pour le coton au Nord-Cameroun (Boutrais, 1973, 1984 ; Seignobos, 2000 : 62) ont rempli les mêmes fonctions, avec des succès plus ou moins durables.

Ces fronts avaient plusieurs fonctions du point de vue des États : ils permettaient bien sûr d'augmenter les rentes d'origine agricole pour alimenter des budgets nationaux très gourmands en ces temps de politiques de développement volontaristes, mais, en même temps, ils fonctionnaient comme des outils d'aménagement des territoires et de contrôle territorial dans des régions de marge peu peuplées. Ils permettaient de décongestionner certaines zones rurales saturées sous l'effet de la croissance démographique vers des zones vides. Ces fronts affirmaient ainsi la légitimité de l'État développeur.

Les aménagements hydroagricoles procèdent pour partie de la même logique : à travers l'aménagement des vallées des Volta comme celui du delta du fleuve Sénégal, les États cherchent à se légitimer en maîtrisant des milieux difficiles, et espèrent peupler des zones désertes (Pélissier, 1978 ; Sautter, 1987). Mais ils font à la fois plus et moins que dans les fronts *stricto sensu* : dans ces derniers, l'État encourage les migrations par la mise en place d'infrastructures de base (chemin de fer au Sénégal, routes au Nord-Cameroun) et l'encadrement de l'activité agricole par des sociétés nationales. Mais c'est l'amplification spontanée des migrations qui fait le succès du front pionnier, quand les conditions sont favorables. L'intervention concerne des régions vastes, mais l'investissement direct de l'État est relativement ponctuel. Les projets hydroagricoles sont plus concentrés géographiquement (Sautter, 1987) : l'État est en principe, du moins dans un premier temps, le maître des nouveaux systèmes, dont il

4 « Limite indécise entre les régions mises en valeur et l'espace non encore défriché » (*Le petit Larousse*, 1972).

5 L'œuvre de Pierre Monbeig (1952) sur les fronts pionniers du Sud-Est du Brésil fait ici référence.

contrôle le foncier, l'encadrement technique, la commercialisation. Ceux-ci ne sont en outre guère étendus, se limitant le plus souvent à quelques milliers d'hectares. L'aménagement hydroagricole tient plus de l'enclave que du front, notamment parce qu'il vient d'« en haut », alors que le succès du front tient à son appropriation par les logiques d'« en bas ».

Les fronts pionniers sont en déclin depuis une quinzaine d'années au moins du fait de la conjonction de trois facteurs principaux. D'une part, l'ajustement structurel qui sanctionne la crise des États a interrompu les politiques d'accompagnement. D'autre part, du fait de la croissance démographique, les espaces peu densément occupés présentant des conditions agricoles attractives sont désormais relativement rares : la « terre est finie » ; le conflit ivoirien exprime, pour une part, les dangers de stratégies de contrôle foncier débouchant sur la marginalisation des « autochtones » (Chauveau, 2000). Enfin, la baisse des cours de certaines matières premières ou les turbulences des filières rendent ces cultures commerciales extraverties moins attractives que d'autres solutions, comme l'émigration urbaine ou internationale.

Si l'absence de nouveaux projets contribue à relativiser l'intérêt de la recherche pour ces phénomènes, il reste bien sûr des fronts pionniers actifs : au sud-est du Burkina Faso, au Nord-Cameroun vers Touboro, le long de la nouvelle route goudronnée de Ngaoundéré à Moundou, au sud-ouest du Tchad… Ces fronts actuels fonctionnent en dehors de l'appui de l'État. Ils sont parfois même illégaux, en grignotant des zones protégées assez faciles d'accès, aux sols riches, profitant de l'affaiblissement du contrôle public : au Sénégal, c'est le cas des migrants Toucouleur et des agriculteurs mourides de Haute-Casamance, qui ont bénéficié de complaisances confrériques au sein de l'administration territoriale ou du corps des Eaux et Forêts (Fanchette, 1999) ; on observe des dynamiques semblables dans la zone sylvopastorale, au détriment des pâturages et de la forêt (Diop, 2001 ; Tangara, 2006) ; ou encore dans le Sud-Ouest du Tchad, où la forêt classée de Yamba-Berté, après avoir servi d'aire d'accueil aux éleveurs, est défrichée par les agriculteurs pour y produire du coton ou de l'arachide (Sougnabé, 2010).

Les fronts planifiés par la puissance publique, même s'ils n'ont à vrai dire jamais fonctionné exactement selon les modèles esquissés, présentaient le mérite de concerner des régions et des populations importantes, et de s'inscrire dans un projet territorial global. Leur effacement ou leur prolongement souterrain dit la crise de la capacité territoriale de l'État, mais aussi le contexte nouveau d'un espace densifié, où la préservation des espaces jusqu'ici théoriquement protégés dépendra plus des déterminants climatiques et économiques d'une mise en culture que de la contrainte d'un État gendarme désarmé.

### 2.2. *L'enclave, figure mondialisée*

Le succès de l'enclave répond en Afrique à la mise en sommeil des principaux fronts. Un des paradoxes de la mondialisation réside ici : l'enclave assure une protection contre un extérieur proche jugé incontrôlable, dangereux, ou présentant une altérité dont on souhaite s'éloigner, et offre en échange des connexions à grande distance (Donner, 2011). Ses fonctions de protection locale et de relation lointaine apparaissent comme les conditions de développement des systèmes rentiers liés aux activités extractives.

*Les cloisons du monde*

Les enclaves doivent être lues comme une des nombreuses formes qui compartimentent le monde. Celles-ci sont anciennes et d'une grande variété, l'homme surimposant ses barrières aux différenciations de l'espace naturel (Gottmann, 1952 : 5) : la grande muraille de Chine est des plus célèbres. Elle est probablement de nature comparable à celle des *limes* romains – ensemble de fossés, de routes latérales et de places fortes, dont la fonction n'est pas de rendre la frontière imperméable sur des milliers de kilomètres, ce qui serait impossible, mais « de contrôler, réguler les déplacements et les échanges ». Militairement dérisoires, ces dispositifs procèdent d'une mise en scène idéologique, à la manière d'un rempart urbain, signalant le dedans (dominant) du dehors et « la sphère dans laquelle règne l'ordre impérial ». En outre, leur géographie « coïncide avec un changement radical des conditions socioéconomiques » ne permettant pas l'intégration à l'empire (Thébert, 1995 : 234-235). L'Afrique (du Nord) eut aussi ses grandes barrières avec les fossés puniques, creusés au IIIe siècle av. J.-C. par Carthage pour se protéger des nomades berbères alliés à Rome (Iliffe, 2009 : 68 ; 71).

Un poncif actuel voudrait que la mondialisation contemporaine soit tout ouverture, symbolisée par la chute du mur de Berlin. Or, tout au contraire, on assiste à une multiplication des barrières, à différentes échelles : entre pays (États-Unis/Mexique ; Israël/Palestine), au sein des villes (*gated communities*), ou autour d'autres espaces de statuts variés (zones franches, Guantanamo, etc.). La teichopolitique, entendue comme « politique de cloisonnement de l'espace », concerne en premier lieu les États, mais également les acteurs privés, ce qui est inédit (Ballif, Rosière, 2009 : 193-194). Elle vise à contrôler les mouvements et ainsi à maîtriser ce qui inquiète dans la « modernité liquide » (Bauman, 2006). Murs et clôtures sont conçus comme des filtres, justifiés par la violence environnante. En Afrique, ils répondent au besoin de sécurité qui résulte de l'explosion démographique dans les villes, de l'exacerbation des inégalités sociales. Les murs des villas des riches se couvrent de protections de plus en plus sophistiquées. Au Tchad, de façon symptomatique, l'ère pétrolière voit la diffusion des rouleaux de barbelés militaires, qui répondent aux tessons des concessions ordinaires (cf. planche 7).

En Afrique plus qu'ailleurs, la perception de l'espace est inversée : il n'y a plus un espace libre sûr où seuls quelques îlots de turbulence seraient à surveiller, comme à la fin de la période coloniale ou durant les premières décennies indépendantes, mais un espace globalement dangereux vis-à-vis duquel il faut se protéger à l'aide de zones de sécurité. Alors que l'État africain est affaibli, l'édification de barrières par des acteurs privés est mise au service du contrôle d'espaces dont on souhaite exploiter les ressources (Ballif, Rosière, 2009 : 204).

*Enclaves africaines*

Le terme d'enclave a été utilisé depuis longtemps pour caractériser des situations africaines, mais son succès récent tient à la conjugaison de logiques de territorialisation renforcées par des formes actuelles de l'extraversion. L'enclave[6], c'est un « territoire ou une fraction de territoire entièrement situé à l'intérieur d'un autre, [qui] contient l'idée de clé, de fermeture » (Brunet *et al.*, 1992). Les réalités correspondant aux enclaves sont parfois également désignées à travers l'image de l'île, l'îléité se définissant également par la clôture, la fermeture (Arrault, 2005 : 316).

L'étymologie latine *clavis* – la clé, mais aussi le verrou, la barre de fermeture – suggère la possibilité d'ouverture ou de fermeture, d'enclavement comme processus ou de désenclavement. Dans le domaine de l'architecture, l'enclavement est processus de fermeture, mais aussi d'achèvement et de consolidation : l'enclavement est « ce par quoi le système construit assure son équilibre, sa cohésion et sa solidité », il peut donc aussi s'accompagner d'une connotation positive (Debrie, Steck, 2001 : 27)[7].

On considère souvent les enclaves sous l'angle politique. Ce sont des États enclavés dans d'autres territoires, sans accès à la mer, comme les pays sahéliens intérieurs (Mali, Burkina Faso, Niger, Tchad), ou encore des morceaux d'États enclavés au sein d'autres pays (Cabinda). Il y en aurait une centaine dans le monde. Cette deuxième catégorie d'enclaves présente un point commun : elles sont gouvernées à distance. L'enclave est de manière générale « caractérisée par sa fragilité politique et économique, et l'incertitude latente sur son sort » ; elle bénéficie souvent de ce fait d'un statut économique spécial, de subventions, d'exemptions des règles fiscales de l'État mère (Nies, 2003 : 112, 115). Ces trois critères – gouvernement à distance, fragilité, statut particulier – permettent d'appliquer le statut d'enclave à d'autres réalités.

6 En physiologie, l'enclave désigne un « corps étranger séjournant temporairement ou définitivement dans le cytoplasme » (communication de Nicolas Donner).

7 *Éloge des frontières*, de Régis Debray (2010), célèbre le rôle de la démarcation en ces temps mondialisés, indispensable à faire vivre l'identité-relation contre l'identité-racine.

## Planche 7 : Les clôtures des enclaves

**Photo 19** *Puits de pétrole grillagé à Komé (Tchad, décembre 2003).*

*Le puits de pétrole est protégé, mais le vol de grillages dit les limites d'une telle protection, ainsi que la pauvreté ambiante et la frustration née de l'intrusion pétrolière.*

**Photo 20** *Clôture entourant la mine d'or de Tabakoto (Ouest du Mali, avril 2006).*

*La clôture protège les riverains et leurs animaux, mais surtout l'exploitation. Ce sont autant de ressources naturelles (eaux, terres) soustraites à leurs utilisations antérieures.*

**Photo 21** *L'intérieur de l'enclave : camp du personnel Nevsun (Tabakoto, Ouest du Mali, avril 2006).*

*Le camp des cadres reproduit le modèle homogène de la cité minière. On cherche plus ici à fournir aux ingénieurs des aménités de type urbain (électricité, climatisation, Internet) qu'à se prémunir contre une insécurité modérée.*

**Photo 22** *Maison de riche protégée par grille et barbelés à Maïduguri (Nord-Est du Nigeria, décembre 2003).*

*La captation des rentes exige des clôtures de plus en plus hermétiques. Les progrès du barbelé de type militaire répond à la montée des inégalités et de la violence.*

Dans une certaine littérature africaniste, on a pu tenir un moment que les villes étaient des corps étrangers plaqués sur un monde en tout point différent (Pélissier, 2000). Libreville fut perçue un moment comme une île de modernité urbaine isolée entre la mer et le désert forestier (Lasserre, 1958; Pourtier, 1989 : 213). On n'était pas loin de l'enclave. Plus tard et ailleurs, certaines villes religieuses apparaissent aussi comme des enclaves : au Sénégal, la cité des Mourides, Touba, bénéficie d'un statut d'extraterritorialité – de droit ou de fait, ni l'État ni la confrérie ne souhaitant le clarifier (Piermay, 2005 : 218-219). Elle constitue en tout cas une anomalie dans le pavage administratif. Avec près de 500 000 habitants, elle est considérée comme une communauté rurale et non comme une ville, et n'a pas un rang administratif qui corresponde à sa taille (elle est rattachée à la préfecture de Mbacké). Elle constitue un haut lieu de contrebande, car ni les douaniers ni les gendarmes n'entrent dans la ville sainte. Des règles spécifiques s'y appliquent, qui ne sont pas celles de l'État laïque sénégalais (interdiction de la musique, de la vente d'alcool, etc.).

Dans une configuration spatiale générale de plus en plus constituée par des noyaux et des axes extravertis (Dubresson, Raison, 1998 : 184), le type nucléaire se divise en « pôles de modernisation rurale » et en enclaves extractives. Ces pôles de modernisation rurale revêtent différentes formes, dont certaines inclinent à l'enclave. Ainsi des complexes agro-industriels du Haut-Ogooué gabonais des années 1970-1980, comme ceux de la Somdiaa (Société multinationale de distribution alimentaire et avicole), de la Sosuho (Société sucrière du Haut-Ogooué), du ranch Agrogabon, de la SIAEB (Société industrielle d'agriculture et d'élevage de Boumango), qui font figures d'enclaves de haute technicité dans des environnements humains anémiés (Pourtier, 1989 : 284-285). Ces enclaves agricoles sont d'ailleurs, *via* la rente pétrolière, les filles d'autres enclaves, extractives celles-là. On pourrait dire de même des autres complexes sucriers analogues, comme celui de la CSS au Sénégal, quelques milliers d'hectares d'« enclave européenne en terre d'Afrique » (Bonnardel, 1992 : 217-218), ou de la CST (ex-Sonasut) au Tchad, avec leur statut spécifique (foncier[8], fiscal), leurs installations modernes étrangères au milieu environnant, leurs cités des cadres verdoyantes, avec tennis et piscine, installées sur des collines ou en bord de fleuve.

Il est certes de la nature des aménagements hydro-agricoles de territorialiser l'espace, faisant surgir des entités individualisées, délimitées et fonctionnelles auxquelles les opérations de maîtrise hydraulique confèrent un ciment qui en rend techniquement solidaires tous les éléments (Sautter, 1987). Mais si les aménagements hydroagricoles cultivés par les paysans, selon différentes modalités, constituent à maints égards (emprise physique, foncier, techniques)

8 Le domaine foncier de la CSS a été constitué par assemblage de terres de statuts variés à différentes époques. Il relève d'un bail emphytéotique (voir Sy, 2005).

des implants agricoles étrangers au milieu d'accueil, il peut paraître discutable de les considérer comme des enclaves, car ils s'insèrent dans une économie et une société locales auxquelles ils sont liés par des flux de toutes natures (cf. chapitre 8).

L'archétype de l'enclave, c'est la mine ou la base pétrolière *on shore*. Du point de vue d'un pays dont une entreprise exploite des ressources à l'étranger, il s'agit presque d'une « exclave », à la situation territoriale détachée mais stratégique (Brunet *et al.*, 1992). Il arrive que les enclaves s'emboîtent (Sébille-Lopez, 2006 : 167) : l'enclave angolaise de Cabinda, coincée entre les deux Congo, porte d'autres enclaves, comme la cité pétrolière de Malongo. Celle-ci contient elle-même ses quartiers pour employés nationaux et expatriés clôturés (l'épaisseur des systèmes défensifs exprimant la hiérarchie sociale) et des plateformes de production offshore (qui relèvent plus de l'île que de l'enclave, car elles sont entourées par la mer). Le pétrole de Cabinda fournit près de la moitié de la rente angolaise, mais l'enclave en bénéficie très peu, ce qui se traduit par l'existence d'un mouvement rebelle irrédentiste à l'activité intermittente[9].

Les enclaves minières sont depuis longtemps urbanisantes : les villes minières congolaises étudiées par Jean Dresch (1948) s'organisent selon un urbanisme qui, sous l'influence du modèle du patronat belge, pousse très loin les séparations[10] qui avaient cours alors, sous des formes très paternalistes. Ordre et hiérarchie sociale, statut spécifique et services sociaux fournis aux employés de l'Union minière du Haut-Katanga (UMHK) définissent une enclave ouvrière et urbaine qui tranche à maints égards avec l'environnement rural. Dans le contexte des indépendances, ces modèles d'enclaves minières sont reproduits dans des sites inscrits dans des environnements de désert humain, secs (exploitation de l'uranium d'Arlit au Niger [Poitou, 1982 ; Pallier, 1984], mines de fer de Zouerat, en Mauritanie [voir Bonte, 2001]) ou forestiers (mines de manganèse de Moanda et d'uranium de Mounana au Gabon [voir Pourtier, 1989]). La topographie de Moanda, par exemple, révèle la cité minière idéale : sur le rebord du plateau, la mine et l'usine. Sur le versant, la cité des cadres, avec, un peu à l'écart, le club et ses installations sportives. En bas, ordonné autour de l'église (financée par la compagnie ?) suivant un sage plan hippodamien, le village des employés nationaux. Au-delà, en couronne aléatoire, le village spontané. Même en contexte de basse densité démographique et de faible intensité des réseaux d'échanges, on n'a pu l'empêcher tout à fait.

D'autres configurations spatiales s'assimilent à l'enclave. Le nom des aires protégées suffit à signaler le statut spécifique dont elles jouissent. Leur taille

**9** Le Front de libération de l'État du Cabinda-Position militaire (Flec-PM), que l'on croyait éteint, s'est manifesté en janvier 2010 par l'attaque du bus transportant l'équipe togolaise de football, lors de la coupe d'Afrique des nations organisée en Angola.

**10** C'est évidemment en Afrique du Sud que ces logiques ont été poussées le plus loin.

et leur fonction expliquent qu'elles ne soient pas souvent clôturées. Il s'agit notamment de servir de refuge saisonnier à une faune migrante. Mais leur protection est assurée par des corps de gardes des parcs ou des agents des Eaux et Forêts à tradition paramilitaire. Leur histoire et l'importance de l'aide internationale dans leur définition, leur gestion, leur financement et les règles qui s'y appliquent – souvent des conventions internationales – en font une des figures de l'extraversion : elles justifient la captation de la rente de l'aide environnementale, en même temps qu'elles représentent un facteur de fragmentation territoriale (Ferguson, 2006 : 42-44).

Enfin, les zones franches peuvent aussi apparaître comme des enclaves. Ce sont des espaces délimités où les lois nationales ne s'appliquent que partiellement. Leur mise en place en Afrique occidentale a produit des effets limités (Bost, 2010). Les camps de réfugiés, espaces clos protégés militairement où prévalent les lois internationales, fonctionnent suivant des logiques spatiales analogues (voir Cambrézy, 2001 ; Agier, 2002 ; Lassailly-Jacob, 2006).

*Les logiques des enclaves*

Les enclaves, notamment extractives, apparaissent comme telles à la fois à l'échelle nationale et au niveau le plus local des installations.

Les entreprises minières ont en commun avec celles qui opéraient la traite d'importer tout ce dont elles ont besoin. La différence, c'est que les circuits commerciaux de la traite[11] pénétraient l'ensemble du pays, alors que « l'entreprise minière apparaît au contraire comme une enclave économique entièrement étrangère à l'économie du pays » (Suret-Canale, 1970, cité par Souaré *et al.*, 1993 : 159). Les standards technologiques, mais aussi les besoins de ponctualité, de régularité et de qualité des approvisionnements des entreprises extractives les placent hors d'atteinte des capacités des fournisseurs nationaux (Magrin, 2003a). Et comme les produits extraits sont exportés bruts, sans transformation locale autre que le traitement minimum nécessaire au transport, les effets d'entraînement sur les autres secteurs de l'économie demeurent très limités. En outre, quel que soit le niveau des rentes dans les PIB, la part de l'emploi minier ou pétrolier demeure faible, car ces secteurs n'emploient guère : en Guinée, en début des années 2000, le secteur phare de l'économie employait au maximum 15 000 personnes, dont la moitié environ d'emplois induits (Campbell, 2009b : 100).

En Mauritanie, la Snim apparaît comme un isolat au sein de l'économie nationale. Ses 200 ingénieurs y offrent la plus grande concentration de compétences du pays, mais l'entreprise n'a guère contribué à renforcer le tissu

11 La traite licite, qui remplace progressivement la traite esclavagiste au cours du XIX^e^ siècle, consiste, pour des maisons de commerce européennes implantées dans les territoires coloniaux à travers un réseau de succursales, à acheter des matières premières (agricoles, ou autres) destinées à l'exportation et à importer et distribuer des biens manufacturés, en effectuant un bénéfice lors de chacune de ces opérations.

économique par ailleurs. Même les autres activités du secteur extractif, comme les mines de Taziast (or) et d'Akjoujt (cuivre et or), ou le secteur embryonnaire du pétrole, n'ont guère bénéficié de l'expérience acquise, en matière de gestion environnementale comme dans les autres domaines (fiscalité)[12].

Les enclaves se définissent également, et peut-être avant tout, par leur extraterritorialité : leur création est motivée par le besoin de sécuriser les activités face à un environnement jugé potentiellement menaçant (Donner, 2011). Dans le domaine pétrolier, les contrats prévoient tous aujourd'hui des arbitrages à un niveau international en cas de litige, pour couvrir en partie les risques de nationalisation. Les gisements sont donc des enclaves juridiques (Soares de Oliveira, 2007 : 213). La dimension légale et administrative de l'enclave est importante. En principe, l'entreprise applique d'abord les lois nationales telles qu'elles sont contenues dans les codes miniers ou pétroliers, puis ses propres standards[13] HSE (*Health, Safety, Environment*) si les premières se révèlent insuffisamment précises. En pratique, les standards appliqués sont couramment ceux de l'entreprise, au nom de la simplicité de l'habitude et des routines, mais aussi parce que les codes nationaux se contentent souvent d'énoncer de grandes orientations peu contraignantes. En Guinée Équatoriale, les employés états-uniens n'ont pas besoin de visa et circulent en libre transit, sans fouille, de l'aéroport de Malabo aux installations insulaires ou continentales, ce qui n'est pas rien dans le contexte autoritaire du pays, comme s'ils étaient en position d'extraterritorialité (Donner, 2004 : 48). Si l'application de règles extérieures à celles du pays fait apparaître les enclaves comme extraterritoriales, cela amène à se demander à quel territoire elles appartiennent (Donner, 2009 : 7).

À l'échelle locale, les compagnies extractives, d'un double mouvement, désenclavent la ressource tout en enclavant leurs installations, pour des raisons de sécurité (Donner, 2009 : 7). L'enclave se construit en peau d'oignon[14] : par enveloppes successives. Chacune ajoute un niveau de contrôle et de contrainte, qui définit des autorisations d'accès modulées selon le statut. Le contrôle est d'autant plus strict que les ressources sont susceptibles d'être volées. Une mine de fer ne présente de ce point de vue pas les mêmes enjeux qu'une exploitation d'or ou de diamant.

Ainsi, à la mine d'or de Tabakoto, dans l'Ouest malien correspondant à l'ancien Bambouk (Magrin, Gautier, 2006), la zone d'exploitation est ceinturée depuis 2005 par plusieurs grillages : l'un englobe la zone d'activité, comprenant les bases de vie et de travail, et quelques no man's land occupés jadis par un marigot où les villageois pouvaient pêcher (cf. planche 7). Son dessin

12 Entretien avec le président du Comité national de l'initiative pour la transparence dans les industries extractives, mené dans le cadre du Panel scientifique indépendant sur les activités pétrolières en Mauritanie, Nouakchott, 2008.

13 Compris ici comme procédure à suivre au sein d'une entreprise.

14 Merci à Geert van Vliet de m'avoir suggéré cette image.

correspond au permis d'exploitation. Deux enceintes circonscrivent la fosse et l'usine. Double enceinte, double enclave. Au-delà du grillage, la mine réorganise l'espace riverain : près de 700 familles – les deux tiers de la population du village – ont été relogées dans un nouveau quartier construit à côté de l'ancien, car leurs maisons ont dû être détruites pour construire la fosse. L'habitat, amélioré (dalle de ciment, banco enduit, toit de tôle), s'africanise cependant rapidement : palissades de paille et plantations d'arbres l'assimilent progressivement au style local.

L'emploi concentre les tensions avec l'environnement. Les Maliens qualifiés viennent d'autres régions, ils ont été formés à Syama ou Yatela, des mines d'exploitation plus ancienne. Les relations entre employés semblent reproduire une forme de communautarisme inhérente au monde de la mine, séparant expatriés blancs/africains, Maliens qualifiés/non qualifiés. Malien ou étranger, on se dispute en anglais, langue distinctive de l'identité minière. Les commandes locales sont faibles, malgré quelques tentatives, l'essentiel de l'approvisionnement étant assuré par une chaîne logistique qui relie les mines d'or de l'Ouest malien (Yatela, Sadiola, Loulo, Tabakoto) directement au port de Dakar.

De même, dans les savanes méridionales du Tchad, les équipements pétroliers du consortium mené par Exxon font-ils figure d'enclave (Magrin, van Vliet, 2005). La première infrastructure assurant le désenclavement direct du Tchad est un tube de 76 cm de diamètre, cordon ombilical allongé sur 1 100 km jusqu'à l'océan, qui ne désenclave que le brut. L'extraterritorialité du lieu se construit par des grillages, hauts et infranchissables autour des bases comme celle de Komé V et de Komé base, à l'entrée desquelles tout un système de badges informatisés suit et contrôle le passage des véhicules et des employés. Les clôtures destinées à assurer l'étanchéité du système face à l'environnement d'accueil sont plus ténues autour des puits de pétrole. La distance résulte aussi de la massivité des installations[15], dont la technologie contraste vigoureusement avec les modestes usines cotonnières qui représentaient jusqu'alors l'essentiel de l'appareil industriel régional. La langue anglaise hégémonique dans l'affichage, l'omniprésence des préoccupations de santé et de sécurité, qui confinent à l'obsession en matière de prévention antipaludéenne, signalent les pratiques habituelles de la première entreprise mondiale, tout en exprimant aussi la représentation qu'elle se fait d'opérations menées « au cœur des ténèbres », dans une Afrique synonyme des complexes les plus pathogènes.

15 En plus de l'oléoduc principal, on prévoyait initialement 300 puits de production, 25 puits de réinjection d'eau, un système de conduites et une station de collecte, des installations pour le traitement des fluides, une station de pompage, une centrale électrique de 120 MW, des entrepôts et magasins d'entretien, un centre de formation du personnel, des bureaux et des logements, un aéroport (Exxon, 1999b). Quelques adaptations ont été réalisées par la suite – la piste d'atterrissage est moins grande que prévu, mais les puits beaucoup plus nombreux (800) –, si bien que l'emprise foncière des installations est supérieure à ce qui était envisagé.

Car si toute l'alimentation est importée, jusqu'à l'eau minérale et au soda consommé sur la base, l'air du moins ne peut pas l'être (Donner, 2003).

### 2.3. *De l'enclave à la greffe ?*

C'est par le détour de la rente, captée et utilisée par l'État, que s'opèrent les effets principaux des enclaves extractives, loin des sites et des échelles locales et régionales auxquelles elles s'inscrivent. Mais les enclaves peuvent aussi tisser des liens avec leur environnement. Ces relations sont dynamiques, car sensibles aux changements du contexte d'accueil aussi bien qu'à ceux de l'horizon mondialisé qui façonne ces enclaves. De l'enclave à la greffe, de la greffe au réenclavement, l'incertitude des processus tient aussi bien à leur nature qu'à l'échelle spatiale et temporelle à laquelle on les considère.

*La logique de la capsule : des enclaves structurantes*

Dans certaines circonstances, les formes qui ont un moment relevé de l'enclave ont fonctionné comme des greffes, ou des capsules : passé le choc de l'implantation du corps étranger, celui-ci a noué des liens de plus en plus denses avec le milieu d'accueil, au point de s'incorporer à son fonctionnement, en l'améliorant. Les limites de l'objet en question, initialement tranchées, se sont estompées, brouillées.

Ainsi des aménagements hydroagricoles. Dans la vallée du fleuve Sénégal, les premiers grands périmètres rizicoles, à l'aménagement lourd, dont l'encadrement serré était assuré par la SAED, ont laissé la place à une grande diversité de périmètres – aux tailles, modes d'irrigation et de gestion variés (Seck *et al.*, 2009 : 65-66). Même une agro-industrie comme la CSS s'intègre dans le paysage. Elle constitue un pôle structurant, en dépit du faible développement des activités industrielles amont, réduites à une petite société de matériel d'irrigation : autour des grandes parcelles cultivées en régie par la compagnie se sont développés des périmètres pirates. Tolérés, ils utilisent l'eau de la compagnie et obtiennent des rendements record en riz et en légumes (oignons notamment), profitant notamment de l'environnement assaini par les traitements de la CSS (Sy, 2005). Les employés de la CSS sont en outre actifs parmi les pionniers de l'agriculture irriguée privée de la région, notamment parmi ceux qui se sont lancés dans la culture de la patate douce sur les hautes berges des rives orientales du lac de Guiers, à partir d'aménagements sommaires, à la charnière des années 1990 et 2000 (Camara, 2003 ; Mar, Magrin, 2008). Les aménagements hydroagricoles et la CSS n'ont pas donné naissance à la grande agriculture créant le tissu d'entreprises modernes dont rêvaient les aménageurs de la Vallée, mais ils ont contribué au faisceau d'innovations imprévues qui font la dynamique actuelle de cet espace du Delta.

Les activités minières présentent des configurations similaires, à une tout autre échelle. Dans les pays développés, lors de la première révolution industrielle, l'activité minière fut un lieu majeur d'exploitation et de misère ouvrière, le décor du *Germinal* de Zola et de bien d'autres drames. Mais l'exploitation a aussi été une des bases du décollage économique et des prospérités nationales ultérieures ; mines, peuplement et développement régional ont souvent coïncidé. Ainsi, les techniques développées par les Saxons du Harz au XIe siècle ont exercé une influence sur la culture et l'économie germaniques ultérieures (Reitel, 1996). L'exploitation minière a stimulé le peuplement, les activités proto-industrielles, puis les innovations (Deshaies, 2007 : 21-22). À leur début au XIXe siècle, mines, usines et cités ouvrières apparaissaient comme des îlots au milieu des paysages agricoles, des enclaves. Puis les îlots se sont agrandis et ont submergé peu à peu l'ancien paysage rural, produisant un paysage mixte original (Deshaies, 2007 : 73). Les images satellites ne donnent-elles pas une vision semblable aujourd'hui du Sud du Tchad ? Le paysage est trompeur, et la comparaison a ses limites. Car les mines de la révolution industrielle européenne ont accueilli massivement la main-d'œuvre rurale environnante. Il n'en va pas de même des activités extractives contemporaines.

Pourtant, au XXe siècle, des processus analogues ont été observées. Dans les années 1920-1930, en Afrique australe mais aussi en Gold Coast (actuel Ghana), l'essor minier a été combiné avec une modernisation agricole et des investissements manufacturiers (Dresch, 1946 : 64). Au Shaba, le paternalisme de l'UMHK, relayé par la Gecamines, a permis, de la fin des années 1960 aux années 1970, une structuration régionale autour de la mine stimulante pour les autres secteurs : en contexte d'enclavement, l'économie agricole était sollicitée pour nourrir les villes minières (Pourtier, 1994 ; Bruneau, Pain, 1990). De même, l'économie minière urbanisante de la Zambie, organisée en un chapelet de villes de plus de 100 000 habitants, s'était accompagnée d'un modèle « socialement épais », de nature à renforcer les liens entre la mine, ses employés et l'environnement régional : paternalisme, syndicats forts, salaires élevés, éducation et formation continue. Ce modèle a été conforté par l'indépendance, en 1964, puis la nationalisation du cuivre dans un contexte de cours élevés (Ferguson, 1999 ; Ferguson, 2006 : 197-198). Il a été ensuite remis en cause avec le retournement de conjoncture, la baisse des prix du cuivre et l'ajustement structurel.

Autour des aires protégées, après les phases coercitives initiales où la démarcation par la violence légale de l'enclave était prioritaire, les nouvelles approches participatives de gestion concertée des périphéries[16] mettent l'accent sur les liens entre le cœur de la réserve et les populations riveraines, sur un

16 Sur ce sujet, voir par exemple Binot, Joiris, 2007 ; Aubertin, Rodary, 2009.

rayon à l'épaisseur variable. Il s'agit d'associer ces villageois aux retombées de l'aire protégée, en les impliquant dans la surveillance et de modestes activités touristiques. Mais la localisation fréquente des aires protégées dans des zones faiblement peuplées et la logique même de ces territoires parfois très vastes, inhabités, soustraits à la règle spatiale commune ne les prédisposent pas à jouer un rôle régional structurant.

*Des tendances actuelles au réenclavement*

L'ère néolibérale mondialisée des dernières décennies semble altérer la relation entre les « implants » extractifs et le milieu d'accueil : les liens locaux et régionaux s'effilocheraient, de même que les effets positifs qui allaient avec, les enclaves se renforcent, au profit d'une logique exacerbée de prélèvement de rente par les États, de profit exporté par les entreprises.

D'une part, les industries extractives sont devenues plus capitalistiques au cours des dernières années. Il s'agit d'une dynamique mondiale : dans les mines récentes en découverte, le minerai est extrait dans des excavations géantes par quelques centaines d'employés seulement, souvent dans des régions au milieu hostile (sec ou froid), peu peuplé (déserts américains ou australiens, Sibérie, Brésil, Canada). Il n'est pas valorisé sur place (Deshaies, 2007 : 106). La complexification technologique et l'isolement croissant en enclaves font que les activités minières ressemblent de plus en plus à l'exploitation pétrolière (Ferguson, 2005 : 378).

En Afrique, les sites employant des centaines de milliers de travailleurs, comme en Zambie ou au Shaba/Katanga autrefois, appartiennent au passé (Ferguson, 2006 : 204-205). Au Ghana, 15 000 emplois miniers ont été perdus entre 1983 et 2003, sans compter les orpailleurs artisanaux chassés de leurs sites, malgré une forte augmentation de la production (Akabzaa, 2009 : 51). Les changements techniques accroissent aussi certains impacts sur l'environnement – les gigantesques excavations en découverte se substituant aux exploitations souterraines antérieures (Akabzaa, 2009 : 26). La notion d'enclave décrit une absence de relation entre la mine et son environnement, de l'indifférence en somme. Elle tait les impacts négatifs, alors que ceux-ci ne sont pas réglés facilement par le simple jeu des compensations versées par les compagnies aux paysans expropriés ou aux « communautés » dont les ressources naturelles ou culturelles ont été affectées.

D'autre part, la déconnexion des mines des relations sociales et politiques nationales a été facilitée par la privatisation des entreprises nationales, mais aussi par les améliorations des communications et du transport aérien (Ferguson, 2006 : 205). La baisse du prix du transport découragerait la transformation locale (Abugre, Akabzaa, 1998).

Ainsi, la croissance de l'activité minière dans certains États semble bien peu contribuer au développement, aussi bien à l'échelle locale que nationale.

Le Ghana, par exemple, est devenu le deuxième producteur d'or du continent derrière l'Afrique du Sud (le dixième du monde). Selon certains auteurs, le secteur aurifère y demeurerait une enclave, aux liens très ténus avec le reste de l'économie, sans grande intégration au schéma national de planification du développement. Les mines n'ont guère d'effets d'entraînement. Le code minier n'encourage guère les liens d'amont et d'aval avec les autres secteurs et l'économie locale (Akabzaa, 2009 : 26, 51, 53).

*Liens ténus, dynamiques incertaines*

Les dernières années ne se prêtent pas à une analyse simple des relations entre les enclaves extractives et leur milieu d'accueil. La diversité des situations extractives en est une raison : quoi de commun entre l'exploitation sauvage du far East du Kivu, dans un contexte de guerre et de prédation, par des acteurs de toutes origines (nationaux, militaires des pays voisins, capitaines d'industrie mondialisés anglo-saxons, indiens, chinois, etc.), et le projet pétrolier tchadien, mené par une *major* aux standards parmi les plus avancés, avec l'encadrement de la Banque mondiale et l'aiguillon critique du regard de nombreuses ONG (cf. chapitre 9) ? De même, les projets miniers ne sont pas comparables : une petite mine d'or n'est pas un projet majeur d'exploitation de fer. Et, bien sûr, les milieux d'accueil sont plus ou moins peuplés, enclavés, vulnérables. La combinaison de ces facteurs (nature du projet et du milieu d'accueil, contexte national d'exploitation) explique les grandes différences de situation, observables, qui se retrouvent dans la littérature. Une difficulté méthodologique réside partout dans l'identification de la part imputable aux projets extractifs dans les changements observés.

Les gisements miniers ou pétroliers se trouvent souvent situés dans des régions enclavées, éloignées des centres nationaux et des lieux d'évacuation. L'exploitation a alors nécessité la construction d'infrastructures de transport. Au Tchad, le projet pétrolier ne désenclave en apparence pas grand-chose en dehors du pétrole. Mais le pont sur la Mbéré, construit près des trois frontières (Tchad-RCA-Cameroun) pour permettre l'acheminement du matériel vers la zone des travaux, sert à présent aux riverains. Les progrès du réseau routier permanent vers le sud du pays, entre Ndjaména et Moundou (2002), puis Doba (2008), Koumra (2009) et Sarh (2013), ont été concomitants avec l'ère pétrolière. Le réseau de la téléphonie mobile s'est implanté rapidement dans le Sud du pays parallèlement au chantier pétrolier (2000-2003). Certes, ces changements s'intègrent, pour le premier, dans un schéma routier national sans lien direct avec l'ère pétrolière, validé par les bailleurs de fonds internationaux depuis des années et financé par eux, pour le second, dans une dynamique générale en Afrique (et ailleurs dans le monde) d'extension fulgurante des réseaux de télécommunications. Mais le fait que ces changements privilégient d'abord les zones concernées par l'exploitation pétrolière suggère l'effet d'accélération dont elle a pu être le vecteur.

De même, la répartition en chapelet des mines d'or de l'Ouest malien en contrebas de la falaise de Tambaoura a permis aux compagnies minières de financer ensemble une amélioration de l'accessibilité, au milieu des années 2000 (Magrin, Gautier, 2006) : la piste d'avion de Kéniéba a été allongée, la route refaite, et on envisageait que la mine de Tabakoto puisse fournir de l'électricité au modeste chef-lieu de cercle[17]. Des connexions aux flux immatériels de la télévision – *via* des antennes satellites – et de la téléphonie mobile ont brutalement sorti la région d'un isolement profond. En avril 2006, un auditeur de Radio France internationale (RFI) de Loulo (travailleur de la mine ?) pose une question sur l'organisation administrative du football brésilien : l'enclave minière constitue aussi une fenêtre ouverte sur l'espace mondialisé.

En outre, les projets extractifs s'accompagnent parfois, mais pas toujours, de changements démographiques, plus ou moins importants et durables. La mine d'or de Kalsaka (mise en service en 2008), au Burkina Faso, a achevé de réduire un orpaillage en crise et n'a guère attiré : le village a suffi à fournir l'emploi requis lors du pic du chantier initial, aucune ruée vers l'or n'a été enregistrée, dans un contexte de fort contrôle social de la chefferie Mossi laissant peu de place pour l'accès à l'emploi à des nouveaux venus (Thune, 2010). À Sabodala, au Sénégal oriental, comme dans l'Ouest malien, les mines d'or ont en revanche attiré une population flottante assez importante d'aventuriers ou d'orpailleurs (Mbodj, 2009). Au Tchad, les sirènes de l'or noir ont déclenché une ruée vers le pétrole moins importante que ce qui était redouté par la Banque mondiale, mais non négligeable pour autant (cf. carte 14) : durant le chantier, 9 000 personnes ont pu s'employer sur les sites de travaux au Tchad, et autant ont trouvé des emplois indirects (Magrin, 2009b). La moitié viennent des régions limitrophes du Sud du Tchad, l'autre du reste du pays, une minorité des pays de la sous-région. Ces déplacements réactivent de vieux champs migratoires : les éleveurs Peul et Haoussa qui viennent vendre du lait à la porte des bases rejoignent des parents présents depuis quelques décennies dans le Sud du Tchad. La plupart des migrants sont repartis en 2003-2004 quand, le chantier achevé, le pétrole a commencé à couler en même temps que tarissaient les sources d'emploi. Mais les bases pétrolières ont tout de même fixé des noyaux de peuplement informels inattendus : en face de la base de Komé, le quartier Atan[18] s'est installé dans la durée. Après un incendie qui a ravagé

17 Équivalent au Mali d'une sous-préfecture ailleurs.

18 L'origine de ce nom est controversée (voir Magrin, van Vliet, 2005 : 97) : pour les uns, le quartier se serait initialement dénommé Satan, en raison des comportements licencieux associés à l'ambiance pionnière du chantier, puis aurait perdu son S sous l'effet de la pudibonderie des autorités ou d'Exxon. Pour d'autres, il s'agirait d'une traduction de l'attente (« attends ! »), avant le début de l'ère pétrolière, et surtout avant de pouvoir être embauché.

ses paillotes, il a été reconstruit en briques cuites, et les rues tracées en vue d'un éventuel lotissement. Le village de Komé est devenu sous-préfecture et en même temps commune urbaine.

De même, certains sites semblent avoir stimulé le commerce et parfois l'agriculture locale, quand d'autres n'exercent guère d'effets significatifs. À Kalsaka, la mine achète tout à Ouagadougou. Les horaires de travail laissent peu de loisir aux employés originaires d'ailleurs pour dépenser leur argent au village : leur temps de repos venu, ils rentrent chez eux. Le commerce local fonctionnerait encore moins bien qu'avant la mine (Thune, 2010). À Tabakoto, en revanche, la mine s'insère dans le réseau du commerce local transfrontalier de produits agricoles et semble l'animer (Magrin, Gautier, 2006) : les produits maraîchers ou les céréales pour le village viennent du plateau ou de la petite région (le riz de Kédougou, au Sénégal, le mil de Kita, transporté à dos d'ânes par des commerçants maures, ce mode de transport traditionnel occupant les interstices des réseaux modernes). Au *John's bar*, tenu par un employé européen de la mine licencié après l'ouverture de l'établissement, les employés de la mine viennent se divertir. Des filles nigérianes travaillent dans l'attente d'une hypothétique occasion de partir en Europe, au cas où elles parviendraient à convaincre un Blanc de la mine de les emmener. On campe ainsi à la porte des enclaves minières comme ailleurs autour de Ceuta et Melilla, espérant les utiliser comme sas vers un monde supposé meilleur, même si ces enclaves présentent des chances de réussite tout aussi infimes.

L'incidence des enclaves extractives sur la pauvreté et le développement régional est difficile à établir. Au Ghana, des études ont montré que la pauvreté dans le Wassa West District, un des plus affectés par l'industrie minière en Afrique, avec 16 mines en opération, est supérieure à la moyenne régionale mais inférieure à la moyenne nationale (Aryeetey *et al.*, 2004, cité par Akabzaa, 2009 : 54). Selon une étude stratégique environnementale réalisée dans le même pays, la pauvreté serait décroissante au fur et à mesure que l'on s'éloigne des mines (Akabzaa, 2009 : 55). D'autres travaux, plus récents, mettent l'accent au contraire sur les liens trop souvent méconnus, en particulier amont, développés autour du secteur aurifère, à l'origine de milliers d'emplois indirects et de la constitution de véritables clusters d'activités dans une partie de l'agglomération d'Accra (Bloch, Owusu, 2011).

Au Tchad, une étude menée dans des villages témoins, situés près des champs de pétrole, le long de l'oléoduc, et dans des villages non affectés par l'exploitation, montre que les indicateurs socioéconomiques étaient meilleurs dans l'aire d'influence directe du projet. Celle-ci a été impactée, mais elle a bénéficié en priorité de l'emploi et a reçu des compensations pour les dommages subis (Cogels, Koppert, 2004). En revanche, c'est dans les mêmes zones que la cohésion sociale a été le plus fortement ébranlée, que les contestations et frustrations ont été les plus importantes. À Doba, l'association d'Exxon et de la Banque mondiale, mêlant l'imaginaire de la puissance et de la technologie occidentales à celui du développement, a produit des déceptions à la mesure d'espoirs démesurés. Dialogues et compensations substantielles[19] n'ont pas empêché désespoir et désarroi des sociétés locales.

Les effets socioéconomiques de l'augmentation du nombre des puits ont donné lieu à des bilans contradictoires. Le consortium a dû en effet construire 800 puits au lieu des 300 prévus pour maintenir la production au niveau souhaité. Populations riveraines et ONG ont insisté sur la situation extrêment difficile des villages enclavés au milieu des installations, dont nombre d'habitants n'auraient plus suffisamment de terres pour pouvoir survivre après avoir été « impactés » par le projet à plusieurs reprises (Gramptc, 2003). En 2006, une commission indépendante mandatée par la Banque mondiale a produit un rapport sur le sujet. Une enquête dans les quinze villages les plus touchés a couvert 3 000 ménages et cartographié 16 000 champs. Elle révèle que 7 % des ménages seulement, soit tout de même 210 (1 500 personnes environ), seraient en grave difficulté d'après les normes du PGE, selon lesquelles chaque membre d'un ménage doit disposer d'un tiers d'hectare de terres cultivables (Magrin *et al.*, 2012).

Les effets de l'exploitation minière ou pétrolière sur les économies régionales sont également difficiles à cerner. Au Tchad, la région administrative de Doba, le Logone oriental, a bénéficié des 5 % des revenus pétroliers directs prévus par la loi de 1999, revue en 2006. Les premières études sur le sujet (Gramptc, 2008) laissent à penser que la rente pétrolière régionale a donné lieu aux dysfonctionnements souvent observés à l'échelle nationale : les investissements ont privilégié les considérations clientélistes, le bâtiment et les infrastructures visibles (stades, marchés, hôpitaux) sur les projets de long terme répondant aux attentes des habitants ou aux projets productifs (appui à l'agriculture, à l'élevage, etc.). Les originaires des trois cantons abritant les puits (Miandoum, Komé, Bolobo) se plaignent en outre d'être trop mal servis au profit du reste de la région. L'économie régionale ne s'en est trouvée que superficiellement stimulée.

À l'échelle plus large du Sud du Tchad considéré comme un système économique régional (Magrin, 2001), il est difficile de savoir ce qui peut être imputé à l'activité pétrolière et ce qui relève d'autres facteurs. Moundou, la capitale régionale, a renforcé ses fonctions de carrefour, avec la construction de routes goudronnées vers Ndjaména (2002), Ngaoundéré (2004), Doba (2008) et bientôt Sarh. Elle s'est connectée aux réseaux de la téléphonie mobile, a étoffé son potentiel bancaire (Tulipe, 2004 ; Magrin, van Vliet, 2005). Mais

**19** Depuis 2000, les compensations individuelles ont bénéficié à environ 10 000 personnes réparties dans plus de 300 villages, ce qui représente un montant de 7,4 Mds Fcfa (Exxon, 2010).

passé l'euphorie du chantier, où elle servait de base arrière aux principaux sous-traitants (Magrin, 2003a), elle a souffert de la crise de la Cotontchad, de son éloignement des sites pétroliers, de l'abandon d'un plan de développement régional (cf. chapitre 9) qui aurait élargi les retombées de la région pétrolière au-delà du seul Logone oriental.

Enfin, dans les espaces enclavés aux frontières du Sénégal, du Mali et de la Guinée, jadis victimes d'un retournement géographique, avec l'essor de centres nationaux éloignés de plusieurs centaines de kilomètres (Mbodj, 2009), on peut se demander si les dynamiques minières récentes ne constituent pas un facteur de régionalisation transfrontalière (Magrin, Gautier, 2006 ; Mbodj, 2011). La dynamisation des villes régionales (Kayes plus que Kéniéba, au Mali ; Siguiri en Guinée ; Kédougou au Sénégal, qui vient d'être érigée en chef-lieu de région) pourrait contribuer à amplifier des flux d'échanges préexistants. Elle est liée selon toute apparence à l'influence directe (emploi, circulation monétaire) et indirecte (amélioration des infrastructures de communication) des activités minières.

### 2.4. *La figure de l'archipel*

Les enclaves n'en sont que par rapport à leur milieu d'implantation. Elles sont parfois liées entre elles, tout en représentant les capillarités fines d'un réseau plus large qui s'inscrit à l'échelle mondiale (Arrault, 2005 : 323). Les archipels qu'elles forment alors constituent une figure spatiale centrale des systèmes rentiers extravertis qui connectent l'Afrique au monde. S'ils apparaissent parfois aussi offshore que les enclaves qui les structurent, ces archipels n'en sont pas pour autant sans ancrage. Décrire leur logique d'organisation, leurs rapports au territoire et leurs facteurs d'évolution éclaire la complexité de la relation entre rentes, territoires et développement.

#### *L'archipel entre ancrage et relation*

La notion d'archipel et ses usages en géographie ont été étudiés dans un article dont il est utile d'exposer ici succinctement la teneur, avant de l'appliquer aux configurations spatiales étudiées en Afrique de l'Ouest et du Centre (Arrault, 2005).

Différentes définitions du terme ont été proposées. Le mot archipel vient d'un toponyme qui désigne la mer Égée (*aigaion pelagos*, ou *agios pelagos*, mer sainte). Cette origine l'inscrit au croisement de deux spatialités différentes, la terre et la mer, qui ne ferme pas mais ouvre sur un champ de relations. Le terme d'archipel a notamment été utilisé pour désigner le fonctionnement réticulaire des grandes métropoles mondiales, par exemple par Sassen (1997) et Dollfus (2001). Cette lecture a été critiquée, parce qu'elle occulte les liens entre ces unités métropolitaines et les arrière-pays qui les ont fait naître (Carroué, 2005 : 218), comme si l'entre-deux-îles n'existait plus.

Or, un des intérêts de la notion d'archipel, c'est qu'elle permet de penser des territorialités nouvelles « sans exclure les anciennes ni segmenter la réalité géographique en réseaux et angles morts » (Arrault, 2005 : 323). « L'archipel n'est donc pas déconnecté du territoire sur lequel il se superpose. Il en constitue plutôt une dimension supplémentaire, prenant appui sur les polarités, même secondaires. » Il en résulte pour Arrault que « le territoire en archipel serait le produit d'ordres spatiaux différents, où la digitalisation résultant d'une mise en réseau ne serait pas découplée des localisations et des situations territoriales préexistantes ».

On voit bien l'intérêt d'une telle lecture pour décrire l'interaction entre des espaces ruraux africains et des systèmes miniers mondialisés. À l'abri des grilles de l'enclave, les îles de l'archipel sont les sites d'exploitation dans une mer qui désignerait davantage la fluidité des relations mondiales que la rugosité du territoire d'accueil. Mais ces enclaves extractives fonctionnent à la fois comme polarités, au croisement de flux réticulaires, et lieux structurants à l'échelle locale. Le réseau s'appuie sur le territoire, par exemple sur les infrastructures existantes (Donner, 2009), et le structure en retour. En Mauritanie, le chemin de fer de la Snim a été construit pour exporter le minerai de fer de Zouerat vers le port de Nouadhibou. Mais il transporte aussi des passagers[20]. Dans le Nord-Ouest désertique du pays, les haltes de ce chemin de fer sont devenues autant de lieux structurants des échanges et de redistribution des mobilités sahariennes, et ainsi un véritable facteur d'organisation de l'espace (Dejouhanet, 2006 : 297-299).

De même, ces dispositifs procèdent de l'ancrage. L'entreprise arrime ses équipements (capital technique et financier) au milieu pour y prélever les matières dont elle a besoin – le produit exporté et les ressources nécessaires à son extraction (eau, terre, etc.) (Thune, 2010). Ce faisant, elle exerce un impact négatif sur l'espace environnant (prise de terres et divers impacts habituels), mais elle l'anime et le structure. À la manière marine, l'ancrage peut être éphémère, le temps de remplir les cales et de voguer ailleurs si les vents du marché y portent. L'escale peut avoir la durée du cycle d'exploitation du gisement, ou s'interrompre en cas de dépression des cours.

*Les archipels en Afrique : un mode de métissage spatial ?*

Depuis longtemps, le terme d'archipel a été utilisé pour désigner l'hétérogénéité de l'espace et de l'économie en Afrique, où les formes « modernes » importées (villes ou activités) paraissent se détacher comme des îlots sur un fond autochtone indifférencié de vide ou de « tradition » : l'analogie archipélagique renvoie à l'opposition villes-campagnes, aux contrastes du peuplement, aux

**20** Une voiture est réservée aux passagers (salariés de la Snim et touristes) dans la plupart des convois. La présence de nomades avec leurs animaux est tolérée sur les tas de minerai (Dejouhanet, 2006 : 299).

différences entre les mines, les pôles de modernisation rurale (cultures commerciales pluviales, zones d'économie de plantation, périmètres hydroagricoles) et les autres espaces, laissés à l'économie traditionnelle. Ainsi René Dumont identifiait-il les contraintes de cette « géographie en archipel », où des « archipels de haute intensité économique », urbains ou agricoles, sont séparés par des vides qui accroissent le coût des infrastructures, freinent les échanges et donc le développement (Dumont, 1962 : 19).

On peut s'interroger aussi sur ce qui fait lien entre les pôles des archipels. Les sites extractifs sont-ils uniquement des composants d'archipels établis à l'échelle mondiale au sein du réseau international de chaque entreprise, ou bien participent-ils aussi d'archipels inscrits dans des espaces régionaux africains, par des liens entre sites suffisamment proches ? Les archipels extractifs peuvent-ils constituer de nouveaux facteurs de régionalisation (Tulipe, 2004 ; Magrin, Gautier, 2006 ; Mbodj, 2009), et ainsi participer des formes du métissage spatial évoqué précédemment ?

La délimitation des archipels miniers et pétroliers, comme celle des archipels insulaires, dépend en partie de la géologie[21]. Cela amène à distinguer, dans le secteur pétrolier, le domaine majeur du golfe de Guinée, celui, naissant, du rift méso-africain (du Soudan au Niger en passant par le Tchad), et les bassins littoraux ouest-africains, encore modestes (voir Cedeao-CSAO/OCDE, 2006a). Dans le secteur minier, un ensemble ouest-africain s'individualise face aux ceintures de l'Afrique centrale et australe. Le grand Y du birrimien (cf. carte 15) y désigne l'aire d'inscription des archipels de l'or.

Ou bien doit-on plutôt considérer l'identité des entreprises et les relations entre sites du même groupe ou de compagnies alliées ? Les deux ne s'excluent pas. La densité des installations contribue à dessiner le modèle dominant. Ainsi, dans le golfe de Guinée, une entreprise comme Exxon est suffisamment présente pour organiser en interne les connexions entre les différents sites du bassin régional de production – appuyé sur la Guinée Équatoriale et le Tchad –, ses bases mondiales et son centre de commandement états-unien (Houston) (Donner, 2009, 2011). Dans l'Ouest du Mali, les entreprises minières relèvent de groupes différents : Sadiola et Yatela ont pour actionnaire majoritaire les Canadiens d'IAMGOLD[22], Tabakoto une autre entreprise canadienne, Tamico-Nevsun ; enfin la mine de Loulo est exploitée par un groupe sud-africain. Elles mutualisent certains services, comme la chaîne d'approvisionnement du *catering*[23], le laboratoire d'analyse des échantillons de Kayes, tout en établissant des relations directes avec leurs sièges respectifs pour l'essentiel de

21 La notion d'archipel désigne notamment des îles émergeant d'une même continuité géologique (Brunet *et al.*, 1992 : 43).

22 Dès sa création à la fin des années 1980, l'Afrique de l'Ouest occupe une place centrale pour IAMGOLD, alliée à la Sud-Africaine AngloGold Ashanti pour exploiter la mine de Sadiola en 1992.

23 Service de restauration des bases minières, généralement sous-traité à des entreprises spécialisées.

leur activité, nationaux (Bamako) et mondiaux (Toronto, Johannesburg). Elles forment alors archipel non seulement du point de vue de leur participation au réseau mondial des entreprises dont elles relèvent, mais aussi du point de vue régional.

*Le pirate, justicier antirente ?*

En écho à l'analogie océanique de l'archipel, la métaphore du pirate[24] n'est pas sans intérêt pour penser la postmodernité et, pour nous, la manière dont l'Afrique s'y insère. Car le pirate est une figure mondialisée qui participe aussi du métissage spatial africain, dont l'existence est intimement liée aux inégalités nées des économies rentières. Le pirate marque l'imaginaire de la mondialisation. Dans un monde liquide inquiétant (Bauman, 2006), il incarne une nouvelle manière d'être, tout à la fois insaisissable, craint et admiré (Garapon, 2009 : 154). Le retour du pirate marque la crise du système international organisé autour du pavage, terrestre et marin, des États territoriaux. Le succès de l'île (nos enclaves) tient à ce qu'elle permet de créer des territoires répondant aux besoins de sécurité qui ne sont plus satisfaits par des États affaiblis, mais aussi d'en contourner les règles en toute impunité. Le pirate se profile alors en embuscade à l'horizon des espaces mal contrôlables. « Le piratage est l'indice d'un monde fissuré, démembré, inégal, cassé en morceaux […] » (Mongin, 2009 : 185, 192), et ainsi d'une crise du politique traduite par l'affaiblissement des régulations.

Mais qui se cache sous cette figure indécise du pirate ? Son portrait-robot brouille les pistes : s'il est acteur rationnel pur animé par l'esprit du lucre et de la prédation, dépendant d'un empire politique ou d'une architecture technologique, et de surcroît profiteur parasite (Garapon, 2009 : 158-159), il n'est pas loin de l'image du rentier. La figure du pirate peut-elle s'incarner dans ces élites africaines qui ont pris le contrôle des « États faillis durables » vidés de leur substance ? Sans doute, dans la mesure où « la mine et aujourd'hui le puits de pétrole remplissent une fonction de trésor » (Pourtier, 2007 : 99), et où les prélèvements apparaissent comme manifestation d'un pouvoir autocratique sans bride. Trésor et butin du rezzou équivalent. Par ailleurs, les entreprises transnationales qui tirent des profits considérables des relations asymétriques qui les lient aux pays africains, à travers des contrats avantageux et les marges de manœuvre associées à la faiblesse des contrôles étatiques, sont-elles, elles aussi, soupçonnables de participer, d'une autre manière, à une forme de pillage ? L'imaginaire pirate est d'inspiration protestante : il valorise l'individu et parle anglais (Garapon, 2009 : 155), langue de la mine et du pétrole. Les liens avec des États puissants et l'importance de la maîtrise technologique dans les modes d'intervention le rapprochent aussi du portrait-robot susmentionné.

24 L'émission *Les matins de France Culture*, le 7 juillet 2009, était consacrée au récent numéro de la revue *Esprit* sur le sujet. Voir Garapon, 2009 ; Mongin, 2009.

Le piratage apparaît aussi cependant comme une manière de casser la constitution des rentes par des États ou des acteurs étrangers qui ont perdu leur légitimité : les pirates de Somalie qui attaquent les bateaux de pêche étrangers exploitant sans contrainte les ressources halieutiques en profitant de l'absence de tout acteur étatique, ou les pétroliers géants symboles d'une mondialisation dont ils sont marginalisés (Ménard, 2009 ; Eklöf Amirel, 2009 ; Marchal, 2009), les voleurs de pétrole du Nigeria, les coupeurs de route du bassin tchadien (Saïbou, 2010), ou encore le banditisme saharien s'inscrivent, sous des modalités spécifiques, dans une logique semblable. Mais le pirate ne s'oppose pas mécaniquement à l'État : les interstices propices à la piraterie appartiennent à des espaces de dissidence (Bertrand, 2001 ; Scott, 2001) qui ont, sur le temps long, entretenu avec l'État et l'économie-monde des rapports synergiques (Bayart, 2004 : 101). Le delta du Niger ou les confins sahélo-sahariens participent aujourd'hui sans équivoque de ces registres spatiaux d'interfaces de l'ombre profondément mondialisés.

## 3. Des processus dominants de fragmentation

Les mécanismes à l'œuvre dans la mondialisation néolibérale sont producteurs de discontinuités et de fragmentation territoriale. Leur transmission à l'Afrique s'est effectuée à travers l'influence des institutions de Bretton Woods et par les canaux de l'aide, d'une part, et d'autre part *via* un nouveau contexte favorable à l'investissement des entreprises privées à la recherche des ressources naturelles dont le système monde est demandeur. Le besoin de rentes des États a favorisé ces processus par lesquels le gouvernement *du territoire* est devenu encore plus difficile à cause de la multiplication *des territoires* – des projets aidés, des mines et agro-industries, des collectivités locales ou des aires protégées.

### 3.1. *La mondialisation et l'Afrique utile*

*De la fragmentation à l'exclusion*

La mondialisation contemporaine favorise la fragmentation des territoires de différentes manières. « L'espace plein, hiérarchisé et organisé en fonction des pyramides administratives selon le modèle européen disparaît au profit d'espaces lacunaires et striés, organisés en fonction de l'exploitation des ressources naturelles » (Carton, Lahouel, 2001). Dans les pays développés, la promotion des investissements directs étrangers avait contribué à façonner des territoires nationaux intégrés, relativement homogènes. Dans les pays du Sud, ils tendent à créer des sous-systèmes mosaïques en juxtaposant des cellules aux fonctions dissociées tournées vers des segments du marché mondial, sans cohérence entre elles (Carroué, 2005 : 167). En somme, cette superposition est celle d'archipels indifférents les uns aux autres ainsi qu'aux priorités régionales ou nationales, dont la logique vise à capter les ressources nécessaires au système globalisé. La diversification des sources de rente extravertie ne favorise pas la construction d'une économie nationale intégrée, comme le montre par exemple le cas du Sénégal, où les synergies sont faibles ou nulles entre l'agriculture arachidière et la culture irriguée, le tourisme, l'exploitation des phosphates et de l'or, les centres d'appel.

Les conceptions néolibérales en vogue depuis les années 1980 ont promu la décentralisation, la démocratie participative et la multiplication de projets publics ou privés aidés. De même, les ONG, plus nombreuses et hétérogènes encore que les projets des institutions publiques de coopération, inscrivent leurs interventions de manière non coordonnée dans les territoires de leurs projets multiples. Ceux-ci correspondent rarement à ceux des collectivités locales, avec lesquelles elles se coordonnent de manière très diverse (cf. chapitre 7).

L'atomisation qui en résulte s'accompagne d'une incapacité territoriale (Antheaume, Giraut, 2005 : 34-35). Les logiques de spatialisation – la régulation du tout sur les parties – ont cédé la place à celles de la territorialisation, qui est multiplication de systèmes locaux de régulation mal ou non coordonnés entre eux (Dubresson, Jaglin, 2005 : 345). La gouvernabilité des territoires s'est affaiblie.

Parallèlement, la crise des années 1980-1990 a été amplifiée par un affaiblissement des investissements étrangers en Afrique, résultant d'abord de l'assèchement des capitaux, au début des années 1980, puis de l'effet répulsif des crises africaines elles-mêmes. Ainsi, l'Afrique se trouve particulièrement exposée à un risque d'exclusion. Depuis l'époque moderne, l'impérialisme avait eu pour but d'assujettir des territoires pour contrôler des ressources naturelles, mais aussi la force de travail dont le système d'exploitation capitaliste avait besoin. Or, « d'ici peu, le "problème du capitalisme", son dysfonctionnement le plus grave et le plus explosif ne sera plus l'exploitation, mais l'exclusion » (Bauman, 2006 : 58-59), c'est-à-dire que des pans de la société n'auront plus besoin d'être intégrés dans les relations d'exploitation. L'Afrique, dernier continent en marge du développement, semble le premier concerné. Il demeure pourtant fortement intégré au fonctionnement du système mondial, mais sous une forme ponctuelle, très sélective, qui permet l'entretien des systèmes rentiers, mais laisse entière la question du développement.

### *L'Afrique utile, et l'autre*

De la fin des années 1990 aux années 2000, l'intégration de l'Afrique à la globalisation s'est faite de façon très inégale. On considère fréquemment l'Afrique comme un continent en marge de la mondialisation, en s'appuyant sur la faiblesse de sa participation au commerce mondial, de l'ordre de 2 %. Cette marginalité est ancienne : la modicité des relations avec l'Ancien Monde, en dépit de leur importance interne, est perceptible dès les grands empires du Sahel. Elle sera amplifiée aux XIX$^{e}$ et XX$^{e}$ siècles (Grataloup, 2007 : 82). La mondialisation contemporaine s'est accompagnée d'une accentuation des inégalités, liée à la concentration des flux. Trente États possédaient au début des années 2000 90 % des investissements directs étrangers du monde, sept en avaient les deux tiers. « Le capital se concentre dans les espaces qui en ont apparemment le moins besoin tout simplement parce que la rentabilité y est la plus élevée et les risques les plus faibles » (Carroué, 2005 : 75). Au sein des pays en voie de développement, la distribution des investissements est tout aussi sélective : dix-quinze États regroupent 80 % du stock. Depuis les années 1980, le Proche et le Moyen-Orient, mais surtout l'Afrique, sont déclassés au profit de l'Asie et de l'Amérique latine (*ibidem* : 78). L'image négative du continent y a des effets autoréalisateurs, puisqu'elle décourage fortement l'investissement (Bhinda *et al.*, 1999). Contrairement à une opinion très répandue après la Seconde Guerre mondiale, les pays les plus pauvres attirent une très faible part des flux de capitaux mondiaux, dont l'augmentation reste une affaire de riches (Ferguson, 2006 : 34).

Mais cette logique sélective se reproduit également à l'intérieur du continent africain : l'Afrique du Sud et le golfe de Guinée pétrolier sont les exceptions à la marginalisation de l'Afrique du système économique mondial (Soares de Oliveira, 2007 : 4). La reprise des investissements étrangers observée dans les années 2000 se concentre dans les pays miniers ou pétroliers, le secteur des télécommunications faisant seul exception. Ainsi, une trentaine de pays attirent moins de 100 millions de dollars en 2003 (Sénégal, Burkina Faso, RCA, Guinée, Niger, etc.), quand la Guinée Équatoriale reçoit 1,4 milliard de dollars d'investissements (Pourtier, 2006 : 203). De 2005 à 2010, le golfe de Guinée est au premier rang pour les investissements pétroliers dans le monde (Soares de Oliveira, 2007 : 206).

Les flux de capitaux connectent point à point, sans concerner des espaces géographiques continus (Ferguson, 2005 : 379). Le procédé est ancien et relativement continu. Il remonte sur le continent noir à la charnière du XIXe et du XXe siècle, une aube du capitalisme moderne encore faiblement régulé. En Afrique centrale, les compagnies concessionnaires présentaient une forme d'impérialisme privatisé (Herbst, 2000 : 75) qui permettait une colonisation à moindre coût : elles se voyaient confier de vastes territoires par délégation de la puissance publique, l'exploitation de leurs ressources naturelles étant censée se traduire par des investissements locaux, notamment dans les infrastructures. En l'absence de tout contrôle, elle allait surtout se traduire par une violence à grande échelle et l'exploitation minière des ressources en question, les cas les plus scandaleux étant localisés au Congo belge et dans le Sud de l'AEF (Coquery-Vidrovitch, 1972). Par rapport aux entreprises pétrolières d'aujourd'hui, les compagnies concessionnaires étaient certes sous-capitalisées; elles utilisaient beaucoup de main-d'œuvre, et leur management était improvisé. Mais elles ont en commun de représenter des modes de gestion par le secteur privé de vastes portions de territoires. L'apogée de l'État, au milieu du

$XX^e$ siècle, semble donc avoir été encadré par deux périodes de domination du secteur privé, y compris sur le plan territorial (Soares de Oliveira, 2007 : 166-168). Mais cette vision peut être nuancée car, après la fin des compagnies concessionnaires, la démarche de mise en valeur sélective resta la même : le ministre des Colonies français Albert Sarraut (1932) recommandait ainsi de concentrer l'effort sur des « îlots de prospérité », sur l'« Afrique utile » (cité par Herbst, 2000 : 90), car la crise économique mondiale restreignait les budgets disponibles, et l'empire était bien vaste pour une puissance moyenne sortie exsangue de la Première Guerre mondiale. Plus tard, dans les années 1960-1970, les « pôles de développement » popularisés par François Perroux procédaient de la même logique.

Cette opposition entre l'Afrique « utile » et l'autre, que l'on ne prend pas la peine de nommer, a donc connu une certaine postérité. L'utilité en question est d'abord définie par rapport au système économique colonial évoqué au premier chapitre. Elle vaut, par extension, pour désigner une contribution au fonctionnement du système économique mondial. Au-delà de son grossier biais « utilitariste », cette distinction interroge : parle-t-on aujourd'hui de France (ou d'Europe) « inutile » pour désigner les segments de l'économie pourtant importants non extravertis ? Elle renvoie à la vieille conception de l'Afrique comme pourvoyeuse de ressources pour le système monde, sans envisager le développement d'une économie de proximité, agricole, artisanale, voire de services.

Quoi qu'il en soit, cette distinction entre Afrique « utile » et « inutile » débouche sur l'identification de modes de gouvernance différents. Si le contrôle de l'espace n'est utile que dans des zones concentrées à ressources de valeur (cf. carte 15), le reste du territoire risque d'être relégué « dans les ténèbres du trafic ou le marasme de l'autosubsistance » (Dubresson, Raison, 1998 : 227).

Enfin, la hiérarchisation opérée par les technologies de l'information et de la communication (TIC) distingue les plus grandes villes, comme Dakar ou Abidjan, dont les citoyens accèdent à un strapontin[25] mondialisé, des villes secondaires et des espaces ruraux, relégués dans le brouillard de connexion lente ou la nuit de l'absence d'électricité. « L'intrusion de cette nouvelle modernité fragmente l'Afrique. Aux pôles urbains branchés sur les TIC, s'opposent les vastes interstices de vacuité, démultipliant le modèle centre-périphérie » (Pourtier, 2006 : 222).

**25** Cette image fait référence à une différence de traitement majeure : les citoyens ordinaires des métropoles africaines n'ont qu'un accès virtuel à la sphère mondialisée, la barrière des visas contraignant leurs déplacements et constituant du même coup un critère de hiérarchisation sociale interne (les élites se distinguent par leur capacité à bouger, souvent d'ailleurs avec un passeport de l'ancienne puissance coloniale).

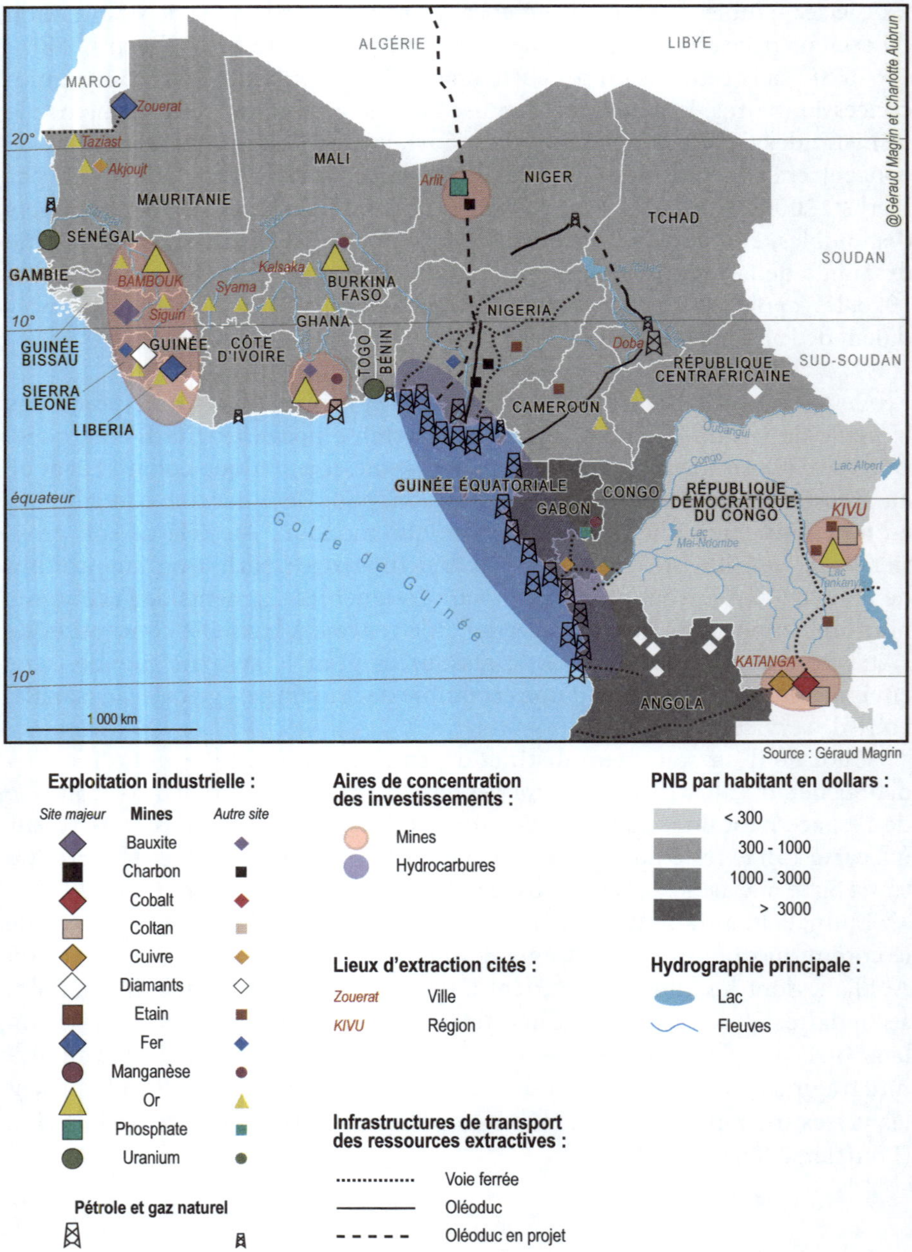


**Carte 15** *L'Afrique « utile », et le reste.*

### 3.2. *Le gouvernement d'enclaves*

*Les archétypes pétroliers*

Les enclaves pétrolières constituent les modèles les plus achevés de ces espaces qui, du fait de leur importance pour le système mondial, ont inauguré des modes spécifiques de gouvernance, privés ou semi-privés, soulignant leur déconnexion vis-à-vis du territoire qui les porte.

Les contextes de guerre ou de conflits ont été favorables à leur naissance. Durant la décennie troublée 1989-2001, des espaces importants ont été abandonnés aux seigneurs de guerre et à des milices payées pour sécuriser des enclaves minières (Reno, 1998 ; 2001). En 1993, en Angola, quand l'Unita, qui n'avait jamais directement menacé le système pétrolier, prit les installations pétrolières côtières de Soyo, le gouvernement engagea Executive Outcomes. Il s'agissait d'une « société de sécurité privée[26] » bâtie sur les décombres de l'ancienne armée de l'apartheid en Afrique du Sud, inaugurant un modèle qui devait connaître un certain succès en Sierra Leone, au Liberia, dans les deux Congo, les milices privées étant souvent payées sur les productions minières ou pétrolières à venir (Ferguson, 2006 : 200). L'Angola a constitué en la matière un pionnier et un modèle.

À cet égard, pour les compagnies pétrolières, le Nigeria semble un antimodèle. Plus ou moins à son corps défendant, « le capitalisme pétrolier [y a] produit des formes particulières d'économies d'enclave et des espaces gouvernables spécifiques caractérisés par la violence et l'instabilité » (Watts, 2004). Le delta du Niger abrite des situations conflictuelles variées. Dans l'État de Baylesa, berceau de l'exploitation nigériane, des tensions internes au groupe Nembe mettent aux prises la chefferie traditionnelle à des groupes de jeunes aux visées subversives. Les revenus fournis par la compagnie pétrolière aux chefs sont proportionnels à la menace représentés par les jeunes, que la chefferie doit donc à la fois combattre et ménager. En pays Ogoni, l'imbrication des intérêts pétroliers et de l'ethnicité aboutit à la définition de territoires multiples, construits sur la base d'une supposée indigénéité, autour d'un puzzle de particularismes militants. On n'en finit pas d'hésiter entre nationalisme civique et tentation du particularisme radical (« contrôler notre pétrole »). L'État s'épuise quant à lui entre ambition de centralisme fiscal et fragmentation absolue (*ibidem*).

Si ces espaces mettent les entreprises pétrolières à l'épreuve de situations complexes, les compagnies s'en accommodent trop bien pour envisager sérieusement de s'en retirer. Le monstre géopolitique qu'est devenu le delta du Niger n'est pour Shell ou Total qu'une zone un peu plus complexe à gérer que d'autres, et la source d'approvisionnements et de profits trop importants pour

**26** Les glissements sémantiques ont leur sens : avant l'ère néolibérale actuelle, au temps de la guerre froide, on aurait simplement parlé de mercenariat.

qu'il y soit renoncé. Si les bouches du Niger présentent un antimodèle commode, fréquemment agité lorsqu'il est question de combattre les effets d'une exploitation extractive, il semble néanmoins plus original qu'exemplaire : l'ancienneté de l'exploitation, des générations successives d'installations depuis plus de cinquante ans, les densités de population, l'appartenance à l'État le plus peuplé d'Afrique, dont la trajectoire heurtée traduit les équilibres interculturels instables, composent une scène pétrolière unique. Sa complexité est telle qu'y décrypter l'avenir de l'Afrique extractive reviendrait à lire dans un épais marc de café.

Mais la violence ne gouverne pas nécessairement l'enclave, même quand elle est omniprésente dans le pays par ailleurs. Au Tchad, après l'écrasement des derniers mouvements rebelles sudistes à la fin des années 1990, le projet pétrolier n'a pas confirmé les prévisions les plus pessimistes : ceux qui voyaient l'oléoduc surveillé par des hélicoptères de combat et les bases gardées par des milices surarmées (comme Agir ici-Survie, 1999) en sont pour leurs frais : des compagnies de sécurité privées ont bien en charge les installations, mais elles ne sont représentées sur place que par de débonnaires gardiens non armés. De façon surprenante, les installations pétrolières n'ont pas été prises à partie dans les combats de 2006 et 2008, les colonnes rebelles n'étant intéressées que par la capitale, lieu de captation de la rente.

Les formes de l'enclave peuvent aussi évoluer en fonction du contexte sécuritaire, que celui-ci soit influencé directement ou non par l'activité extractive. Ainsi, au Niger, l'enclave initiale de la mine d'Arlit a rapidement donné naissance à une greffe : une ville d'aujourd'hui 80 000 habitants s'est développée en plein désert à partir de l'emploi minier, mais surtout de la production d'eau associée. Cette ville vit de la mine et de ses salaires. Elle a développé d'autres fonctions, urbaines et commerciales, et fonctionne comme un lieu central important du Sahara nigérien. L'enlèvement d'employés d'Areva, en 2010, par des groupes se réclamant d'Aqmi change la donne. Le développement du site d'Imouraren, appelé à devenir la deuxième mine du monde, situé à une centaine de kilomètre d'Arlit, devrait être exploité selon les logiques de l'enclave sécurisée, à partir d'une base-vie militarisée et de connexions directes à Niamey (ou Paris) par avion. Les liaisons avec Arlit seront faibles, et l'avenir de cette ville incertain.

#### *D'autres enclaves à l'ombre de l'État évanescent*

Au-delà des enclaves pétrolières, on peut se demander si ce type de combinaison africaine d'enclaves extractives sécurisées et d'arrière-pays faiblement gérés constitue une anomalie de la globalisation ou au contraire une forme sophistiquée de ses mutations (Ferguson, 2006 : 41).

À l'image des mines, les parcs nationaux constituent également des enclaves plus ou moins militarisées (*ibidem* : 43-46). Si, en théorie, la participation communautaire a remplacé la contrainte, dans la pratique, il s'agit seulement d'associer des riverains à l'exercice de la coercition. D'une manière plus générale, l'intervention des grandes ONG environnementales participe à la composition de ce paysage global d'espaces fragmentés, détériorant l'autorité de l'État à partir d'enclaves écologiques et de sécurité privatisée. Les relations entre les acteurs extractifs et ceux de la société civile internationale ne sont pas du reste aussi antagonistes que l'on pourrait le croire : en compensation d'impacts ou en échange tacite d'indulgence sur les opérations, les compagnies financent des aires protégées. Les enclaves pétrolières renforcent les enclaves environnementales, et réciproquement. C'est dans cette perspective d'une compensation environnementale à distance que l'on peut interpréter l'appui de la Banque mondiale à des aires protégées du Cameroun, dans le cadre de l'accompagnement du projet de Doba (Tulipe, 2004 : 63).

D'autres modes de gouvernance d'enclaves occupent l'espace vacant de l'État délabré, comme les camps de réfugiés (voir Cambrézy, 2001). Le nombre des réfugiés montre que l'escapisme traditionnel africain demeure une option. Mais ils ne sont plus libres de leurs mouvements comme par le passé, les frontières des États-nations ne les laissant plus s'installer en nombre où bon leur semble (Herbst, 2000 : 229). Les enclaves que constituent les camps représentent une nouvelle technologie du pouvoir (Malkki, 1995) à la disposition des gouvernants ou des acteurs étrangers. Les camps de réfugiés aident à transformer la pauvreté en ressource – sous la forme d'une rente monnayée à la fois par l'État et des acteurs locaux (Bégin-Favre, 2008). Le revers en est l'affaiblissement de l'autorité de l'État, qui se repose sur les professionnels internationaux de la gestion de ces espaces.

Enfin, les espaces du religieux, sous différentes formes, emplissent aussi le vide de l'État, comme le réseau des missions catholiques ou protestantes dans le Sud du Tchad (Magrin, 2001), au Cameroun (Lasseur, 2008) ou en RDC. Ces réseaux religieux manifestent parfois une forme d'échappement du politique (Bayart, 2006 : 313). Parfois aussi, ils entretiennent avec lui des liens ambigus d'autonomie et de dépendance, comme c'est le cas des mourides du Sénégal. Quoi qu'il en soit, la grande vitalité du phénomène religieux en Afrique apparaît liée à la crise de l'État. Les concurrences qu'elle nourrit entre islam et christianisme comme entre Églises chrétiennes contribuent à la fragmentation de l'espace social, en ville (Lasseur, 2010) comme en milieu rural, tout en étant partie prenante des stratégies d'extraversion de l'Afrique – les liens avec des mouvements extérieurs (Églises américaines et européennes, réseaux de l'islam) sont de considérables pourvoyeurs de rentes.

Au XXe siècle, la tension entre la fluidité caractéristique de la spatialité africaine et les cadres rigides de l'État moderne ont produit une spatialité hybride, métisse. Depuis les années 1980, la crise de l'État et la mondialisation libérale se sont accompagnées d'une fragmentation territoriale, qui s'y est surimposée. La multiplication des enclaves, pied-à-terre permettant la connexion des ressources de territoires en crise au système mondial, en a été une figure privilégiée. Le modèle socialement mince pour le pays de l'enclave extractive a soutenu les rentes extraverties. Ainsi, la participation de l'Afrique à la globalisation peut être vue comme une forme très sélective, encapsulée spatialement, qui se combine avec une large exclusion et déconnexion (Ferguson, 2006 : 14, 203). Le cœur nigérian du golfe de Guinée en constituerait le parangon : comme par hasard, le *hot spot* pétrolier de la mondialisation deviendrait la frontière de la dissolution de l'État (Mbembé, 2005 : 71).

Mais *quid* des fluidités africaines ? Si les enclaves forment archipel par leurs connexions mondiales, elles ont aussi un pied dans le territoire, où leur ancrage produit des effets qui ne peuvent être réduits à leurs impacts négatifs. Mobilité, réseaux d'échange, apprentissages, commerce informel contribuent, dans certains contextes et certaines conditions, à connecter les enclaves au territoire. Certes, le lien ne correspond plus à la forme socialement épaisse du développement national encadré par l'État du temps d'avant la crise. Mais il présente des potentiels plus ouverts que le modèle de l'enclave militarisée assiégée, qui ne serait qu'épine dans le pied du territoire.

# RÉCONCILIER RESSOURCES ET TERRITOIRES ?

Nul ne sait quand l'Afrique « arrivera ». Le XXIe siècle s'inaugure sous des auspices contradictoires, qui portent des risques, mais aussi un potentiel de changement favorable souvent sous-estimé. La croissance démographique mondiale et l'essor économique de pays géants comme la Chine, l'Inde ou le Brésil promettent une amplification de la course à des matières premières raréfiées. Cette dynamique tend à circonscrire l'Afrique à son rôle traditionnel de pourvoyeur de ressources naturelles, pauvre et dépendant. Sur fond de crise de l'État, les compétitions entre acteurs mondiaux anciens (les pays occidentaux et leurs entreprises) et nouveaux (les pays émergents) menacent de conforter les mécanismes de la « malédiction des ressources naturelles », pérennisant des systèmes politiques clientélistes fondés sur la captation et la redistribution très sélective des rentes de l'extraversion, alimentant des conflits.

Mais si le pire n'est pas toujours sûr, d'autres trajectoires sont possibles. Des changements d'ordres divers entrouvrent des espaces de bifurcation hors de la voie chaotique suivie jusqu'à présent. D'une part, en réponse à la crise de l'État et en écho à un mouvement mondial, la promotion du local, à travers notamment des processus de décentralisation multiformes, crée des possibilités nouvelles de valorisation des ressources endogènes des territoires. D'autre part et surtout, la densification démographique et urbaine africaine rend possible le développement d'une économie d'échanges internes sans laquelle aucun développement ne s'est produit jusqu'ici, en Europe comme aux États-Unis ou en Chine. Enfin, ce développement pourrait être favorisé par les connexions diverses établies avec le système mondial, même à travers des formes *a priori* enclavées d'investissements d'abord accueillis seulement pour leur capacité à fournir des rentes, si les marges de manœuvre nouvelles liées à des processus de réforme sont exploitées.

# 7. Les politiques locales de la rente

« Il faut partir de cette idée qu'une contrée est un réservoir où dorment des énergies dont la nature a déposé le germe, mais dont l'emploi dépend de l'homme. C'est lui qui, en la pliant à son usage, met en lumière son individualité. Il établit des connexions entre des traits épars ; aux effets incohérents de circonstances locales il substitue un concours systématique de forces. C'est alors qu'une contrée se précise et se différencie, et qu'elle devient à la longue comme une médaille frappée à l'effigie d'un peuple. »

P. Vidal de La Blache, *Tableau de la géographie de la France*, 1903

« L'économie se globalise, le politique se provincialise. »

R. Debray, *Éloge des frontières*

Le contexte de la crise des États africains, dans les années 1980-1990, a valorisé le niveau local comme échelle d'un autre développement possible, en réaction à l'échec de l'État rentier centralisé. Envisager la responsabilité de la forme de l'enveloppe territoriale dans l'échec de l'État en matière de développement n'a pas conduit à réviser les frontières externes, comme certains y invitaient (Herbst, 2000), mais au contraire d'une part à travailler sur les limites internes, leurs contours, leur contenu, et d'autre part à s'intéresser à l'autonomisation des acteurs relevant d'autres niveaux que celui de l'État national. Le mot « territoire », longtemps suspect en ce qu'il évoquait l'aventure coloniale, la conquête et le traçage des frontières à la règle, est revenu en paradigme vertueux, gage de proximité, d'authenticité, d'efficacité (Vanier, 2005 : 317).

Cette dynamique en faveur du local présente pourtant des ambiguïtés analogues aux vogues du développement statocentré qui l'ont précédée : l'influence des modèles extérieurs est déterminante, même si des expériences antérieures, précoloniales ou coloniales, ont pu contribuer à l'appropriation des processus. En outre, la logique rentière telle que nous l'avons définie, c'est-à-dire la propension des territoires à dépendre de ressources exogènes, se décline également au niveau local. Elle y imprègne les stratégies des acteurs, en contradiction avec les objectifs proclamés de la décentralisation et du développement local, censés promouvoir un développement endogène fondé sur la synergie entre acteurs locaux. Cependant, malgré les limites observées, l'effervescence qui anime les arènes locales du développement porte des possibilités de changement.

## 1. Décentralisation et développement local : des remèdes contre l'État rentier ?

La décentralisation et le développement local ont été les deux formes principales de ces nouvelles approches valorisant le niveau local. Elles présentent les points communs d'avoir été importées du Nord dans un contexte semblable de crise de l'État, à laquelle elles sont censées répondre dans des directions multiples (démocratie, gouvernance, efficacité économique, etc.), et de valoriser des acteurs et des échelons d'action non étatiques. Mais leur nature diffère, du moins en principe : la décentralisation est un processus institutionnel qui naît d'une impulsion étatique, quand le développement local, au sens premier, repose sur des mobilisations endogènes.

### *1.1. Les attendus de la décentralisation*

La généralisation des processus de décentralisation en Afrique[1] s'inscrit dans la vogue néolibérale mondiale de questionnement du rôle de la puissance publique des années 1980. Celle-ci trouve un terrain d'application idéal sur un continent où les dysfonctionnements de l'État prennent une ampleur ailleurs inégalée. Aussi les attentes placées en la décentralisation dessinent-elles l'ombre vertueuse des travers de l'État postcolonial : celui-ci était autoritaire – prolongeant pour gouverner le monde rural les formes de despotisme décentralisé de l'État colonial dont il reprenait l'héritage (Mamdani, 1996) –, corrompu, inapte à promouvoir le développement, gaspilleur de ressources; la décentralisation doit favoriser la démocratisation, la bonne gouvernance, le développement à l'échelle locale, une gestion durable des ressources naturelles (Magrin, 2006). Sur les quarante-cinq États subsahariens, les trois quarts sont aujourd'hui officiellement engagés dans ces dynamiques (à des degrés divers), et deux sont organisés en État fédéral, le Nigeria et l'Éthiopie. La plupart des États d'Afrique de l'Ouest sont concernés.

Si les processus de décentralisation ne font pas partie *stricto sensu* de l'ajustement structurel, leur mise en place s'inscrit dans le même contexte. Car la décentralisation est tout autant fille de la crise de l'État que de l'influence grandissante de la coopération internationale dans la définition des politiques de développement. L'encouragement du processus par les grands bailleurs de fonds internationaux, qui fournissent des appuis techniques à la mise en œuvre et financent des projets d'accompagnement, n'y est pas étranger. La décentralisation résulte ainsi du fonctionnement extraverti et dépendant des États africains.

1 Blundo et Jacob (1997) proposent une bibliographie sélective sur la décentralisation en milieu rural africain. Le Bris et Paulais (2007) la prolongent en centrant leur attention sur l'urbain. La revue de littérature la plus récente sur le sujet est de Tidjani Alou (2010).

Cela étant, elle prend corps dans des situations spécifiques : au Mali des années 1990, elle se situe à la confluence des réponses à la crise touarègue, de l'agenda du développement (Idelman, 2009) et d'une aspiration populaire pour un « retour du pouvoir au village », après les dérives autoritaires du régime de Moussa Traoré (Kassibo, 1997). La vogue contemporaine a pu valoriser aussi des antécédents historiques plus ou moins lointains : si l'autonomie des quatre communes[2] du Sénégal est fréquemment mentionnée dans le pays – des représentants de Saint-Louis ayant même soumis des doléances aux états généraux de 1789 –, elle s'inscrit dans une autre histoire que celle du Sénégal indépendant. En revanche, l'idée de décentralisation semble y avoir toujours existé depuis 1960, fût-ce à l'état de tentation peu suivie d'effets : la circulaire 32 du Premier ministre Mamadou Dia sur les coopératives devait permettre « l'émergence de communautés rurales autogérées, premières unités de base de l'administration locale, et centres de décision et d'intervention économique et sociale pour les villages regroupés » (O'Brien, 2002 : 41), dans lesquelles les collectivités locales actuelles étaient bien en germe. Ces communautés rurales furent mises en place progressivement[3], à partir de la loi 72-02 du 1er février 1972 (voir République du Sénégal, 2003). L'autonomie des communes fut de même progressivement renforcée, avant la grande étape que constituent les lois de décentralisation de 1996[4]. Ainsi, la décentralisation apparaît comme une notion politiquement et idéologiquement ambiguë : un moment associée à des expériences de socialisme africain[5], elle s'est diffusée comme avatar du libéralisme politico-économique d'inspiration anglo-saxonne, tout en reflétant les contextes spécifiques à chaque pays, dont les expériences propres ont plus ou moins préparé le terrain.

La décentralisation présente donc des formes variées d'un pays à l'autre – on a pu en distinguer jusqu'à vingt-quatre types… (Blundo, Jacob, 1997). Elle revêt aussi des significations différentes selon le point de vue considéré. Dans les pays francophones, l'accent est mis sur le transfert à des collectivités locales de compétences exercées autrefois par l'État central, au sein de la sphère institutionnelle publique, dans le cadre d'une démocratie représentative. Dans la littérature anglo-saxonne, la décentralisation est décrite comme un processus

2 Gorée, Saint-Louis, Rufisque et Dakar bénéficièrent d'un régime particulier à la fin du XIXe et au début du XXe siècle, marqué par une certaine autonomie de gestion et une différence de statut – après 1917, les originaires des quatre communes n'étaient pas sujets de l'empire mais citoyens français, en récompense de leur engagement dans la Grande Guerre (voir Diouf, 2001 : 135-156).

3 Entre 1972 et 1980. Une « communauté rurale » correspond au Sénégal à une collectivité locale de base en milieu rural, regroupant quelques dizaines de villages unis par un sentiment d'appartenance né de l'histoire, soit entre 5 000 et 40 000 habitants.

4 Ces lois, dites de régionalisation, érigent les régions en collectivités locales et transfèrent neuf domaines de compétence aux trois ordres de collectivités locales (communes, communautés rurales, régions).

5 Avec Mamadou Dia, mais surtout Julius Nyerere en Tanzanie, et sa célèbre *ujamaa* (communauté), voir Raison (1994).

de transfert de pouvoir aux populations. Cela renvoie à une acception plus large qui dépasse la sphère publique et va de la déconcentration administrative à l'octroi d'autonomie locale (*self-government*), voire à la privatisation, dans le cadre d'une conception participative de la démocratie qui fait une large place à la société civile (Leclerc-Olive, 2001 : 38).

Ces conceptions de la décentralisation reflètent différentes conceptions du rôle de l'État. L'ambiguïté se retrouve dans les attentes soulevées par les processus. Au début des années 1990, la démocratisation en constitua le principal[6]. Dans cette optique, on considérait que la création d'arènes électorales locales et la multiplication d'instances de concertation contribueraient à renforcer la démocratie locale, socle d'une démocratie à l'échelle nationale[7]. La décentralisation apparaît aussi comme une façon pour un régime de donner une place (à travers des postes) à l'opposition sans perdre l'essentiel du pouvoir ; elle fonctionnerait ainsi comme soupape à des systèmes politiques verrouillés. Au Gabon par exemple, à la fin des années 1990, la situation politique s'est apaisée après que le bouillant leader de l'opposition du Parti national des bûcherons, le père Mba Abessole, a pris la mairie de Libreville. Mais s'agit-il d'un partage du pouvoir ou d'une invitation adressée à des opposants pour qu'ils accèdent à une part de la rente étatique, en échange de leur allégeance ?

En lien avec la démocratisation, on escompte aussi de la décentralisation l'amélioration de la gouvernance, au sens de « gouvernement à plusieurs » (voir Tonneau, 2008 : 8-9). La décentralisation vise en principe à refonder l'État, pas à le démembrer, en inventant un nouveau contrat social et territorial (Sawadogo, 2003 : 101). Il s'agit à travers elle d'essayer de requalifier le politique en relégitimant l'État (Leclerc-Olive, 2001 : 11). Cela présente des implications variées : le jeu de la proximité et la transparence associée à la démocratie locale doivent permettre de réduire la corruption et donc d'améliorer la fourniture de biens publics. Mais la décentralisation participe également d'une pratique de l'aménagement du territoire : en favorisant l'autonomie des villes secondaires et des régions périphériques, elle doit équilibrer des pays marqués par le poids de capitales ou de métropoles macrocéphales (PDM, 2003 : 16 ; Auty, Pontara, 2008 : 70), tout en mettant un terme à la société dualiste héritée de l'époque coloniale, opposant les villes et les campagnes sous l'angle du droit foncier, du travail et des droits civiques (Jacob, 1999 : 134).

De plus, il est attendu que la décentralisation favorise une gestion durable des ressources naturelles (voir Ribot, 2007 : 30-42). En opposition au face-à-face stérile entre un État répresseur, à travers ses corps des Eaux et Forêts et des gardes des parcs nationaux, et des paysans réduits à prélever sans discernement

6 Cela se traduisit dans le champ scientifique par des travaux très orientés vers cette question (voir Mback, 2003 ; Tidjani Alou, 2010 : 189-190).

7 Voir sur le sujet les travaux des chercheurs du Lasdel de Niamey (http ://www.lasdel.net/), et notamment ceux de Jean-Pierre Olivier de Sardan.

des ressources naturelles dont ils se sentent dépossédés, ou encore aux collusions des représentants de l'État avec des acteurs urbains impliqués dans les filières de prélèvement des ressources naturelles (bois énergie, pêche)[8], on espère que la décentralisation de la gestion des ressources naturelles en favorisera une gestion responsable, patrimoniale. Enfin, la décentralisation est censée favoriser le développement local.

### *1.2. L'importation du développement local en Afrique*

Le développement local, c'est en principe l'envers de la rente. Ce concept, qui désigne la mobilisation locale de ressources humaines et matérielles pour la réalisation de projets à finalité productive inscrits dans un territoire, tourne en effet le dos aux logiques de captation de ressources extérieures qui alimentent les systèmes rentiers. Son applicabilité à un grand nombre de situations et d'acteurs locaux le met *a priori* à l'abri des dérives centralisées de l'État rentier. Le succès de son importation en Afrique doit beaucoup à ses vertus supposées : complémentaire de la décentralisation, il serait un antidote à la rente.

Le concept de développement local est né à la confluence de travaux en économie régionale et d'études sociologiques sur la participation. Dans les années 1970-1980, à partir des dynamiques observées dans la « Troisième Italie[9] », des auteurs mettent en évidence le rôle des liens entre territoires, institutions et entreprises dans le dynamisme économique de petites régions, dont le succès ne s'explique pas par les théories de l'époque sur les dotations en facteurs de production ou la croissance régionale autour des pôles de croissance. À partir de la redécouverte des districts industriels étudiés par Marshall à la fin du XIX^e^ siècle, plusieurs concepts proches, relevant de terrains et de traditions universitaires différents, sont proposés pour caractériser des processus analogues (Fauré, Labazée, 2005 : 274) : développement local, système productif localisé (SPL), *cluster*, développement territorial. De nombreuses définitions du développement local ont été proposées (Magrin, 2007c : 38-40). Selon le principal théoricien français de ce concept, Bernard Pecqueur (1989 ; 1993), le développement local désigne des « dynamiques endogènes de développement économique observées sur des territoires ». Le *Dictionnaire de la géographie et de l'espace des sociétés* y voit une « dynamique multidimensionnelle et multiactorielle au sein d'une société locale consistant en la construction et la réalisation d'un projet de développement autocentré et endogène de cette société » (Lévy *et al.*, 2003 : 251). Pour Piveteau (2005 : 73), « le développement

8 La corruption des agents de l'État par les commerçants ou les transporteurs de bois et de charbon explique souvent l'échec des plans de gestion forestière (voir Blundo, Olivier de Sardan, 2007 ; ou le film de Jesse Ribot, 2006).

9 Celle-ci correspond à des régions d'Italie centrale (Émilie-Romagne, Toscane, Vénétie, Frioul), qui n'appartiennent ni au Sud sous-développé, ni au Nord industrialisé du triangle Milan-Turin-Gênes, organisé autour de grandes entreprises.

local combine une mobilisation d'acteurs locaux ancrés dans une même réalité sociospatiale, une valorisation de ressources locales et une émergence productive ». Au-delà de la diversité des théories demeure l'idée que le développement local propose une stratégie de valorisation et de diversification des activités sur un territoire donné à partir de la mobilisation des ressources et des énergies (Lévy *et al.*, 2003 : 253). Cinq mots-clés sont contenus dans la plupart des définitions : acteurs locaux, mobilisation, projet, territoire, endogénéité, auxquels s'ajoute souvent la notion d'émergence productive. Le développement local correspondrait ainsi au processus de valorisation des ressources spécifiques des territoires (Leloup *et al.*, 2004 : 10).

L'idée émerge en effet que, en plus de leurs ressources génériques (la main-œuvre non qualifiée, les gisements de matière première, l'information non utilisée), certains territoires ont des ressources spécifiques (main-d'œuvre qualifiée, capital investi dans des équipements, information organisée), souvent produits d'une histoire longue, où les échanges non marchands ont une part importante (Pecqueur, 2005 : 302). La révélation et la mobilisation des ressources cachées des territoires forment alors le développement territorial (Hirschman, 1986), variante du développement local[10]. L'enjeu des stratégies de développement territorial consiste alors à identifier les potentiels des territoires (Pecqueur, 2005 : 301) et les conditions de valorisation des ressources pour les transformer en actifs.

Au Sud, et en particulier en Afrique, le développement local sert de nouveau modèle de développement à partir de la fin des années 1980 et surtout dans les deux décennies suivantes. Il y entre en écho avec les approches du développement par le bas, endogène ou autocentré, qui avaient été expérimentées dans les années 1960, et avec les démarches participatives qui se développent dans les années 1980 (voir D'Aquino, 2002b : 17-19). Au Sénégal, l'origine en remonte à l'influence sur Mamadou Dia et certains cadres de l'indépendance des travaux du père Lebret sur la participation et les coopératives (Colin, 2007 : 116-127).

Le développement local est donc progressivement intégré comme un mot-clé de la plupart des acteurs de la coopération, grandes agences d'aide multilatérale (Chiusano, Dansero, 2007) comme ONG, et finalement dans les intitulés des programmes nationaux. Il y apparaît à la fois comme un moyen et comme un objectif (Magrin, 2007c : 32) de projets présentant une extrême diversité. Ceux-ci visent par exemple l'appui institutionnel aux collectivités

**10** D'après Pecqueur (2005 : 298), le terme de développement territorial mérite d'être substitué à celui de développement local pour souligner un changement d'échelle dans son utilisation : « Le développement territorial peut être défini comme tout processus de mobilisation des acteurs qui aboutit à l'élaboration d'une stratégie d'adaptation aux contraintes extérieures, sur la base d'une identification collective à une culture et à un territoire. » Voir aussi sur ce thème Tonneau (2003 ; 2008).

locales, à la société civile et aux organisations de producteurs, la construction d'infrastructures (hydraulique, écoles, dispensaires), voire la gestion des ressources naturelles.

Le développement local est omniprésent dans la rhétorique du développement, mais les réalités sont avares en la matière : les formes comparables aux processus à l'origine du concept au Nord sont rares. Les quelques études menées sur des *clusters* en Afrique insistent sur leurs dysfonctionnements, handicapés qu'ils sont par les interférences négatives des États et l'efficacité des réseaux marchands, qui compromettent l'émergence productive en favorisant les importations. La faiblesse des liens entre entreprises, l'exiguïté des marchés nationaux et le faible contenu technologique ne permettent pas de parler de SPL (Fauré, Labazée, 2005 : 284-285).

Ainsi, les trajectoires du concept de développement local en Europe et en Afrique apparaissent symétriques (Magrin, 2007c : 49). Au Nord, des dynamiques spontanées ont été « découvertes » par des chercheurs dans certains lieux particuliers, ce qui a débouché sur un processus d'institutionnalisation et la large diffusion de politiques d'appui au développement local. Au Sud, l'institutionnalisation est venue la première, par l'aide. Des scientifiques ont observé les processus ; les réalités se sont révélées décevantes par rapport aux attentes.

## 2. Décentralisation des rentes et compétition pour les ressources

Jusqu'à présent, les processus de décentralisation et de développement local tels qu'ils ont été mis en place en Afrique n'ont pas bouleversé les relations entre ressources et territoires, comme leurs promoteurs l'auraient souhaité. Les systèmes locaux demeurent dépendants de ressources exogènes, et la course aux rentes qu'elles fournissent empêche les synergies recherchées, d'autant que territoires institutionnels, territoires de projets et territoires ressources des sociétés se superposent sans coïncider ni surtout s'articuler. Si « le développement local est mal parti » (Piveteau, 2003), les logiques rentières y ont leur part.

### 2.1. *Les malheurs du local*

Décentralisation et développement local ont déçu (voir Adamolekun, 1999 ; Wunsch, 2001). Les deux processus ont notamment reproduit au niveau local certains travers de l'aide au niveau national : à l'importation de modèles exogènes et à la dépendance financière extérieure répondent des stratégies opportunistes des acteurs – les logiques rentières tournant le dos aux synergies recherchées, dupliquant à l'échelle locale les systèmes rentiers clientélistes nationaux.

*L'État incertain*

Les décentralisations sont des processus décidés et menés par l'État. Mais cela n'a pas empêché des doutes quant à la sincérité des gouvernants ou des fonctionnaires qui les ont mis en place. Deux critiques principales sont faites aux États (Jacob, 1999 : 144) : ne pas croire en la décentralisation, en ne créant pas les conditions d'une appropriation populaire (insuffisance des moyens, politisation...) ; y croire, mais en encourageant le localisme et une déconnexion du monde rural vis-à-vis des enjeux nationaux et globaux.

Partout, le manque de moyens des collectivités locales par rapport aux compétences transférées est dénoncé comme une limite évidente. Ainsi, à la fin des années 1990, les budgets des collectivités locales représentaient en Afrique de l'Ouest 5 % de celui des États, contre 40 % dans les pays du Nord (Alvergne, 2008 : 124). Ils n'ont pas sensiblement augmenté depuis et restent dépendants de fonds de dotation versés par les États, selon des bases aléatoires et peu transparentes qui participent du jeu clientéliste national. La faiblesse de la fiscalité locale produit les mêmes effets qu'au niveau national, ne créant guère l'imputabilité escomptée. La liste des compétences transférées est un autre grief récurrent : au Mali, par exemple, l'hydraulique villageoise et les coûts élevés qu'elle implique ont été transférés, mais pas la gestion foncière. Or, celle-ci est essentielle pour asseoir la crédibilité des collectivités locales, en raison de son importance symbolique, mais aussi parce qu'elle est le support des aménagements et qu'elle est source potentielle de revenus fiscaux (LAPJ, 2002).

Les réticences de l'État central à décentraliser des fonctions par lesquelles passent des ressources, donc du pouvoir, se manifestent aussi dans les modalités pratiques des coopérations qui se nouent avec des collectivités locales jeunes, aux capacités techniques limitées. Utiliser l'Agetip comme maître d'œuvre des infrastructures urbaines au Sénégal permet à l'État de contourner les communes et de limiter les apprentissages. De même, en milieu rural, les services déconcentrés de l'État utilisent les programmes d'aide à la gestion décentralisée des ressources naturelles pour se renforcer face à des collectivités locales qui manquent de compétences techniques : les Eaux et Forêts ont la haute main sur tous les plans d'aménagement forestier ; au Sénégal, la SAED a su utiliser un outil qui se voulait participatif – les plans d'occupation et d'affectation des sols (POAS) (D'Aquino, 2002a), dont elle accompagnait la réalisation – pour se légitimer dans le paysage concurrentiel du développement de la vallée du fleuve Sénégal (Censoni, 2008).

Les lignes de clivage s'observent à tous les niveaux de l'État. Ainsi, au gré des recompositions gouvernementales qui scandent le jeu de la « politique du ventre », les fonctions de l'aménagement du territoire, de la planification, de la décentralisation, de la coopération décentralisée, de l'urbanisme sont couramment séparées, donnant lieu à d'âpres oppositions entre fonctionnaires, dont l'enjeu est de capter la rente d'une coopération internationale généreuse sur les thématiques de la décentralisation et du développement local (Alvergne, 2008 : 96). Au niveau local ou régional, on observe de semblables luttes de positionnement (Piveteau, 2005 : 89). Dans la vallée du fleuve Sénégal du milieu des années 2000, au paysage institutionnel bien encombré, des institutions publiques de statuts différents comme l'Agence régionale de développement, la Saed, l'Ancar[11], le Pnir[12] ou le Partenariat Lille/Saint-Louis se battaient pour assurer, autour de leurs thèmes spécifiques, la coordination régionale du développement ou leur autonomie face aux autres. Toute information restait jalousement gardée, car susceptible d'attirer un bailleur éventuel. Le cloisonnement appartient aux affres de l'extraversion.

La multiplication des pouvoirs dont procède la décentralisation ne s'accompagne pas d'une amélioration évidente de la coordination des acteurs et donc de la gouvernance. En effet, l'histoire des pouvoirs locaux est faite « d'addition, non de synthèse » (Augé, 1982). Les nouvelles formes de pouvoir s'ajoutent aux précédentes sans les éliminer. Les élus locaux, mais aussi les interlocuteurs des nombreux projets de développement cohabitent avec les pouvoirs traditionnels, personne n'ayant le monopole du pouvoir local (Jacob, 1999 : 134). Les dynamiques qui en résultent sont variées. Telle étude insiste, en Côte d'Ivoire (Crook, Manor, 1998), sur l'échec des nouvelles institutions à développer des liens étroits entre les populations et les élus, l'allocation de ressources communales profitant surtout aux maires, qui captent ainsi une part locale de la rente étatique. Ailleurs, par exemple au Bénin (Bierschenk, 2006), la décentralisation a favorisé l'ouverture d'arènes politiques locales à une pluralité d'acteurs locaux, où les opérateurs économiques prennent une part importante. Une forte connexion s'établit entre politiciens et hommes d'affaires dans un contexte marqué par l'enchâssement de la politique et de l'économie, où la réussite dépend beaucoup des marchés publics. Mais l'ouverture du processus ne semble pas le conduire à prendre des formes différentes des mécanismes clientélistes qui, au niveau national, se révèlent peu efficaces pour la fourniture de biens publics.

*Les risques pour la cohésion nationale*

Dans des États jeunes, à l'identité nationale plus ou moins assurée, la décentralisation présente pour la cohésion du pays à la fois des réponses, lorsqu'elle offre une issue à des revendications d'autonomie, et des risques.

Présentée comme un outil d'aménagement du territoire capable de favoriser l'animation d'autres pôles que la seule capitale, la décentralisation peut aboutir aux effets inverses et accroître les inégalités territoriales. En effet, elle souligne les écarts entre les territoires riches en ressources – capitales ou villes d'où sont issues les élites politiques; bourgs valorisant des carrefours actifs,

11 Agence nationale de conseil agricole et rural.
12 Programme national d'infrastructures rurales.

des terres fertiles irrigables, des matières premières minières – et les autres, que leur indigence fiscale condamne à la marginalité. La coopération décentralisée pourrait d'ailleurs participer à ce renforcement des inégalités, dans la mesure où tous les territoires n'ont pas la même attractivité pour des collectivités locales européennes, ni les mêmes capacités à opérer la connexion avec elles. Les plus favorisées dans cette recherche de rente sont alors celles qui cumuleront capital social des élus, capital historique ou humain (migrants) et aménités touristiques... À ce jeu, Saint-Louis du Sénégal sera mieux servie que Boali, petite ville de République Centrafricaine.

Le communautarisme constitue le risque principal. En effet, proximité et démocratie ne font pas bon ménage. La grandeur des institutions démocratiques suppose que le principe de l'*ethnos* (les liens communautaires) puisse être dépassé dans le *demos* (les intérêts collectifs), par un mode d'organisation politique réglé par les principes d'égalité, de liberté et de visibilité, qui rend possible la coexistence de différentes ethnies au sein d'un même espace civique (Tassin, 2001 : 27). Dans le delta du fleuve Sénégal, le premier réflexe de villageois chargés de définir des règles d'usage d'un aménagement pastoral est de l'interdire aux « étrangers », c'est-à-dire à tout éleveur extérieur aux villages concernés, fût-il membre de la même communauté rurale (Mbengue, Magrin, 2004). L'esprit public, qui suppose « une distanciation à l'égard de l'appartenance et une ouverture à l'égard de l'identité », ne va pas de soi (Leclerc-Olive, 2001 : 41). La propension à creuser des tranchées profondes entre le « dedans » et le « dehors » est loin d'être exclusivement africaine (voir Bauman, 2006 : 82). Mais en Afrique, le contexte de pauvreté, de rapide croissance démographique, de faible éducation et d'instabilité politique se prête particulièrement aux aventures de la manipulation identitaire. La décentralisation introduit alors une brèche dans la logique d'intégration nationale, la logique de reconnaissance de la différence étant sans limites, comme le montre le Nigeria (Jacob, 1999 : 137). Dans ce pays, la création d'États fédérés peut certes apparaître comme une manière intéressante de valoriser l'unité de « pays géographiques ». Mais la double citoyenneté qui en résulte pose d'insolubles problèmes (Igué, 2006 : 189, 191).

Les dangers de la fragmentation politique sont traités de manière différente selon les pays (Jacob, 1999 : 141) : au Mali ou au Sénégal, lors des premiers scrutins locaux, aucun candidat n'était toléré en dehors des partis politiques reconnus au niveau national. La participation est alors organisée par le vainqueur au bénéfice de sa clientèle, dans le prolongement de la pyramide nationale du pouvoir. Dans d'autres pays au contraire, comme le Ghana, aucun candidat aux élections locales ne pouvait appartenir à un parti, afin que les manipulations politiciennes ne désenchantent pas l'électorat. Il en résulte une fragmentation douce, avec des élus peu influents car peu connectés aux enjeux qui dépassent le niveau local.

*Que faire des pouvoirs coutumiers ?*

L'influence des pouvoirs coutumiers, très variable selon les lieux, contribue à mitiger les résultats de la décentralisation. À l'indépendance, les jeunes dirigeants modernistes s'opposèrent d'abord aux tenants de l'ordre ancien alliés des pouvoirs coloniaux en les marginalisant, comme en Mauritanie, au Niger, au Mali ou au Tchad. De même, en Guinée, Sékou Touré fut assez fort pour suprimer la chefferie par canton, reléguant, pour la première fois depuis le XVIII^e siècle, l'aristocratie peule dans des positions de pouvoir villageoises. Au nord du Nigeria, à l'inverse, l'*indirect rule* permit aux élites locales d'ajouter à leurs ressources habituelles celles de l'État bureaucratique, en élargissant leur pouvoir sur toute la Northern Region (Bayart, 1989 : 163-165). Face aux difficultés à gouverner, les États modernes remirent souvent les chefs traditionnels en selle (Herbst, 2000 : 174, 177). S'il est difficile de dégager une tendance claire dans le rapport de force entre État central et pouvoirs locaux traditionnels (Rouveroy van Nieuwaal, 1987 ; 1996 ; Perrot, Fauvelle-Aymard, 2003), ces derniers conservent un grand pouvoir dans bien des situations.

Dans certaines régions peuplées par des sociétés lignagères, comme le Sud du Tchad ou la Casamance, les pouvoirs « traditionnels[13] » n'exercent cependant pas une grande influence, ou bien ils sont défiés par des pouvoirs plus modernes[14]. Il en est de même dans des espaces au peuplement récent, marqués par des décennies de politiques d'aménagement, où la légitimité du pouvoir peut tenir à la réussite économique ou à la maîtrise des relations avec le monde du développement. Une position de « courtier en développement », en somme, redéfinie à la lumière d'un nouveau contexte où il faut composer non seulement avec l'État, mais aussi avec les ONG, les banques, les commerçants… C'est le cas dans le delta du fleuve Sénégal (voir Dahou, 2004) ou dans la zone Office du Niger, au Mali (voir Couture *et al.*, 2002 ; Kuper *et al.*, 2002). Ailleurs, les chefs ont conservé des positions importantes.

Le transfert démocratique de pouvoir vers les niveaux locaux semble de nature à les heurter de plein fouet. Dans la majorité des cas, les chefs ont su investir les nouvelles entités et y conserver leur influence. Au Sénégal, le contrôle des conseils ruraux est assuré par le système de patronage caractéristique de la vie politique nationale. Les élites maraboutiques, tidjanes ou

**13** Néotraditionnel serait plus approprié, mais d'usage mal commode.

**14** Le roman *L'empreinte du renard*, de Moussa Konaté (2006), qui s'inscrit dans la veine des polars ethnologiques, illustre cette confrontation. Le commissaire Habib enquête sur des morts suspectes. Il découvre que les anciens, qui ne prenaient pas la décentralisation au sérieux, avaient laissé de jeunes ambitieux prendre la direction de la commune. Ceux-ci ont projeté de vendre des terres à des promoteurs touristiques étrangers, provoquant la colère des gardiens de la tradition – qui décidèrent de punir les coupables par les moyens coutumiers habillés de mysticité, à savoir le poison.

mourides, à travers leurs représentants villageois, contrôlent une bonne partie des conseils, notamment dans le bassin arachidier (Rochegude, 2000 : 16). Dans le Fouta Toro, de même, depuis le XVIII^e^ siècle, l'oligarchie *tooroodo*[15] a su préserver sa domination, en intégrant les institutions nouvelles, comme l'école, le parti, le développement rural (Bayart, 1989 : 157), et puis les collectivités locales. Au Nord-Cameroun, les oligarchies musulmanes du Nord ont été confortées par le colonisateur, puis par le président Ahidjio, enfin dans le cadre d'une alliance qui les associe au pouvoir Béti de Yaoundé (destinée à contenir électoralement les Bamiléké de l'Ouest dans les élections nationales). Le pouvoir des *lamibé*[16] est tel que les maires des communes sont obligés de composer avec eux, quand ils n'en sont pas une simple émanation, sous peine de paralysie. Dans ces contextes, la décentralisation ne favorise pas de manière évidente la démocratie. Elle risque de faire peser sur les habitants la double fiscalité des anciens et des nouveaux pouvoirs, qui s'additionnent.

### 2.2. *Décentralisation et développement local : un couple mal assorti*[17]

Décentralisation et développement local, tels qu'ils ont été mis en œuvre en Afrique de l'Ouest, ont des relations difficiles peu favorables au développement. Une ambiguïté majeure commune tient à l'exogénéité des processus : censés libérer les énergies locales, ils ont été impulsés par des acteurs étrangers, influencés dans leurs formes par ceux-ci – à travers des projets calibrés de manière homogène par un même bailleur – et financés en grande partie depuis l'extérieur. Il en résulte une forte dépendance et des cloisonnements entre acteurs pour capter les rentes antagoniques avec les synergies initialement espérées (Piveteau, 2005).

Les processus sont porteurs de contradictions implicites. La démocratie élective qui sous-tend la décentralisation suppose l'existence de clivages entre projets concurrents, quand le développement local promeut le consensus à tout prix. On reproduit ici les apories des SNRP nationales supposées consensuelles en contexte de démocratisation, de la même manière que la « bonne gouvernance » tenait lieu de seule option politique (Ferguson, 1990). De même, le développement local suppose des hétérogénéités, puisqu'il entend valoriser les ressources locales spécifiques. À l'inverse, la décentralisation peut apparaître comme un outil homogénéificateur dans le cadre de politiques d'aménagement du territoire, puisque ses cadres territoriaux s'accompagnent de la définition de niveaux d'équipement standardisés pour chaque collectivité comparable.

15 Les *tooroobe* (sing : *tooroodo*) sont les familles nobles d'agriculteurs dans le système social Haalpular de la Vallée (cf. Seck *et al.*, 2009 : 34-35).

16 *Lamido* au singulier ; mot peul équivalent de sultan.

17 Ce titre fait référence à celui de l'article de Piveteau (2005) : « Décentralisation et développement local au Sénégal : chronique d'un couple hypothétique ».

Le développement local importé en Afrique souffre souvent d'une grande absence : les activités productives (Magrin, 2007c). Un des intérêts du développement local dans le contexte de la mondialisation pourrait être de créer des rentes de monopole en exaltant des spécificités locales qui valorisent des traditions ou des néotraditions (Harvey, 2008 : 39). Quoi que l'on pense d'une telle instrumentalisation du local, ces processus sont rares en Afrique. Les projets de développement local se résument bien souvent à l'organisation d'acteurs pour la gestion d'infrastructures de base au financement exogène. Quand la production est considérée, c'est toujours à une échelle micro (microcrédit, microprojets de maraîchage), pour, au mieux, un microdéveloppement.

Il existe néanmoins des exceptions, c'est-à-dire des dynamiques productives qui peuvent être assimilées à des processus de développement local. Mais elles sont fragiles, d'une part, et rarement estampillées « développement local », de l'autre, comme si leur dimension économique et productive les rendait inéligibles à une telle labellisation. Le cas des filières laitières périurbaines de la région de Kolda, en Haute-Casamance, en constitue un bon exemple. Dans un contexte d'enclavement relatif qui protège des importations mais stimule le commerce régional avec la Gambie, la Guinée et la Guinée-Bissau, l'essor de la filière lait local y a été permis par la demande du réseau urbain régional en voie de densification par le haut (la capitale régionale, Kolda, atteint 80 000 habitants; le chef-lieu de département de Vélingara, 30 000) et par le bas (les villes religieuses ou commerciales de Médina Gounass et Diaobé). Une petite révolution de l'élevage y a eu lieu, à partir d'appuis techniques et organisationnels de la compagnie cotonnière, la Sodefitex, du centre local de l'Isra (Institut sénégalais de recherches agronomiques), le Centre de recherches zootechniques (CRZ), puis d'ONG, notamment Vétérinaires sans frontières à Vélingara (voir Dieye, 2003; Dia D., 2009; Cesaro *et al.*, 2010 : 28-29). Des étables laitières permettent l'intensification par la stabulation, et surtout de produire en saison sèche. Une filière s'est ainsi structurée (cf. cartes 16 et 17), articulant production du lait dans des ceintures périurbaines de 20-25 km de rayon, transport (à bicyclette), transformation et commercialisation dans des ateliers artisanaux urbains.

Convoquons cinq indicateurs pour interroger un éventuel processus de développement territorial (Magrin, 2007e) : la croissance économique, les synergies entre acteurs, la complémentarité entre activités, les gains d'autonomie, la réaction aux crises.

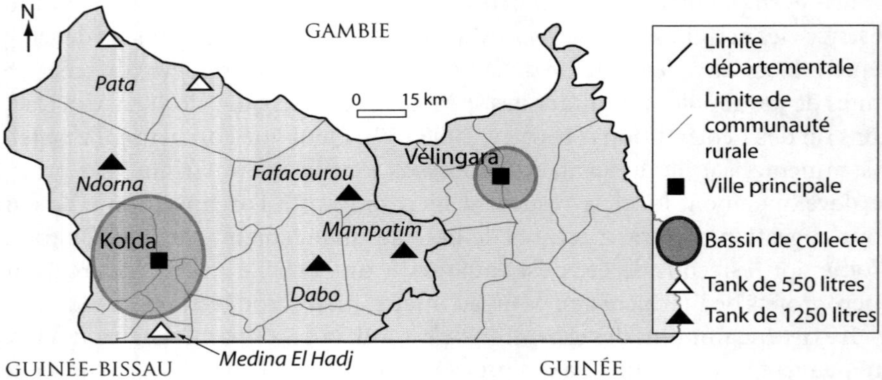


**Carte 16** *Ceintures laitières périurbaines et collecte rurale en Haute-Casamance (2007).*
Source : Cesaro *et al.*, 2010 : 28.

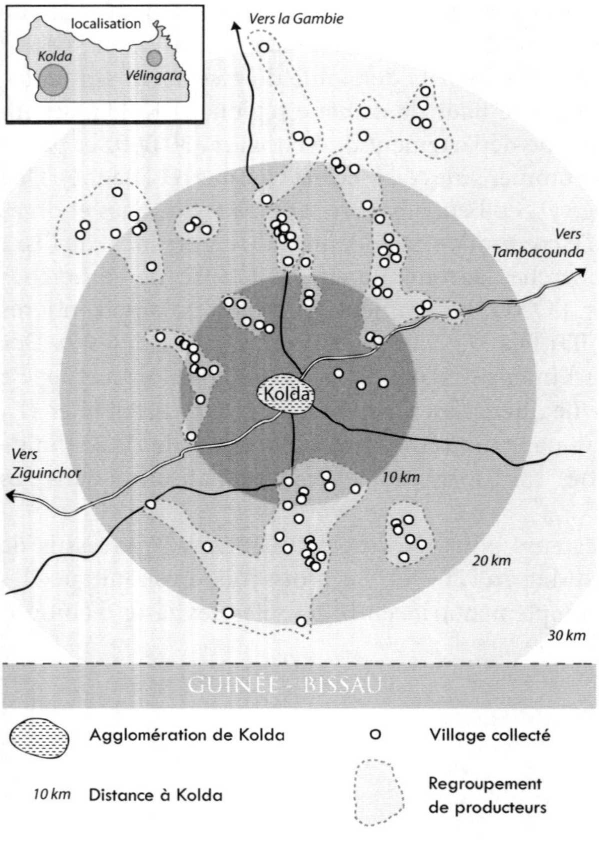


**Carte 17** *La ceinture laitière de Kolda.*
Source : Cesaro *et al.*, 2010 : 28.

En dix ans, depuis la fin des années 1990, le nombre de villages et de producteurs concernés a augmenté, même s'il reste limité par rapport au total régional (Dia N., 2009). Le lait apparaît comme un produit de diversification, qui s'intègre dans la dynamique du vivrier marchand, en complémentarité avec le système cotonnier qui l'a initialement favorisé – les étables fumières proposées par la Sodefitex[18] ont été « détournées » en étables laitières.

L'utilisation, à partir de 2007, des caisses orange emblématiques des paysages sous influence de la CFDT, pour abriter des tanks réfrigérés destinés à étendre la collecte au-delà de la ceinture périurbaine initiale, apparaît comme un symbole de cette évolution[19]. La coordination des organismes d'encadrement au sein d'un « centre de services » a pu faire figure de modèle. L'accumulation des compétences techniques et organisationnelles, mais surtout l'inscription de l'expérience dans la durée, qui témoigne d'une viabilité économique pas si fréquente pour des projets aidés, ont fait de ces filières laitières d'apparence modeste des fleurons du développement rural sénégalais. Elles ne concernent néanmoins que quelques centaines de producteurs. En 2007, la ceinture de collecte de Kolda représentait environ 350 éleveurs, et les bassins laitiers de la Sodefitex 150 supplémentaires (Dia N., 2008).

Le processus n'est cependant pas sans faiblesses. Il crée des inégalités au sein des villages, comme tout processus de développement. Les plus riches et les plus dynamiques sont logiquement les plus capables d'en profiter. On peut aussi s'interroger sur les implications spatiales de la croissance du système laitier, si ses principaux verrous (les approvisionnements en intrants de saison sèche, les débouchés vers les grands centres urbains du pays) étaient levés. L'augmentation des revenus des producteurs se traduirait par une augmentation du cheptel, partagé entre un cheptel laitier sédentaire et un troupeau de capitalisation mobile. Il en résulterait des enjeux de gestion foncière et de cohabitation avec une agriculture elle aussi en pleine expansion.

Les rivalités entre structures d'appui n'ont pas manqué de s'exprimer, traduisant notamment des différences d'approche importantes entre une société cotonnière héritière de démarches étatiques descendantes et de missions de service publique, mais à présent soumise aux impératifs de rentabilité, et une ONG comme VSF qui véhicule une idéologie coopérativiste non dénuée de romantisme (Magrin, 2007e). La filière demeure très sensible aux fluctuations de son environnement. En amont, parce qu'une bonne récolte d'arachide et de coton fournit des fanes ou des tourteaux en abondance, alors qu'une mauvaise compromet la continuité de la production en saison sèche, faute d'intrants. En aval, les variations des cours mondiaux du lait augmentent les marges, mais

18 La société cotonnière souhaitait favoriser l'intensification grâce à des étables où la complémentation des animaux permettrait de collecter de la fumure organique. Le détournement d'objectif se révèle fructueux.

19 Devant sa faible rentabilité, cette opération fut réduite à partir de 2008 à un petit nombre de sites.

pas les capacités de production. Les retournements sont douloureux. La filière reste aussi dépendante des structures qui l'appuient depuis l'origine : si l'autonomie des acteurs est croissante, elle demeure relative. La Sodefitex est exposée aux incertitudes de l'avenir de la filière cotonnière (Renaudin, 2011), qui s'accroissent depuis que la CFDT est devenue Dagris, puis Geocoton en 2008. Pour la coopérative modèle Larogal, de Vélingara, le retrait de VSF sera aussi un moment de vérité.

Enfin, l'absence des collectivités locales dans la dynamique de la filière est remarquable. Or, dans une perspective de développement local, les élus locaux ou régionaux pourraient jouer un rôle, à travers la réalisation d'infrastructures, l'appui à la gestion de l'espace, la promotion de l'image des produits ou encore la défense des productions locales face aux importations dans les négociations fiscales au sein du gouvernement.

Une contrainte majeure de la décentralisation en lien avec le développement local renvoie aux difficultés d'articulation entre pouvoirs, qu'elles soient verticales (du niveau local à l'État, en passant par les intermédiaires régionaux) ou horizontales (relations entre territoires voisins). Les institutions de la décentralisation et du développement local s'ajustent mal, leurs cadres territoriaux ne se recoupent pas. Ainsi, les communautés de vie réelles en milieu rural sont les villages, largement ignorés par les textes de la décentralisation (LAPJ, 2002 : 20), au Sénégal comme au Mali, mais identifiés comme cadres d'action par de nombreux projets, qu'ils soient estampillés « développement local » ou non. À l'échelon supérieur, les identités supralocales s'inscrivent souvent à des échelles qui dépassent celles des collectivités locales de base, sans correspondre au niveau régional. Au Sénégal, plusieurs processus de développement local se sont inscrits à l'échelle départementale (Mercoiret, 2003), alors que cet échelon n'est retenu que par l'administration, sans constituer une collectivité locale. De même, des dynamiques sociales assimilables à des processus de développement local, puisqu'elles sont sous-tendues par une mobilisation d'acteurs autour d'un projet en lien avec un référent territorial, comme l'Asescaw[20], dans le delta du fleuve Sénégal (voir Dahou, 2004 ; Dansero *et al.*, 2009), ou l'Ujak[21], près de Podor, débordent les cadres politico-administratifs des collectivités locales.

### 2.3. *La difficile gestion décentralisée des ressources naturelles*

Les attentes placées dans la décentralisation en matière de gestion durable des ressources naturelles n'ont pas non plus vraiment été satisfaites, pour des raisons qui tiennent aux relations entre populations et ressources, aux cadres

**20** Association sportive et culturelle des agriculteurs du Waalo.

**21** Union des jeunes agriculteurs de Koyli Wirnde (voir Sall, 1995).

territoriaux de gestion et à l'influence de la course aux rentes du développement durable.

Au Mali par exemple, le transfert de la responsabilité de gestion des ressources naturelles aux populations locales a fourni des résultats ambivalents (Gautier *et al.*, 2008). La décentralisation, au début des années 1990, s'intègre dans un projet politique global de démocratisation, au lendemain de la dictature de Moussa Traoré. La décentralisation de la gestion des ressources naturelles en constitue une dimension très sensible en milieu rural, qui avait été très marqué par la politique répressive antérieure. Dans le cadre d'un vaste projet stratégie énergie domestique financé par la Banque mondiale, dont l'objectif est d'assurer l'approvisionnement en bois énergie des centres urbains, notamment Bamako, dans le cadre d'une exploitation forestière durable, des marchés ruraux de bois sont mis en place. Un accord est passé entre une structure rurale de gestion du bois (SRGB), représentant les bûcherons villageois, le service des Eaux et Forêts et la commune pour définir des conditions d'exploitation durable d'un massif – délimitation de parcelles, définition d'un calendrier de rotation des coupes et de quotas de prélèvement. Celles-ci permettent de bénéficier d'une fiscalité attractive par rapport aux massifs exploités de façon incontrôlée.

Des études menées dans des marchés de bois proches de Bamako montrent des résultats mitigés de ces processus (Gautier *et al.*, 2008) : les villageois se sont largement approprié la coupe de bois, auparavant monopolisée par des bûcherons envoyés par les grands commerçants urbains, en cheville avec les agents des Eaux et Forêts. Autrefois limitées à quelques segments marginaux de la population, migrants et castés, la coupe de bois et la fabrication de charbon ont contribué à la diversification de l'économie rurale, pallié l'irrégularité des prix du coton, financé quelques équipements, fourni des revenus aux cadets sociaux (femmes, jeunes) et ainsi contribué à atténuer la pauvreté. Mais ce dispositif a eu aussi des effets inattendus : il a provoqué des tensions sociales au sein du village autour du contrôle de la SRGB entre bûcherons promus courtiers en développement et anciennes élites, mais aussi avec les villages voisins, où l'exploitation s'est déplacée après l'épuisement des parcelles les plus proches du centre du village. Le système mis en place a constitué une rente pour les villageois bénéficiaires, conduisant à une exploitation minière de la ressource, aux antipodes des objectifs initiaux de gestion soutenable.

L'absence de correspondance entre les territoires politiques de gestion et les ressources empêche également la décentralisation d'atteindre ses objectifs. De ce point de vue, la pêche continentale pose des problèmes de gestion de l'espace et de ses ressources analogues à ceux de l'élevage pastoral. Dans le delta intérieur du Niger (Marie *et al.*, 2007) comme dans la vallée du fleuve Sénégal

(Magrin, Seck, 2009), les pêcheurs ont une faible place dans les dispositifs de la décentralisation, notamment dans les cadres de concertation sur la gestion de l'espace. Alors que les priorités de l'État et des bailleurs de fonds vont à l'agriculture irriguée, centrale en termes de sécurité alimentaire, les pêcheurs pèsent très peu sur la scène locale du développement. Leur capital social est limité car ils sont souvent des migrants « étrangers », ou appartiennent à des groupes marginaux assimilés à des hommes de métier (Magrin, Seck, 2009 : 59). Imaginer les régulations qui permettraient aux pêcheurs de mieux vivre tout en préservant la ressource ne va pas de soi. Comment adapter la pêche et ses pratiques mobiles[22] aux cadres territoriaux rigides ? Comment intégrer des non-résidents dans les concertations locales sur la gestion des ressources quand leur pratique spatiale dépasse cet horizon ?

Les jeux de pouvoir autour des ressources expriment parfois à la fois la recherche des rentes du développement durable et des rapports à l'espace à géométrie variable sur lesquels les approches étroitement territoriales des projets de développement ne peuvent qu'achopper. Ainsi, sur le banc d'Arguin comme dans le delta du Saloum, la promotion de l'autochtonie par les ONG et le monde de la coopération au développement crée des rivalités de pouvoir dont l'enjeu est la captation de la rente associée à ces interventions (Dahou, ould Cheikh, 2007 : 184). Le statut d'Imraguen, autrefois signe de marginalité, devient recherché, car ces populations sont les seules autorisées à pêcher dans le parc national du banc d'Arguin, au potentiel halieutique considérable. Dans le delta du Saloum, où les ressources se raréfient, l'autochtonie est utilisée pour contrôler les migrants, les droits d'usage se transformant en droits territoriaux. L'insistance sur l'antériorité de la part du monde de la coopération reflète l'influence de modèles de société fixes sur leur terroir, qui se révèlent mal adaptés au contexte africain, caractérisé par la fluidité des rapports à l'espace, où les mêmes ressources naturelles sont souvent exploitées par différents groupes au cours de leurs processus migratoires (*ibidem*).

## 3. Limites et articulations territoriales

La promotion du local s'accompagne d'enjeux qui concernent la taille et le nombre de territoires à définir, de même que la façon dont ils interagissent les uns avec les autres. La territorialisation – littéralement, création de nouveaux territoires – dont procède la décentralisation est d'abord porteuse de concurrences et d'affirmations antagonistes, autour de logiques de captation

22 Les principaux groupes de pêcheurs continentaux se déplacent au cours de l'année en suivant le poisson, selon les rythmes de la crue et de la décrue. Ils s'adaptent aussi aux changements écologiques liés aux sécheresses, aux barrages ou à l'épuisement des ressources halieutiques.

de ressources, que ce soit des rentes géographiques (de situation, foncière, fondées sur le prélèvement de ressources naturelles), l'aide extérieure ou celle de l'État. La valorisation de son potentiel de développement suppose l'invention d'articulations territoriales et la définition d'un nouveau rôle de la puissance publique.

### 3.1. *L'enjeu de la gestion des limites*

La décentralisation crée de nouveaux territoires, les collectivités locales, qui véhiculent de nouveaux rapports à l'espace : les marges territoriales, autrefois floues et abandonnées aux pratiques spatiales lâches du pastoralisme, de la chasse ou du bûcheronnage, deviennent des enjeux, la question des limites entre territoires se pose, surtout quand ils sont porteurs de ressources potentielles : zones urbanisables, terres irrigables, bois énergie. Faut-il y voir un renversement de paradigme dans le rapport au territoire, pour des États africains qui ne s'étaient historiquement occupés que de la maîtrise des centres (Herbst, 2000), lieux de prélèvement des ressources de l'extraversion, en abandonnant les marges à la fluidité de l'escapisme ? Si, « à défaut de rendre le monde tout entier habitable et d'apprivoiser ce "dehors" hostile, nous entreprenons de circonscrire et de fortifier un territoire qui sera bien à nous et à personne d'autre, une enclave dont nous serons les propriétaires incontestés » (Bauman, 2006 : 82), un tel bouleversement sera porteur de fragmentation supplémentaire.

*La fabrique territoriale de l'État*

À la différence des frontières extérieures léguées par la colonisation, qui se sont révélées quasiment intouchables, les États africains sont maîtres de leur découpe territoriale intérieure. La recherche de la maille adéquate correspond à la volonté de « voir » le mieux possible et ainsi d'assurer le pouvoir sur le territoire (Raffestin, 1980 : 33). L'augmentation du nombre de circonscriptions administratives contribue aussi à la densification de la pyramide clientéliste cimentée par les rentes. Elle permet la distribution de rentes locales, à travers les flux de ressources publiques affectés à ces nouveaux échelons de territoires : budgets des services déconcentrés de l'État, fonds de dotation des collectivités locales, investissements et flux associés à l'érection de nouveaux centres administratifs.

Dans un premier temps, l'architecture coloniale interne a été seulement l'objet d'ajustements de détail : en Afrique francophone, les 576 circonscriptions administratives de base (de niveau cercle, ou département) de 1960 (Herbst, 2000 : 101-102) n'ont connu durant les trois décennies suivantes qu'un léger resserrement du maillage territorial, les grandes lignes demeurant inchangées. Dans tous les pays, la décentralisation concerne l'urbain avant le rural.

En milieu rural, le découpage des collectivités locales s'effectue surtout dans les années 1990. Le Sénégal apparaît de ce point de vue en avance (1972-1980).

Il adopte comme unité de base des groupes de villages réunis selon deux critères : l'existence d'un sentiment d'appartenance hérité de la géographie et de l'histoire d'un côté ; la viabilité économique de l'autre. Les entités retenues sont censées avoir un gabarit suffisant pour mobiliser des ressources fiscales susceptibles de contribuer aux investissements. Elles s'inscrivent plus ou moins explicitement dans l'héritage des cantons coloniaux.

Dans les années 1990, démocratisation et décentralisation favorisent la reprise, hésitante, de la fabrique territoriale par l'État. Au Tchad, la Constitution de 1996 a prévu une république unitaire décentralisée, notamment pour donner des gages aux partisans de l'autonomie du Sud (Feckoua, 1996). Les élections locales ont été à plusieurs reprises reportées, au gré des péripéties de la vie politico-militaire nationale et des difficultés financières, le financement des élections nationales étant toujours jugé prioritaire, ce qui en dit long sur la conviction décentralisatrice du régime. Les premières élections locales ont finalement pu être organisées, dans les communes urbaines, en janvier 2012.

D'importants redécoupages territoriaux ont cependant été réalisés entre 1999 et 2007, sans que des règles du jeu claires soient énoncées pour en expliquer la logique. Les 14 préfectures et 52 sous-préfectures postcoloniales ont été remplacées par 18 régions et une cinquantaine de départements (correspondant aux sous-préfectures). La toponymie a été largement modifiée, les noms de chefs-lieux étant remplacés par des hydronymes, des oronymes ou des noms à référence historique ou ethnique (Bégin-Favre, 2008 : 46). Au rang inférieur, plus de 200 sous-préfectures nouvelles ont été créées. La définition de mailles plus fines permet à la fois de mieux contrôler le territoire, dans la perspective des élections locales, et de distribuer des postes, l'administration territoriale constituant un horizon privilégié de recasement pour d'anciens rebelles ralliés, des militaires ou des militants à récompenser[23]. Certains territoires correspondent à des calculs politiciens où s'articulent enjeux locaux et nationaux. Ainsi, la création d'un département de l'Ennedi Est, détaché de la région du Biltine au profit du BET[24], avec pour chef-lieu le hameau de Bahaï, s'accompagne de la mise en place d'un frère du président sur le trône du sultanat créé pour l'occasion. C'est une façon pour Idriss Déby, dont le pouvoir est contesté par des rebelles issus de son ethnie, de récupérer une légitimité traditionnelle face à la puissante famille Zaghawa des Haggar, qui détient le trône d'Iriba (Bégin-Favre, 2008 : 229-230).

Au Niger, la paix un moment retrouvée, après les premières rébellions touarègues et Toubou, débouche en 1994-1995 sur un projet de redécoupage

23 En 2007, sur 426 administrateurs territoriaux, seuls la moitié étaient des professionnels. Les autres se partageaient également entre anciens militaires et clients politiques (Gerold, 2009).

24 Borkou Ennedi Tibesti, nom de la préfecture saharienne désertique qui correspond au grand tiers septentrional du pays.

intégral du pays, avec 1 000 entités sur quatre niveaux. Trop complexe, il n'aboutira pas. Mais un début de décentralisation se met en place. On ressuscite des provinces historiques, correspondant au deuxième niveau de la période coloniale, pour éviter de recréer les grands royaumes, dont l'État craint de perdre le contrôle (Antheaume, Giraut, 2002 : 47).

Au Mali, un grand découpage territorial est entrepris entre 1994 et 1996, marquant un compromis entre logiques descendante et ascendante. L'État organise l'accompagnement de processus participatifs de création des communes – choix du nom, des limites, du chef-lieu – et tranche en fin de processus, selon des critères identitaires et économiques. Les premiers pèsent plus que les seconds dans les arbitrages, aboutissant à la définition d'entités plus nombreuses et moins grandes qu'initialement envisagé. Le processus exhume de vieilles rivalités entre villages « pères » et « fils », hameaux de nobles ou d'anciens esclaves, d'autochtones ou d'allochtones (Idelman, 2009 : 2-6). Le champ social et le territoire ne coïncident pas toujours, certains hameaux se rattachant à une commune dont ils sont séparés par le territoire d'une autre. Ils y font alors enclave. « Le passage de l'espace relationnel au territoire institutionnel pose problème, dans la mesure où la proximité spatiale ne recouvre que très partiellement le tissu des liens qui fondent les espaces sociaux [...]. Les limites sociales précèdent les limites territoriales et ne s'inscrivent pas forcément dans le sol » (Lima, 2003). Malgré de multiples contestations, l'État n'a pas rouvert le débat sur les limites des communes, au-delà du découpage initial, pour ne pas compromettre la paix sociale (Idelman, 2009 : 14).

Au Sénégal, le président Wade annonce en 2000 la renaissance des provinces précoloniales, avant de faire marche arrière et de conserver les régions devant la multiplication incontrôlable des revendications identitaires (Diop, 2006). Il se contentera de créer quatre nouvelles régions, obéissant tantôt à des logiques d'autonomisation de départements enclavés à forte identité (région de Matam, 2001 ; et de Kédougou, 2008), tantôt à des logiques plus suspectes de satisfaire des clientèles politiques locales (régions de Kaffrine et Sédhiou, 2008).

*Décentralisation et territorialisation*

Les années 1990-2000 voient la coexistence de deux logiques territogènes : la libéralisation, qui encourage les investissements (agro-industriels, miniers) et les projets aidés d'une part ; la décentralisation d'autre part.

La juxtaposition de territoires publics – comme espaces gérés par un pouvoir dans le cadre d'une certaine autonomie – est ambivalente : le renforcement progressif des capacités des acteurs des territoires (D'Aquino, 2002a ; 2002b ; Tonneau, 2003 ; Alvergne, 2008 : 121) peut se révéler favorable à terme au développement local. Dans un premier temps, néanmoins, avec la décentralisation, « chaque pouvoir s'est jalousement livré aux délices d'une pseudo-souveraineté territoriale » (Vanier, 2005 : 329). Les jeunes collectivités locales ont eu comme premier réflexe de s'affirmer contre l'État, contre les niveaux supérieurs, selon la logique du « casino territorial : pairs-impairs et passe ou la loi du 1-3/2-4[25] » (Antheaume, Giraut, 2002 : 54), et contre leurs voisines. Au Sénégal, par exemple, dans la première génération de plans locaux de développement (PLD) définis après les élections locales de 1997, aucune collectivité locale ne fait allusion à l'existence des autres et à de possibles connexions avec elles (Dia, 2000 : 9). On n'échappe pas au paradoxe de gouverner des espaces qui se complexifient par des dispositifs reposant sur la simplicité et l'exclusivité du rapport entre pouvoir et territoire (Vanier, 2005 : 329).

La communalisation, processus par lequel le bourg chef-lieu d'une commune rurale s'en émancipe pour accéder au statut de commune urbaine, souligne les ambiguïtés de la territorialisation associée à la décentralisation. Au Sénégal, les critères pour accéder au statut de commune (urbaine) sont relativement souples, la décision revenant à l'État. Les centres doivent avoir « un niveau de développement suffisant pour pouvoir disposer de ressources propres nécessaires à l'équilibre de leur budget, et une population groupée d'au moins 1 000 habitants » (article 79 de la loi 96-06). Le statut de commune urbaine est recherché, car il donne accès à une amélioration des équipements. Mais que reste-t-il à l'arrière-pays rural (les autres villages qui formaient la communauté rurale) si les ressources sont capturées par le village-centre érigé en commune ? Le problème est d'autant plus flagrant si ces ressources résident dans les recettes fiscales du marché hebdomadaire, dont l'animation résulte de la fréquentation et de l'activité des ruraux environnants. La communalisation provoque ainsi une recomposition géopolitique locale parfois synonyme de rupture (cf. figure 6). En plus des pertes de ressources pour ce qui reste de la collectivité locale rurale, elle n'encourage pas les liens entre bourgs et campagnes (Magrin, 2008b). Ainsi, le bourg de Mpal, qui abrite deux fois par semaine un marché hebdomadaire très animé, à 30 km au sud de Saint-Louis, a-t-il été érigé en commune en 2009. Que laisse-t-il comme ressources fiscales aux petits villages de la communauté rurale de Fass nouvellement créée ? Un des effets de la décentralisation est alors de démultiplier les égoïsmes territoriaux, en contradiction avec ses objectifs énoncés en faveur de l'aménagement du territoire.

*Autour des limites, de nouveaux conflits*

L'apparition de litiges ou de conflits sur les périphéries des territoires (collectivités locales ou villages) est révélatrice des changements de fond en cours en Afrique. La densification démographique d'ensemble donne aux marges une

25 Cette loi « veut qu'un niveau de pouvoir en cours d'affirmation structure son territoire en cherchant des relais susceptibles de court-circuiter le niveau inférieur contre lequel il tend à s'affirmer » (Antheaume, Giraut, 2002 : 54).

valeur nouvelle. Même si le degré de maturité et de capacité de gestion des collectivités locales est très inégal, l'existence des conflits de limites traduit l'importance que le contrôle territorial revêt pour ces pouvoirs en devenir.

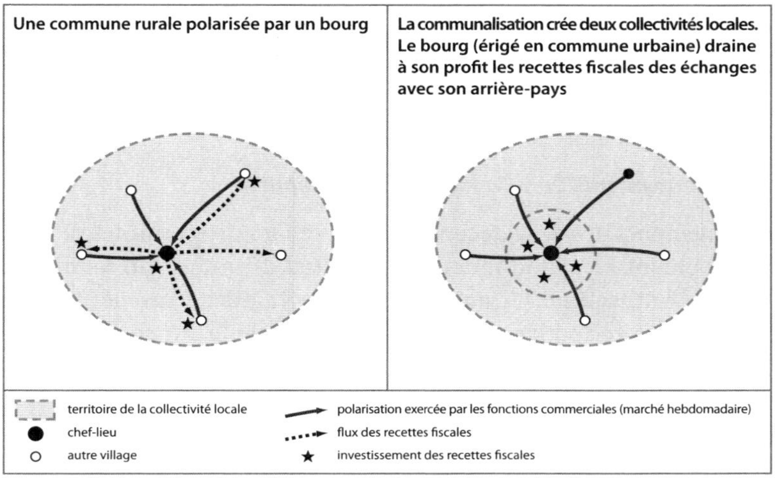


**FIGURE 6** *Égoïsme fiscal et territorialisation.*
Source : auteur.

Nulle part ou presque les limites entre collectivités locales ne font l'objet d'une démarcation nette, qu'elle soit cartographique ou matérialisée sur le terrain : le dessin imprécis des collectivités locales rurales, qui procède d'une liste de villages sans cartographie des contours, s'inscrit bien dans la territorialité africaine traditionnelle, organisée autour de noyaux séparés par des vides. Cette indécision des limites affaiblit les collectivités locales, en contrariant recensement et prélèvements fiscaux (Alvergne, 2008 : 125). Mais les conflits ne se matérialisent que dans certaines zones à valeur d'usage importante. Ils opposent des types de territoires variés (Ndong, 2006 ; Sy, 2004 ; Sy, Magrin, 2004) : il peut s'agir de communes rurales entre elles, avec comme enjeux des terres agricoles de valeur, notamment irrigables ou aménagées, ou d'autres types de ressources naturelles.

On observe des différends entre communes urbaines et collectivités locales rurales à propos de la progression du front d'urbanisation ou des taxes liées à des activités installées à la périphérie des villes (sites touristiques ou industriels) ; ainsi que des conflits entre communautés rurales, agro-industrie, aires protégées (Sy, 2004) ou activités extractives (Diallo, 2006 ; 2009).

Les villes considèrent que l'élargissement du périmètre communal est la seule façon de répondre à leur croissance démographique et à sa traduction spatiale ; elles utilisent le lotissement comme outil urbanistique de mitage des espaces ruraux environnants et de conquête de rente foncière municipale future, négociant ensuite avec l'État une reconnaissance du fait accompli, comme on put le voir au Sénégal entre la commune de Thiès et la communauté rurale de Fandène (Gueye, Tall, 2003 : 110-112). Bénéficiant de meilleurs relais au sommet de l'administration et de l'État, les villes apparaissent en position de force. Avec le temps, néanmoins, certaines communautés rurales parviennent à mieux défendre leurs intérêts, en utilisant à leur tour l'arme du lotissement, comme la communauté rurale de Malicounda, sur la Petite Côte touristique sénégalaise (Gueye, Tall, 2003 : 115).

### 3.2. *Des cloisonnements au développement régional*

Les cloisonnements nés de la décentralisation et des programmes se réclamant du développement local soulignent le potentiel d'innovation territoriale des articulations (Antheaume, Giraut, 2002). En particulier, l'absence fréquente de lien entre sphère productive et sphère institutionnelle, en contradiction avec les idéaux synergiques du développement local, met en relief l'importance des relations villes-campagnes comme lieu possible de cette articulation. Entre stratégies des acteurs locaux et jeu des acteurs mondiaux se dessine une place de l'État en accompagnement de processus de gouvernance territoriale permettant de valoriser les ressources des territoires.

*Des besoins d'articulation entre filières et territoires*

L'absence d'articulation entre filières économiques et territoires décentralisés est une des causes de l'échec des politiques de développement. Dans la vallée du fleuve Sénégal, par exemple, le développement régional attendu par les artisans des étapes successives de l'aménagement du bassin n'a pas eu lieu (Bonnardel, 1992). Le déclin politico-économique de Saint-Louis au cours du XX^e^ siècle s'est accompagné d'une perte d'influence sur l'*hinterland* naturel de la Vallée (cf. carte 18). Chaque réalisation d'infrastructure a même réduit l'influence de la ville, comme le chemin de fer Dakar-Niger (1920), la route goudronnée vers Dakar (1961) puis celle du *diéri* (1979). On rêvait de faire de la région une Californie du Sénégal, Saint-Louis renaissant de la valorisation du potentiel agricole du fleuve. Mais la ville entretient avec sa région des relations complexes. Conçu en termes techniques autour de l'aménagement hydraulique et de l'agriculture irriguée, l'aménagement est resté l'affaire du monde du développement, de l'État – à travers la SAED, qui a son siège à Saint-Louis – et de ses partenaires bailleurs de fonds étrangers. Les élites saint-louisiennes anciennes, amaigries depuis que la perte du statut de capitale du Sénégal en 1958 au profit de Dakar a précipité le déclin de la ville, ont prolongé leur longue histoire d'extraversion en se contentant de se partager une maigre rente touristique, sans s'intéresser à l'agriculture. Des commerçants saint-louisiens sont bien impliqués dans les échanges des produits de la Vallée (riz, produits maraîchers), mais ils ne sont pas très nombreux sur les marchés hebdomadaires à côté de ceux venant de Dakar ou d'autres régions du pays.

La capitale régionale ne contrôle pas les flux agricoles de la Vallée (Magrin, 2005). L'implantation fin 2003 d'une unité agro-industrielle, les Grands Domaines du Sénégal (GDS), à 10 km du nord de la ville, relève plus du hasard de la localisation industrielle – des conditions géographiques favorables[26] pour l'entreprise – que de la proximité de la capitale du Nord. Le siège national de l'entreprise est d'ailleurs à Dakar. Le commandement de la CSS, l'autre grande entreprise de la région, se partage entre Richard-Toll et Dakar. Quelques évolutions se dessinent cependant : les maraîchages intra- ou périurbains (Bango, Khokh, puis le Gandiolais), à l'origine développés pour la ville, produisent aujourd'hui à la fois pour Saint-Louis et le marché national, avec les périmètres du bas delta et du lac de Guiers. Les acteurs saint-louisiens y ont leur part d'initiative. Des commerçants habitant Saint-Louis, originaires du Nord du bassin arachidier, tissent aussi des liens commerciaux avec la Vallée, autour du poisson de la marée et d'autres produits.

Les difficultés du développement régional se lisent aussi dans la moyenne et la haute Vallée, qui fonctionnent comme un axe d'urbanisation diffuse. À l'amont, les situations d'enclavement bénéficient à certaines petites villes, auxquelles les équipements publics permettent un assez large rayonnement (Matam, Bakel). Partout, les revenus de transfert sont importants : entre Dagana et Podor, ils viennent plutôt de Dakar ; à partir de Golléré, des migrants internationaux. Ils passent par les télécentres et les guichets Western Union installés dans les agences de la CBAO[27] ou les stations Shell. Le mondial (ou le national) se connecte directement au local sans passer par la case régionale.

Au sein d'un système urbain en arêtes de poisson structuré par la route du *diéri*[28], les petites villes de Ndioum (15 000 habitants) et Golléré (6 000 habitants) valorisent des carrefours entre le *waalo* et le Sud pastoral (Magrin, 2008b). À Ndioum, l'afflux de pêcheurs *cuballo*[29] chassés par les sécheresses et de réfugiés mauritaniens de 1989 a stimulé la croissance, de même que l'aménagement d'une grande cuvette irriguée. Ndioum apparaît comme une petite ville très dynamique, en comparaison de Podor, l'ancienne escale enclavée (Wade, 2003). La gestion des limites territoriales est peu conflictuelle ici, du fait de la

**26** Les GDS produisent sous serre des légumes (tomate-cerise, haricot vert, etc.) pour le marché européen. Le site de Ndiawdoun offre à cet effet des terres sableuses libres, puisque seuls les bas-fonds étaient jusqu'ici valorisés dans le Delta ; des possibilités d'irrigation, la présence de la route goudronnée principale, des villages peuplés périurbains offrant de la main-d'œuvre féminine nombreuse. La possibilité d'un milieu de vie agréable à Saint-Louis pour les cadres de l'entreprise apparaît comme un facteur supplémentaire.

**27** Compagnie bancaire de l'Afrique occidentale.

**28** *Waalo* et *diéri* sont les deux grands types de terroirs de la vallée du fleuve Sénégal : le *waalo* correspond à la vallée alluviale inondée annuellement par la crue du fleuve, propice à la pêche, aux pâturages et aux cultures de décrue et irriguées ; le *diéri* est la bordure sableuse exondée, qui accueille les pâturages de saison des pluies et, rarement aujourd'hui, des cultures pluviales.

**29** Groupe statutaire des pêcheurs au sein du groupe Toucouleur de la Vallée.

proximité socioculturelle des populations de Ndioum et de la communauté rurale environnante de Gamadji Saré, de la disponibilité foncière sur un *diéri* abandonné aux pâturages de saison des pluies depuis que les sécheresses y ont rendu l'agriculture pluviale trop risquée.

Mais l'agriculture irriguée est fragile et exerce des effets d'entraînement timides sur l'économie locale. L'existence d'une identité culturelle forte dans le Fouta ne suffit pas à l'essor des activités productives. Les territoires politico-administratifs des collectivités locales se superposent sur un fond territorial ancien, sans y correspondre : l'ancien Fouta a été divisé en deux départements (Podor, Matam), les anciennes provinces, encore très présentes dans les représentations, correspondent approximativement aux arrondissements, qui ont peu de consistance ; les communautés rurales, dessinées en lames de parquet pour valoriser la complémentarité traditionnelle *waalo/diéri*, forment de nouveaux territoires. Cette territorialisation liée à la décentralisation entraîne des concurrences plus que de l'émulation : Ndioum s'oppose à Podor, la capitale départementale historique, pour recevoir de nouveaux investissements étatiques ; Golléré à Médina Ndiathbé, le chef-lieu de la communauté rurale englobante, ou à Kaskas, le chef-lieu d'arrondissement, enclavé dans le *waalo*. L'organisation atomisée du réseau des marchés hebdomadaires, qui se connectent directement à Dakar, limite la hiérarchisation du réseau urbain (Magrin, 2005). Un groupement d'intérêt communautaire a bien été mis en place entre les communautés rurales du département de Podor, témoignant de la prépondérance de ce niveau identitaire, mais il ignore les communes urbaines (Podor, Ndioum, Golléré, etc.). Ainsi, le développement, qu'on le qualifie de local, territorial ou régional, considéré sous l'angle d'une mobilisation sociale à retombées économiques, est évanescent dans la Vallée. Les dynamiques sociales, bien réelles, trahissent un enfermement dans un système économique extraverti reposant sur le transfert des émigrés. La valorisation des ressources locales, de la culture Haalpular aux cultures irriguées, peine à être pensée autrement que par la gestion participative de l'aide et des équipements qu'elle finance.

#### *Pour un renouveau de l'action territoriale de l'État*

Après l'ère du consensus de Washington, le retour d'un État développementaliste qui ne renierait plus la planification est à nouveau ressenti comme une nécessité en Afrique (Cnuced, 2009). Les SNRP en ont été une première étape, à la fin des années 1990 (Alvergne, 2008 : 106). Or, les conditions ont changé. Il ne s'agit plus d'imaginer un État sur le mode des années 1960, centraliste et autoritaire : l'État n'a plus les moyens de ces politiques (qui n'ont d'ailleurs pas donné de résultats probants), et surtout le paysage du développement s'est complexifié après deux décennies de libéralisation et de décentralisation : organisations de producteurs, acteurs privés nationaux ou étrangers, collectivités locales, projets aidés d'acteurs hétéroclites l'ont massivement investi. Si le gouvernement correspond au gouvernement territorialisé, « alors la gouvernance est sans doute la condition du pouvoir interterritorialisé » (Vanier, 2005 : 333). Les formes d'une gouvernance territoriale articulant les différents niveaux de gouvernement de l'État, ceux des collectivités locales et des acteurs privés, restent à inventer. Il s'agit de « mettre du lien entre les institutions de différents niveaux en instaurant des espaces de dialogue, de négociation et la possibilité de financements croisés » (Alvergne, 2008 : 168). Cette gouvernance territoriale doit faciliter une meilleure coordination des échelles, d'autant plus indispensable que les ressources disponibles sont limitées. Mais comment inverser la tendance contraire, qui voit la multiplication des acteurs aboutir à leur annihilation réciproque, la concurrence pour capter des ressources rares se substituant aux synergies escomptées ?

La faiblesse des échelons intermédiaires entre l'horizon local et le niveau national, qui s'observe souvent en Afrique, constitue un obstacle. La région ne serait-elle pas la grande perdante des processus de fragmentation territoriale favorisés par la libéralisation et la décentralisation ? La polysémie de cette notion en Afrique (Sautter, 1968) et la diversité des situations appellent des réponses nuancées. Au Nigeria, la rente pétrolière semble conforter des quasi-États régionaux, même si les revendications scissipares tendent à les diviser. Dans la vallée du fleuve Sénégal, on a vu que chaque étape du désenclavement avait dynamisé les bourgs et les petites villes en stimulant des connexions directes avec Dakar, affaiblissant par contrecoup l'influence saint-louisienne sur sa région naturelle de la Vallée. Dans le Sud du Tchad, un système régional relativement autonome fut un moment protégé par l'enclavement (Magrin, 2001). La construction de la route goudronnée vers Ndjaména et l'attribution d'une rente (les 5 % des revenus pétroliers directs, cf. chapitre 9) à la région du Logone oriental fragmentèrent ce qui était une région cohérente.

La promotion du développement territorial à l'échelle régionale suppose d'articuler filières économiques émergentes et projets d'aménagement du territoire, rôle qui pourrait relever des collectivités locales, et notamment des régions, si celles-ci étaient en mesure de s'en saisir, ce qui n'est pas le cas jusqu'à présent. En Afrique comme ailleurs, trop souvent dite et pas assez vécue (Raffestin, 1980 : 164), la région mérite sans doute d'être mieux valorisée comme cadre de mobilisation de ressources des territoires, au croisement de l'économie et de l'identité.

De nouveaux espaces s'ouvrent pour l'aménagement du territoire. La densification démographique et urbaine, mais aussi l'amélioration progressive des infrastructures de transport (voir Cedeao-CSAO/OCDE, 2006b) doivent être mises à profit : l'organisation des échanges en couloirs, qui caractérise l'Afrique de l'Ouest, pourrait appuyer des axes de développement : pour que les routes et les mobilités soutiennent les territoires au lieu de les vider, il faudrait renforcer les villes-étapes, les nœuds (Alvergne, 2008 : 26-28), autrement dit créer de la densité et de l'échange local autour de la relation à grande distance, appuyer les villes secondaires.

Certains carrefours présentent des configurations originales, qui méritent d'être mieux comprises par la recherche, en attendant d'entrer éventuellement dans les bonnes grâces du développement. La dynamique de la petite ville de Ngaye Mékhé reste à interpréter. Située à une centaine de kilomètres de Dakar sur la route nationale 2 Dakar/Saint-Louis, un peu avant de parvenir dans les espaces à forte émigration du Nord du Cayor et du Baol, ce bourg d'environ 10 000 habitants offre en permanence le spectacle d'une activité inhabituelle. Il se situe au sein d'une région agricole en crise depuis longtemps, au centre nord-ouest du bassin arachidier. L'agriculture, ancienne, pâtit de l'épuisement des sols, de l'irrégularité des pluies, de la baisse des prix et de la dégradation des conditions de la filière. Or, à Ngaye Mékhé, un artisanat original de chaussures de cuir (à destination plutôt masculine) cohabite avec la vente de pagnes et tissus (pour les femmes), avec aussi un nombre d'établissements de restauration populaire sans équivalent sur cette route ni sans doute au Sénégal, alors que l'axe en question n'en est pas le plus important. On y trouve également quelques activités plus classiquement liées à la circulation (vulcanisation, mécanique, etc.). Chaussures, restos, *béthio*[30].

De quelle nature est donc cette dynamique qui a permis de valoriser les atouts d'un carrefour (on est à mi-distance entre Dakar et Saint-Louis, et une route goudronnée part vers Touba) et de moderniser les traditions artisanales (le travail du cuir permis par la proximité des troupeaux du Ferlo, du tissage), pour déboucher sur des synergies entre activités et une émergence productive ? Les potentiels et la part d'autonomie de ces processus restent à évaluer. Lors d'une récente escale à Ngaye Mékhé (février 2010), un restaurateur, président d'une union de GIE de restaurateurs, et sa femme, présidente des femmes couturières, me demandent instamment de leur « amener des bailleurs », en un discours suspect par sa richesse en mots-clés du développement. Le chercheur attiré par l'apparence d'un processus de développement local endogène se retrouve dans la posture de l'arroseur arrosé : quel que soit l'intérêt des processus en cours, les réflexes de la dépendance sont passés par là.

~

**30** Les *béthio* (mot wolof) sont des « petits pagnes » : sortes de jupons portés en sous-vêtements, auxquels est attachée une connotation érotique. C'est un produit traditionnel qui fait l'objet d'adaptations inventives, et une des principales spécialités des couturières de Ngaye Mékhé.

L'engouement pour le local qui a accompagné la crise de l'État des années 1980 débouche sur un bilan mitigé. La décentralisation et la promotion du développement local s'inscrivaient parfois dans des histoires nationales; elles répondaient souvent à des besoins exprimés par les acteurs africains et devaient permettre d'enraciner la démocratisation, d'améliorer la gouvernance, de valoriser les ressources des territoires au service du développement, de les gérer de manière durable, patrimoniale… Mais il y a loin de la coupe aux lèvres : les vertus autoproclamées du local ne pouvaient suffire à dissiper les ambiguïtés qui présidaient à des processus largement importés, dépendants de financements extérieurs, où les concurrences pour les rentes de l'aide se substituaient, comme à l'échelle nationale, aux synergies attendues. Elles ne pouvaient non plus suffire à régler pour de bon les questions complexes du pouvoir des agents de l'État au niveau local, de l'articulation des pouvoirs coutumiers et modernes, de la correspondance entre territoires administratifs et vécus, des jeux de l'identité et de l'autochtonie, dans un contexte de concurrence exacerbée entre individus et entre groupes pour l'accès aux ressources des territoires.

Si le bilan de l'effervescence qui s'est emparée des territoires infranationaux au cours des deux dernières décennies semble décevant, un paramètre doit être mieux pris en compte : le temps. Malgré toutes les limites identifiées, les processus locaux d'apprentissage initiés depuis une quinzaine d'années en matière de gestion locale des territoires et des ressources s'intègrent dans un mouvement plus général de changement qui doit être évalué sur une durée plus longue. Celle-ci s'inscrit en parallèle à la transformation démographique fondamentale qui colore le fond du tableau de l'évolution africaine.

# 8. Dynamiques endogènes et logiques du dehors

> « Hourgnon. [...] On comprend pas très bien la grande faveur qu'il jouit auprès des collégiennes. Parce que pardon ! The Maître à penser ! Les pensionnaires dévorant ses livres en cachette. Grosse influence sur la jeunesse. [...]. Avec ça, imaginez le même déclarant que le socialisme malien est conditionné par le fait que le Mali n'a pas de débouché sur la mer. Mais quand même il faisait pas rire. »
>
> Jean-Patrick Manchette, *L'affaire N'Gustro*

Le devenir de l'Afrique ne dépend pas que des intérêts des acteurs extérieurs ou des stratégies des élites visant à capter les rentes de l'extraction des ressources naturelles ou de l'aide. La profonde révolution démographique dont elle est le théâtre favorise des changements profonds : le continent s'apprête à dépasser le sous-peuplement qui l'a toujours caractérisé et rattrape progressivement son retard en matière d'urbanisation, à un rythme jamais connu à cette échelle. La densification humaine et urbaine permet celle des échanges commerciaux internes, intensifiant les relations villes-campagnes et encourageant les productions dirigées vers les marchés régionaux.

Pour autant, ces flux ne sont pas irrémédiablement opposés à ceux de l'extraversion : des articulations se tissent entre eux, plus ou moins favorables, toujours influencées par la faiblesse des capacités de régulation nationales.

## 1. Un contexte favorable aux logiques productives endogènes

Le changement démographique porte des changements profonds. La constitution des économies et des systèmes politiques africains autour de l'extraversion, et de la captation et de la redistribution sélective de leurs rentes, depuis leur origine sous la traite jusqu'à leur complexification des dernières décennies, a constitué une réponse à des conditions géographiques et démographiques défavorables. Le sous-peuplement et l'immensité de l'espace disponible s'opposaient à ce que les pouvoirs stimulent une augmentation de la production sur place. La fulgurante croissance démographique et urbaine que connaît l'Afrique depuis les années 1950 change la donne. Elle crée aussi de vigoureuses tensions économiques et sociales : la croissance des densités rurales change le rapport à la terre, qui se raréfie, quand l'explosion des grandes villes fournit de véritables « bombes urbaines » (Pourtier, 2006 : 121) – cités sous-aménagées, sous-emploi, pauvreté, insécurité... En Afrique, l'image négative de la ville reste prépondérante alors que progresse le basculement vers l'urbain. L'urbanisation représente aussi un défi pour les systèmes agricoles, qui peuvent y trouver des débouchés internes à condition de parvenir à produire davantage.

### *1.1. La révolution démographique et urbaine*

*Contraintes et opportunités de la croissance démographique*

La croissance démographique africaine des dernières décennies constitue un rattrapage à effets contrastés : à terme favorable au développement, car elle élargit les marchés intérieurs, sa rapidité crée des tensions qui aggravent les difficultés existantes.

On a longtemps considéré que l'importance du peuplement était un facteur de puissance des nations (Gottmann, 1952 : 146) et une donnée favorable au développement : elle permet des économies d'échelle, la défense de ses intérêts face aux autres pays, enfin, la taille du marché constitue un facteur favorable à l'investissement et à l'essor économique (Herbst, 2000 : 141-142). De ce fait, le faible gabarit démographique, aux effets parfois aggravés par la petite taille des territoires, est souvent perçu comme un handicap pour les pays africains (Gottmann, 1973), dont les effets sont amplifiés par leur morcellement socio-culturel (Collier, 2006).

Dans ces conditions, la forte croissance démographique du demi-siècle écoulé constitue un retournement potentiellement favorable. Car « la dynamique démographique donne une épaisseur à la géographie et permet de créer un système plus consistant que celui de l'archipel qui caractérisait le passé » (Alvergne, 2008 : 49). Le changement de la taille des marchés de consommation n'est pas mince : une bonne partie des pays d'Afrique de l'Ouest avaient moins de 3 millions d'habitants en 1960, à 80-90 % des ruraux à faible pouvoir d'achat. Ils comptent à présent 10-15 millions d'habitants, dont 30 à 50 % de citadins.

Avec une croissance démographique annuelle moyenne de 2,8 % depuis 1960, l'Afrique a atteint le milliard d'habitants début 2009. Sa partie subsaharienne avait 200 millions d'hommes en 1950, 600 millions en 1990, plus de 800 millions en 2009 (Iliffe, 2009 : 488). Entre 2000 et 2030, l'Afrique devra gérer un doublement de sa population totale et un triplement de sa population urbaine. La transition démographique ne devrait s'y achever que vers 2050, à un niveau de 1,8 milliard d'habitants (Ferry, Hugon, 2007 : 20). Cette croissance, la plus rapide et la plus ample de l'histoire humaine serait due, selon Iliffe, à des attitudes héritées d'un continent sous-peuplé[1], aux sociétés fortement natalistes et à des effets de la mondialisation, la diffusion de la vaccination dans les années 1950-1960 mettant notamment fin aux grandes épidémies. Elle constitue la dynamique nouvelle de fond de l'histoire africaine à partir de

1 Les mêmes attitudes s'observent cependant aussi dans les régions les plus peuplées, comme le Sud du Nigeria ou les Grands Lacs.

1950. « C'est elle qui sous-tend à la fois l'effondrement du système colonial, l'instabilité des régimes qui lui ont succédé et la destruction de l'apartheid. Elle est aussi la raison principale de la crise actuelle » (Iliffe, 2009 : 12). Les taux de fécondité commencent à baisser à partir des années 1980, de façon très inégale selon les lieux. Dans les pays où les politiques de contrôle de la population avaient le plus tôt porté leurs fruits, elle marque même le pas, s'écartant du modèle type de la transition démographique (Vimard, 2007 : 339). La panne des systèmes rentiers sanctionnée par l'ajustement structurel s'y répercute de plein fouet.

Ainsi, la forte croissance démographique a son revers. Jusqu'au milieu des années 1990, le taux de dépendance, qui exprime la proportion des inactifs (en l'occurrence les jeunes) envers les actifs, a augmenté de manière continue, au point d'atteindre un pour un (Vimard, 2007 : 344). La période de plus forte poussée démographique (les années 1980-1990) a coïncidé avec l'apogée de la crise. L'Afrique a été prise dans l'« étau démographique » au moment où ses performances économiques étaient les plus médiocres (Dubresson, Raison, 1998 : 7). L'augmentation du poids relatif des jeunes inactifs et les besoins scolaires et sanitaires afférents ont épuisé des encadrements laminés par la crise économique et l'ajustement structurel, si bien qu'on pouvait alors s'interroger sur le risque d'affaiblissement des capacités productives de cette masse croissante (*ibidem* : 61). Aujourd'hui, la question demeure : le processus d'exclusion est-il trop avancé pour que ces cohortes d'hommes ne soient vouées à en faire inutilement les frais, ou bien le peuplement donne-t-il enfin une chance de surmonter les obstacles opposés par l'abondance de l'espace pour accéder au développement ? La démographie ne fournit évidemment qu'une partie des réponses.

La faiblesse des densités démographiques en Afrique a souvent été considérée comme une cause de stagnation des techniques (Sautter, 1966 ; Amin, 1976), opposée à la pression créatrice (Boserup, 1965). Or, ce n'est qu'en 1975 que l'Afrique a atteint le niveau de densité de l'Europe en 1500 (Herbst, 2000 : 15). Les superficies arables disponibles par habitant passent ainsi de 0,5 ha en 1965 à 0,3 en 1990 et 0,2 aujourd'hui (Hugon, 2009a : 74), ce qui semble favorable à une accélération des innovations. Depuis longtemps, en effet, les agriculteurs africains ont privilégié l'extensif, qui rémunère mieux une force de travail rare, que l'intensif, promu souvent vainement par les structures de l'encadrement (Pélissier, 1995 ; Chaléard, 2010 : 45). Les innovations adoptées ont été celles qui ne remettaient pas en cause le primat de l'extensif : nouvelles variétés, culture attelée, qui permet d'accroître les superficies cultivées.

La répartition du peuplement n'a pas été fondamentalement bouleversée (Dubresson, Raison, 1998 : 56-58), restant souvent marquée, comme dans les savanes d'Afrique centrale, par des contrastes vigoureux, hérités de l'histoire, entre zones vides et zones très denses. Ainsi, des zones très peu peuplées cohabitent avec l'impression que « la terre est finie », occasionnant de vives tensions pour le contrôle foncier entre aînés et cadets, autochtones et allochtones (Le Roy, 1995 ; Chaléard, 2008).

Le mode de régulation fondé sur l'évacuation des trop-pleins vers les marges des terroirs ou des fronts pionniers périphériques touche à son terme dans bien des cas (Magrin *et al.*, 2003). Dans le Sud du Tchad, dans les quatre régions de l'ancien « Logone géographique » (Logone occidental et oriental, Tandjilé, Mandoul), la population a été multipliée par trois entre 1968 et 2005, sans que les systèmes agraires évoluent beaucoup. Les cantons où la densité dépasse 30 habitants au $km^2$ – considérée comme seuil de saturation avec les techniques actuelles (Magrin, 2001) – représentaient à peine 10 % de la superficie en 1968, mais 40 % en 1992 et plus de la moitié en 2005. Il reste des poches vides sur les marges régionales, mais elles se réduisent rapidement.

*Ampleur, freins et nouvelles formes de l'urbanisation*

L'Afrique a de même connu un rattrapage urbain remarquable. Il a d'abord été marqué, comme dans d'autres régions du tiers-monde, par l'explosion de métropoles primatiales. Puis la croissance de celles-ci s'est essoufflée avec la crise.

L'Afrique a connu une des croissances urbaines les plus rapides du monde : le taux moyen de croissance s'y est établi entre 5 et 6 % par an durant trois décennies, à partir des années 1950 (Dubresson, Jaglin, 2010 : 16). En 1960, les taux d'urbanisation excédaient rarement 20 %. En 1995, un tiers des Africains vivent en ville (Dubresson, Raison, 1998 : 102), 40 % en 2010 ; le seuil des 50 % devrait être atteint vers 2050. La courbe d'urbanisation du Sénégal est légèrement au-dessus de cette moyenne : 23 % de citadins en 1960, 39 % en 1988, 45 % en 2000 (O'Brien, 2002 : 69), 50 % en 2010. Les pays enclavés du Sahel en revanche (Mali, Burkina, Niger, Tchad) ont un retard significatif par rapport aux États côtiers, ce qui reflète des inégalités en matière de développement, elles-mêmes traduction de l'inégale ouverture aux échanges mondiaux. Mais leurs réseaux urbains s'étoffent rapidement au cours des dernières années : tous ces pays ont aujourd'hui des capitales qui comptent autour d'un million d'habitants (Bamako et Ndjaména un peu plus, Niamey et Ouagadougou un peu moins), alors que les pays côtiers ont des métropoles de plusieurs millions d'habitants, comme Lagos (12,5), Abidjan (6,1), Accra (4), Dakar, Douala (2,5) ou Conakry (2)[2].

Dans les années 1980 cependant, cette croissance ralentit, pour se fixer autour de 4 %. Les raisons en sont structurelles, dans une certaine mesure : les réservoirs ruraux se sont partiellement vidés. Le milieu rural était alors 5,6 fois

**2** Source : site de collecte d'information démographique de Google, palmarès des grandes villes du monde (données 2010-2011) : http ://www.populationdata.net/.

plus peuplé que les villes d'Afrique de l'Ouest, 4,7 fois que celles d'Afrique centrale, alors que le rapport est aujourd'hui respectivement de 1 à 2 et de 1 à 1,3 (Dubresson, Jaglin, 2010 : 17). Cela explique pourquoi l'Afrique littorale humide, la plus précocement urbanisée, est la plus touchée par ce ralentissement, alors que les taux de croissance urbaine restent vigoureux dans les zones sahélo-soudaniennes (Giraut, 1999 : 210). De plus, ce fléchissement résulte aussi des crises, particulièrement marquées dans les plus grandes villes côtières, qui perdent une part de leur attractivité. La crise est largement celle des modèles de croissance construits sur les agricultures de rente. On observe ainsi des migrations de retour au Cameroun (Courade, 1994; Gubry, 1996) et en Côte d'Ivoire (Beauchemin, 2004). L'hypothèse d'une « panne urbaine » a été invoquée au sujet de l'Afrique de l'Ouest, avec une stagnation à un taux d'urbanisation de l'ordre de 40 % (Bocquier, Traoré, 2000), parmi les plus bas du monde à cette échelle (AFD, Sedet, 2008). Celle-ci serait le reflet de la position marginale de l'Afrique dans la mondialisation (Beauchemin, Bocquier, 2004), une sorte de seuil maximum indépassable dans la configuration actuelle des relations de l'Afrique et du système monde fondée sur l'exportation de ressources brutes. Cette hypothèse n'est pas incompatible avec l'idée d'une stagnation urbaine répondant aux crises de l'économie rentière et des redistributions qui l'accompagnent, car si la ville est fille de l'État, elle s'est longtemps largement nourrie de ses rentes (Pourtier, 2010 : 202-203).

Ce ralentissement de la croissance des métropoles est le signe d'une transition urbaine. Au sein de réseaux macrocéphales, elle s'accompagne d'une diversification de la catégorie des villes moyennes et de l'explosion du semis de base des petites villes (Moriconi-Ébrard, 1993; Giraut, 1999 : 228). Entre 1950 et 2000, la distance moyenne entre centres urbains de plus de 10 000 habitants a été divisée par trois en Afrique de l'Ouest, de 111 à 33 km, ce qui a favorisé l'intégration des campagnes à l'économie de marché (Club du Sahel et de l'Afrique de l'Ouest, 2011). Il en résulte une complexification des mobilités entre villes et campagnes, et entre les différents niveaux de la hiérarchie urbaine (Potts, 2008). Depuis les années 1990, le poids relatif des très grandes villes est décroissant : 56 % des citadins vivent aujourd'hui dans des villes petites et moyennes (Dubresson, Jaglin, 2010 : 18). Ces villes secondaires organisent des systèmes urbains transnationaux chevauchant les frontières du Nigeria (Igué, 2006) ou de la RDC, ou celles d'un corridor ruralo-urbain qui s'étend sur 1 000 km d'Accra à Ibadan, maillé de bourgs et de villes sur fond de fortes densités rurales (Dorier-Apprill, Domingo, 2004).

La genèse et les dynamiques de ces villes secondaires sont complexes (Bertrand, Dubresson, 1997; Giraut, 1999). Trois fonctions se sont conjuguées selon des dosages variables : l'administration et le contrôle territorial par l'État, essentiels à l'origine (Pourtier, 1993), ont connu les vicissitudes de l'État rentier ; le contrôle des échanges locaux, régionaux, voire à longue distance ; parfois la première transformation industrielle de produits régionaux. Pour les deux dernières, la localisation sur les axes de circulation compte beaucoup, comme le montrent par exemple les axes d'urbanisation linéaires du Togo. La situation à proximité de frontières, de préférence entre zones monétaires différentes, constitue un facteur favorable supplémentaire (Giraut, 1999 : 217, 220). La vitalité rurale environnante, dépendante des densités démographiques, des conditions naturelles et du dynamisme propre des populations, s'y ajoute. Les zones de culture de rente les plus actives ont toujours constitué un cadre propice à cette urbanisation par le bas : en zone forestière, autour du cacao pour les Ashanti, les Yoruba ou les Baoulé, du palmier à huile chez les Igbo, du café arabica chez les Bamiléké (Champaud, 1983), mais également autour de l'arachide au Sénégal (Sar, 1973) ou du coton au Tchad (Magrin, 2001).

### 1.2. Relations villes-campagnes et développement

*Une urbanisation suspecte depuis longtemps*

Si le lien positif entre urbanisation et développement est aujourd'hui couramment admis dans le champ scientifique, il ne va pas de soi. Longtemps, les villes africaines ont été mal perçues, notamment parce qu'elles n'avaient pas pour origine le cercle vertueux avec l'industrialisation qui avait fait la croissance urbaine en Europe. Lieu d'acculturation par excellence[3], les villes sont envisagées sous des rapports antagonistes avec leurs arrière-pays ruraux. À la différence de l'Europe, où l'intensité des liens entre villes et campagnes avait permis de conforter les États par des prélèvements fiscaux (Tilly, 1990), les villes se seraient construites en Afrique dans une opposition d'intérêt avec les campagnes : le monde rural exporte (agriculture paysanne, plantations, mines, forêts, etc.) quand les villes sont consommatrices de produits importés ; les villes sont le lieu de la modernité politique, de la citoyenneté, du droit moderne, par opposition à un monde rural de sujets, gouvernés par les formes de despotisme décentralisé des pouvoirs néotraditionnels (Mamdani, 1996). En zone franc, les choix de surévaluation monétaire effectués à l'indépendance pénalisent les ruraux et avantagent les consommateurs citadins. C'est le « biais urbain » : des prix bas administrés en ville, permis par les importations depuis le marché mondial, au profit de clients appartenant aux classes moyennes citadines et d'importateurs proches du régime, contre les intérêts de la majorité, rurale mais éloignée des lieux de pouvoir.

Dans notre perspective, les villes africaines peuvent apparaître comme purs produits du système spatial postcolonial extraverti. Elles sont le lieu de

3 Les citadins africains sont par exemple présentés par un fin géographe français des années 1950 comme « des "Misérables" standardisés par le XXe siècle, dont la polychromie ne sera qu'un aspect accessoire » (Richard-Molard, 1958 : 115).

l'accumulation, à partir de la captation de la rente de l'État (constituée à partir des flux de matières premières agricoles et extractives vers l'extérieur, de l'aide) par une mince classe politico-administrative et par les grands commerçants importateurs, proches des élites au pouvoir. Les rentes ainsi amassées se cristallisent dans le foncier et l'immobilier, où elles contribuent à la reproduction sociale des élites. Plus les pays sont intégrés sur ce mode au système mondial, plus ils sont urbanisés, à travers les grandes métropoles littorales de Dakar, Abidjan, Accra, Lagos, Libreville. L'urbanisation ne reflète pas alors un niveau de développement, mais le degré d'intégration dans un système de relations qui scelle la stagnation de l'Afrique.

En Afrique, la perception du rôle de l'urbanisation est donc ambivalente. L'existence d'une vision négative sur les campagnes, lieu de l'arriération, de l'immobilisme agricole, de l'assistanat[4], coexiste avec un discours prônant des politiques destinées à « fixer les populations dans leur terroir ». Cette expression confine à l'idée reçue, voire à l'assertion idéologique dominante, dans des contextes marqués par une urbanisation rapide. Ce fantasme marque sans doute une réaction à des changements déroutants, alors que les Africains – citadins comme ruraux – n'ont sans doute jamais autant bougé, grâce à l'amélioration des réseaux et systèmes de transport (Lombard, Ninot, 2010) autant qu'à cause des difficultés auxquelles la mobilité sert de parade. L'« exode rural » est donc un commun repoussoir. Ce terme est pourtant discutable en Afrique (Dubresson, Jaglin, 2010 : 17), caractérisée par une hausse des populations rurale et urbaine, la première étant atténuée et la seconde accélérée par les flux migratoires.

Cette image négative de l'urbanisation a des causes multiples : pour les professionnels du développement, il s'agit de rester maîtres du jeu, de ne pas perdre davantage le contrôle d'une urbanisation trop rapide, qui a produit les immenses quartiers pauvres, sous-équipés, irréguliers des banlieues de Dakar, Abidjan, Lagos, etc. Ailleurs, cette défiance tient à une forme de conservatisme : pour des raisons sociales et morales – la ville étant le lieu de l'acculturation occidentale, de la perte de repères socioculturels, voire de la licence et du vice –, on souhaite implicitement que le changement n'aille pas trop vite. Enfin, on pense plus aisément la rupture entre ville et campagne que leur articulation (voir Mamdani, 1996).

4 Dans son discours de politique générale, en 2003, le Premier ministre sénégalais Idrissa Seck énonce ainsi sur un mode semi-humoristique : « Goorgorlu [un personnage télévisuel très populaire représentant le citadin pauvre mais débrouillard] pourra m'aider dans la vulgarisation de cette nouvelle politique [de modernisation agricole accélérée] et dire à son oncle paysan qu'il est difficile de travailler trois mois pour espérer avoir des revenus sur douze. » *Le Quotidien de la République*, n° 157, 5 février 2003 : 3.

*L'urbanisation réhabilitée*

Des travaux scientifiques ont pourtant montré, au moins depuis les années 1980, combien les villes jouaient un rôle important pour le développement, y compris en Afrique[5]. Ce sont les pays les plus urbanisés qui ont les prix payés aux producteurs ruraux les plus élevés. Inversement, les moins urbanisés sont les plus dépendants de l'aide alimentaire et ont les plus faibles valeurs ajoutées rurales (Hugon *et al.*, 1989). Même si la crise des années 1980 a diminué l'écart entre citadins et ruraux, la valeur ajoutée par citadin reste en moyenne, selon les économistes, trois fois supérieure (Hugon, 2009a : 77). Cela signifie au moins que l'économie urbaine, fût-elle informelle, démultiplie les opportunités d'échanger, de produire et de vendre des biens ou des services.

Le rôle positif des relations villes-campagnes prend des formes très variées : celles-ci passent par les flux de produits agricoles et ceux de transfert, les migrations, la circulation des innovations, les stratégies économiques et foncières individuelles. Elles contribuent à intégrer les espaces ruraux, même les plus enclavés, dans les formes de la vie nationale, comme le montre par exemple la diffusion du *ceebu jën* dans des bourgs reculés du Sénégal oriental, les jours de marché (cf. planche 8). Elles constituent surtout un facteur de changement agricole : c'est la demande urbaine qui rendra possibles la hausse de la productivité et donc l'intensification que la saturation des terroirs rend nécessaire.

Le rôle prêté aux villes secondaires a évolué. Dans les années 1970, où l'attention est encore concentrée sur les métropoles dont la croissance exponentielle inquiète, les petites villes sont à peine considérées comme urbaines. Les villes moyennes sont vues, dans une perspective d'aménagement des territoires, comme des écrans vers des mégapoles ingérables, ce qui leur permet de bénéficier de quelques équipements publics. Le regard change dans les années 1990. On perçoit le rôle important des villes secondaires en matière de développement (Cour, 1990; Cour, 1994; Arnaud, 1998). Les petites villes apparaissent comme « agent de diffusion de modèles urbains », de modernisation et d'uniformisation (Pélissier, 2000 : 11).

Alors que les économies de rente agricoles et leur mode de redistribution étatique sont en crise, le passage d'un réseau urbain secondaire embryonnaire et extraverti à un réseau plus étoffé articulé à l'économie marchande endogène apparaît comme une véritable « transition territoriale » (Giraut, 1999 : 228). Or, les petites villes permettent la révélation et la mobilisation de ressources locales et régionales selon des modalités variées. Par leur taille et leur nature intermédiaire, elles jouent un rôle central dans l'articulation entre villes et campagnes, car « ces outils d'échanges multiscalaires sont efficaces dans une

5 Pour une revue de littérature sur ce thème, voir l'introduction de Chaléard, Dubresson (1999b) ; Fall, Gueye (2005) ; Alvergne (2008 : 70-72).

Afrique où la circulation est source de profit et où l'accumulation marchande repose sur des intermédiaires, maîtres des interfaces » (Dubresson, Jaglin, 2010 : 18).

En outre, même en contexte de faible urbanisation comme dans les pays du Sahel enclavé, les liens entre citadins et ruraux ont fonctionné comme amortisseurs des crises climatiques, économiques ou politiques. Rares ont été les émeutes de subsistance liées à la pénurie ou à des hausses de prix (Dubresson, Raison, 1998 : 153), du moins jusqu'à 2008.

Durant les années 1980, on assiste à l'amplification de stratégies spatiales mixtes jouant sur les opportunités offertes par le milieu urbain ou par le milieu rural, ou sur les relations entre eux (Chaléard, Dubresson, 1989). Chez les éleveurs du Ferlo sénégalais, la dynamique d'urbanisation permet la survie du système pastoral, à travers les envois d'argent des membres de la famille qui travaillent en ville ou dans les bourgs comme ouvriers, commerçants, marabouts ou transporteurs. D'une manière générale, durant cette période, les ruraux ont compensé la baisse du prix de vente des cultures de rente par la mise en circulation accrue de produits agricoles à destination des villes nationales (Ninot *et al.*, 2002 : 142). Au Sénégal, on pallie la baisse des revenus arachidiers par la vente de mil, de pastèques et de produits maraîchers. Au Tchad, la commercialisation de l'arachide vers le marché sous-régional répond aux problèmes de la filière cotonnière (Magrin, 2001).

Les « émeutes de la faim » de 2008, une fois la part faite de leurs facteurs politiques nationaux spécifiques, constituent de ce point de vue une exception à interpréter : sont-elles dues à l'ampleur de la hausse des prix mondiaux (d'autant que la hausse parallèle des prix des intrants et de l'essence importés a renchéri les coûts de production et de transport intérieurs, et ainsi contribué à l'envolée des prix) ? Ou bien traduisent-elles aussi un basculement dans le poids respectif des milieux urbains et ruraux, ces derniers ne parvenant plus, en année de production agricole nationale médiocre, à compenser la flambée du prix des produits importés ?

### 1.3. *L'essor inégal du vivrier marchand*

*Contexte et lieux d'émergence*

L'essor du vivrier marchand a constitué une des mutations africaines les plus importantes des trois dernières décennies, en réponse à la transition démographique et urbaine, et à la crise des agricultures extraverties d'origine coloniale (Chaléard, 1996).

Il s'inscrit dans des héritages anciens : ainsi, durant l'époque coloniale, existait un secteur économique entre les productions destinées à l'autosubsistance et les cultures de rente imposées par l'administration. Ce secteur intermédiaire, entièrement monétarisé, reposait sur la valorisation par le commerce à longue distance des complémentarités entre zones écologiques, par exemple le poisson séché du delta du Niger contre la noix de cola des zones forestières, le sel saharien et le natron du Kanem contre les céréales des zones sahélo-soudaniennes (Couty, 1968). Traditions commerciales et réseaux marchands ont été ensuite mobilisés pour répondre aux besoins nés de la croissance urbaine.

L'urbanisation fait qu'un nombre croissant de citadins dépendent pour leur alimentation d'effectifs de plus en plus réduits de ruraux. Si ce bouleversement s'est accompagné d'une augmentation des importations dans certaines villes littorales, reflétant l'ampleur des crises agricoles nationales ou la faiblesse des potentiels productifs, comme à Libreville, Nouakchott ou même Dakar, la consommation urbaine reste dans l'ensemble largement fournie par des produits nationaux (Chaléard, 1996) ou en provenance des pays voisins.

## Planche 8 : L'urbanisation par les échanges

**PHOTO 23** *Dibiterie à Kougheul (Est du Sénégal, juillet 2007).*

*Vente de viande grillée dans une petite ville « escale » de l'axe Dakar-Bamako. Prenant le relais du chemin de fer, les grands axes routiers ont des effets urbanisants, favorisant des services marchands (restauration, réparation).*

**PHOTO 24** *Le marché de Diaobé (Sénégal oriental, juillet 2007).*

*Mi-urbain, mi-rural et encore agricole, le bourg de Diaobé accueille un marché hebdomadaire parmi les plus importants du Sénégal, sur une « périphérie nationale » très active.*

**PHOTO 25** *Vendeuse de* ceebu jën *à Saraya (Sénégal oriental, février 2007).*

*Les marchés hebdomadaires ne servent pas qu'à la collecte des produits agricoles. Ils sont aussi vecteurs de diffusion de modèles culturels urbains. Les vêtements « occidentaux »* (made in China) *de cette jeune vendeuse, probablement Wolof, ne détonnent plus dans un Sénégal oriental longtemps enclavé. De même, la diffusion du riz au poisson, malgré la distance de la mer (600 km), signale l'intégration de cette marge par l'adhésion au modèle alimentaire national.*

Entre 1960 et 2007, la production agricole a été multipliée par quatre en Afrique de l'Ouest, presque par deux en Afrique centrale. Dans la même période, l'évolution de la production de nourriture par personne est passée d'un indice 91 à 110 en Afrique de l'Ouest, de 143 à 91 en Afrique centrale (Chaléard, 2010 : 42). La hausse de la production a été rendue possible par une extension des superficies cultivées : celles des céréales ont plus que doublé en Afrique de l'Ouest, celles des racines et tubercules plus que quadruplé (*ibidem* : 44). Si « l'intensif nourrit, l'extensif rapporte », selon l'expression de Paul Pélissier (1978), car le second rémunère mieux la force de travail, d'autant que celle-ci est souvent rare. L'essor du vivrier marchand a procédé d'une dynamique de consommation d'espace parallèle à celle des cultures de rente.

Outre la demande urbaine, cette transformation a été rendue possible par la conjonction de plusieurs facteurs. Le vivrier marchand s'est développé dans le sillage des cultures d'exportation (Chaléard, 2010 : 49). Dans les régions humides, la banane plantain a servi de plante de couverture fournissant de l'ombre, les premières années, aux plants de cacao et de café. En zone soudanienne, la diffusion du coton a parfois été parallèle à celle du maïs, vulgarisé par la Sodecoton au Nord-Cameroun ou la Sodefitex au Sénégal. Au Tchad, l'arachide, pensée à l'époque coloniale comme culture de rente des régions à pluviométrie trop incertaine pour accueillir le coton, s'est diffusée dans les finages cotonniers soudaniens, où elle entre en rotation avec la culture commerciale d'exportation. Sa commercialisation est principalement sous-régionale (Magrin, 2001). De même, le manioc a été largement adopté par les paysans, malgré la méfiance ou le faible intérêt de l'encadrement, parce qu'il fournissait des rendements élevés en regard du temps de travail investi et libérait donc du temps pour le champ de coton. Les exploitations des savanes d'Afrique centrale les moins fragiles font jouer la complémentarité entre culture cotonnière, vivrier marchand et cultures autoconsommées (Magrin *et al.*, 2003). Les crises successives des cultures de rente traditionnelle (cacao, café, coton, arachide) – baisse des cours, dégradation des conditions de production (hausse du prix des intrants, raréfaction du crédit, désengagement de l'État de ses fonctions d'appui, etc.) – ont à chaque fois incité les paysans à diversifier leurs productions et à miser davantage sur le vivrier marchand.

La densification des voies de communication a joué aussi un rôle important, permettant de réduire l'espace-temps, d'augmenter la fréquence des dessertes et de diminuer les prix du transport (Lombard, Ninot, 2010). Des bassins maraîchers ou céréaliers ont pu se spécialiser loin des villes (cf. planche 11 et carte 20). En Guinée-Conakry, la route menant de la capitale au sud-est du pays a par exemple permis d'augmenter la commercialisation du riz (Moustier *et al.*, 2002). La densification récente des réseaux de la téléphonie mobile (2000-2010) favorise à n'en pas douter la circulation de l'information sur les prix et la fluidité des transactions, même si des études spécifiques sur l'influence de cet outil sur le fonctionnement des marchés de céréales restent nécessaires (cf. planche 9).

La rencontre de l'offre agricole rurale et de la demande alimentaire urbaine a produit une forme d'interface spécifique : le marché hebdomadaire. Il « est, une fois par semaine, la ville à la campagne » (Ninot, 2003). Ces lieux servent à la collecte des produits agricoles ruraux et à la diffusion des produits urbains. Formant des réseaux organisés dans la semaine selon les circuits de collecte des véhicules, ils facilitent la circulation de l'information nationale et des nouvelles locales, ainsi que la pénétration de modèles de consommation importés de la sphère mondialisée (Magrin, 2001).

*Les acteurs du vivrier marchand : cadets sociaux et « rentiers de l'interface »*

La vitalité du vivrier marchand et des relations villes-campagnes tient largement au dynamisme des producteurs, transporteurs et commerçants.

La production à destination des villes concerne une grande diversité d'acteurs : elle bénéficie certes aux paysans aisés, qui mobilisent une force de travail et des superficies importantes, de même qu'à nombre de citadins, fonctionnaires ou commerçants. Les urbains jouent notamment un grand rôle dans le maraîchage, les vergers et l'élevage périurbains, car ils disposent des moyens financiers, de l'équipement et du capital social qui permettent le contrôle foncier (Pélissier, 2000 : 4). Mais ces productions offrent aussi des espaces d'émancipation aux cadets sociaux, femmes et jeunes notamment, tenus à l'écart des bénéfices des cultures de rente.

## Planche 9 : La révolution des communications

**Photo 26** *Mosquée et antenne de téléphonie mobile à Ouadane (Mauritanie, février 2009).*

*Deux âges de la communication à longue distance. Le minaret relie à l'au-delà et sert de point d'appui aux réseaux islamo-commerciaux qui structurèrent le champ d'échanges saharien. Il est relayé par la téléphonie mobile, qui ouvre sur une communication mondiale.*

**Photo 27** *Concession d'un agriculteur aisé à Saraya (Sénégal oriental, février 2007).*

*L'accès à la télévision contribue à la diffusion de l'imaginaire mondialisé dans des zones enclavées. Les cultures de rente ont aussi permis l'amélioration de l'habitat (toits, portes et fenêtres de tôle).*

**Photo 28** *Collecte du coton et antenne relais à Madina Baffé (Sénégal oriental, février 2007).*

*Dans cet « angle mort » du Sénégal, la culture cotonnière fut longtemps la forme dominante d'insertion dans la mondialisation. Elle est aujourd'hui un héritage fragile et semble dépassée par les connexions des NTIC.*

**Photo 29** *Agriculteur au téléphone dans un polder à Bol (Nord du lac Tchad, novembre 2008).*

*L'entretien avec le chercheur est interrompu par une sonnerie familière… En quelques années, l'impensable dans des régions pauvres est devenu scène de la vie ordinaire.*

Transporteurs et commerçants jouent depuis longtemps un rôle central dans les flux entre villes et campagnes. Les transporteurs ont le plus d'influence dans les espaces à fortes contraintes de circulation, comme par exemple la Guinée (Richard-Molard, 1958) ou le Tchad (Arditi, 1993). Partout, le dynamisme des commerçants constitue un facteur central, qu'ils appartiennent aux réseaux anciens déjà mentionnés pour les plus importants d'entre eux (Grégoire, Labazée, 1993), ou que l'aventure commerciale ait été tentée, de manière permanente ou saisonnière, en réponse aux difficultés de la vie urbaine ou rurale (Champaud, 1983 ; Magrin, 2001). Ici aussi, jeunes et femmes jouent un grand rôle dans les premiers segments (commerce de détail, collecte primaire) des échanges entre produits agricoles et marchés urbains.

La valorisation de la relation villes-campagnes ne va pas toujours sans ambiguïtés. De la même façon que les positions d'accumulation principales se situent à l'articulation du national et de l'international, à travers la captation des rentes de l'extraversion, le positionnement à l'interface urbain-rural fournit lui aussi des possibilités d'enrichissement (voir par exemple Gallais, 1984 : 244-253). « Dans une Afrique où l'échange, le trafic, la spéculation sont les sources majeures du profit, c'est l'heure des hommes de l'interface : jamais peut-être la fonction classique d'intermédiaire n'a eu autant d'importance, jamais elle n'a à ce point permis de déboucher sur la richesse et le pouvoir » (Dubresson, Raison, 1998 : 179). Le commerçant de céréales apparaît dans cette perspective comme un suspect au long cours (Magrin, 2001 ; Janin, 2006 : 223). Il tire profit de sa maîtrise de l'information, du caractère captif des vendeurs des zones enclavées, de sa maîtrise de l'espace (il se déplace) et du temps (il a les moyens financiers d'attendre le bon moment pour vendre), pour gagner de l'argent, même les mauvaises années, car une mauvaise année agricole correspond souvent à une bonne année commerciale (Dubresson, Raison, 1998 : 92), vu la flambée des prix qui l'accompagne. Il apparaît ainsi comme un rentier de l'interface urbain-rural, tirant bénéfice des dysfonctionnements des marchés des céréales, liés à l'irrégularité de la production, aux difficultés de transport, aux situations d'oligopole des grands commerçants. Les recherches qui ont montré les aléas de l'activité et l'incertitude qui entoure la spéculation annuelle sur le prix des céréales (Arditi, 1993) n'ont pas suffi à remettre en cause l'opprobre qui s'attache au commerçant de produits agricoles, figure locale équivalente à celle du spéculateur en col blanc mondialisé[6]. Ces détournements soulignent l'évidence : l'échange interne, malgré ses avantages, n'est pas à lui seul la panacée face aux problèmes du développement.

---

**6** Celui-ci présente cependant davantage l'image de l'aventurier que du rentier, car il prend des risques (même si c'est souvent avec l'argent d'autrui).

*Des situations plus ou moins favorables*

Le vivrier marchand ne s'inscrit pas dans l'espace de façon homogène. Il obéit à une logique géographique qui suit le modèle de von Thünen (1826) : dans et autour de villes, des bassins maraîchers et de l'élevage avicole ou laitier (voir notamment Moustier *et al.*, 1999). Plus loin, selon les potentialités naturelles, les possibilités d'évacuation et le dynamisme des acteurs, des bassins plus ou moins spécialisés en tubercules, céréales ou légumes supportant le transport (oignons). Ces bassins rompent ainsi avec la relative homogénéité antérieure des systèmes agricoles.

La structuration du réseau commercial présente différents modèles. Deux extrêmes illustrent les effets de l'ouverture différenciée au commerce international. Dans les savanes d'Afrique centrale, marquées par l'enclavement, un réseau hiérarchisé de places commerciales sert de support à des échanges de produits agricoles articulant des échelles variées, du local au sous-régional. On distingue plusieurs niveaux de marchés hebdomadaires de brousse, en fonction du nombre et de la taille des véhicules qui les desservent. Les produits agricoles y sont apportés à pied, ânes, charrettes par les paysans, ou en véhicules. Ceux-ci sont affrétés par des commerçants basés dans la petite ville proche, qui se contente de drainer une aire de quelques dizaines de kilomètres de rayon. Les commerçants des villes qui sont au sommet de la hiérarchie urbaine régionale (Moundou, Sarh au Tchad, Maroua, Garoua, Ngaoundéré au Cameroun) utilisent ces relais locaux pour contrôler des flux à longue distance avec Ndjaména et les villes du Sud-Cameroun, voire les métropoles des pays voisins (Bangui, Brazzaville) (Magrin, 2003b).

Au Sénégal, en revanche, la taille réduite du pays et la qualité du réseau routier ont permis aux commerçants d'établir des relations directes entre les marchés hebdomadaires de brousse et Dakar, court-circuitant les villes secondaires (cf. carte 18). Dans l'État le plus urbanisé du Sahel, le vivrier marchand contribue moins à la structuration régionale, malgré l'ancienneté du réseau urbain hérité de la traite (Magrin, 2005). Au début du XX^e^ siècle, le système de la traite arachidière avait permis la création de régions économiques fonctionnelles autour des villes moyennes, comme Louga, commandant un réseau de points où s'effectuait l'échange entre producteurs et collecteurs, *via* un niveau intermédiaire de bourgs ruraux et d'escales de la voie ferrée où les récoltes étaient regroupées et où arrivaient les marchandises de la ville. Après l'indépendance, l'étatisation de la traite (1962-1984) et la construction d'un réseau routier national ont instauré des relations directes avec Dakar, rendant inutiles les fonctions régionales intermédiaires (Sar, 1973 ; Nguyen Van Chi Bonnardel, 1978). « Tout se passe comme si, dans presque tous les domaines, Dakar et Nouakchott "court-circuitaient" les autres villes [...]. Le résultat en est que le système commercial ressemble plus à une roue avec comme centre la capitale qu'à une toile d'araignée où les diverses villes formeraient les intersections » (OMVS, 1980 : 132).

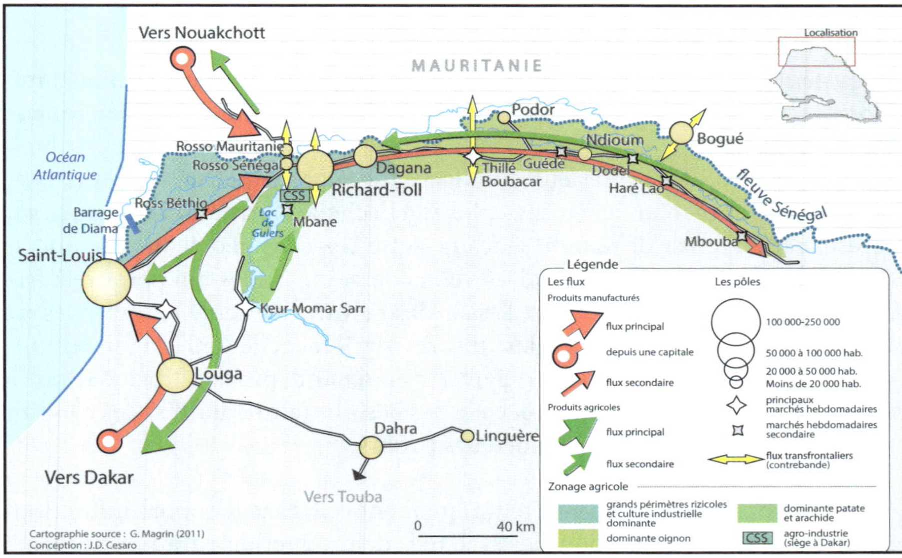


**CARTE 18** *Organisation commerciale et polarisation dakaroise dans la vallée du fleuve Sénégal.*

Enfin, si les marchés hebdomadaires constituent des lieux de polarisation économique locaux, qui, pour les plus importants, peuvent devenir urbanisants, par exemple le marché sous-régional de Diaobé, en Haute-Casamance, au Sénégal, qui a stimulé la croissance d'un centre de plusieurs milliers d'habitants, ils n'en présentent pas pour autant des solutions miracles. Reflets de l'économie locale, ils présentent des réussites inégales : la multiplication des marchés par les collectivités locales à la recherche de recettes fiscales crée des concurrences excessives, et les potentiels en la matière ne se valent pas.

## 2. Les articulations difficiles

L'existence ancienne de systèmes de production et d'échanges internes relativement autonomes (Couty, 1968) n'implique pas leur déconnexion vis-à-vis de l'économie extravertie. Du fait de différents facteurs, ces liens jouent fréquemment au détriment de l'économie interne, qui s'en trouve plus souvent concurrencée que stimulée. Ces facteurs résident dans la juxtaposition des spatialités « traditionnelle » et moderne évoquée plus haut, mais surtout dans la prégnance des logiques rentières extraverties inscrites dans la longue durée du rapport entre pouvoir, espace et sociétés. Quand des synergies productives semblent pouvoir s'établir, comme dans le domaine de la pêche maritime, elles butent sur une course non durable aux ressources, du fait de la faiblesse des régulations étatiques.

### 2.1. *Économies régionales et marchés extérieurs*

Les systèmes locaux de production et d'échange, et les réseaux monétaires associés sont articulés depuis longtemps aux flux économiques internationaux (Guyer, 2004).

Ainsi, dans le delta intérieur du Niger étudié par Gallais (1984), l'activité des réseaux commerçants marka déployée à l'échelle internationale repose sur un réseau hiérarchisé de marchés locaux, cette association d'économies locale et continentale étant à l'origine d'un semis de petites villes qui perdure à travers l'histoire. Ensuite, on l'a vu, l'essor des cultures de rente extraverties n'a pas eu que des effets négatifs sur les cultures vivrières : elles ont à la fois stimulé l'urbanisation et favorisé l'essor du vivrier marchand, par la diffusion d'innovations, l'extension des surfaces et celle des besoins (alimentaires) des citadins et de ceux (monétaires) des producteurs ruraux.

L'explosion urbaine n'a pas été uniquement porteuse d'opportunités nouvelles et de dynamisation pour les systèmes de production ruraux nationaux. En effet, lors de la période de forte croissance des économies de rente extraverties (1960-1970), puis après, dans le contexte de l'ajustement structurel, certains gouvernements ont choisi de favoriser l'importation à bas prix de céréales sur le marché mondial, notamment de riz, pour compenser la production vivrière nationale insuffisante. Les importations de riz ont été multipliées par 8 en Afrique de l'Ouest entre 1960 et 2000, de 300 000 à 2,3 millions de tonnes, dans le cadre de cette politique qui garantit la stabilité sociale en nourrissant à bas prix des citadins pauvres, fournit une rente à l'État à travers les taxes d'importation et enrichit un groupe d'importateurs souvent proches du pouvoir (Chaléard, 2010 : 51-52).

La relation entre urbanisation, changement des habitudes alimentaires, dynamique des prix mondiaux et réponses des agricultures locales n'est pas simple. Par rapport à certains pays littoraux où l'importation massive de riz a pu concurrencer l'agriculture nationale (Sénégal, Mauritanie), le dynamisme du vivrier marchand dans les savanes d'Afrique centrale (Magrin *et al.*, 2003) a pu apparaître comme le résultat d'une protection de l'enclavement. Au Nord-Cameroun, la croissance urbaine des dernières décennies, autour de villes moyennes importantes comme Garoua (350 000 habitants), Maroua (300 000), Ngaoundéré (200 000) ou Kousseri (100 000), a cependant favorisé des changements dans la consommation des céréales (en faveur du maïs) et une hausse des importations. Mais les prix mondiaux se transmettraient peu aux prix locaux. C'est la forte variation de ces derniers qui est perçue comme le principal obstacle à l'intensification par les producteurs (Temple, Fofiri Nzossie, 2009).

Au Tchad voisin, c'est durant la décennie 1980 marquée par la sécheresse et la guerre que l'approvisionnement de Ndjaména a commencé à incorporer une part significative de céréales importées à travers l'aide. Durant la décennie suivante, les plans d'ajustement structurel amènent l'effacement de l'ONC et l'augmentation des importations depuis le marché mondial. Les céréales importées (riz, maïs, blé) représenteraient aujourd'hui environ le tiers de la consommation de la capitale (Assouyouti, 2009). Ici aussi, les habitudes alimentaires changent : le mil diminue dans les cuisines citadines au profit du maïs et du riz. Cette mutation s'accompagne de modifications de l'origine de l'approvisionnement : la part du mil du Chari-Baguirmi (proche de Ndjaména) diminue. Dépendant d'une production extensive soumise à l'irrégularité pluviométrique, elle n'est guère élastique. En revanche, la contribution d'autres bassins augmente : le berbéré du Salamat cultivé en décrue joue un rôle important en période de soudure (Raimond, 1999) ; surtout, on a assisté à l'explosion de la production de maïs (et de diverses cultures maraîchères) des rives méridionales du lac Tchad dans les années 1990 (Magrin, 1996 ; Magrin *et al.*, 2010) et à l'augmentation des flux en provenance de la région de Pala (maïs) et du moyen Logone. Durant les années 2000, la hausse des prix alimentaires semble corrélée à l'inflation consécutive à l'ère pétrolière. Elle aurait été amplifiée en 2008 par la transmission de la hausse des prix mondiaux (Assouyouti, 2009). Ces hausses profitent-elles aux producteurs ruraux ? Pas d'une façon mécanique en tout cas : l'irrégularité pluviométrique et la permanence de conditions de production peu favorables (accès réduit au crédit, coût élevé des intrants) limitent l'élasticité de l'offre nationale. De même, faute d'aménagements supplémentaires susceptibles d'étendre les aires cultivables, les zones les plus productives, comme les rives sud du lac Tchad[7] ou les plaines rizicoles du moyen Logone, sont exploitées à un niveau proche de leur optimum.

Un peu partout dans le monde, la construction de nouvelles filières économiques a été favorisée par des protections douanières, qui en permettent la consolidation avant qu'une ouverture à la concurrence vienne stimuler leur compétitivité. Les acteurs économiques nationaux se montrent assez forts pour obtenir de leur État les protections nécessaires, comme dans l'agriculture en Europe et aux États-Unis. Or, en Afrique, les organisations de producteurs (industriels, agricoles, etc.) pèsent moins dans le jeu politico-économique que

7 Ces terres sont très riches parce qu'elles bénéficient annuellement des matériaux fertilisants apportés par la crue du lac, qui permettent des rendements élevés sans engrais. Elles sont de ce fait tributaires de l'ampleur de la crue, ainsi que du rythme de l'inondation.

les importateurs (Alvergne, 2008 : 85) : les rentes d'importation concurrencent les activités productives.

Les jeux d'influence autour de la réglementation du commerce de la poudre de lait au Sénégal au moment de la hausse des prix de 2008 en ont fourni une bonne illustration (Duteurtre, 2009). Au Sénégal, l'urbanisation s'est accompagnée d'une forte augmentation de la consommation de lait, facilitée par l'importation à bas prix de lait en poudre depuis le marché mondial (Dieye *et al.*, 2010). La collecte de lait local a connu une trajectoire erratique (Vatin, 2008 ; Dia N., 2009) et couvre une infime partie des besoins urbains. Elle est l'objet de dynamiques locales intéressantes depuis une quinzaine d'années, en Haute-Casamance (cf. *supra*), puis autour de Richard-Toll, où une industrie privée, la Laiterie du Berger, a entrepris de collecter du lait frais et de le valoriser (Cesaro, 2009).

En 2008, des discussions sur un plan national de développement laitier opposent importateurs, organisations de producteurs et de transformateurs, qui tous essaient d'influencer le gouvernement. Fin juillet, contre l'avis du ministère de l'Élevage, le ministère des Finances exonère de TVA le lait en poudre importé et en réduit les droits de douane, sous la pression des importateurs, dans un contexte rendu encore plus sensible par l'approche du ramadan, où l'on consomme beaucoup de lait. L'État n'est pas univoque. En l'absence de compromis institutionnalisé entre importateurs et producteurs sur l'investissement industriel, les réseaux de l'ombre emportent la décision, marquant l'influence de grands commerçants importateurs. Le mode de fonctionnement du politique encourage l'économie de rente. Cependant, les filières sont des construits sociaux, non des acquis, de même d'ailleurs que les avantages compétitifs. Elles peuvent donc évoluer dans un sens différent au gré des changements des rapports de force entre acteurs.

### 2.2. *Ambiguïtés hydrauliques*

Les aménagements hydroagricoles modernes ont des origines exogènes. Ils ont été pensés à l'origine pour l'exportation, avant d'être mis au service de la sécurité alimentaire. Surimposés aux systèmes agricoles antérieurs qu'ils perturbent, ils présentent des bilans mitigés : leur équilibre économique fragile en fait des réceptacles réguliers de l'aide. Mais ils finissent par se greffer sur des économies régionales dont ils contribuent, contre toute attente, à la diversification.

#### *Les aménagements hydrauliques modernes entre État, rente et territoires*

Les aménagements hydrauliques modernes[8] articulent un espace géographique local et des instances situées à des échelles géographiques supérieures : l'État, les organisations internationales (qui financent les réalisations), le marché, les

8 Je m'inspire dans ce paragraphe de Sautter (1987).

innovations, les idéologies du développement. La conception technicienne, voire techniciste, de l'aménagement domine la recherche de cohérence avec le milieu d'accueil. La territorialité dont elle procède coupe parfois des espaces géographiques autrefois cohérents, comme dans la vallée du fleuve Sénégal, où les aménagements se portent sur une partie du *waalo*, négligeant les activités du *diéri* et les complémentarités fonctionnelles antérieures. Politiques et développeurs tendent à privilégier les aménagements de grande dimension, pour plusieurs raisons : de grands aménagements sont un gage de crédibilité. L'ambition prométhéenne dont ils procèdent participe à l'affirmation du pouvoir d'État. Consciemment ou non, elle lui permet d'espérer rester maître du jeu, hors d'atteinte des contre-pouvoirs issus de la société locale. De plus, ces grands aménagements promettent de régler en une fois tous les problèmes d'une zone étendue, jusqu'à celui de la sécurité alimentaire à l'échelle nationale. Enfin, de tels projets favorisent détournements et corruption. Devant les difficultés rencontrées par les grands aménagements à fort encadrement étatique dans les années 1970-1980, une batterie de formats plus petits ont été expérimentés ensuite, laissant davantage d'autonomie aux producteurs, par exemple dans la vallée du Sénégal (Seck *et al.*, 2009) ou le bassin tchadien (Magrin, 2009c). Mais la tentation du grand projet affleure toujours dès que l'État, revigoré par un contexte porteur comme celui des années 2000, en retrouve l'énergie.

Les aménagements modernes, initialement conçus pour l'exportation, sont orientés vers les besoins du marché. Au début du XXe siècle, les premiers projets de la vallée du Sénégal, de l'Office du Niger et même du moyen Logone (Cabot, 1964) étaient inspirés du modèle britannique de la Gezireh soudanaise et destinés à produire du coton irrigué pour la métropole. Ce fut très vite un échec, et l'exportation une destination très marginale des aménagements sahélo-soudaniens. Puis ceux-ci ont été voués à la substitution aux importations (casiers sucriers comme celui de la CSS), et surtout ils ont été mis à la disposition du marché intérieur, à travers une production de riz, progressivement complétée par du maraîchage. Selon les époques, l'argumentaire dominant a mis l'accent sur la sécurité alimentaire, quand les bailleurs de fonds étaient disposés à la financer, comme après les grandes sécheresses des années 1970-1980, ou sur la rentabilité susceptible d'amortir les investissements. Dans tous les cas, ces aménagements ont concentré une part très importante des financements extérieurs de l'agriculture. Au Sénégal, depuis 1975, l'agriculture irriguée aurait reçu 60 % des financements du secteur agricole, alors qu'elle ne compte que 10 % des paysans (Touré, Seck, 2005).

Or une rentabilité précaire caractérise ces aménagements. Les lourds investissements doivent être amortis à partir de calculs sous-estimant certains coûts, comme ceux du drainage et de l'implication des attributaires sous forme de redevances difficiles à recouvrir. Les finalités sociales revendiquées (fournir de bonnes terres aux paysans pauvres) entrent alors en contradiction avec la logique financière, car seuls les plus riches sont capables de faire face aux charges. Il en résulte des situations de dualité ou la disparition des plus pauvres des aménagements, comme à la Semry camerounaise (Roupsard, 2000 : 96). Enfin, l'illusion égalitariste et localiste dont procèdent nombre de projets occulte certaines réalités sociales, comme l'importance des « patrons », étrangers à la paysannerie locale et à la région, commerçants ou fonctionnaires citadins, qui investissent largement dans les grands aménagements villageois, à travers prête-noms et hommes de paille, ou, de plus en plus, dans des aménagements privés (Walther, Retaillé, 2008 : 117).

## Planche 10 : La greffe fragile des aménagements hydroagricoles

**PHOTO 30** *Affiche de communication de l'OMVS (décembre 2009).*

*La réussite de l'OMVS est rare en Afrique, mais la coopération hydraulique régionale n'a pas empêché le conflit sénégalo-mauritanien de 1989. L'affiche répond aux critiques qui décrivent une organisation technocratique, éloignée des populations.*

**PHOTO 31** *Homogénéité et diversité au sein du périmètre de la Semry (Nord-Cameroun, février 2005).*

*La géométrie des grands périmètres irrigués n'empêche pas une mise en valeur inégale, comme on le devine ici. Ces aménagements ont drainé des financements importants au nom de la sécurité alimentaire. Leur viabilité demeure précaire.*

**PHOTO 32** *Champ d'oignons dans un périmètre de la Sonader à Rkiz (vallée du Sénégal, Mauritanie, avril 2005).*

*Les aménagements se sont souvent éloignés du modèle initial. Au lieu de la triple récolte de riz rêvée par les agronomes, on a ici deux campagnes : riz (pour l'autoconsommation) et maraîchage commercial.*

**PHOTO 33** *Récolte de riz pluvial à Maïbo Mbaye (Sud du Tchad, novembre 2005).*

*Promouvoir une riziculture intensive moderne a soulevé bien des difficultés. Mais des innovations imprévues se sont diffusées : dans les plaines du Logone, le riz a progressé lors des dernières décennies, à partir d'une maîtrise partielle de l'eau.*

La vallée du Sénégal d'un côté, le bassin du lac Tchad de l'autre, montrent l'ambiguïté de ces aménagements au long cours et aux coûts élevés, aux résultats toujours inférieurs aux attentes, mais qui, avec le temps, s'accompagnent de dynamiques inattendues.

*L'aménagement du fleuve Sénégal : une greffe réussie malgré tout ?*

L'aménagement de la vallée du fleuve Sénégal est un vieux rêve colonial qui a produit beaucoup de désillusions, mais qui contribue pourtant, au gré des échecs accumulés, à la construction d'une nouvelle dynamique régionale.

En 1826, 42 concessions agricoles furent distribuées dans le Delta, royales (c'est-à-dire étatiques) ou privées. Le gouvernement réalisa les infrastructures et distribua des primes pour inciter les milieux d'affaires saint-louisiens à participer à cet élan d'aménagement agricole. Cela suscita effectivement leur engouement, mais, comme ceux-ci ne connaissaient rien à l'agriculture, les aménagements incomplets et les erreurs diverses conduisirent à un échec lamentable (Bonnardel, 1992 : 65-69). Cet épisode n'est pas sans évoquer la ruée vers les aménagements de la période 1992-1993, dans un contexte où la mise en service du barrage antisel de Diama (1986) et le reversement des zones pionnières gérées par l'État dans les zones de terroir contrôlées par les communautés rurales (1987) provoquaient une ruée vers les terres irriguées dans le Delta, de la part de paysans aisés, mais surtout de fonctionnaires déflatés ou de commerçants urbains : difficultés de drainage, salinisation des sols, coût d'entretien des aménagements et aléas climatiques conduisirent à de nombreux échecs, puis à l'abandon d'une partie des terres brièvement cultivées. La logique rentière (ou spéculative, vu les risques encourus ?, ou minière, vu la faible durabilité ?) des affectataires, le placage de schémas techniques exogènes inadaptés, l'incomplétude des investissements par rapport aux besoins apparaissent comme des constantes dans l'histoire de cette vallée.

Après des prolégomènes modestes dans les années 1950-1960, où les priorités de l'État sénégalais se partageaient entre le soutien à la culture de rente historique de l'arachide et une timide diversification, les décennies sèches 1970-1980 vont être à l'origine d'un changement d'échelle dans les aménagements, avec la réalisation des barrages de Diama (1986) et Manantali (1988)[9]. La sécheresse avait en effet aggravé une crise de l'économie de la Vallée engagée lors de l'essor de l'économie arachidière dans la première moitié du XX^e^ siècle, aboutissant à une émigration massive. Pour le Sénégal comme pour la Mauritanie, l'agriculture irriguée[10] devait contribuer à sortir de la répartition coloniale des

9 Le barrage de retenue de Manantali, situé à l'amont du bassin, en territoire malien, contribue à régulariser le cours du fleuve ; celui de Diama, à l'aval, empêche la remontée d'un biseau d'eau salée en saison sèche et rend ainsi possible l'agriculture irriguée de contre-saison dans le delta et la moyenne vallée du fleuve.

10 Les barrages ont deux autres fonctions prévues : Manantali produit de l'hydroélectricité pour les trois pays (Mali, Mauritanie, Sénégal) ; ils doivent aussi permettre de restaurer la navigabilité du fleuve Sénégal, et

rôles, à diversifier l'économie et à enrayer la crise d'une région fortement peuplée. Ces projets vont provoquer une opposition entre la vision technicienne des aménagistes et celle des défenseurs des équilibres anciens entre sociétés et milieux (Salem-Murdock, 1994).

Trois décennies de soutien à l'agriculture irriguée présentent un bilan mitigé. La diversité de ses formes illustre une recherche continue du format idéal : de grands aménagements publics dominent la phase initiale, auxquels font suite des aménagements plus petits, gérés de manière plus ou moins privée[11], en passant par des formules intermédiaires. Malgré – ou à cause – des financements publics continus alimentés par l'aide, l'équilibre financier de l'agriculture irriguée n'est toujours pas assuré. Les périmètres de la vallée du Sénégal peinent à sortir du cercle vicieux aménagements coûteux/mise en exploitation insuffisante/gestion conflictuelle et endettement/dégradation/abandon/réhabilitation (grâce à l'aide extérieure), le cycle s'effectuant en général en dix ans (Seck *et al.*, 2009).

Dans le Delta comme dans la moyenne Vallée, une effervescence organisationnelle a répondu au désengagement de l'État consécutif à l'ajustement structurel : associations et organisations de producteurs dynamiques favorisent des innovations culturales initialement non prévues[12], comme le maraîchage de saison sèche, qui fait la rentabilité de certains périmètres (cf. planche 10). Mais cette dynamique s'accompagne d'un bilan productif globalement médiocre par rapport aux montants investis : la greffe hydraulique est fragile. L'autonomie des systèmes rizicoles est atténuée par la représentativité discutable des leaders, le rôle ambigu de la SAED[13] et leur durabilité compromise par l'insuffisance de l'entretien des aménagements et la faible capacité à gérer les aléas. Les périmètres subsistent finalement parce que le reste du territoire continue à fonctionner (Bertoncin *et al.*, 2009). Ils participent ainsi d'une forme d'hybridation sociospatiale.

Les revenus de l'agriculture irriguée compensent donc en partie la crise des anciennes activités touchées par la sécheresse, comme les cultures de décrue, la

ainsi atténuer l'enclavement du Mali. Mais ce volet de l'aménagement n'a pas été encore réalisé. Il n'intéresse pratiquement que le Mali, et sa rentabilité paraît aléatoire (Seck *et al.*, 2009 : 68-69).

**11** Certains périmètres sont gérés par des organisations de producteurs, d'autres sont privés.

**12** La double culture de riz, qui devait fonder la rentabilité des aménagements, ne s'est installée dans la durée presque nulle part. Pour des raisons agronomiques et économiques, les paysans préfèrent, sur les sols qui le permettent, alterner une culture de riz de saison des pluies (avec inondation ou faible irrigation) et des cultures maraîchères irriguées en saison sèche.

**13** Réduite en principe à un rôle d'appui-conseil aux organisations de producteurs et aux collectivités locales depuis sa 6e lettre de mission, elle conserve de fait une position importante qui gêne l'autonomisation des autres acteurs (Bertoncin *et al.*, 2009 : 66-67).

pêche fluviale ou l'élevage, que l'aménagement du fleuve a parfois amplifiée[14]. En témoigne la croissance démographique de la basse Vallée, autour du lac de Guiers et dans le Delta, alors que le déclin se poursuit ailleurs (Seck *et al.*, 2009), fonctionnant comme alternative ou complément aux transferts des migrants (Mathieu, 1987).

Le système régional de la vallée du fleuve Sénégal reste donc dépendant de l'extérieur, à travers l'aide à l'agriculture irriguée et les transferts financiers migratoires. Mais les générations successives d'aménagements ont stimulé l'économie au point d'enrayer la crise régionale.

*Le bassin tchadien, des éléphants blancs au « sauvetage du lac Tchad »*

Autour du bassin du lac Tchad cohabitent de même des recherches de rentes extraverties, des logiques de l'État aménageur et des dynamiques endogènes. Les deuxièmes ont été plus timides que dans la vallée du Sénégal du fait des conflits tchadiens et du caractère périphérique du Lac pour les autres États du bassin. Mais le contexte régional et mondial semble favorable à une accélération du temps du développement.

À première vue, le bassin tchadien ressemble à un cimetière d'éléphants blancs agricoles. Le Nigeria a rendu irrigables quelques dizaines de milliers d'hectares sur la Komadugu-Yobé et les rives du lac Tchad grâce à sa rente pétrolière ; le Cameroun et surtout le Tchad ont été moins ambitieux. Les projets réalisés dans les années 1960-1970 ont été victimes des sécheresses, de l'ajustement structurel et des troubles politiques (au Tchad) (Magrin, 2009c).

Sur les rives septentrionales du lac Tchad, la Sodelac[15] a connu une histoire mouvementée. Malgré les difficultés techniques, économiques et sociales de la culture irriguée du blé menée dans les polders de Bol (Bouquet, 1990 ; Réounodji, 1996 ; Magrin *et al.*, 2010), les enjeux de sécurité alimentaire ont permis de mobiliser des financements internationaux substantiels mais intermittents. Depuis 2003, la Sodelac a bénéficié d'une part de la rente pétrolière. La vieille société régionale publique de développement n'a pas atteint les objectifs qui lui ont un temps été assignés : constituer le grenier à blé du Tchad et réduire les importations nationales de farine. Mais elle a su résister aux crises et passer à travers l'ajustement structurel. Par rapport aux financements, ses résultats peuvent sembler modestes. Néanmoins, comme le riz dans la vallée du Sénégal, elle a joué un rôle important pour la sécurité alimentaire à l'échelle régionale des rives nord du lac et du Sud-Kanem. Ses formes ont aussi évolué par rapport aux schémas initiaux : les polders « semi-modernes[16] » (cf. planche 11),

14 La production d'hydroélectricité suppose un débit régulier et donc l'écrêtage de la crue. Celui-ci limite l'inondation des cuvettes favorables aux cultures et pâturages de décrue et à la pêche.

15 Société de développement du lac.

16 Il s'agit de contrôler le niveau des eaux dans les polders, de longues dépressions interdunaires, par une digue munie de vannes. En cas de crue insuffisante, le périmètre n'est pas inondé.

moins coûteux que les modernes[17], ont été récemment étendus ; les approches sont devenues un peu moins dirigistes ; les paysans une fois libres de choisir leurs spéculations, le blé a petit à petit cédé la place au maïs, très demandé par les nomades du Kanem, qui viennent le chercher en dromadaire ; le riz a été récemment expérimenté. Le maraîchage s'est un peu répandu, mais dans des proportions encore modestes, faute de route de qualité permettant l'évacuation vers Ndjaména (Magrin *et al.*, 2010).

De même, l'histoire du riz au Tchad montre que le développement n'est pas linéaire. Introduit comme culture forcée durant la Seconde Guerre mondiale pour pallier la perte des approvisionnements indochinois (Cabot, 1964), longtemps impopulaire auprès des paysans, sa culture a été diffusée cahin-caha dans la moyenne vallée du Logone, à travers plusieurs périmètres plus ou moins sophistiqués aux trajectoires erratiques. Le plus important fut celui de l'OMVSD, dans les plaines proches de Laï (Magrin, 2001), qui ne fonctionne plus depuis les années 1980. Quelques périmètres ont été réhabilités depuis, dans le cadre de coopérations agropolitiques, la Chine-Taiwan appuyant au début des années 2000 les casiers A et B proches de Bongor[18], tandis que des ONG états-uniennes rénovaient le casier C proche de Doba et de la zone pétrolière (Magrin, 2009c). La production de riz au Tchad, avec une maîtrise de l'eau sommaire, répond aujourd'hui par l'extensif à la hausse de la demande urbaine (cf. planche 10).

Au Tchad comme dans de nombreux pays sahélo-soudaniens, face à la croissance démographique et à l'insécurité climatique, les terres inondables, longtemps négligée, apparaissent comme le dernier front pionnier agricole. La question qui demeure posée est celle du modèle de mise en valeur à promouvoir. Pour des États réveillés par la hausse des revenus pétroliers, le retour des grandes ambitions hydrauliques des années 1960 est une tentation (Magrin, 2009c), dont la fragilité des systèmes rentiers pourrait les préserver plus sûrement que les leçons apprises des expériences antérieures.

Or ce retour des ambitions développementales de l'État croise l'émoi international sur le réchauffement climatique. Ce dernier sert de support à des stratégies nouvelles de recherche de rentes. Le bassin du lac Tchad devient l'objet de débats à l'issue lourde d'implications[19]. Selon des modalités qui restent à élucider, un discours médiatique et politique dominant s'est en effet installé au cours des années 2000, accréditant l'idée de la disparition proche du lac Tchad sous l'effet du réchauffement climatique, à partir de travaux scientifiques

17 Des périmètres hydroagricoles « ordinaires », avec maîtrise complète de l'eau par pompage, insérés dans des dépressions interdunaires endiguées.

18 Repris depuis par la Chine populaire.

19 Voir le portail www.sauverlelactchad.org/ de la revue *Passages*.

ponctuels manifestement erronés (dont ceux de Coe, Foley, 2001 ; Chandler, 2001[20]).

Une série de cartes tirées d'images satellite appuient cette assertion (cf. carte 19). Les dates et les couleurs retenues accréditent la thèse de l'inexorable disparition. Or, choisir certaines années à forte crue, par exemple 1998, 2010 ou 2012, donnerait une image moins linéaire de l'évolution. De même, représenter les zones de marécages en bleu (avec des figurés adaptés pour les zones végétalisées), au lieu d'un vert pâle proche du ton jaune sec du désert environnant, produirait une tout autre impression, car il s'agit d'espaces inondés qui abritent une riche biodiversité.

Il existe aujourd'hui pourtant un consensus scientifique sur les effets du réchauffement climatique sur le niveau du Lac : ils sont inconnus[21] (voir Lemoalle *et al.*, 2011) ! Ce discours de la disparition sert à légitimer un projet pharaonique de transfert des eaux de l'Oubangui vers le lac Tchad, dont le renflouement permettrait, selon le schéma[22] et les argumentaires, de favoriser la pêche et l'agriculture irriguée dans et autour du Lac, de désenclaver la RCA, voire d'enrayer la désertification et de faire reverdir le désert grâce à l'augmentation de l'évapotranspiration liée à l'élargissement du plan d'eau. On s'inscrit ainsi dans la droite ligne des utopies coloniales, comme celle d'Élie Roudaire, qui souhaitait créer à la fin du XIXe siècle une mer intérieure en utilisant les points bas des *sebkhras* de Tunisie et d'Algérie (voir Létolle, Bendjoudi, 1997 ; Dubost, 1998 ; Marçot, 2003).

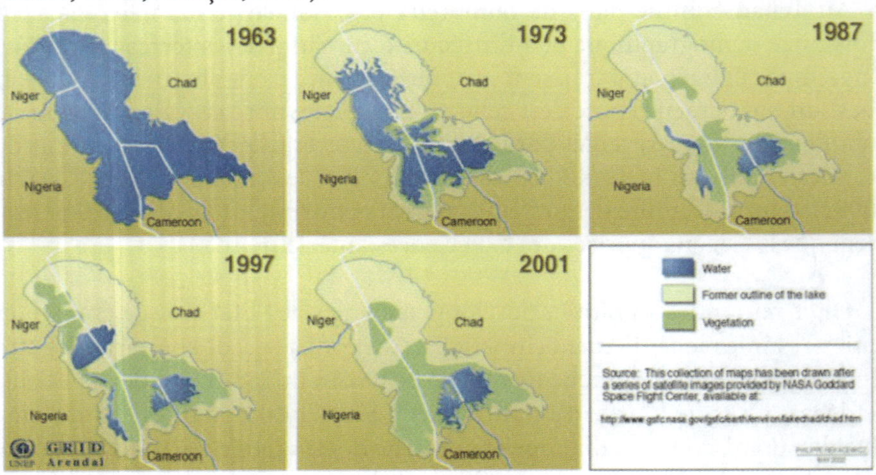


**CARTE 19** *L'assèchement du lac Tchad vu par la Nasa.*
Source : Rekacewicz, 2002 (d'après des images de la Nasa).

20 Voir la synthèse de Magrin (2007f) sur la question.

21 Les modèles concordent à peu près sur l'évolution des températures en Afrique sahélo-sahélienne en fonction des différents scénarios du réchauffement climatique, mais ils divergent tellement sur l'estimation des précipitations qu'aucune conclusion ferme ne peut en être tirée.

22 Plusieurs scénarios sont à l'étude, prévoyant un transfert plus ou moins massif.

## Planche 11 : Les ressources du lac Tchad entre pressions et innovations

**Photo 34** *Nasses embarquées sur une pirogue à Dono Baga (Nigeria, rives sud-ouest, décembre 2003).*

*Les innovations techniques et l'augmentation de l'effort de pêche exercent une pression sur la ressource, dans un contexte de Petit Lac qui limite la productivité halieutique.*

**Photo 35** *Pasteur Peul et zébus Mbororo près de Gredaya (Tchad, rives sud-est, novembre 2008).*

*Les riches pâturages de décrue du Lac accueillent, les troupeaux des Kouri autochtones, des pasteurs Peul et Arabes, ainsi que ceux de riches citadins ndjaménois.*

**Photo 36** *Polder semi-moderne près de Bol (Tchad, rives nord, novembre 2008).*

*Les polders « semi-modernes » de la Sodelac permettent le contrôle du remplissage des cuvettes par des vannes bétonnées, mais ils ne peuvent compenser des crues insuffisantes.*

**Photo 37** *Traitement de tomates à Guitté (Tchad, rives sud, novembre 2008).*

*Les cultures de décrue des rives sud ont connu une succession d'innovations. Ici, un migrant ouaddaïen.*

La mobilisation autour du Lac assemble des intérêts hétéroclites. Pour les acteurs régionaux, comme la Commission du bassin du lac Tchad (CBLT)[23], le gouvernement tchadien et ceux des autres pays riverains, le transfert signifierait une forte augmentation de la rente de l'aide, qui se déclinerait à travers les ressources associées aux études, aux travaux et aux projets (irrigation, environnement) qui accompagneraient ces transformations. Il donnerait corps aux ambitions retrouvées d'action territoriale de l'État, dans le nouveau contexte des années 2000 (cf. chapitres 4 et 9).

La Libye, qui appuyait le processus avant le printemps arabe et la chute de Kadhafi, au point d'avoir été admise au sein de la CBLT en mars 2008, espérerait du relèvement du niveau du Lac un rechargement de ses nappes fossiles sahariennes, menacées par leur exploitation intensive. Pour certains acteurs extérieurs, comme le président français Sarkozy[24] ou la FAO[25], défendre le sauvetage du Lac permet de mettre en scène une volonté d'action concrète à fort retentissement médiatique en faveur de l'adaptation des pays pauvres au réchauffement climatique. À la fin des années 1990, un tel projet de transfert, parce qu'il n'entrait pas dans les thèmes en vogue (lutte contre la pauvreté, développement local, gestion durable des ressources, etc.), aurait été écarté d'un revers de main par la Banque mondiale, entraînant le désintérêt des autres grands bailleurs (UE, BAD, etc.). Mais les temps ont changé : la présence chinoise entretient une atmosphère d'émulation qui n'autorise plus à négliger ce qui aurait autrefois été perçu comme un « caprice » de gouvernement africain.

Or, le projet de transfert actuel, à nouveau, bénéficie de l'engouement suscité par les grands projets qui, en plus de leurs opportunités économiques, procurent la douce illusion prométhéenne de résoudre en une fois tous les problèmes (Sautter, 1987). Cette inclination est ici renforcée par la forte visibilité du lac Tchad, dont le nom résonne dans l'imaginaire occidental et dont l'image bleue (fixée sur ses contours larges de 1960) se détache si nettement sur les fonds ocre sahélo-sahariens des planisphères. Tout cela semble justifier le maniement d'argumentaires fantaisistes, notamment par la FAO (2009), qui, mélangeant les effets d'une crise alimentaire ponctuelle, comme elles sont courantes au Sahel, avec ceux des dynamiques du Lac, annonce que 30 millions

**23** La CBLT est l'organisme régional chargé de la gestion des eaux et de l'environnement dans le bassin tchadien. Si elle est une des plus anciennes institutions de ce type en Afrique (1964), ses nombreuses difficultés rendent son bilan modeste.

**24** Au sommet France-Afrique de Nice (30-31 mai 2010), Nicolas Sarkozy a réitéré la promesse de l'appui de la France en matière de lutte contre les effets du réchauffement climatique en Afrique, et cité le lac Tchad comme problème digne d'intérêt. La France a contribué au financement du Forum mondial du développement durable organisé par la revue *Passages* sur le thème « Sauver le lac Tchad » (Ndjaména, 29-31 octobre 2010).

**25** Food and Agriculture Organization of the United Nations.

de personnes dont les vies dépendent du Lac sont menacées de mourir si rien n'est fait… De telles annonces, rencontrant une mauvaise conscience occidentale diffuse relative au réchauffement climatique et au sous-développement, influencent les médias – un éditorialiste de *Ouest France* a par exemple pris fait et cause pour le Lac… (*Ouest France*, 2008 ; 2009), qui convainquent ensuite une partie de l'opinion publique…

La concrétisation de ces ambitions viendrait troubler une réalité très éloignée des argumentaires qui justifient le sauvetage du lac Tchad. Les travaux des hydrologues et des environnementalistes (voir notamment Favreau *et al.*, 2005 ; Lemoalle 2003 ; 2005 ; Lemoalle *et al.*, 2011) montrent que le Lac est stable à un niveau de petit Lac depuis les années 1980 et qu'il n'a aucune raison de disparaître avec les niveaux de prélèvement actuels. La cuvette nord s'est certes largement asséchée du fait de la diminution des crues et de l'épaississement de la grande barrière (une zone de hauts-fonds végétalisée) qui limite son inondation[26], mais la cuvette sud principale demeure stable.

Surtout, les îles et les rives du lac Tchad constituent un « bon pays » au sein d'un Sahel affecté par les sécheresses (cf. planche 11) : elles attirent depuis trois décennies des flux migratoires importants de pêcheurs, d'agriculteurs, d'éleveurs et de commerçants (qui valorisent les flux transfrontaliers aux frontières du Tchad, du Nigeria, du Cameroun et du Niger) (Magrin *et al.*, 2010). La situation hydrologique de petit Lac actuel pénalise certes la pêche, dont la productivité est proportionnelle aux superficies inondées (Welcome, 1979). Mais elle n'est pas seule en cause, l'inefficacité des régulations étatiques – les prélèvements sur les ressources du Lac constituent pour de nombreux agents vivant à l'ombre de l'État des opportunités d'enrichissement considérables – contribuant aussi à expliquer la raréfaction des ressources halieutiques (Magrin, 2012a). De même, l'agriculture irriguée a pâti du retrait des eaux du Lac, surtout côté nigérian.

En revanche, les espaces libérés par les eaux ont servi au développement de pâturages et surtout de cultures de décrue productives. Les terres, enrichies par la crue annuelle, fournissent sans engrais des rendements très élevés. Sur les rives méridionales tchadiennes du Lac, des encadrements efficaces (ONG, services de l'État appuyés par un programme de l'Union européenne) ont favorisé l'adoption de techniques agricoles efficaces et de variétés nouvelles adaptées à la demande de la capitale, aisément accessible depuis les rives grâce à la construction d'une route goudronnée de 120 km.

Depuis une quinzaine d'années, ces rives contribuent de manière très importante à l'approvisionnement de Ndjaména en céréales (riz, maïs) et produits maraîchers (Réounodji, 1995 ; Magrin, 1996 ; Magrin *et al.*, 2010) (cf. carte 20).

**26** Elle a été totalement asséchée à plusieurs reprises au cours des années 1980.

Les deux tiers du maïs consommé à Ndjaména en proviendraient (Assouyouti, 2009). Des tensions foncières résultent certes de l'extension limitée des meilleures terres et de l'immixtion de citadins à fort capital politique dans l'économie locale. Dans l'ensemble, les conflits entre individus et entre groupes demeurent contenus, grâce à des encadrements traditionnels respectés.

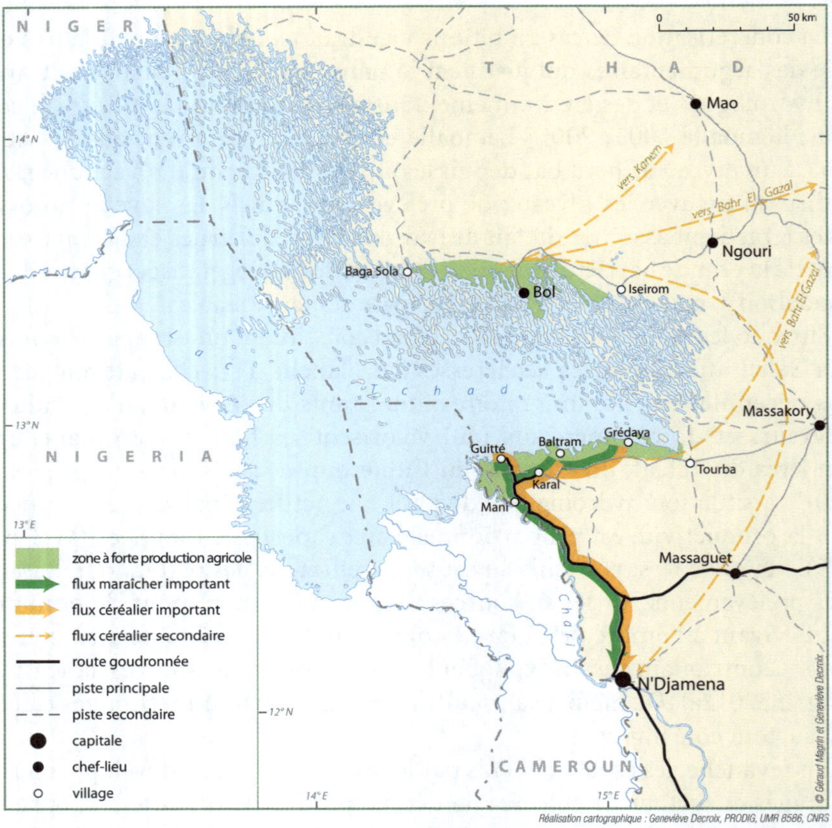


**CARTE 20** *Les flux de produits agricoles entre le lac Tchad et Ndjaména.*
Source : Magrin *et al.*, 2010.

Le « sauvetage du Lac » tel qu'il est envisagé restaurerait un moyen Lac qui diviserait par deux les superficies disponibles pour les cultures de décrue, notamment sur les rives sud[27], réduirait les pâturages et induirait des recompositions foncières considérables, car les activités agricoles devraient se

27 Communication de Jacques Lemoalle (IRD), d'après son modèle hydrologique du Lac, Montpellier, septembre 2010.

déplacer de plusieurs centaines de mètres avec le niveau du lac[28], et il faudrait retrouver les anciens marquages fonciers. Ce nouveau niveau profiterait certes à la pêche et favoriserait la reprise de projets d'agriculture irriguée. Le bilan des gains et des pertes est fort incertain.

Ainsi, la recherche de rentes, les stratégies de reproduction des institutions et les traductions de la mauvaise conscience occidentale des déséquilibres du monde pourraient bien produire, sur les rives du Lac Tchad, des bouleversements majeurs au nom de l'environnement, sur la foi de faits scientifiques isolés et réfutés. Les logiques rentières contribueraient alors à perturber profondément les formes d'une économie endogène parmi les plus dynamiques.

### 2.3. *La pêche ou la quadrature du développement durable*

L'exploitation des ressources halieutiques illustre une articulation fructueuse entre la recherche de rentes par les États et des logiques endogènes de développement, à travers le secteur de la pêche piroguière artisanale. Au Sénégal ou en Mauritanie, elle apparaît donc comme un facteur de développement à l'échelle nationale aussi bien que locale. Le seul problème, c'est que ces dynamiques procèdent de l'exploitation minière d'une ressource en principe renouvelable mais qui risque de ne plus l'être.

*Essor de la pêche maritime et économie endogène*

Au Sénégal comme en Mauritanie, le secteur de la pêche maritime a connu un essor rapide et important dans la deuxième moitié du XXe siècle, articulant étroitement logiques du dedans et du dehors, tant du point de vue des acteurs impliqués que des horizons commerciaux. Cette dynamique se situe à la confluence des besoins de l'État (recettes d'exportation et licences de pêche), du contexte de crise écologique et économique des années 1980 et d'un marché porteur. Ainsi, le secteur apparaît à la fois extraverti (les exportations de poisson financent les importations de riz) et tourné vers le marché national (les citadins pauvres frappés par la crise sont alimentés en protéines à bon compte) ; il repose sur des acteurs étrangers (la pêche industrielle et divers appuis dans le cadre des accords de pêche) et nationaux (quelques pêcheurs industriels et transformateurs, mais surtout les pêcheurs et transformateurs artisanaux).

La pêche s'est développée plus tôt au Sénégal, où elle a eu une importance précoce. Ainsi, les communautés de pêcheurs Walo Walo installés à Saint-Louis passent-elles de la pêche dans le fleuve à la mer dès le XIXe siècle (Bonnardel, 1985). En Mauritanie, la tradition de pêche concerne des groupes plus restreints situés sur les périphéries du territoire (Le Cœur, 1994). Les pêcheurs Wolof de Ndiago sont proches de ceux Saint-Louis ; à Port-Étienne

28 Du fait des très faibles pentes, une variation de la hauteur d'eau de quelques dizaines de centimètres commande l'inondation ou l'exondation de milliers d'hectares.

(aujourd'hui Nouadhibou), on connaît les techniques canariennes de pêche à la courbine depuis longtemps ; enfin, le groupe de tributaires du banc d'Arguin des Imraguen pratique une pêche traditionnelle qui se rapproche de la chasse. La hausse de la production a été permise, d'abord au Sénégal, dès les années 1950, puis en Mauritanie vingt ans plus tard, par des changements technologiques parallèles à une hausse de la demande (croissance démographique et urbaine) et à l'amélioration des réseaux routiers permettant d'y accéder.

À partir des années 1950, au Sénégal, la pirogue à moteur se diffuse, puis, la décennie suivante, la senne tournante, un type de filet qui permet d'attraper de grandes quantités de petits pélagiques (sardinelle, chinchard). Ces changements s'accompagnent d'innovations dans les moyens de conservation à bord (Bonnardel, 1985 : 11 ; 46 ; Diop, Magrin, 2011). La pêche artisanale se développe rapidement et apparaît alors comme un des secteurs les plus endogènes de l'économie du Sénégal. Elle fournit de l'emploi à nombre de ruraux chassés par la sécheresse des années 1970-1980, ou à des citadins mis au chômage par l'ajustement structurel. En 2010, la pêche industrielle nationale, entièrement basée à Dakar, compte 120 à 140 navires, des chalutiers pour l'essentiel. Le secteur emploie 57 000 pêcheurs, dont 47 000 artisanaux, répartis sur une vingtaine de centres de pêche sur tout le littoral. Les emplois induits sont estimés à 150 000, en grande partie féminins. Le tout représente 15 % de la population active[29]. Face à une viande hors de prix en contexte de crise, surtout après la dévaluation du franc Cfa[30], le poisson fournit des protéines animales bon marché à des citadins et des ruraux appauvris. Sa consommation est quatre fois supérieure à celle des pays de l'intérieur (Diop, Magrin, 2011). Taxes d'exportation et licences de pêche fournissent en même temps des revenus à l'État. Mais le secteur ne représente plus au milieu des années 2000 que 2 % du PIB du fait de la surpêche des espèces nobles et de la crise des industries de transformation.

En Mauritanie, c'est la grande sécheresse des années 1970 qui amène l'État et les populations à se tourner vers la mer (Le Cœur, 1994), jusqu'aux élites rurales traditionnelles, qui investissent dans la pêche industrielle et commerciale (Choplin, Lombard, 2009). Malgré quelques déboires initiaux, la pêche occupe une place croissante dans le système politico-économique : elle fournit au milieu des années 2000 environ 20 % des revenus de l'État et du PIB, 50 % des recettes d'exportation, l'essentiel (70 %) des 100 000 tonnes de production annuelle de poisson étant exporté. Les 450 navires de la flotte industrielle se partagent entre Nouadhibou et Nouakchott. Avec les 3 000 pirogues de la

29 Site électronique du CRODT (Centre de recherche océanographique de Dakar Thiaroye), consulté le 8 mars 2010.

30 Le kilo de bœuf ou de mouton coûte environ 2 000 Fcfa (avec os et gras). Le prix du poisson varie davantage, mais il peut être très nettement inférieur (moins de 100 Fcfa le kg de *yaboye* en période de grande abondance ; 500 Fcfa couramment).

pêche artisanale, ils représentent près de 40 000 emplois directs et de nombreux emplois indirects (Marfaing, 2005).

Au Sénégal comme en Mauritanie, les conflits fréquents entre pêche industrielle et pêche artisanale ne doivent pas conduire à les opposer en une lecture manichéenne de l'extraversion, mettant aux prises une activité extravertie, pratiquée par des acteurs étrangers, prélevant sans vergogne et à grande échelle des ressources nationales pour alimenter des profits exportés, avec une activité nationale, facteur d'un développement local que la modestie de son équipement condamnerait à rester durable, menacé par la première (Diop, Magrin, 2011). En effet, les deux secteurs sont fortement complémentaires. Au Sénégal, la pêche artisanale fournit 50 à 60 % des débarquements de la pêche industrielle[31], cette dernière ne contribuant à la production totale qu'à hauteur de 10 % du volume et de 20-30 % de la valeur (Diop, Magrin, 2011).

Les espèces de valeur sont principalement exportées, ou vendues en frais sur le marché de Dakar. Mais une part importante de la production reste destinée au marché national, voire sous-régional, ce dernier représentant 30 % des exportations. Du poisson fumé ou séché alimente des flux anciens vers le Mali, la Guinée-Bissau, le Ghana. L'amélioration récente du réseau routier permet au poisson frais de Dakar ou Saint-Louis d'atteindre Bamako.

Enfin, si la pêche fournit une rente à l'État, les politiques de développement du secteur procèdent parallèlement d'une stratégie industrielle de production, à travers l'appui à l'installation d'activités de transformation sur la presqu'île du Cap-Vert (*ibidem*). Cela n'empêche pas celles-ci de demeurer très fragiles, étant pénalisées par différents facteurs, comme le coût du fret aérien, les arrêts techniques liés à la vétusté des équipements, l'accès difficile aux zones de pêche des pays voisins, comme la Mauritanie (Marfaing, 2005), alors que les eaux sénégalaises s'appauvrissent.

#### *Le prix de l'extraversion*

La crise de la pêche qui se manifeste au Sénégal et les menaces qui pèsent sur le secteur en Mauritanie disent la contradiction entre enjeux productifs et gestion de la ressource plus qu'entre extraversion et développement endogène. Les difficultés de la pêche au Sénégal sont plus marquées qu'en Mauritanie. Tiennent-elles à la meilleure productivité des écosystèmes mauritaniens, grâce notamment à l'influence du fertile golfe d'Arguin ? Sont-elles le reflet de politiques plus raisonnables de gestion de la ressource en Mauritanie ? Ou bien n'expriment-elles que le décalage temporel dans le développement du secteur, de vingt ans antérieur au Sénégal ? Les trois facteurs se combinent-ils ?

**31** De nombreux équipages de pirogues livrent en haute mer leur production à des navires de la pêche industrielle. Les prises artisanales sont alors déclarées comme étant celles de la pêche chalutière…

## Planche 12 : La rente maritime en sursis

**PHOTO 38** *Pirogues et infrastructures du port de pêche artisanale de Nouakchott (mai 2008).*

*En Mauritanie, la pêche piroguière artisanale se développe en réponse aux sécheresses et à la demande croissante des marchés extérieurs. Elle valorise des savoir-faire sénégalais et bénéficie de l'aide internationale : le port piroguier de Nouakchott a été financé par le Japon, plus ou moins explicitement en contrepartie des licences de pêche accordées aux navires industriels nippons.*

**PHOTO 39** *Quai de débarquement du port de Nouakchott (février 2008).*

*Pêcheurs, mareyeurs, transformateurs : la pêche artisanale représente de nombreux emplois. La part de la production destinée au marché local favorise le changement des habitudes alimentaires. Le riz au poisson sénégalais gagne progressivement la capitale mauritanienne.*

**PHOTO 40** *Pêcheur de requin en périphérie du banc d'Arguin (Mauritanie, mai 2008).*

*Les eaux ouest-africaines sont soumises à des pressions internationales croissantes : les flottes européennes y compensent l'épuisement de leurs pêcheries; la demande asiatique (ailerons de requin, mollusques) est sélective. Les équilibres écologiques sont menacés.*

Quoi qu'il en soit, au Sénégal, la production n'augmente plus depuis les années 1990. Surtout, les espèces démersales à forte valeur se font de plus en plus rares (pagre, mérou bronzé (*thiof*), rouget, etc.) (Barry *et al.*, 2002). L'appauvrissement des eaux sénégalaises est sans doute une des causes du non-renouvellement des accords de pêche par l'Union européenne en 2006. Le déplacement périodique des capacités de pêche pélagique vers le secteur des exportations, lié à la forte demande du marché ou à des mesures étatiques de soutien aux exportations, crée régulièrement des tensions sur l'approvisionnement du marché national (Dème *et al.*, 2010). Des années 1950 aux années 1980, les politiques étatiques ont été tournées vers l'accroissement de la production et des exportations. Depuis les années 1990 émerge le besoin d'améliorer les régulations pour préserver la ressource, alors que les moyens de l'État en la matière se sont affaiblis. L'arbitrage est d'autant plus délicat que l'État a constamment besoin de la rente de la pêche, même si elle décroît[32] et que surtout les villages et quartiers de pêcheurs – à Dakar, Saint-Louis, Mbour, Joal, Kayar, etc. – sont des lieux politiquement sensibles, à la population pauvre, dense, nombreuse et rétive à l'autorité.

En Mauritanie, la gestion du secteur de la pêche est soumise depuis l'origine à une influence internationale multiforme (Magrin *et al.*, 2011). Outre les licences accordées à de nombreux pays depuis 1967 (Le Cœur, 1994 : 85), le pays a signé des accords de pêche avec l'Union européenne depuis 2001. Aide et intérêts économiques coexistent, de manière plus ou moins contradictoire avec les enjeux du développement durable au nom desquels la première est mise en œuvre. Ainsi, les nombreux projets de coopération en faveur de la pêche (CEE puis UE, Japon, FAO, aide bilatérale italienne, danoise, etc.) qui ont accompagné les accords successifs se sont traduits par la construction d'infrastructures, notamment pour la pêche artisanale (cf. planche 12), sans favoriser beaucoup la valorisation locale (Magrin *et al.*, 2011). Surtout, l'appui de l'Union européenne à une pêche durable n'est pas sans contradictions avec la pratique des accords de pêche, qui aboutissent à une gestion peu durable des ressources (Ould Ahmed Salem, 2008). Les débats soulevés par l'exploitation pétrolière sur les enjeux environnementaux du multi-usage de l'espace maritime entre la pêche, les hydrocarbures et la navigation ont souligné que la Mauritanie avait acquis un certain niveau de capacité en matière de suivi et de contrôle des pêches, dans l'optique de maximiser la rente halieutique. Mais une courbe d'apprentissage équivalente n'a pas encore été construite dans le domaine de la régulation environnementale, plus dépendante de l'aide extérieure (Magrin *et al.*, 2011).

**32** En 2002, le montant des redevances de licences accordées à la pêche industrielle est estimé à près de 2 milliards de francs Cfa ; il chute à près d'un milliard en 2007 (Diop, Magrin, 2011).

Ainsi, alors que les bénéfices de la pêche dans les eaux ouest-africaines semblent s'être investis davantage à Las Palmas qu'à Nouadhibou ou à Saint-Louis, malgré la montée en puissance des capacités nationales de pêche et d'encadrement de l'activité, les quartiers de pêcheurs semblent confrontés de plein fouet à l'équation malthusienne de la tragédie des communs (Hardin, 1968). La vive croissance du nombre des pêcheurs et la demande nationale et mondiale soutenue semblent devoir conduire à l'épuisement des stocks, tant que des régulations plus efficaces ne viendront pas en limiter les prélèvements. À défaut, l'émigration – interne, vers l'Europe ou d'autres destinations – restera la seule soupape.

Les profondes mutations démographiques qui caractérisent l'Afrique pourraient ainsi contribuer à une réconciliation entre ressources et territoires. Car, à la faveur de la densification démographique et urbaine, le territoire s'épaissit. Il en résulte des pressions sur les ressources, mais aussi des opportunités inédites de développement d'une économie d'échanges internes articulée autour des relations villes-campagnes.

Certes, l'exploitation de ce potentiel suppose que des équilibres plus favorables soient trouvés avec les systèmes importateurs pourvoyeurs de rentes, qui concurrencent les productions africaines. Mais les enjeux de développement ne se limitent pas à une opposition entre importations ou extraversion d'un côté, essor de secteurs productifs nationaux de l'autre, du fait des articulations productives qui existent entre ces deux pôles. Le secteur de la pêche maritime en illustre les acquis et les limites : la pêche piroguière artisanale s'est développée de manière endogène en Afrique de l'Ouest durant les dernières décennies, puisant aux ressources d'innovations importées et de marchés mixtes, intérieurs et extérieurs. Il se heurte à présent à la limite, de taille, de la durabilité des ressources.

Il reste à interroger les incidences des dynamiques des activités pourvoyeuses de rentes mondialisées. Car les tentatives de régulation de l'économie-casino contribuent à créer des espaces de bifurcation qui laissent entrevoir une issue hors des anciens systèmes rentiers. Ces potentiels supposent la valorisation des liens entre enclaves extraverties et territoires.

# 9. Réformes globales et interstices de bifurcation

> « Ce qu'il faut ici, c'est la loi, la bonne foi, l'ordre, la sécurité. N'importe qui peut pérorer sur ces choses, mais je mets mes espoirs dans les intérêts matériels. Que les intérêts matériels s'installent une bonne fois, et ils imposeront fatalement les seules conditions dans lesquelles ils peuvent continuer à exister. Voilà pourquoi gagner de l'argent ici se justifie en face de l'illégalité et du désordre. Cela se justifie parce que la sécurité que cela exige doit être partagée par le peuple opprimé. Plus tard viendra une meilleure justice. [...]. Et qui sait même si dans ce sens la mine de San Tomé ne deviendra pas cette brèche dans les ténèbres que mon pauvre père désespérait de voir jamais ? »
>
> Conrad, *Nostromo*

> « L'invention dans le bien dispose d'un éventail beaucoup plus large que l'invention dans le mal – voir l'insupportable monotonie de Sade (son côté prévisible), l'Histoire d'O ne parvient pas à rebondir, le côté scolaire et pion des grands malfaiteurs, sacrilèges, Gilles de Rais, etc., gens si laborieux dans leurs vilenies. Lorsqu'on a violé une femme – nonne ou vestale de préférence –, ou célébré par dérision une messe sur l'étal d'un boucher devant des abattis de porc, que peut-on bien faire de plus ? On peut toujours encore brûler un feu rouge. »
>
> Nicolas Bouvier, *Le vide et le plein. Carnets du Japon (1964-1970)*

Le seul avenir possible en Afrique n'est peut-être pas celui d'une insertion croissante dans la mondialisation à partir d'enclaves extractives, agricoles ou forestières et d'aires protégées, la crise généralisée des autres parties des territoires étant gérée par l'aide, les camps de réfugiés, les transferts migratoires. On a dit le potentiel de développement d'une économie endogène associé à la densification démographique et urbaine. Par ailleurs, autour des activités extractives, d'autres changements importants se dessinent. Symboles de l'insertion dominée de l'Afrique dans le système monde, ces activités ont été tellement identifiées à la « malédiction des ressources naturelles », très visible dans les années 1990, que des réformes importantes ont été engagées sous la pression internationale, relayées par des mouvements internes : la transparence n'est plus un sujet tabou, la régulation environnementale progresse ; menacées dans leurs intérêts par les scandales, les entreprises assument davantage leur responsabilité sociale et environnementale.

Certes, ce processus n'est pas sans freins. L'inertie des systèmes politiques et celle des pratiques des acteurs transnationaux limitent les progrès. Les concurrences accrues et l'irruption d'entreprises de pays émergents laissent craindre un *dumping* sociopolitique et environnemental.

Cependant, dans les États où les activités extractives ont connu un essor récent, le contexte de leur émergence a permis un ensemble de changements diffus favorables. La connexion au temps industriel du monde s'accompagne d'exigences qui créent des espaces de bifurcation hors de la trajectoire de la « malédiction des ressources ». Ceux-ci pourront être explorés plus avant ou non selon les contextes sociopolitiques et les choix des dirigeants.

## 1. Une première saison de réformes

La mise en cause du rôle des activités extractives dans la période sombre 1989-2001, marquée en Afrique par une dramatique conflictualité, a débouché au début des années 2000 sur un important mouvement de mesures destinées à réguler leurs effets dans les pays hôtes. Ces nouvelles régulations concernent deux domaines principaux : la transparence d'une part, dont l'amélioration doit limiter les dysfonctionnements de gouvernance ; la régulation environnementale et sociale d'autre part, censée réduire les impacts négatifs locaux. L'exploitation pétrolière de Doba, au Tchad, est emblématique de cette dynamique. La Banque mondiale y accompagna un projet pétrolier mené par un consortium privé à dominante américaine, dont l'enjeu explicite était de mettre l'économie pétrolière au service des objectifs de réduction de la pauvreté et du développement durable dans un pays très pauvre et très instable, autrement dit de surmonter la « malédiction pétrolière ».

### *1.1. Des réformes en réaction à un contexte de crises*

Le contexte de crise des années 1990 est à l'origine des réformes de la décennie suivante. Des organisations internationales (Onu, Banque mondiale) et certains gouvernements occidentaux sont à l'origine de l'adoption de mesures de régulation qui impliquent la diversité des acteurs du jeu extractif (entreprises, gouvernements, société civile, institutions financières internationales).

*Les scandales des « guerres des ressources »*

La fin de la guerre froide a eu des conséquences catastrophiques en Afrique : l'instabilité est aggravée par la coïncidence de la fin des rentes géopolitiques et de l'injonction démocratique occidentale, sur fond d'ajustement structurel. Les armes circulent en abondance à partir des stocks des anciens pays socialistes. C'est la période au cours de laquelle les conflits furent les plus nombreux et meurtriers de l'histoire de l'Afrique (voir Mbembé, 2000 ; Smith, 2003).

Des études puis des campagnes menées sous l'égide d'organisations de la société civile internationale révèlent alors le rôle important des activités extractives dans ces conflits. Aux « diamants du sang » de la Sierra Leone, du Liberia (voir Campbell 2002[1] ; et Brunet, 2004) ou d'Angola se mêlent les

1 Expression popularisée par le film *Blood diamond* (2006), d'Edward Zwick, avec Leonardo DiCaprio.

dénonciations du rôle des grandes compagnies pétrolières occidentales dans plusieurs conflits. *A Crude Awakening* (Global Witness, 1999) dénonce le soutien apporté par les compagnies occidentales, notamment la Gulf (Chevron Texaco), au régime du MPLA[2], en dépit de ses orientations marxistes, de même qu'Elf sera dénoncée pour son soutien à Sassou Nguesso lors des guerres civiles du Congo-Brazzaville (1993-1998). Alors que les installations pétrolières offshore ne sont pas touchées par les conflits, la rente pétrolière (et les facilités de crédit auxquelles elle donne accès) les entretient en permettant l'approvisionnement en armes des belligérants. Il n'est pas rare qu'une entreprise finance les deux partis en présence pour parer à toute éventualité, comme Elf le fit en Angola et au Congo (Soares de Oliveira, 2007). De même, la révolte du pays Ogoni contre Shell, résultat de l'injustice causée par le décalage entre des dégâts environnementaux accumulés sur place et une rente dirigée ailleurs, et sa répression (pendaison de l'écrivain Ken Saro-Wiwa en 1995) eurent un grand retentissement, écornant passablement l'image de la compagnie. La responsabilité de la gouvernance pétrolière dans la dégradation de la situation dans les bouches du Niger dans les années suivantes fut dénoncée dans maints rapports (voir notamment Human Rights Watch, 2002, 2005 ; ICG, 2008). La fin des années 1990 correspond aussi en France à l'affaire Elf, qui met en lumière les pratiques illégales entre cette compagnie nationale, les États et les classes politiques françaises et africaines. Un peu plus tard, alors que la hausse des prix stimule l'exploitation tous azimuts en Afrique, le rôle de l'or dans le financement de conflits, la pollution environnementale et des atteintes aux droits humains est également dénoncé, en Afrique de l'Ouest (Labarthe, 2007 ; de Vitry, 2009) et ailleurs, comme en RDC et au Zimbabwe.

Plusieurs processus parallèles s'engagent en réponse à ces dérives plus ou moins directement liées à la production et à l'utilisation des rentes extractives. Ils relèvent d'un des enjeux majeurs de la régulation face à la complexité de la mondialisation contemporaine : la traçabilité. C'est elle qui permet la lutte contre les butins modernes, à travers un contrôle embrassant le plus large azimut possible, passant par le haut et par le bas, les pairs et les consommateurs… La confection de listes – la première fut réalisée lors de l'embargo sur la Rhodésie en 1966 ; elles connurent un engouement planétaire depuis les attentats à New York du 11 septembre 2001 – autorise cet isolement par l'identification (Garapon, 2009 : 164-166).

*Droits humains et transparence*

L'Onu ouvre la voie des réformes avec l'adoption de son pacte global (2000), reposant sur l'adhésion volontaire des grandes entreprises à dix principes

2 Mouvement populaire de libération de l'Angola.

concernant les droits humains, le droit du travail, l'environnement et la lutte contre la corruption[3].

En Afrique même, la première de ces réformes fut constituée par le processus de Kimberley, dont les négociations commencèrent en 2000-2001 entre gouvernements et industriels du diamant. Des règles furent mises en vigueur en 2003 (Bredeloup, 2007 : 52). Elles visent à assurer la traçabilité du diamant, pour éviter que des gemmes issues de zones de guerre soient « blanchies » par la taille et vendues comme n'importe quelles autres pierres. Même si cette réforme confortait les intérêts de la De Beers, à l'hégémonie menacée par la concurrence et qui voyait d'un bon œil la marginalisation des diamants issus de zones instables, où elle était mal implantée, le processus a le mérite d'introduire le principe de transparence au sein d'un monde caractérisé jusque-là par un profond sens du secret (Brunet, 2004). En 2004, la campagne *No dirty gold*, menée par l'ONG Earthwork, poursuit des objectifs analogues, mais avec moins de succès dans la mobilisation des entreprises.

De même, la mise en place de la coalition Publiez ce que vous payez[4], qui regroupe à partir de juin 2002 de nombreuses organisation de la société civile autour de Global Witness, est relayée par l'Initiative pour la transparence dans les industries extractives (ITIE), lancée à Lancaster House par le gouvernement britannique en 2003, qui a pour maître d'œuvre les États. En Afrique, ces initiatives s'appuient sur un fort engagement des Églises, souvent fort influentes dans la société (Congo, Angola, Cameroun, Tchad), en réaction au scandale constitué par le décalage entre les revenus considérables des États pétroliers et la misère de leurs populations (Gary, Karl 2003).

Ces dynamiques partent du principe que l'imputabilité est la clé de la démocratie et du développement : si les rentes sont mieux connues, à travers la publication par les compagnies pétrolières des sommes versées aux gouvernements, les populations seront mieux à même d'exiger de leurs dirigeants la fourniture de biens publics.

Alors que PWYP s'organise en fédérations de coalitions nationales de la société civile engagées dans le plaidoyer autour des activités extractives, l'ITIE organise des étapes pour les États intéressés. On distingue trois statuts : les pays qui ont exprimé leur intention de rejoindre le processus, les pays candidats et les pays conformes. Être candidat à l'ITIE suppose de remplir quatre critères : que le gouvernement en exprime l'intention claire, qu'il manifeste son ouverture à travailler avec la société civile et le secteur privé sur les objectifs de l'initiative, qu'une personnalité soit nommée pour conduire le processus et qu'un plan de travail soit élaboré.

---

3 Voir : http ://www.unglobalcompact.org/languages/french/index.html.

4 Dans la littérature, le plus souvent en anglais : *Publish What You Pay* (PWYP).

La plupart des pays se déclarèrent intéressés ou furent déclarés candidats, mais il fallut attendre 2010 pour voir le premier pays africain reconnu conforme, le Liberia. En juillet 2012, plusieurs pays à rentes extractives élevées restaient hors du processus[5] : Sénégal, Togo, Guinée Équatoriale, Soudan, Angola, Afrique du Sud, Botswana..., correspondant à deux profils : des pays aux institutions réputées ne voyant pas l'intérêt d'un tel dispositif (Afrique du Sud, Botswana), ou au contraire des États exposés aux symptômes de la « malédiction des ressources », le Sénégal se situant entre les deux. En Afrique de l'Ouest ou du Centre, sept pays étaient alors conformes (Nigeria, Ghana, Mali, Niger, Liberia, Mauritanie, RCA).

Ces dynamiques se traduisent par des changements notables. Alors que les revenus pétroliers n'apparaissaient auparavant pas toujours dans les comptes nationaux, la tendance à leur budgétisation est générale. Au Congo et au Nigeria, au milieu des années 2000, les budgets ont été préparés selon des prévisions prudentes, et les surplus déposés sur des comptes spéciaux à la Banque centrale afin d'éviter les effets du syndrome hollandais et de faire face à un éventuel retournement des cours (Rosselini, 2005 : 130, 135). Au Nigeria, des progrès significatifs en matière de gouvernance pétrolière ont été accomplis durant le deuxième mandat du président Obasanjo (2003-2007). La fraude a été combattue, les sommes détournées sous le régime de Sani Abacha partiellement recouvrées ; les appels d'offres ont été généralisés, les revenus pétroliers et leur affectation selon les trois niveaux (fédéral, États fédérés, gouvernements locaux) publiés en ligne (Soares de Oliveira, 2007 : 149-150). En 2004, Sao Tome et Principe adopte une loi de gestion des revenus pétroliers adaptée de celle du Tchad. Au Cameroun depuis 2001, puis au Congo, on publie des audits certifiés par des cabinets internationaux. En Angola, la Sonangol, jusqu'ici très secrète, met en service un site web où des informations jusque-là inaccessibles sont livrées au public (Soares de Oliveira, 2007 : 302). En Mauritanie, de même, la Cour des comptes, créée en 1992, publie son premier rapport au moment où commence l'ère pétrolière, en 2005... Les recettes pétrolières versées au Trésor sont publiées chaque mois en ligne sur le site du Comité national de suivi des revenus des hydrocarbures (UICN Mauritanie, 2009 : 12). Partout ou presque[6], des coalitions Publiez ce que vous payez sont mises en place.

Cela ne signifie pas bien sûr que le secret se soit évanoui du monde pétrolier et qu'entreprises et États se soient ouverts d'un seul coup à la culture de la transparence. Mais la revendication en la matière, qui jusqu'à une date récente pouvait conduire rapidement en prison, a conquis plein droit de cité, au point

5 Voir http ://eiti.org/implementingcountries, consulté le 20 juillet 2012.
6 Le Soudan ne semble pas concerné.

de devenir un objet central des dialogues qui se mettent en place entre États, compagnies et sociétés civiles.

*Responsabilité sociale d'entreprise et environnement*

Des progrès se font jour aussi dans le domaine de la régulation des impacts locaux des activités extractives. Les débats engagés par la société civile agissent comme aiguillon pour les institutions financières internationales et l'autorégulation des firmes.

En 2003, la Banque mondiale mit en œuvre une évaluation interne, l'Extractive Industry Review (EIR), en réponse aux critiques des ONG sur les effets pervers de ses politiques d'appui au secteur minier. Elle déboucha sur un grand nombre de propositions (contrats, fiscalité, transparence, gouvernance, environnement, droits humains), qui ne furent certes pas toutes immédiatement mises en œuvre. Parallèlement, les principes de l'Équateur furent promulgués en 2003 sous l'égide du groupe de la Banque mondiale, fixant des standards environnementaux et sociaux pour le secteur financier[7]. Leur disposition la plus importante est sans doute la généralisation des études d'impact environnemental (EIE) et des plans de gestion environnementale (PGE) dans les procédures de prêt des institutions adhérentes.

Bon gré mal gré, les entreprises se reconnaissent de plus en plus responsables des effets, même indirects, de leurs activités (voir Jolly, 2006; Boidin, 2008; Salanié, Treich, 2008). Une étude sur les neuf plus grandes entreprises minières menée par un centre de recherche indépendant issu de la société civile, l'IIED (International Institute for Environment and Development), a montré que celles-ci pouvaient jouer un rôle favorable en matière de développement durable en modifiant certaines de leurs pratiques, et que l'exploitation minière moderne, malgré son échelle et ses formes en découverte, avait moins d'impacts que les générations anciennes ou que l'exploitation artisanale (IIED, 2002). La recherche de nouvelles techniques et de nouveaux standards tend à réduire les impacts négatifs des activités extractives (voir ICMM, 2006 ; 2008).

Ces débats influencent la mise en œuvre des projets extractifs. En Mauritanie, les discussions de 2003-2005 autour de l'étude d'impact environnemental de Woodside (Kloff, van Spanje, 2004) ont ouvert un débat, à partir des risques de l'exploitation pétrolière offshore, qui a permis une prise de conscience au sein du gouvernement et de la société mauritaniens sur les risques multiples associés à la gestion de l'espace maritime dans son ensemble. Le contexte était celui du début d'une exploitation pétrolière inscrite dans un milieu offshore exceptionnellement exigeant du fait de la grande valeur économique et écologique des écosystèmes, et de leur fragilité (cf. carte 21).

7 Voir http ://www.equator-principles.com.

Normes et standards apparaissent alors au cœur des enjeux de la régulation : quels sont ceux qui sont adaptés à un PMA comme la Mauritanie ? Si l'on adopte les règles les plus exigeantes, comme les faire respecter ? Si l'on choisit des normes simplifiées à la portée des maigres capacités de suivi de l'administration, protégera-t-on des écosystèmes parmi les plus riches et fragiles du monde ? L'absence de règles nationales précises et les faibles capacités de régulation du gouvernement confèrent une grande importance à l'autoresponsabilité de l'entreprise (UICN Mauritanie, 2009).

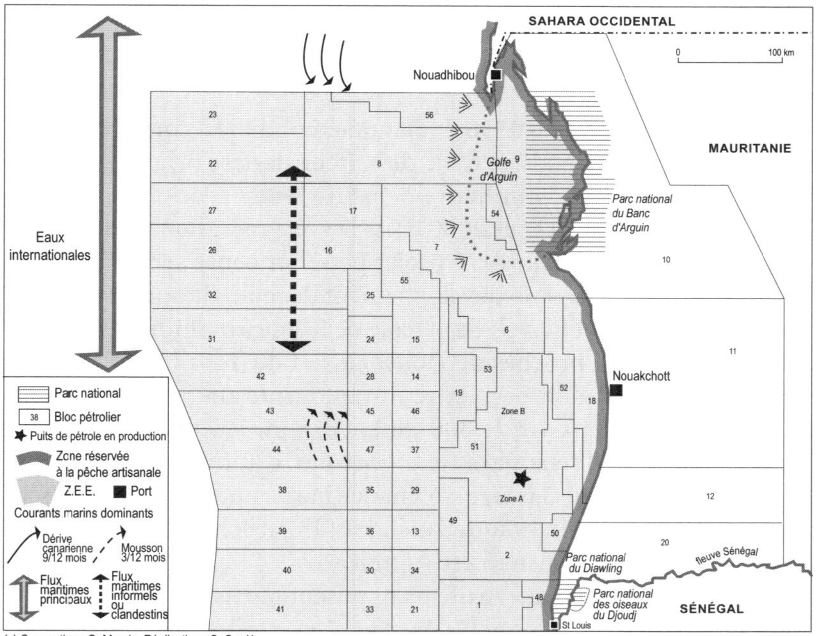


(c) Conception : G. Magrin. Réalisation : C. Carrié

**CARTE 21** *Les débats pétroliers révèlent les risques du multi-usage de l'océan.*
Source : Magrin *et al.*, 2011. Réalisation : C. Carrié.

La mobilisation d'organisations de la société civile internationale, très présentes depuis longtemps autour notamment des enjeux de conservation du banc d'Arguin, a joué un rôle décisif dans ces débats. Le gouvernement en a petit à petit compris l'importance, au point de demander la mise en place d'un panel indépendant chargé de l'aider à définir des règles du jeu adaptées (UICN Mauritanie, 2009).

Certes, l'amélioration de la régulation environnementale n'est pas aisée. Depuis le milieu des années 2000, on perçoit au sein des milieux gouvernementaux mauritaniens l'opposition entre une tendance favorable à l'exploitation rapide du pétrole, pour les rentes qu'il procure (ministères du pétrole et des finances ; Société mauritanienne des hydrocarbures, SMH), et une tendance plus prudente (ministères de l'Environnement et de la Pêche). Les velléités de régulation des différents secteurs (pêche, pétrole, navigation) se sont juxtaposées au point de devenir ingérables, dans un contexte caractérisé par une forte asymétrie entre acteurs nationaux et extérieurs. Mais les conflits successifs (entre les pêches artisanale et industrielle, entre la pêche et le PNBA, entre les compagnies pétrolières et le gouvernement) ont permis des avancées. En révélant la tension entre la logique de captation des rentes et d'autres formes de contrôle plus territorial et gestionnaire des ressources, ils ont élargi les marges de manœuvre des innovateurs (Magrin *et al.*, 2011).

### 1.2. *Le projet modèle tchadien*

*Les termes du débat initial*

À partir du milieu des années 1990, la Banque mondiale a contribué au montage du projet pétrolier tchadien, dans des circonstances originales. En effet, alors que le contexte politico-militaire demeure tendu – des mouvements de rébellion persistent entre 1997 et 2000 dans la zone méridionale du Tchad[8] –, l'institution s'engage en faveur d'un projet pétrolier censé servir les objectifs de lutte contre la pauvreté et de développement durable : la construction d'un oléoduc de 1 070 km, des champs de pétrole de Komé (un milliard de barils de réserves alors estimées), proches de Doba, au sud du Tchad, vers le terminal de Kribi, au Cameroun, doit permettre durant trente ans une production de 100 000 à 225 000 b/j à partir de 300 puits (Exxon, 1999b), fournissant des revenus substantiels aux deux pays : le Cameroun, d'après un accord bilatéral de 1996, prélève un droit de passage sur chaque baril exporté et se porte actionnaire de la société d'exploitation de l'oléoduc ; l'État tchadien espère que ses revenus seront augmentés de manière significative.

À partir de 1997, des débats virulents opposent partisans et adversaires du projet. Les premiers sont représentés par la Banque mondiale, l'État tchadien et les entreprises membres du consortium, initialement Exxon, l'opérateur, associé à Shell et Elf, les deux dernières étant remplacées entre 1999 et 2000 par Chevron et Petronas. Les seconds expriment des positions de la société civile nationale tchadienne, appuyées par des organisations de la société civile internationale (voir Magrin, 2003a).

Pour la Banque mondiale, il s'agit d'un véritable pari : utiliser les ressources pétrolières pour favoriser le développement durable d'un tel pays à risque permettrait de redorer le blason d'une institution alors fortement critiquée pour la faible efficacité des programmes d'ajustement structurel. L'État

8 En 1997-1998, le plus actif de ces groupes est représenté par les Farf (Forces armées pour la république fédérale) de Laokein Bardé. Après son élimination par l'armée tchadienne en 1998, Moïse Ketté, l'ancien leader du CSNPD (Comité de sursaut national pour la paix et la démocratie), un mouvement actif au début des années 1990 puis un moment rallié au régime, reprend le maquis. Il sera éliminé à son tour en 2000 (voir Debos, 2009 : 141).

tchadien communique sur l'opportunité unique que représente le projet pour réduire la misère du pays et enclencher enfin une dynamique de développement, après quatre décennies d'indépendance marquées par les guerres. Le consortium obéit à une logique de rentabilité financière, mais Exxon est aussi intéressée par l'apprentissage favorisé par la médiation de la Banque à l'occasion de ce projet *on shore* mené en contexte géopolitique sensible, ce qui constitue une première pour l'entreprise.

Un réseau de plaidoyer de la société civile s'organisa face à ce projet pétrolier[9]. Son objectif fut d'abord d'empêcher sa réalisation, en dissuadant la Banque mondiale. Puis, devant son impuissance en la matière, il chercha à obtenir les conditions les moins défavorables possibles pour les populations riveraines. Les organisations de la société civile impliquées furent initialement des ONG qui intervenaient depuis au moins une ou deux décennies dans le Sud du Tchad. D'abord principalement européennes (Brot für die Welt, Cordaid, Eirene, Misereor, Swissaid; Oxfam Intermon), elles contribuèrent à appuyer des réseaux d'ONG tchadiennes à l'échelle nationale (CPPN[10]), régionale (CPPL[11]), voire locale, à travers l'éphémère Epozop[12]. Au niveau international, leur action fut également relayée par des ONG environnementales, comme Greenpeace ou Les amis de la terre. Celles-ci s'intéressèrent surtout au projet avant l'engagement de la Banque mondiale, en juin 2000, moins après.

Les organisations de la société civile mobilisées autour du projet de Doba, tchadiennes, étrangères ou internationales, se répartissaient entre des ONG environnementales, d'autres plutôt spécialisées en droits humains, gouvernance ou développement. Toutes furent fortement influencées par le précédent nigérian, antimodèle absolu. Selon elles, l'exploitation du pétrole au Tchad ne pourrait que conforter un régime dictatorial, attiser les violences et les violations des droits humains des populations riveraines des champs de pétrole, alimenter une corruption déjà élevée, dégrader des écosystèmes fragiles (surtout au Cameroun, où l'oléoduc traverse des forêts protégées et aboutit au littoral sensible de Kribi).

Deux séminaires importants tenus près de la zone pétrolière à Donia (janvier 1998) et Bébédjia (avril 1999) marquèrent la mobilisation de la société civile. Les revendications portèrent sur l'amélioration des barèmes des compensations[13] pour les destructions causées par le projet (Petry, Bambé,

---

9 Voir Petry, Bambé (2005), pour une histoire très détaillée – quoique peu distanciée – du rôle de la société civile face au projet dans la période 1997-2003; ainsi que Magrin (2001; 2003a).

10 Commission permanente pétrole Ndjaména.

11 Commission permanente pétrole locale. Concerne les ONG de la zone soudanienne, basées pour la plupart à Moundou.

12 Entente des populations de la zone pétrolière.

13 Les manguiers furent ici emblématiques : on passa grâce à des négociations serrées de 3 000 Fcfa à 550 000 Fcfa payés pour un arbre adulte (Petry, Bambé, 2005 : 83-87).

2005 : 146). La société civile demanda aussi la finalisation d'un plan de développement régional (PDR) pour organiser le développement de la région de production – alors conçue à l'échelle des quatre régions administratives correspondant au Logone géographique, présentant une certaine unité économique et humaine (Cirad, 2005). Elles exigèrent l'approfondissement des études de base environnementales pour favoriser le suivi ainsi que l'amélioration du cadre juridique du projet et des garanties sur la transparence dans l'utilisation de la rente pétrolière. Le processus de dialogue alors engagé – les représentants du gouvernement, du consortium et de la Banque participèrent aux ateliers en question – ainsi que l'intégration par la Banque d'une partie de ces revendications dans l'architecture du projet contribuèrent à son originalité.

*Un dispositif antirisques axé sur la gouvernance et l'environnement*

Les mesures mises en place sous l'égide de la Banque mondiale concernèrent principalement la gouvernance et l'environnement.

L'emblème du projet fut la loi n° 001 de 1999 sur la gestion des revenus pétroliers. Cette loi prévoyait une clé de répartition des revenus pétroliers directs, préaffectés comme suit : 10 % placés à l'étranger sur un compte au bénéfice des générations futures – il s'agissait de fait d'un compte de stabilisation destiné à éviter le syndrome hollandais ; sur les 90 % restant, 5 % allaient à la région de production[14], 15 % aux dépenses courantes de l'État et 80 % à cinq secteurs prioritaires (éducation, santé, infrastructures, développement rural, eau et environnement). Un collège de contrôle et de surveillance des revenus pétroliers (CCSRP) fut mis en place pour assurer le suivi de ces dispositions. La société civile y est représentée de manière significative.

Dans le domaine environnemental, on appliqua les standards de la Banque mondiale et, en matière technique, ceux de la plus grande entreprise du monde, Exxon (Exxon, 1999a). La Banque mondiale appuya la modernisation du cadre juridique national régissant l'exploitation pétrolière. L'adoption par le Parlement tchadien d'une nouvelle loi environnementale, la loi n° 14 de 1998, fut d'ailleurs une condition de son engagement (Magrin *et al.*, 2012). Une étude d'impact environnemental fut menée dans les règles de l'art par un cabinet spécialisé, Dames & Moore, assorti d'un volumineux plan de gestion de l'environnement (Exxon, 1999a). Ces études furent accompagnées d'un vaste processus de compensation au bénéfice des riverains affectés.

Un système de suivi environnemental[15] à quatre niveaux fut mis en place : outre le suivi interne à l'entreprise, la Banque mondiale finança et pilota la mise en place d'un Comité technique national de suivi et de contrôle des aspects environnementaux des projets pétroliers (CTNSC), organisme interministériel

14 Ici considérée de manière étroite : la seule région administrative du Logone oriental, où sont localisés les premiers champs de pétrole et l'oléoduc.

15 Auquel s'ajoute le CCSRP en matière de transparence.

chargé de suivre, pour l'État tchadien, le respect par le consortium des dispositions du PGE. Un audit environnemental externe annuel commandité par la Banque, l'ECMG (External Compliance Monitoring Group), fut organisé, de même que, pour l'ensemble du projet, un Groupe international consultatif (Gic), composé de personnalités reconnues issues du monde de la recherche, de la société civile ou de la politique, qui mena des visites biannuelles au Tchad et au Cameroun[16].

Enfin, la Banque mondiale finança un programme de renforcement des capacités de l'État à l'ère pétrolière, ainsi que des mesures d'urgence, à travers le Facil (Fonds d'actions concertées d'initiatives locales), qui construisit des infrastructures (châteaux d'eau, écoles, mairies de Doba et Bébédjia, etc.) dans la zone des travaux.

Ainsi, au-delà du tumulte des débats, on peut considérer que le projet pétrolier de Doba a donné lieu à un processus de concertation unique en Afrique à cette échelle autour d'une exploitation pétrolière (Magrin, 2003a : 46), débouchant sur des mesures d'accompagnement et des précautions inédites.

## 2. Limites et obstacles

Les réformes engagées pour surmonter les symptômes de la « malédiction des ressources naturelles » se heurtent néanmoins à de nombreux obstacles, qui en limitent la portée. Les dispositifs proposés vont à l'encontre des habitudes et des intérêts des principaux acteurs (élites politiques africaines, grandes entreprises). D'une certaine manière, ils apparaissent, à l'instar des plans d'ajustement structurels, comme des mesures exogènes qui, tout en se présentant sous une apparence technique, sont en fait profondément politiques. De ce fait, elles donnent lieu à des stratégies de contournement. On peut ainsi craindre que les thèmes de la réforme (transparence, respect de l'environnement) n'alimentent les discours à usage externe de la même façon que la démocratie, la bonne gouvernance ou le développement durable, sans provoquer de changement fondamental dans les pratiques et les relations entre acteurs. De surcroît, l'intensification de la concurrence provoquée par l'irruption des pays émergents dans la course aux matières premières africaines semble contribuer à un *dumping* socio-environnemental. À nouveau, le Tchad fournit un bon exemple. Le modèle a tôt viré au naufrage, d'une manière qui paraît confirmer les prophéties des cassandres.

16 Les comptes rendus de ces visites fournissent une information intéressante sur l'évolution du projet et le rôle du Gic. Voir leur synthèse (Gic, 2009).

### 2.1. *Des conflits d'intérêts et des concurrences peu favorables*

*Des États réticents*

L'adhésion de principe des États aux réformes des années 2000 dissimule des obstacles importants quant à leur mise en œuvre. En effet, comme lors de l'ajustement structurel, les réformes consistent à demander aux élites politiques de fragiliser les bases de leur pouvoir, en mettant fin à la captation des rentes et à leur redistribution clientéliste ou en diminuant ces rentes par la multiplication d'exigences environnementales. La conversion à une économie postrentière ne constitue pas seulement un défi économique, mais impose aussi un bouleversement des comportements à tous les niveaux de la pyramide sociale : ces changements radicaux se heurtent à des résistances des réseaux ethniques, tribaux, familiaux ou d'affaires (Destremau, 2000 : 496).

En Afrique, la résilience des systèmes politiques se traduit dans leur capacité à intégrer le discours de la réforme sans changer leurs pratiques. Les élites manient avec talent ce langage, de façon à rassurer la communauté internationale – malgré les recettes pétrolières, on a parfois besoin du FMI –, donner le change au peuple, se débarrasser des gêneurs politiques. Dans un système politique fondé sur la captation et la redistribution des rentes, l'accusation et la condamnation pour corruption ne signifient rien d'autre qu'une perte de faveur de celui qui en est l'objet. Éventuellement, quand les dysfonctionnements deviennent ingérables, quelques mesures cosmétiques ramènent un peu de mesure dans la course à la rente. Ainsi, au Nigeria, le président Obasanjo a assaini un certain nombre de domaines, mais il n'a pas touché au système de vol de carburant, qui suppose des protections, du recel, donc des soutiens dans l'appareil politico-administratif (Soares de Oliveira, 2007 : 146, 151). La réforme apparaît ainsi comme un *pidgin language* entre le dehors et le dedans plus que comme un nouveau choix politique (Soares de Oliveira, 2007 : 152, citant Bayart, 2006).

Les limites des réformes tiennent donc à la conviction avec lesquelles elles sont mises en œuvre. Ainsi, au Gabon, un fonds pour les générations futures a été créé en 1998, qui devait recueillir 10 % des revenus prévus et 50 % des revenus non anticipés, pour écrêter les variations de prix. Mais, cinq ans après, aucun versement n'y avait été opéré. Il était toujours aussi difficile de suivre comment la rente était dépensée (Gary, Karl, 2003 : 29). De même, l'ITIE a accompli des progrès très lents, malgré le caractère progressif et souple de ses critères : ainsi, en 2010, un seul pays d'Afrique était conforme aux standards de l'ITIE, le Liberia. Or, le statut de « candidat », porteur d'une image positive, n'est guère contraignant : il implique seulement d'afficher des intentions de dialogue et de mettre en œuvre quelques mesures dans ce sens, mais sans obligation de résultat. Enfin, des organisations de la société civile ont demandé à ce que les revenus issus de tous types de rentes, notamment ceux de la pêche et du bois, soient inclus dans l'ITIE. Sans résultat jusqu'à présent.

La faiblesse des capacités des États empêche par ailleurs d'améliorer leur contrôle des opérations des entreprises, que ce soit dans le domaine environnemental ou fiscal. Durant l'ajustement structurel, les bailleurs de fonds, les grandes ONG puis les opérateurs miniers ont recruté les fonctionnaires les plus compétents, en proposant des salaires infiniment supérieurs à ceux de la fonction publique, ce qui a encore affaibli la capacité gouvernementale. Parallèlement, l'industrie extractive s'est développée très vite. Elle a profité d'un contexte favorable en matière de prix et de contrats, prévoyant souvent, comme au Mali pour l'or et au Tchad pour le pétrole, une exemption d'impôts sur les bénéfices lors des cinq premières années.

Ainsi, la faiblesse des gouvernements contribue à expliquer la faible contribution du secteur extractif à la lutte contre la pauvreté (Belem, 2009 : 138-141). Au Mali, le manque à gagner de l'État n'est pas tant lié aux contrats eux-mêmes qu'à l'application du régime fiscal. En effet, les coûts de production sont une variable importante des contrats miniers, puisqu'ils sont déduits pour calculer la part qui revient au pays. Faute d'équipes suffisantes pour auditer les différentes mines, l'État a été contraint de considérer sans réserve les chiffres fournis par les entreprises et y a perdu beaucoup[17]. De même, l'imprécision des procédures ou des flottements dans leur application aboutit à ce que, fréquemment, les travaux de construction des infrastructures commencent avant même que les procédures d'EIE soient achevées, ce fut le cas pour la mine d'or de Sabodala au Sénégal (Diallo, 2009) ou pour le projet pétrolier chinois au Tchad (van Vliet, Magrin, 2012b).

*Bailleurs, ONG et entreprises face aux réformes*

Le contexte de concurrence qui règne au cours des années 2000 sur la scène africaine a restreint les marges de manœuvre des bailleurs de fonds et, parfois, des ONG ; il influence également la manière dont les entreprises interprètent les réformes.

Les institutions financières internationales ont accompagné les réformes des années 2000, mais leur pouvoir d'imposer des conditionnalités n'est plus celui des années 1980-1990 : d'une part, les pays disposent de ressources plus abondantes, du fait des hauts niveaux des prix des matières premières et de la réduction de leur endettement, ce qui élargit leurs marges de manœuvre. D'autre part, les projets extractifs chinois s'accompagnent de constructions d'infrastructures et de possibilités de crédits importants à des conditions défiant toute concurrence. Or, les institutions financières internationales ne souhaitent pas se couper des seuls pays d'Afrique qui pèsent au plan mondial :

17 Entretien avec M. Ninerola, Oxfam, 2008.

les pays miniers et les États pétroliers du golfe de Guinée. Comme les entreprises ont répondu aux critiques de la société civile par la responsabilité sociale d'entreprise, les institutions financières internationales ont changé de discours sans modifier le cœur de leurs pratiques. Les recommandations de l'Extractive Industry Review n'ont été que très partiellement intégrées dans les procédures de la Banque mondiale (Campbell, 2009a). La Banque a financé le projet d'Exxon et Chevron au Tchad, alors que ces entreprises n'étaient pas à la pointe des réformes, par opposition à des entreprises comme BP ou Shell (Soares de Oliveira, 2007 : 297 ; 302). Au Tchad, devant les déviances qui ont rapidement entouré le projet pétrolier (cf. *infra*), la Banque mondiale s'est trouvée aussi impuissante à modifier le cours des choses que lorsqu'il s'agissait d'imposer l'ajustement structurel.

L'influence de la société civile se heurte à des limites de nature différente. C'est durant la période 1999-2004 que les campagnes les plus virulentes et les rapports les plus critiques ont été rédigés[18]. Depuis, le ton a changé. Une partie des ONG ont travaillé en sous-traitance pour les entreprises pétrolières en appui à des projets de développement local, comme les Américaines Care, World Vision et, plus surprenant, la GTZ[19] allemande au Tchad (Magrin, van Vliet, 2009). D'autres, plus importantes, se sont essayées à des dialogues au niveau institutionnel avec les grandes entreprises, comme la WWF ou l'UICN. Ceux-ci ont créé des divisions au sein des organisations en question. En l'occurrence, des différences d'appréciation sont apparues entre la direction générale de l'UICN et des membres de la commission CEESP (Commission on Environmental, Economic, and Social Policy), notamment issus du groupe de travail Seaprise (Social and Environmental Accountability of the Private Sector). Ces derniers contestent l'efficacité de ces partenariats et insistent sur les risques d'instrumentalisation par les entreprises qu'ils comportent. En outre, si les nouveaux venus que sont les acteurs pétroliers chinois tiennent à leur image, ils se soucient fort peu des protestations des ONG, notamment occidentales. Celles-ci, en retour, s'intéressent faiblement à ce nouvel acteur qui sort de leur champ de relations habituel.

Du côté des entreprises, enfin, on peut se demander si le contexte de concurrence actuel n'a pas pour principal avantage de permettre d'éviter des changements non désirés. En effet, pour les acteurs privés, l'intérêt de l'opinion occidentale pour les droits de l'homme et l'environnement dans les zones de production africaines semble peu durable, et les risques sur la réputation finalement gérables. L'essentiel réside dans la gestion des dommages les plus importants, mais des réformes de fond ne sont pas souhaitables, alors que la

18 D'après la consultation des sites de Human Rights Watch, Global Witness, Oxfam, Catholic Relief Service.

19 La GTZ n'est certes pas une ONG, mais une agence technique de coopération, ce qui ne rend pas moins incongrue sa participation au projet Exxon.

hausse des cours prépare les bénéfices les plus élevés de tous les temps (Soares de Oliveira, 2007 : 264-267). En février 2008, sur le site de la coalition Publiez ce que vous payez[20], on considérait que seules trois entreprises sur trente-sept officiellement engagées dans l'initiative de transparence jouaient effectivement le jeu (Magrin, van Vliet, 2009). En Angola, BP a menacé de se retirer si les principes de transparence de l'ITIE ne pouvaient pas être appliqués, mais l'entreprise a dû y renoncer devant l'importance des enjeux (Sébille-Lopez, 2006 : 169).

Le coût des mesures de protection de l'environnement en contexte concurrentiel est fréquemment soulevé : ainsi, en Mauritanie, le directeur de Petronas reconnaît qu'il dormirait plus sereinement si le FSPO[21] stockant le pétrole avait une double coque qu'avec la simple coque actuelle, comme on se sent plus en sécurité avec une Volvo dernier modèle qu'avec une Peugeot ancienne. Pour conclure qu'il faut aussi pouvoir rouler en Peugeot[22].

Ce débat sur le FPSO souligne le problème des normes et standards environnementaux. Au Mali, entre 1996 et 2005, le pays n'avait pas de normes nationales sur l'eau, le bruit, la pollution, ni sur la gestion des déblais miniers. Le cyanure par exemple n'était pris en charge ni dans le code minier ni dans une réglementation nationale. Les compagnies s'en tenaient au code international de gestion du cyanure, mais celui-ci n'est guère complet – il ne prévoit rien, en particulier, sur le long terme et quant à la fermeture des sites. Que la régulation repose entièrement sur l'autoresponsabilité des entreprises dit la faiblesse des États et permet des situations *a priori* anormales. Ainsi, l'Anglo-Gold Ashanti adopte des normes différentes pour plusieurs mines au sein du même pays, le gouvernement n'ayant d'ailleurs pas les capacités de s'assurer que ces règles sont respectées (Belem, 2009 : 133-134).

Finalement, tout se passe comme si les dialogues engagés autour des projets extractifs étaient vains, selon le modèle d'analyse de l'écorce et du noyau proposé dans le cas tchadien (van Vliet, Magrin, 2012a) (cf. figure 7) : toutes les organisations en présence (entreprises pétrolières, ONG, Banque mondiale, État africain) peuvent être vues comme un noyau entouré d'une écorce. Le noyau constitue le cœur vital de l'organisation. Il peut être financier, productif

**20** http://www.publishwhatyoupay.org/fr.

**21** *Floating production storage and offloading vessel* : bateau fixé au-dessus d'un champ de pétrole offshore, qui en collecte et stocke la production en attendant de la transférer sur un navire de transport. En Mauritanie, les débats se sont cristallisés sur la question du type de FSPO : devait-on utiliser pour le puits de Chinguetti une simple coque – solution retenue, moins coûteuse, à partir d'un ancien pétrolier reconverti en FPSO –, ou bien, compte tenu de la valeur et de la fragilité des écosystèmes, ne valait-il pas mieux utiliser le standard le plus élevé, c'est-à-dire un FPSO double coque construit à cet effet ?

**22** Cité dans le film documentaire de Thierry Nutchey (2009) : *Mauritanie, du brut sous les pirogues.*

ou coercitif : ce sont les ingénieurs et les financiers de la direction générale d'Exxon, les fonctions bancaires de la direction de la Banque mondiale, l'appareil de coercition qui permet la captation des rentes de l'État tchadien. L'écorce remplit des fonctions de légitimation : ce sont les services de relations communautaires et HSE d'Exxon, les innovateurs concepteurs de ce projet original à la Banque mondiale. C'est le noyau qui détermine, selon la lecture qu'il a du contexte et de ses intérêts, la taille et l'autonomie relative de l'écorce. L'État tchadien, au terme de sa trajectoire violente et de deux décennies d'ajustement structurel, n'avait plus d'écorce propre, les fonctions en question étant assumées par le monde de la coopération internationale. L'inefficacité des dialogues observée au Tchad tient à ce qu'ils lient les écorces entre elles, tout imprégnées de la grammaire de la réforme (gouvernance, transparence, environnement, dialogue) et, par ailleurs, les noyaux entre eux (négociation du projet, des contrats, des rentes). Les écorces n'ont qu'un très faible pouvoir d'influence sur le noyau de leur organisation, et l'absence d'écorce de l'État tchadien le rend inapte au dialogue.

Dans ces conditions, l'offensive chinoise pour l'exploitation des ressources naturelles, qui ne semble pas s'embarrasser des contraintes associées aux réformes, semble fournir une bonne occasion aux compagnies occidentales pour desserrer l'étau (Soares de Oliveira, 2008 : 107).

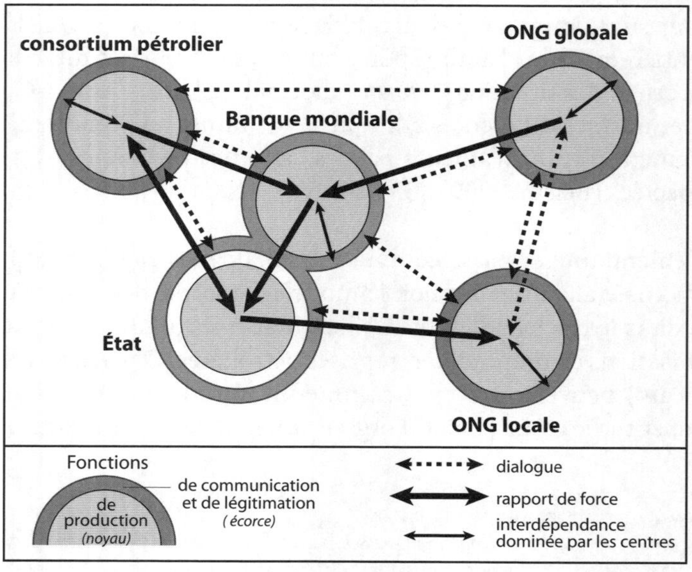


**FIGURE 7** *Écorces et noyaux. Des dialogues vains entre acteurs autour du projet pétrolier tchadien ?*
Source : d'après van Vliet, Magrin, 2012a.

*L'inconnue chinoise : un dumping socioenvironnemental ?*

Les conséquences de la montée en puissance de l'influence chinoise en Afrique sont souvent considérées comme susceptibles d'annihiler les efforts de réforme des années 2000.

En effet, la stratégie de la Chine, qui, pour rattraper son retard et accéder aux ressources, associe investissement dans les matières premières, aide au développement et prêts, renforce les marges de négociation des gouvernements africains face aux pressions réformatrices occidentales, qu'elles proviennent des bailleurs de fonds ou de la société civile. Ce n'est pas nécessairement l'intention de la Chine de produire de tels effets, mais il se trouve que les conséquences politiques de sa présence se révèlent plutôt négatives. Ainsi, la Chine a permis à l'Angola de poursuivre sa stratégie de reconstruction sans les bailleurs de fonds occidentaux et le FMI, qui ne l'approuvaient pas (Soares de Oliveira, 2008 : 98, 101).

Le regard critique occidental sur les investissements chinois en Afrique occulte les nombreux points communs qui régissent le fonctionnement des entreprises chinoises et celles de l'OCDE[23]. La conversion récente de ces dernières au discours de la réforme fait suite à des décennies de cynisme. Les pratiques des entreprises chinoises ressemblent à celles d'Elf avant 1999 : négociations au plus haut sommet de l'État, faible inquiétude sur la réputation… L'impopularité n'empêche pas de travailler, comme Shell au Nigeria. Les Chinois s'adaptent au système politique en place, partiellement démocratique ou pas du tout, sans chercher à l'influencer. En outre, les entreprises occidentales qui ont massivement investi en Chine en raison des bas niveaux des standards sociaux et environnementaux sont mal placées pour faire la leçon en Afrique.

Des contraintes fortes semblent s'opposer aux progrès de la régulation environnementale des entreprises chinoises (Soares de Oliveira, 2008 : 105-106) : l'absence de société civile influente en Chine risque de ralentir les évolutions, alors que celles-ci sont lentes en Occident, où cet aiguillon est pourtant puissant. L'intérêt de la Chine pour son image est sélectif : il concerne les élites africaines et les instances de régulation de l'Ouest qui peuvent faciliter son intégration dans le jeu global, pas les ONG occidentales. Surtout, l'adoption de l'agenda réformateur occidental risquerait d'éroder l'avantage compétitif que son absence fournit parfois aux entreprises chinoises.

En définitive, certains auteurs, comme Soares de Oliveira, sont plutôt pessimistes : les acteurs concernés seraient enfermés dans un cercle vicieux qui ne pourrait qu'être renforcé par les concurrences croissantes résultant de la soif d'énergie. L'évolution politique serait dépendante de la cage constituée par le

**23** Interventions de Soares de Oliveira et de Chris Alden au séminaire du Ceri sur la Chine en Afrique, Paris, Sciences Po, 3 novembre 2008.

jeu des relations autour des ressources naturelles. À nouveau, le Tchad semble constituer une illustration idéale.

### 2.2. *Échec apparent du Tchad*

L'expérience pétrolière tchadienne semble un cuisant échec, si l'on considère la trajectoire du pays depuis le début de la production en octobre 2003 à l'aune des grandes ambitions de changement qu'y avait placées la Banque mondiale. La première décennie de l'ère pétrolière (2000-2010) peut ainsi être lue comme une illustration parfaite de la « malédiction des ressources naturelles » : stagnation macroéconomique, corruption, restauration autoritaire, conflits, menaces sur l'environnement.

*Le contexte politico-militaire et la fin de la loi n° 001 de 1999*

Entre 2005 et 2008, le modèle de la Banque mondiale est progressivement vidé de sa substance (voir Pegg, 2009). À la fin de l'année 2005, sa clé de voûte est démantelée : la loi n° 001 de 1999 est révisée, en violation de l'accord de prêt signé avec la Banque. La Banque engage un bras de fer début 2006 en gelant tout nouveau prêt au Tchad et en bloquant l'arrivée des revenus pétroliers directs. Un accord semble un moment trouvé avec l'appui des États-Unis et de la France sur une version révisée de la loi, fin 2006, conservant le principe de préaffectation des revenus et les 5 % de la région de production, mais élargissant la part de l'État et la liste des secteurs prioritaires (notamment à la justice et à la sécurité). Le 25 août 2008, la Banque dénonce la non-application de cet accord. Contre toute attente, le Tchad rembourse alors ce qui lui restait du crédit (65 millions de dollars) le 5 septembre : la Banque mondiale se retrouve hors du projet dont elle avait été l'architecte. Elle voit confirmée, à ses dépens, une des leçons majeures de la littérature en sciences politiques sur l'Afrique : la capacité des élites politiques à manœuvrer les pressions extérieures (van de Walle, 2001).

Une telle évolution était-elle inévitable ? Dans l'entrelacement des causes, on peut aussi bien voir une illustration irréfutable de la trajectoire déterminée de la « malédiction » que proposer une lecture alternative (cf. *infra*). Quoi qu'il en soit, deux facteurs prépondérants ont joué : le contexte politico-militaire national et régional, d'une part, les limites et rigidités du dispositif lui-même, d'autre part.

En effet, l'arrivée de la rente pétrolière, au début de 2004, vit des tensions monter au sein du régime tchadien : des proches du président, notamment les frères jumeaux Timan et Tom Erdimi, appartenant au groupe Zaghawa, impliqués depuis le début dans la gestion du projet pétrolier, rejoignirent la rébellion armée au Darfour devant la décision d'Idriss Déby de modifier la Constitution pour briguer un troisième mandat. La crise soudanaise du Darfour s'imbriqua fortement avec la vie politique tchadienne (voir Marchal, 2006; Debos, 2008; Behrends, 2008). Au départ, un certain nombre d'officiers Zaghawa tchadiens souhaitaient venir en aide à des rebelles du Darfour auxquels ils sont apparentés, contre la politique de l'État tchadien d'alliance avec Khartoum. Puis la méfiance de Khartoum vis-à-vis de la loyauté du régime tchadien amena le Soudan à soutenir les groupes rebelles tchadiens, à dominante d'abord arabe, puis arabe et Zaghawa. Le Tchad soutint alors les mouvements darfouri en lutte contre son voisin. À deux reprises, en avril 2006 et février 2008, des colonnes motorisées de rebelles tchadiens venues de la frontière soudanaise traversèrent le territoire et vinrent buter contre l'armée gouvernementale à Ndjaména (Magrin, 2008a). En février 2008, le président Déby rétablit la situation d'extrême justesse, après des combats violents au cœur de la capitale (Iyebi-Mandjek, 2008). Il fut à deux doigts de perdre le pouvoir et d'infirmer ainsi l'hypothèse de l'« État failli durable », ne devant son salut qu'au soutien logistique franco-libyen[24], à l'étirement des lignes rebelles et à leurs divisions internes, ainsi qu'à ses propres vertus militaires.

Certes, les enjeux pétroliers n'ont pas été absents dans cette escalade militaire (Behrends, 2008) : l'appétit pour la rente en a été un déterminant. Le haut niveau des cours a fourni des revenus élevés au Tchad et au Soudan. Il a facilité l'achat d'armes et le financement de ces rébellions de voisinage. En même temps, l'ancienneté et la complexité des conflits, aussi bien au Soudan qu'au Tchad, ne peuvent être réduits à l'avidité attisée par le pétrole ou au ressentiment des exclus de la rente.

Toujours est-il que cette situation instable n'est pas sans lien avec la décision du régime de se débarrasser du dispositif mis en place par la Banque, qui apparaissait comme un carcan insupportable dans un contexte difficile. La loi n° 001 de 1999 n'était pas sans défauts. Beaucoup y ont vu une violation du principe de souveraineté des États sur leurs ressources et ainsi un prétexte pour favoriser leur exploitation par des transnationales occidentales, avec la caution de la Banque mondiale (ICG, 2009 : 5). L'intitulé du fonds de stabilisation – fonds pour les générations futures – était plus facile à défendre à Washington qu'à Ndjaména : le modèle en avait été un dispositif équivalent en Norvège, premier au classement mondial de l'IDH, où le vieillissement de la population est un enjeu majeur. Dans un Tchad pauvre confronté à l'explosion des besoins liés au croît démographique, l'urgence est davantage d'investir dans la formation du capital humain que d'épargner. De même, élargir la liste des secteurs prioritaires à la justice ou à l'énergie ne semblait pas insensé, pas plus qu'introduire davantage de souplesse pour faire face à des besoins de

**24** Pendant que l'armée française tenait l'aéroport, la Libye fit parvenir des armes au camp d'Idriss Déby dans la nuit du 2 au 3 février, alors que les troupes qui lui étaient restées fidèles, assiégées au palais présidentiel, étaient à court de munitions.

financement ponctuels. Par ailleurs, la non-prise en compte des revenus indirects dans cette loi de gestion des revenus pétroliers en constituait une autre limite, alors qu'ils fournissaient en 2009 57 % de la rente (contre 38 % pour les royalties) (Pegg, 2009 : 317).

*Les usages de la rente, ou la malédiction vérifiée*

L'utilisation de la rente pétrolière par le gouvernement tchadien et ses conséquences politiques semblent valider la thèse de la « malédiction des ressources ». L'adhésion du Tchad à l'ITIE en septembre 2007, comme pays candidat, donne un signal trompeur : jusque-là, le gouvernement considérait que la loi nº 001 de 1999 dispensait d'y adhérer. Mais l'affichage ITIE est moins contraignant que la loi de 1999. Une partie des recettes pétrolières empruntent des circuits parallèles non visibles dans les comptes officiels[25]. Les faibles capacités techniques et financières sont délibérément entretenues, car elles sont favorables à une opacité bien confortable.

Ainsi, devant la faible aptitude de mise en œuvre des projets par l'administration publique, les infrastructures ont concentré une grande partie des investissements. Certes, l'État a recommencé à bâtir des bâtiments administratifs et des ministères, des hôpitaux, des lycées, des routes (cf. planche 13)[26]. Mais, comme au Sénégal, sans que les réalisations s'intègrent dans une stratégie d'ensemble autre que la recherche de visibilité et la possibilité d'attribuer des marchés à des clients. Ainsi le ministère des Infrastructures joue-t-il un rôle de hub financier, par lequel transitent une bonne partie des flux destinés aux autres administrations. Le système permet le contrôle des crédits d'investissement par des proches du président et l'attribution de marchés au gré à gré (ICG, 2009 : 10). La Société nationale d'entretien routier (Sner), ancienne entreprise nationale privatisée dans le cadre de l'ajustement structurel et aujourd'hui détenue par le frère aîné du président[27], obtient un grand nombre de contrats, qu'elle sous-traite à d'autres sociétés, étant dans l'incapacité de conduire en même temps tous les chantiers. Surfacturations systématiques et qualité incertaine des réalisations en sont les résultats.

La rente pétrolière a aussi beaucoup servi à acheter des armes, dans le contexte troublé évoqué ci-dessus (Maoundonodji, 2009 : 356-367). De 2000 à 2009, les dépenses militaires passent de 6,5 à 147 milliards de francs Cfa (ICG, 2009 : 13). En 2006, les 425 millions de dollars récupérés du fonds pour les générations futures sont utilisés pour réarmer l'armée nationale après l'attaque d'avril. En 2008, 30 % du budget de l'État aurait servi à des dépenses

25 Entretien à Ndjaména avec un spécialiste des finances publiques, avril 2009.

26 Par exemple de véritables cités administratives dans de petites villes – comme Guélengdeng ou Massenya – où les bâtiments étaient soit très exigus soit largement délabrés, car datant de l'époque coloniale ; ou de nouveaux hôpitaux (Kélo, Dourbali, etc.), etc.

27 En une version caricaturale de détournement par les élites africaines des vertus néolibérales.

militaires, 15 % en 2009[28]. Le Tchad aurait utilisé en 2008 4,2 % de son PIB pour acheter des armes, soit le 27e rang mondial (ICG, 2009 : 14). En 2007, les dépenses militaires auraient été 4,5 fois plus élevées que celles engagées dans deux secteurs prioritaires de la lutte contre la pauvreté, la santé et l'éducation (Maoundonodji, 2009 : 365). Le défilé militaire du 11 août 2008 fut l'occasion d'une démonstration de force qui rappelait plus le temps de la guerre froide que la situation d'un pays parmi les plus pauvres du monde, censé utiliser ses ressources pétrolières pour son développement (cf. planche 5).

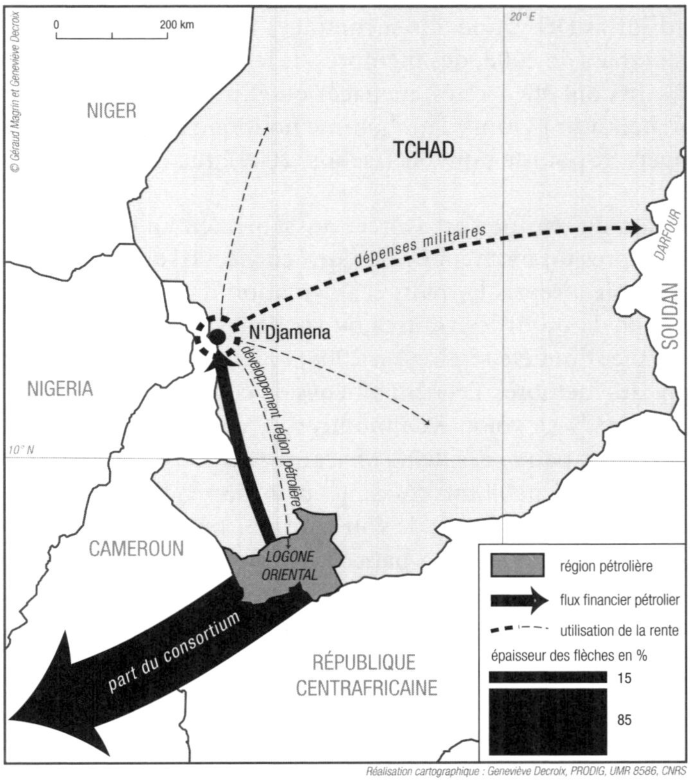


**CARTE 22** *L'utilisation de la rente pétrolière au Tchad (2008).*
Source : Magrin, van Vliet, 2009.

La ventilation géographique de la rente accrédite également un scénario pessimiste. En effet, au tout début de l'ère pétrolière, on pouvait considérer deux scénarios (Magrin, 2001 ; Magrin, van Vliet, 2005 ; Magrin, 2009b) : une

28 Selon des sources bien informées à Ndjaména. Sur un budget de l'État de 1 000 milliards de francs Cfa environ, le pétrole représentait 55 % en 2008 (avec des cours très élevés).

ventilation assez équilibrée en termes géographiques et sectoriels, insuffisante par ses montants pour déstructurer l'économie, mais susceptible de lubrifier le système économique, en stimulant l'urbanisation et, par la construction de routes, les relations villes-campagnes. Ou bien une concentration des investissements et des détournements de la rente à Ndjaména, nourrissant des dépenses somptuaires et improductives, détournant l'État des enjeux de prélèvement fiscal et de développement agricole. Le niveau des recettes pétrolières sensiblement plus élevé que prévu et les crises politico-militaires ont apparemment dessiné une évolution plus proche de ce second modèle (cf. carte 22).

En outre, l'ère pétrolière semble aboutir à un renforcement du pouvoir autoritaire d'Idriss Déby, une fois surmontées les crises de 2006 et 2008. À la faveur des combats de 2008, des membres de la société civile, des journalistes et des opposants ont été arrêtés, menacés ou éliminés, le plus célèbre d'entre eux étant Acheikh Ibn Oumar, un homme politique respecté, donc potentiellement dangereux pour le pouvoir (Debos, 2009), tué dans des circonstances confuses.

L'affirmation du régime s'est exercée aussi bien en ville qu'en milieu rural. À Ndjaména, après un moment de panique consécutif aux combats de février 2008[29], le pouvoir a repris la main : l'affirmation d'un État bâtisseur permet en même temps de punir les traîtres ou les tièdes : des « déguerpissements » de grande ampleur ont été réalisés en 2008, touchant notamment des grandes familles dont des membres s'étaient affichés du côté des rebelles, mais aussi de nombreux voisins[30]. La volonté de montrer la réussite pétrolière et la restauration de l'État aux pairs présidents africains se traduit aussi par l'injonction de la municipalité aux habitants résidant en bordure des routes goudronnées[31] de construire en dur, sous peine de voir leur maison rasée. Or, la majorité des constructions de la ville sont en banco, recouvertes d'enduit, car le ciment, qu'il faut importer du Cameroun ou d'ailleurs, a toujours été très coûteux au Tchad[32]. Souvent, seul le côté jouxtant le goudron est ainsi modifié, dessinant une ville Potemkine à la prospérité de façade.

**29** Les caïlcédrats soixantenaires de l'avenue Charles-de-Gaulle ont été rasés, parce que les rebelles s'y sont abrités des hélicoptères et qu'ils pourraient récidiver. Un fossé défensif a été creusé autour de la ville, pour empêcher un nouvel assaut, donnant à la capitale des allures de camp retranché.

**30** L'ancien ministre des Finances Chérif Daouda Bichara en est par exemple victime. Voir Amnesty International (2008) et Beremadji (2008).

**31** La multiplication des sections goudronnées à Ndjaména participe de cette stratégie : elle est à forte visibilité pour les observateurs extérieurs et les Ndjaménois. Les coûteuses liaisons à grande distance sont laissées aux bailleurs de fonds traditionnels (Union européenne, BAD).

**32** En 2011, une entreprise chinoise a mis en service une cimenterie à Baoré, près de Pala, qui ne satisfait cependant qu'à peine la moitié de la consommation nationale.

## Planche 13 : Rente et grands travaux urbains

**Photo 41** *Nouvelle résidence du Premier ministre à Nouakchott (mai 2008).*

*L'euphorie du début de l'ère pétrolière a produit quelques constructions somptuaires. Mais les espoirs déçus et les avatars de la politique nationale ont amené une réorientation non dénuée de populisme : cette éphémère demeure du Premier ministre a été reconvertie depuis en hôpital.*

**Photo 42** *Place de la Grande-Armée à Ndjaména (novembre 2009).*

*L'aménagement réussi du rond-point de l'étoile, cœur de l'ancien quartier européen, porte une symbolique ambiguë : la « grande armée » est celle qui défendit un régime à la légitimité contestée ; le guerrier à cheval dont la lance porte une colombe charrie une morale douteuse : la paix est au bout du fusil.*

**Photo 43** *Grands travaux à Ndjaména : la place de l'Indépendance devient la place de la Nation (octobre 2010).*

*En 2010, les travaux changent d'échelle : l'urbaniste sénégalais qui conseilla la mégalomanie urbaine des booms cuprifère (Zaïre) et pétrolier (Gabon, Guinée Équatoriale) sert les ambitions du régime tchadien.*

De grands projets redessinent la capitale : conçue par l'architecte sénégalais Pierre Goudiaby Atepa, la place de l'Indépendance, rebaptisée place de la Nation, a été ouverte vers le nord : le camp des Martyrs a été détruit[33] pour ouvrir vers une large avenue du Cinquantenaire (cf. planche 13). Un immense hôpital de la mère et de l'enfant remplace une partie des vieilles arcades commerçantes de l'avenue Charles-de-Gaulle, près du marché central. Certains aménagements visent à rééquilibrer la ville au profit des quartiers nord : près de l'hôtel libyen Kempiski ont été construits des villas de luxe, le Conseil constitutionnel, la Cour suprême, un centre culturel. Autour du ministère du Pétrole s'installent de nouveaux ministères (2009-2011), dont ceux de l'Environnement, de l'Aménagement du territoire, de la Santé.

En milieu rural, sous couvert de lutte contre la désertification, un décret de 2009 interdit toute coupe de bois, quel qu'en soit le motif, ainsi bien sûr que la fabrication et la vente de charbon. Cette mesure, prise sans aucune préparation ni mesure d'accompagnement, a causé bien des perturbations dans un pays où l'énergie domestique est assurée à 90 % par le bois énergie. À Ndjaména, elle a provoqué une flambée du prix du bois et du charbon, permettant à quelques commerçants proches du pouvoir de réaliser de bonnes affaires. En milieu rural, elle a fourni prétexte à des agents zélés des Eaux et Forêts, à des militaires ou à des sous-préfets peu scrupuleux pour mettre à l'amende des ruraux qui avaient le malheur de défricher une jachère, de couper du bois pour construire des enclos ou leur maison, ou simplement pour cuisiner. Une brigade d'application du décret fut mise en place, dont l'action des agents, dotés de brassards verts, était « dépénalisée ». Dans le contexte de la fin des années 2000, le signal était clair : l'État reprenait le contrôle du pays, tout en donnant à certains affidés l'occasion de s'enrichir[34].

*L'environnement à vau-l'eau ?*

L'environnement est également menacé par l'effacement du système mis en place par la Banque mondiale. D'une part, la mise en œuvre du plan de gestion de l'environnement a rencontré des limites (voir les rapports du Gramptc [2004 et 2010] ; du Gic [2009]et de l'ECMG). Surtout, le déroulement du cycle pétrolier a conduit à une augmentation des impacts et de certains risques. Trois cents puits de pétrole étaient planifiés dans les trois champs de Komé, Miandoum et Bolobo. Devant des difficultés techniques imprévues, le consortium a dû en construire plus de huit cents pour pouvoir maintenir la courbe de production.

33 Ce site militaire date des lendemains de la bataille de Kousseri (1900), qui donna naissance à Fort-Lamy. Il changea de noms plusieurs fois, mais reste connu sous le nom de camp Koufra, en souvenir de la bataille livrée en Libye en 1941 par la colonne Leclerc, partie de Fort-Lamy.

34 La mesure coïncidait avec la levée des barrages routiers, installés de manière plus ou moins permanente depuis les conflits des années 1980, causant un manque à gagner certain pour les hommes en tenue…

D'autre part, et surtout, la crise entre le Tchad et la Banque mondiale a entraîné un affaiblissement du système de régulation environnementale : le CTNSC, qui avait acquis des compétences reconnues[35], y compris par Exxon, a été une des premières victimes de la dégradation des relations entre l'État et la Banque. Cette institution interministérielle a pâti d'être placée sous la tutelle d'un ministère encore faible, le ministère de l'Environnement. Par ailleurs, perçue comme un instrument de la Banque mondiale et ayant concentré à ce titre beaucoup de jalousie au sein de la haute fonction publique tchadienne, car les moyens disponibles étaient conséquents, elle a été progressivement privée de ressources à partir de 2005, à la suite de la brouille entre l'institution internationale et le Tchad. En 2010, le CTNSC existe encore sur le papier, mais il a été vidé de sa substance : ses cadres sont partis quand les arriérés de salaires sont devenus insupportables, laissant l'administration tchadienne sans capacité technique en matière de suivi environnemental pétrolier. Le Gic ayant terminé sa mission, la régulation environnementale repose sur l'autorégulation de l'opérateur, ainsi que sur l'ECMG, qui poursuit ses missions. Enfin, la société civile pèse moins qu'initialement en matière de suivi environnemental : le chantier terminé, la Banque mondiale retirée du projet, les grandes ONG internationales se sont moins intéressées au dossier et ont moins financé les ONG locales. Certaines parmi ces dernières ont travaillé en sous-traitance pour le consortium, devenant moins critiques.

## 3. Des espaces de bifurcation ?

Une autre interprétation que celle de la « malédiction des ressources naturelles » est cependant possible. L'essor d'activités mondialisées à fort impact, dont l'exploitation pétrolière est l'archétype, constitue en effet un facteur de changement multidimensionnel dont les conséquences ne sauraient être réduites à leurs seuls effets destructeurs[36]. Le *Nostromo* de Conrad ne dit pas autre chose : dans un jeune pays d'Amérique latine en proie à l'avidité, à la corruption et aux guerres civiles, la mine d'argent de San Tomé stimule d'abord les convoitises et la folie des hommes. Après deux jours de crise où le pire comme le meilleur auraient pu survenir, le sauvetage de la mine puis la sécession de la province minière favorisent la progression des « intérêts matériels » et ainsi un basculement profond : la mine stabilise le nouvel État par le besoin d'ordre et

**35** En 2004-2005, pour faire face à une baisse de la production plus rapide que prévu, Exxon commença les travaux pour mettre en production les champs satellites de Nya et Moundouli. Le CTNSC, arguant de leur situation en dehors de la zone de développement initiale, saisit l'ECMG et menaça de faire arrêter les travaux si une EIE n'était pas réalisée. Il obtint gain de cause.

**36** Le questionnement est ancien, puisque Friedrich tient à l'idée selon laquelle la *Raubwirtschaft* est une étape nécessairement suivie de progrès, tandis que Bruhnes est beaucoup moins optimiste (Bruhnes, 1912 : 350).

de sécurité qui en émane, mais aussi par les règles justes qui l'accompagnent, liées aux valeurs du capitalisme dont elle est issue. Si bien que le pouvoir de la mine tend même à diffuser ses effets bénéfiques vers l'ancien centre anarchique. De même, nous posons comme hypothèse que la montée en puissance contemporaine des activités extractives ouvre des espaces de bifurcation hors de la trajectoire d'extraversion dépendante et rentière suivie jusqu'à présent par l'Afrique dans son ensemble, sans que l'on puisse prédire s'ils seront exploités ou non.

### 3.1. *Trajectoires, crises et carrefours*

*Le pire n'est pas toujours sûr*

Face au déterminisme explicite contenu dans la notion de « malédiction des ressources naturelles », il nous paraît nécessaire d'introduire un peu de contingence. En effet, quelles que soient les apparences et la stabilité de certains rapports de force, les relations politiques ne sont jamais entièrement déterminées. Elles sont au contraire aléatoires : « Il y a toujours un certain degré d'autonomie même si celle-ci s'inscrit dans une situation tragique » (Raffestin, 1980 : 32). L'inscription de l'Afrique dans des relations dépendantes de longue durée qui influencent des relations asymétriques avec les acteurs extérieurs n'implique pas l'obligatoire répétition du même : la « malédiction » n'est pas dénuée de paresse intellectuelle.

Avec Geert van Vliet, nous avons essayé de montrer combien l'analyse des « moments de bifurcation[37] » est féconde pour penser une ouverture du champ des possibles (van Vliet, Magrin 2009 ; Magrin, van Vliet, 2012). Les moments de bifurcation sont caractérisés par la contingence : *In politics, these [critical junctures] are characterised by a situation in which for a relatively short phase the "structural" (economic, cultural, ideological, organizational) influences on political actions are substantially relaxed*[38] (Capoccia, Kelemen, 2007). Ce sont des moments particuliers où des choix sont offerts aux acteurs clés, dont les conséquences sont potentiellement durables : une option est choisie parmi plusieurs et, une fois qu'elle a été choisie, il devient difficile de revenir à la situation antérieure (Mahoney, 2000). Ainsi, ce qui tend parfois à être interprété en termes de trajectoire ne résulte pas nécessairement de configurations structurelles, mais de courts moments d'instabilité politique et sociale, de fluidité, d'incertitude, où plusieurs choses peuvent arriver, mais où une seule advient (Gourevitch, 1986 : 9).

**37** L'expression est notre traduction du concept anglais de *critical juncture*. D'autres termes proches sont utilisés par les auteurs qui s'intéressent à ces moments : *turning point* (tournant), crise, *unsettled times* (temps incertains) (Capoccia, Kelemen, 2007).

**38** « En matière politique, ces espaces de bifurcation sont caractérisés par une situation durant laquelle, pendant une phase assez courte, les influences des structures (économiques, culturelles, idéologiques, organisationnelles) sur les actions politiques se relâchent. » (Traduction de l'auteur.)

*Les facteurs de possibles révolutions africaines*

En Afrique, les trajectoires ne sont donc pas aussi déterminées qu'elles le paraissent. Certes, les systèmes politiques et économiques semblent tributaires de relations clientélistes à bases amincies depuis l'ajustement structurel ; ils sont extravertis, connectés au monde par quelques pôles enclavés producteurs de rentes (les mines, les industries-agroalimentaires, voire les villes), qui se surimposent sur des espaces parfois déconnectés. Mais la densification démographique et les innovations politiques (démocratisation, décentralisation, réformes de gouvernance) ouvrent aussi des possibilités de bifurcation.

Ainsi, rien n'interdit de penser que les évolutions démographiques puissent conduire à une intensification de l'exploitation économique et de la domination politique, amenant une évolution des États plus conformes à l'idéal wébérien – tout comme l'inverse peut aussi advenir, un délitement complet de la famille et des institutions scolaires, l'essor des dissidences et du banditisme de masse… (Bayart, 1989 : 321).

Les crises à répétition qui affectent l'Afrique depuis au moins trois décennies peuvent être interprétées de façons diverses : si une crise est un moment particulier de la trajectoire d'un système, elle s'oppose à ce qui serait sa logique structurelle de fonctionnement. Dans ces conditions, est-il pertinent d'utiliser le terme de crise pour désigner des processus permanents (cf. van de Walle, 2001) ? À l'inverse, l'étymologie grecque du mot crise, *krisis*, ne signifie-t-elle pas choix, ouverture des possibles ? Les heurts qui traduisent l'instabilité des systèmes politiques et économiques africains ne signifient-ils pas que des choix sont offerts, indépendamment de leurs possibilités de réalisation et de consolidation ? Si les situations postconflits sont caractérisées par des politiques publiques faibles, elles connaissent une certaine fluidité : des tournants seraient « quatre fois plus probables » (*sic*) dans de telles situations qu'en contexte normal (Chauvet, Collier 2005).

De la même façon, le pessimisme qu'inspirent les transitions démocratiques africaines, apparemment dans l'impasse (Carothers, 2002), ne doit pas occulter l'évolution sur un temps plus long. Durant les années 1990, même quand les anciens dirigeants gardent le pouvoir, le changement des règles formelles influe malgré tout sur l'exercice du pouvoir et le fonctionnement du politique (Oquaye, 2000 ; Diop *et al.*, 2000 ; Gazibo, 2003). La démocratisation formelle change la nature, les formes et les destinataires du clientélisme (van de Walle, 2007). À chaque élection, même truquée et gagnée par le régime au pouvoir qui a toutes les cartes en main – l'appui de l'administration et les moyens de la corruption –, il y a renforcement de la légitimité de règles plus justes, et donc légitimation de la démocratie (Lindberg, 2006), en une sorte de ruse de la raison. Chaque élection améliorerait la connaissance et le désir de démocratie des citoyens (Schedler, 2007). Or, la revendication de transparence, notamment dans la gestion des rentes des ressources naturelles, est un enjeu démocratique important. Malgré leurs limites, on peut considérer que les réformes et les débats récents contribuent à faire avancer cette exigence. Nous partageons globalement de telles conceptions. Les changements associés aux réformes des années 2000 reflètent le degré de maturité politique des sociétés[39] et les rapports de force qui s'y font jour. L'histoire emprunte moins l'allure de la trajectoire rectiligne que celle du solénoïde.

### 3.2. *Réflexions en cours et nouvelles régulations (2010-2012...)*

Pour dépasser les obstacles et les limites du premier train de réformes engagées au début des années 2000, maintes propositions ont été formulées. Elles émanent parfois d'institutions, parfois de personnalités ayant travaillé au sein du système de la Banque mondiale, comme Paul Collier ou Joseph Stiglitz, parfois du monde de la société civile ou de la recherche. Elles ont débouché sur une deuxième génération de réformes.

*Pour de nouvelles règles du jeu*

La mise en œuvre des réformes suppose des innovations à tous les niveaux, pas seulement celui des États producteurs : règles du jeu internationales, gouvernants des pays détenteurs de ressources et des pays consommateurs, entreprises et sociétés civiles du Nord et du Sud sont concernés (Humphreys *et al.*, 2007 : 323 ; Ross, 2012).

Des travaux dans différentes disciplines ont montré que la transparence était un enjeu central (Humphreys *et al.*, 2007 : 324-333). Elle favorise la crédibilité du gouvernement, l'incite à respecter ses engagements envers les citoyens et change en retour l'attitude de ceux-ci envers l'État. Les enjeux de transparence se déclinent en de nombreux aspects. Il s'agit d'abord de déterminer ce qui devrait être transparent. À l'échelle internationale, le contrôle des paradis fiscaux, où sont recyclées une bonne partie des rentes, de façon licite ou non, est essentiel. En outre, les débats sur la gestion pétrolière ont contribué à élargir la revendication de transparence : si la rente pétrolière alimente le budget de l'État, il n'est pas seulement nécessaire d'en connaître les montants, en amont, mais il faut aussi pouvoir suivre son utilisation, à l'aval. Cela implique d'améliorer la traçabilité de l'ensemble des dépenses de l'État, en raison de l'unicité de la caisse du Trésor. Il faut aussi étendre la transparence aux autres sources de revenus : l'exploitation forestière, la pêche, voire l'aide. Il convient enfin de trier l'information, car l'excès en la matière obscurcit les enjeux plus qu'elle ne les éclaire.

Améliorer la transparence suppose aussi de renforcer les capacités nationales. La fiscalité exige des compétences spécialisées pour connaître chaque gisement, son potentiel et ses évolutions, pouvoir traduire cette connaissance

**39** Liée notamment au niveau d'éducation, à la taille et au niveau de formation des élites politiques, économiques et culturelles.

en matière de prévision budgétaire, de contrôle fiscal, de transparence (Leenhardt, 2005 : 81). L'amélioration de la gouvernance extractive passe par celle des compétences au sein de l'appareil administratif dans son ensemble (ICG, 2009 : 17), afin d'éviter le cas fréquent d'enclaves de compétences, une poignée d'ingénieurs ou de financiers des ministères du Pétrole, des Mines et des Finances, isolées dans une pyramide d'incompétences, favorables aux dysfonctionnements.

En matière de réforme économique interne, les propositions sont légion sur les contrats, la dette, l'inflation, la diversification de l'économie et l'investissement (Collier, 2004; (Humphreys *et al.*, 2007 : 323-324; Auty, Pontara, 2008; Ross, 2012). Pour éviter les inégalités trop flagrantes, la décentralisation ne semble pas une voie prometteuse, car les contre-pouvoirs et les moyens de contrôle sont encore plus faibles au niveau local. Certains suggèrent de distribuer directement la rente aux citoyens (Eifert *et al.*, 2003; Sala-i-Martin, Subramanian, 2003), l'État prenant sa part *via* la fiscalité. Pour lutter contre la corruption, il faudrait imaginer des solutions conférant à celle-ci un coût social élevé (Blundo, 2007 : 45), ou faire en sorte que la corruption constitue un moyen d'accumulation et s'investisse dans des activités productives, suivant l'exemple de certains pays d'Asie au moment de leur décollage.

La redéfinition parallèle des règles du jeu internationales est également proposée, afin de bâtir sur de nouvelles bases les relations entre acteurs mondiaux et États africains. En Afrique comme ailleurs, la régulation des marchés devrait être renforcée, tant les matières premières sont devenues un lieu de spéculation banal des *hedge funds*, afin que leur prix soit plus juste et stable. En outre, des progrès pourraient être associés à la fin de la culture de l'impunité qui imprègne les relations entre les transnationales du Nord et certains États fragiles (Le Billon, 2005 : 24; Porteous, 2007 : 508). Des poursuites pour corruption à l'extérieur ou complicité de violation des droits de l'homme devraient pouvoir être engagées contre les firmes.

L'investissement des rentes extractives est aussi un enjeu crucial. Le déplacement d'une partie des compensations du niveau strictement local – les villages riverains des installations – vers l'échelle régionale (routes, électrification, filières maraîchères, formations spécialisées, etc.) permettrait aux activités extractives d'avoir des effets plus structurants (Magrin, 2012b). Au niveau national, en s'inspirant des pays qui ont réussi (Indonésie, Malaisie, Chine, Corée du Sud), des stratégies en deux temps pourraient être expérimentées : promouvoir d'abord une économie de marché dynamique dans certaines zones, puis réformer l'économie rentière, voire essayer d'impliquer les chercheurs de rente[40] dans l'économie productive, notamment en milieu rural,

**40** *Rent seekers.*

ce qui permettrait de se gagner des soutiens sans affronter les citadins rentiers (Auty, Pontara, 2008 : 64).

*Une deuxième vague de réformes*

De nouvelles réformes majeures ont puisé à toutes ces réflexions au début de la décennie 2010 (Magrin, 2012b). La loi Dodd-Franck, adoptée aux États-Unis en juillet 2010 pour répondre aux défis soulevés par la crise financière, prévoit la publication des paiements aux pays hôtes des entreprises cotées à la Bourse de New York, quelle que soit leur origine. Une telle disposition concerne 80 % des grandes entreprises du secteur extractif et 40 % de la valeur produite. La loi a motivé un processus plus ambitieux encore au sein de l'Union européenne, puisqu'il s'étend au domaine des forêts et des entreprises non cotées en Bourse. Celui-ci était toujours en cours de négociation au cours de l'été 2012. Aux États-Unis comme en Europe, le lobbying de la société civile (Oxfam, Transparency International, Revenue Watch Institute, etc.) se confronte à celui des entreprises autour des décrets d'application et des régimes d'exemption, qui feront de ces réformes des changements majeurs ou des symboles sans contenu.

De même, le groupe de la Banque mondiale a révisé ses standards applicables aux secteurs industriel et extractif en 2011. Les principaux changements concernent l'obligation de publication des contrats et le principe de consentement préalable des populations concernées par les investissements, inspiré des combats des peuples autochtones en Amérique.

Enfin, les organisations régionales africaines se sont récemment approprié l'enjeu de la régulation extractive. Si la vision minière de l'Union africaine (2011) reste à l'état de bonnes intentions assez vagues, la Cedeao a engagé l'élaboration d'une véritable politique minière, la directive minière de 2009 ouvrant la voie à l'élaboration d'un code minier communautaire (qui pourrait être adopté au mieux en 2013). Il aurait notamment l'avantage d'éviter que la régulation environnementale ne fasse les frais de la concurrence entre États pour attirer les investissements.

La question de la mise en œuvre de ces dispositifs reste entière. Elle n'en contribue pas moins à renouveler le cadre des relations entre acteurs du jeu extractif et à élargir les marges de manœuvre des réformateurs.

### 3.3. *Un contexte favorable malgré les apparences ?*

L'essor des activités extractives contribue à créer selon nous des espaces de bifurcation pour les pays africains, car ces dynamiques sont à l'origine de changements importants, comme la généralisation des débats sur la gouvernance et l'environnement, une tendance à l'amélioration de la régulation (financière et environnementale) et de l'autoresponsabilité des entreprises. Si ces changements sont encore discrets par rapport à ceux des impacts négatifs des activités extractives, ils sont susceptibles de se révéler à long terme.

*Les vertus cachées de l'ouverture pétrolière*

L'irruption de l'économie extractive peut s'accompagner d'ouvertures inattendues. C'est le sens de l'espoir que les personnages du roman *Nostromo* placent dans le progrès des « intérêts matériels », qui se cristallisent autour de la mine, vecteur de stabilisation, de pacification des relations sociales et économiques, de paix, de progrès et finalement de démocratie. Dans l'Afrique contemporaine, on observe des logiques analogues. Ainsi, en Guinée Équatoriale, qui était une des dictatures les plus fermées de la planète jusqu'au milieu des années 1990, évitant l'intrusion de l'ajustement structurel par une criminalisation avancée de l'État, l'ère pétrolière a contribué à ouvrir le pays sur le monde. Le pétrole oblige l'État à jouer le jeu international. Indirectement, il augmente la fluidité au sein du territoire et amplifie les flux avec l'extérieur. Si le pétrole a souvent renforcé l'élite gouvernante, il amène aussi le pouvoir à s'exercer avec moins de violence. De ce point de vue, l'évolution de la Guinée Équatoriale est comparable à celle de la Chine : ce qui fait bouger le pays, c'est l'ouverture associée au boom économique, pas les revendications occcidentales pour les droits de l'homme (Donner, 2009).

De même, si beaucoup ont affirmé que la coïncidence entre démocratisation et vague néolibérale rendait les jeunes démocraties africaines « sans choix », une plus grande insertion dans l'économie globale est de nature à diminuer l'emprise des institutions financières internationales et donc à élargir l'éventail des choix disponibles pour les démocrates africains (van de Walle, 1998).

En effet, la situation d'asymétrie entre des entreprises parmi les plus puissantes du monde, les institutions financières internationales et les PMA n'est pas aussi figée qu'on le croit, comme le montre l'exemple tchadien (Gould, Winters, 2007). Certes, le gouvernement du Tchad, détenteur de la matière (AM) mais pas de la technologie capable de l'extraire de sa prison spatiale (Ar), était au départ à la merci du maître de la mise en relation, en l'occurrence le consortium. La faible part qui revenait au Tchad dans la première mouture du contrat, 12,5 % des revenus pétroliers directs, traduisait des rapports de force très défavorables. Mais une fois l'infrastructure en production, le contexte a été modifiés en faveur de l'État, contre la Banque mondiale et le consortium : après le raid rebelle d'avril 2006 sur Ndjaména, Idriss Déby a menacé de fermer le robinet du pétrole et de renvoyer 200 000 réfugiés du Darfour au Soudan si on ne le laissait pas accéder aux fonds gelés par la Banque mondiale. Face à la menace d'effondrement de l'État ainsi brandie, un accord a été signé en juillet 2006. Le régime tchadien s'est tourné ensuite vers le consortium : en août de la même année, le changement de Chine – la reconnaissance de la République populaire à la place de Taiwan – a renforcé sa position de négociation, en montrant qu'une autre option était disponible, même pour exploiter le pétrole.

Petronas et Chevron ont accepté peu après de payer des taxes contestées, et la part de l'État a été revue à la hausse (Pegg, 2009 : 313-315).

La construction de capacités nationales est au cœur de la définition de ces espaces de bifurcation. Certes, le moment où l'État reçoit des ressources est important. Pour un pays, disposer d'institutions solides avant l'arrivée de la manne est plus favorable que de devoir les construire dans le contexte d'un afflux de ressources. De ce point de vue, le Tchad semble moins avantagé que le Ghana, qui a commencé à exploiter du pétrole en 2011 dans un contexte de stabilité politique et institutionnelle volontiers présenté comme modèle (Mc Caskie, 2008).

Quoi qu'il en soit, au fur et à mesure que le cycle extractif se déroule, les capacités nationales de négociation se renforcent (Magrin, van Vliet, 2005). Au Tchad, le CTNSC est parvenu, entre 2002 et 2005 environ, à acquérir une véritable crédibilité. Le collège de contrôle des revenus pétroliers, de même, a joué son rôle avec responsabilité, malgré les turbulences de la vie politico-militaire nationale. Plusieurs organisations de la société civile, comme le Groupe de recherches alternatives et de monitoring du projet Tchad-Cameroun (Gramptc), ou encore le CPPN et le CPPL, ont développé chemin faisant leur capacité d'expertise et de dialogue avec le consortium et l'État.

*Le pétrole au Tchad et en Mauritanie : un tournant ?*

Lors de la décennie écoulée, les trajectoires de la Mauritanie et du Tchad, deux nouveaux producteurs de pétrole, illustrent bien l'incertitude qui préside aux processus en cours : tout concourt à montrer la prégnance de la « malédiction des ressources », mais des espaces de bifurcation discrets s'esquissent en filigrane (van Vliet, Magrin, 2009).

Dans ces pays, l'accès aux ressources pétrolières crée un espace de bifurcation, au sens où un changement dans les ressources ou l'environnement d'une organisation (en l'occurrence les États) élargit les options disponibles et augmente les conséquences des décisions prises (Capoccia, Kelemen, 2007). En effet, la nature même de l'activité pétrolière et gazière amène une demande nouvelle de pilotage public qui restaure des choix que des décennies de crise interne avaient escamotés.

Tchad et Mauritanie font figures d'États fragiles, à l'hétérogénéité humaine et aux divisions politiques anciennes (van Vliet, Magrin, 2009). Ils présentent des trajectoires heurtées similaires. Le Tchad n'a jamais connu durablement la paix depuis 1965. La Mauritanie alterne les régimes autoritaires (1960-1978, puis 1985-2005, et depuis 2008) et les phases d'instabilité à coups d'État répétés (1978-1985, puis 2005-2008). Dans les deux pays, de part et d'autre des démocratisations imparfaites des années 1990, le pouvoir oscille entre rivalités ethno-régionales internes et pressions extérieures, géopolitique régionale et jeu de puissances lointaines comme la France, les États-Unis, les pays arabes...

Les perspectives d'exploitation pétrolière s'accompagnent d'espoirs de changement, au-delà de l'enrichissement promis par la rente. En Mauritanie, un processus de dialogue s'ébauche entre Woodside, l'État mauritanien et la société civile, où l'UICN joue un rôle de facilitateur. Au Tchad, la Banque mondiale s'implique dans le montage et l'accompagnement du projet depuis le milieu des années 1990. Mais, dès que l'exploitation commence – au Tchad fin 2003, en Mauritanie en 2006 –, le vernis de la réforme s'écaille et laisse poindre le visage de la « malédiction » : au Tchad, la rente pétrolière favorise conflits et autoritarisme, corruption et achats d'armes; le conflit avec la Banque mène au démantèlement de la structure nationale de monitoring environnemental. En Mauritanie, l'instabilité politique est de retour, l'économie rentière est renforcée (Choplin, Lombard, 2009), les compagnies pétrolières intensifient les prospections jusque dans les périphéries fragiles d'aires protégées vitales pour la biodiversité et la pêche ouest-africaine...

Or, comme ailleurs, les entreprises pétrolières exercent des demandes de pilotage public contradictoires, qui ouvrent la voie à un État moderne en termes gramsciens, c'est-à-dire organisé autour des fonctions de coercition et de légitimation (van Vliet, Magrin, 2009).

Un premier changement crucial, quoique passé relativement inaperçu dans les deux cas étudiés, réside dans la possibilité de rupture avec la dépendance vis-à-vis des bailleurs de fonds créée par l'ère pétrolière. Pour la première fois depuis vingt ou trente ans, des politiques publiques nationales sont à nouveau possibles sans intervention des bailleurs (Cirad, 2005). Par ailleurs, l'accès aux revenus pétroliers a renforcé l'exposition aux observations éthiques d'organisations internationales qui ne se préoccupaient pas tant des dysfonctionnements antérieurs de l'aide, ce qui se traduit par la mise en place des coalitions entre ONG nationales et internationales sur la gouvernance et l'environnement.

De plus, les élites tchadiennes et mauritaniennes étaient habituées à se jouer des institutions de Bretton Woods, selon un code bien rodé où chacun savait tenir son rôle (Hibou, 1996; 1999). L'industrie pétrolière exige le respect des contrats et accorde du crédit aux législations nationales. L'insuffisance initiale de celles-ci conduit à s'en remettre à l'autorégulation des firmes. Or, parallèlement, les grandes entreprises pétrolières entrent en dialogue avec de grandes ONG, comme l'UICN, WWF, voire Oxfam. Les États se trouvent impliqués dans ces dialogues, dont les situations pétrolières créent des laboratoires inattendus. Le besoin d'améliorer les règles et les capacités nationales de suivi émerge de ces débats. De même, les discussions sur la transparence conduisent à élargir les revendications à toutes les rentes de l'État, à réclamer des outils de traçabilité.

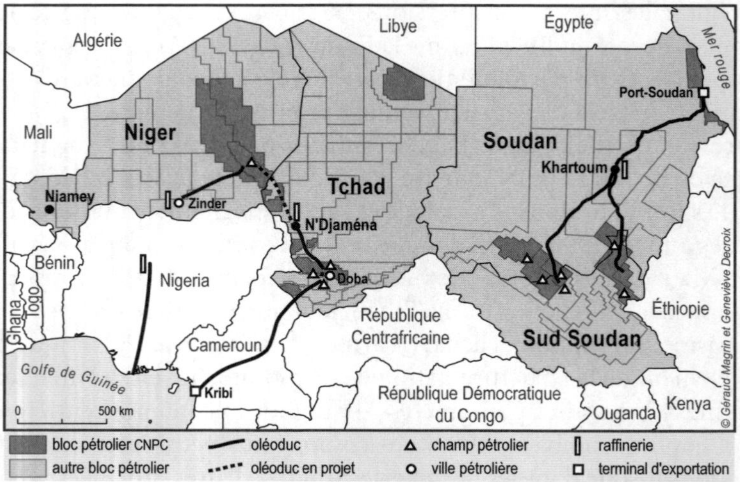


**Carte 23** *Les projets de la CNPC en Afrique médiane.*
Source : d'après Dittgen, 2012.

Enfin, l'essor de l'industrie pétrolière a suscité l'émergence d'une classe relativement étroite, mais inédite dans ces PMA, de managers, d'ingénieurs, d'environnementalistes, voire de commerçants ayant su moderniser leur activité au contact des exigences de leurs nouveaux clients. Au Nigeria ou en Angola, la force de travail est aujourd'hui largement nationale. Cela n'implique pas automatiquement un contrôle national du secteur pétrolier, mais l'expertise technique et managériale compte (Soares de Oliveira, 2007 : 189). Au Tchad, de même, après une phase initiale où l'encadrement était majoritairement expatrié, de nombreux Tchadiens ont été formés au sein du consortium, de la société civile ou dans le cadre des appuis de la Banque mondiale. Quel rôle ces quelques centaines de personnes pourraient-elles jouer face aux possibilités de bifurcation existantes ?

Ainsi, l'exploitation pétrolière entraîne des dynamiques sociales. Elle autorise de nouveaux choix publics et de nouveaux comportements, et crée de nouvelles obligations. La question reste de savoir comment ces espaces de bifurcation liés aux hydrocarbures interagissent avec les trajectoires sociopolitiques de long terme et quels sont les paramètres qui font qu'ils seront exploités ou non.

*Les marges d'innovation autour des projets pétroliers chinois*

L'arrivée des entreprises pétrolières chinoises en Afrique pourrait également contribuer à élargir les espaces de bifurcation identifiés.

Au Soudan, les investissements pétroliers chinois sont imbriqués dans un écheveau géopolitique qui rend leur interprétation aléatoire en termes de développement (Dittgen, 2012). Au Tchad comme au Niger, en revanche, la CNPC a réalisé (2009-2011) des projets originaux. Leur objectif initial vise à exploiter des gisements connectés à de petites raffineries (au Tchad, à Djermaya, à 40 km au nord de Ndjaména, au Niger, à Zinder) (cf. carte 23). Ce faisant, ces projets seront pourvoyeurs non seulement de rentes, mais aussi de produits pétroliers et d'énergie, car de petites centrales thermiques produiront l'énergie nécessaire au fonctionnement des raffineries et fourniront leur excédent au réseau électrique national[41]. Or, pour ces États enclavés, la disponibilité de l'énergie représente depuis longtemps un obstacle majeur. En outre, au Tchad, une zone industrielle située près de la raffinerie est censée accroître la valorisation locale de la ressource pétrolière. Une telle prise en compte des priorités nationales est peut-être le prix que les entreprises chinoises doivent payer pour se faire accepter dans des pays où prévalent les intérêts de leurs concurrentes occidentales. Elle n'en constitue pas moins une rupture avec un passé pétrolier africain entièrement tourné vers l'exportation.

Ces projets s'inscrivent dans une stratégie inaugurée au Soudan au milieu des années 1990, puis prolongée au Nigeria en 2006, où la CNPC reprend la raffinerie de Kaduna en contrepartie de licences de forage dans le Delta, puis investit un milliard de dollars dans la rénovation du chemin de fer (Soares de Oliveira, 2008 : 96). La rentabilité financière de ces investissements est incertaine. Ils permettent néanmoins aux entreprises chinoises d'accéder à des ressources, et aux pays africains de lever certaines hypothèques à leur développement dans des domaines qui n'intéressent pas les bailleurs traditionnels.

La mise en œuvre de la régulation environnementale autour du projet pétrolier chinois de Rônier pose des questions intéressantes (voir van Vliet, Magrin, 2012b). Ce projet construit dans un premier temps une petite centaine de puits situés à 25 km au sud de Bousso, pouvant produire jusqu'à 60 000 b/j. Une première phase (2011) permet d'alimenter la raffinerie de Djermaya, *via* un oléoduc de 311 km, à hauteur de 20 000b/j. Dans un deuxième temps, l'excédent de Rônier et des champs voisins sera exporté, grâce à un raccordement à l'oléoduc de Doba à Kribi – actuellement utilisé seulement à la moitié de sa capacité, puisque la production est descendue autour de 100 000b/j.

Le projet est mis en œuvre dans un silence médiatique – et de la société civile – qui contraste avec le tumulte qui avait entouré la Banque mondiale. L'identité des protagonistes en constitue l'explication. Alors que les capacités de régulation tchadiennes se sont affaiblies avec la mise en sommeil du

41 Au Tchad, il est prévu un partage à parts égales des 40 MW d'électricité de la centrale entre la raffinerie et la ville de Ndjaména, ce qui représentera 20 % d'une consommation de 100 MW.

CTNSC, les règles et les pratiques d'autorégulation de la CNPC sont très mal connues. En Chine même, on sait que l'environnement est pris en compte de manière insuffisante, mais croissante, dans les processus industriels (Gang, 2009; Tsang, Kolk, 2010; Lin *et al.*, 2012).

Au Tchad, l'expérience de Doba a profondément marqué : les fonctionnaires de l'État, les organisations de la société civile et jusqu'aux riverains ont intégré les dialogues péripétroliers et les normes afférentes. Dans les villages proches de Rônier, les paysans demandent à être « compensés » ou embauchés selon les mêmes règles qu'à Doba, qu'ils connaissent par les médias, par les récits des jeunes du village partis « en aventure » au temps du chantier initial, ou par les innombrables canaux de la rumeur. Si le jeu d'acteurs impliquant la société civile puis les représentants de l'État porte des revendications jusqu'à la CNPC, il n'est pas sûr que les portes du dialogue, qui n'auraient pas été spontanément ouvertes, demeurent toujours fermées.

En outre, les entreprises pétrolières chinoises pourraient avoir un intérêt à souscrire davantage à la responsabilité sociale et environnementale d'entreprise : comme dans le domaine de l'ingénierie de projet et de la technologie, le rattrapage des firmes occidentales pourrait leur permettre d'accéder plus aisément à des alliances ou à des financements par les marchés et ainsi de franchir une étape qualitative dans leur stratégie d'internationalisation.

Dans le domaine des activités extractives, une première génération de réformes a été mise en place depuis le début des années 2000 pour exorciser la « malédiction des ressources naturelles ». Ces réformes ont concerné les conditions environnementales de production des rentes et la transparence qui préside à leur gestion. Le projet pétrolier tchadien a constitué un symbole de ces ambitions.

Or de nombreux obstacles en ont limité la portée, tant du côté des intérêts des élites politiques africaines que de ceux des entreprises, le contexte de concurrence exacerbé par l'irruption de nouveaux acteurs chinois fournissant un prétexte opportun à la pérennisation des habitudes. De ce point de vue, le Tchad servit à nouveau de modèle, à ses dépens : le conflit avec la Banque mondiale et la consommation militaire d'une partie des revenus pétroliers semblant conforter en tout point la thèse de la « malédiction ».

Nous défendons cependant une autre lecture de ces dynamiques, car la mise en place d'implants miniers ou pétroliers mondialisés crée des occasions de débat et d'apprentissage en même temps qu'elle exerce une demande de régulation que l'État ne peut ignorer. Ces changements ouvrent des espaces de bifurcation hors de la trajectoire rentière suivie jusqu'alors, dont l'exploitation pourrait être facilitée par les dynamiques démographiques et territoriales évoquées plus haut.

# Conclusion

Le lecteur l'aura compris, traiter ici des rentes ne visait pas à épiloguer sur les horizons suicidaires du système capitaliste prophétisés par Marx ou sur l'euthanasie douce du rentier annoncée par Keynes. Il s'agissait de montrer comment la notion de rente contribue à éclairer la trajectoire de l'Afrique, au cours du XX$^{e}$ siècle et au seuil du suivant. Nous avions en outre pour ambition d'insister sur les implications géographiques d'une telle lecture, jusqu'ici sous-estimées ou traitées de manière ponctuelle, en interrogeant les liens complexes entre activités pourvoyeuses de rentes mondialisées, productrices d'enclaves, et productions locales, matrices de territoires.

## 1. Rentes et extraversion

Les systèmes rentiers sont une dimension de la longue histoire d'extraversion de l'Afrique. Pour compenser les difficultés à imposer des forces productives peu nombreuses et dispersées sur de vastes espaces, les dirigeants africains ont tôt mis l'accent sur la captation des flux associés à l'extraversion. Cette orientation a eu des répercussions profondes et multiformes sur les dynamiques du politique, de l'économie, des sociétés, et sur l'organisation des espaces. Elle a notamment donné naissance aux économies de rentes modernes et aux systèmes politiques qui y sont adossés. Nous les définissons comme des flux de ressources déconnectés d'activités productives, ou dont la production occupe un faible nombre d'individus, et la redistribution un grand nombre. Les systèmes rentiers reposent sur la captation et la redistribution par l'État de rentes tirées de l'exportation de ressources naturelles brutes (agricoles ou minières) ou de la transformation de pénuries en ressources – publiques, à travers l'aide au développement, ou privées, *via* les transferts de fonds des migrants.

Nous n'avons pas cherché à opposer rentes et dynamiques productives, mais au contraire à interroger les relations complexes qui s'instituent entre elles, pour lire leurs interactions avec les territoires. L'intérêt accordé aux rentes ne sert pas une énième lecture du sous-développement comme produit de la dépendance. Au contraire, à travers cet enjeu central des relations entre les territoires africains et l'extérieur mondialisé, nous souhaitions interroger les modalités de l'autonomie des acteurs africains.

Isoler les implications des systèmes rentiers sur le développement et les territoires a nécessité, au début de cet essai, un large balayage. La rente constitue un des moteurs du capitalisme, de sa dynamique et des inégalités qui l'accompagnent (Harvey, 2008). Mais où commence et où finit la rente ? Si le bénéfice de n'importe quel différentiel est rente, la rente est partout, et sa portée heuristique s'évapore. Devait-on traiter ici sur le même pied des rentes « abstraites », de monopole ou de situation, voire des rentes technologiques… ou mettre l'accent sur les rentes aux sources bien identifiées (pétrolière, foncière, d'importation, touristique, de l'aide) ? Les choix retenus s'expliquent par notre projet d'ensemble : utiliser la notion de rente pour interpréter les dynamiques des territoires et du développement. Nous avons laissé de côté les mécanismes économiques de constitution des rentes foncières pour nous intéresser à ceux, fort politiques, qui sous-tendent des rentes dont la constitution implique la distance et, bien souvent, l'intermédiation.

## 2. Trois figures spatiales de la rente

De la lecture que nous avons proposée des dynamiques ouest-africaines des dernières décennies se dégagent trois configurations spatiales dominantes fondées sur des rentes. Les relations entre ressources, territoires et développement qui en découlent procèdent de l'extraction, du transfert ou du transit (cf. figure 8).

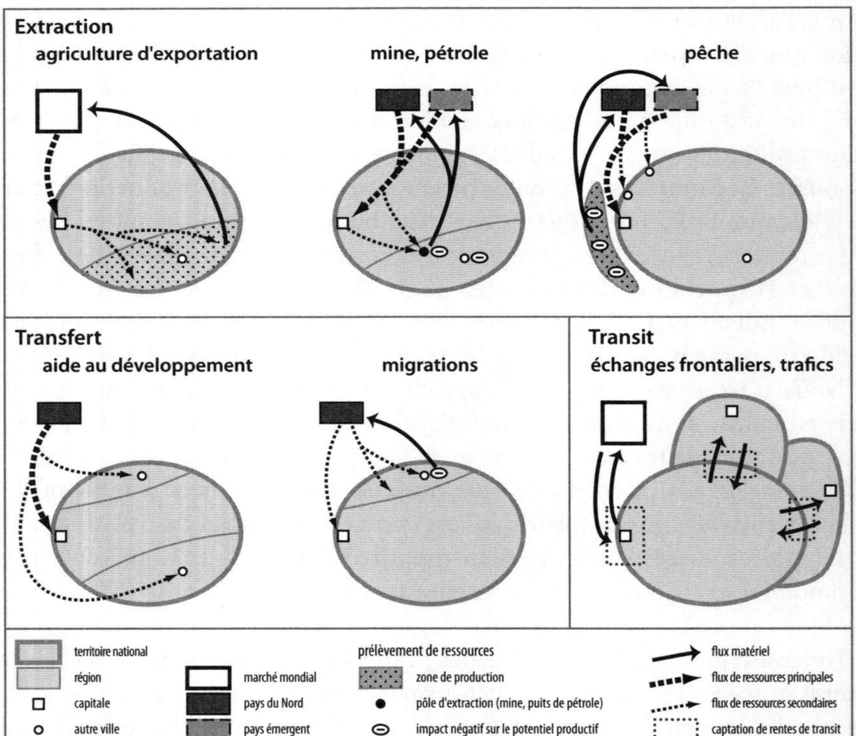


**FIGURE 8** *Les relations entre rentes et territoires.*
Source : auteur.

Les rentes liées à l'extraction déclinent trois profils. Ils ont en commun la dépendance fragilisante liée à l'exportation de la quasi-totalité de la production. L'agriculture familiale d'exportation a donné lieu à l'expression de « cultures de rente ». L'extraction de matières premières agricoles couvre de vastes superficies et concerne des centaines de milliers de ruraux, pour lesquels l'activité relève de la production, non de la rente. Elle induit une structuration des espaces régionaux concernés en zones ou bassins spécialisés, et parfois un certain développement. L'exportation des récoltes se traduit par le versement d'une rente à l'État, qui se réinvestit majoritairement dans l'urbain, *via* la fonction publique, les grands travaux ou les détournements clientélistes, et en particulier dans la capitale. Elle est porteuse d'une grande vulnérabilité, car la production demeure sujette aux caprices du climat, mais surtout aux variations des cours mondiaux et à des conditions de compétition internationale souvent défavorables.

Les activités extractives qui visent à exporter des ressources naturelles non renouvelables (mines, hydrocarbures) sont le soubassement des archétypes rentiers. Elles sont à l'origine de l'idée de « malédiction des ressources naturelles ». En termes géographiques, elles supposent l'exportation par des acteurs privés extérieurs à l'Afrique de ressources destinées au marché mondial, et en particulier aux pays d'origine de ces acteurs. Ce furent, d'abord, exclusivement de grandes entreprises de pays du Nord, auxquelles s'ajoutent, depuis peu, des entreprises issues de pays émergents. De leur point de vue, il s'agit de produire, non de prélever une rente. À l'échelle nationale, l'exploitation relève du ponctuel : une mine, voire un champ de pétrole, n'occupe que quelques centaines, voire quelques milliers d'hectares, et un nombre limité d'employés. La logique spatiale de l'agro-industrie est comparable. C'est autour de ces pôles d'extraction que se concentrent les impacts environnementaux négatifs. Mais l'essentiel de la contrepartie nationale prend la forme d'une rente versée à l'État, particulièrement importante dans le cas des hydrocarbures. Les environs des sites extractifs reçoivent, sous des modalités variables, de menus flux de compensations des entreprises ou de la puissance publique. Les espaces régionaux environnants en supportent aussi des effets négatifs (environnementaux, socioéconomiques, politiques), même si les infrastructures nécessaires à l'exploitation contribuent parfois à leur désenclavement. Les impacts de l'exploitation et de la redistribution de la rente tiennent une place centrale dans les enjeux territoriaux : ils alimentent les imaginaires, nourrissent les revendications, justifient les redécoupages administratifs et suscitent parfois tensions et conflits.

La pêche maritime ouest-africaine emprunte aux deux cas précédents. Elle s'inscrit de manière plus diffuse dans l'espace que les activités minières, sous le mode fluide et mobile inhérent à l'exploitation des ressources de l'océan.

Elle vise des ressources en principe renouvelables, en associant l'intervention d'acteurs mondiaux (pêche industrielle) et celle d'un grand nombre d'acteurs locaux (pêche piroguière artisanale). Elle s'accompagne à la fois du versement d'une rente à l'État et de revenus aux pêcheurs et autres acteurs nationaux de la filière, qui font vivre les quartiers de pêcheurs populeux des villes littorales. Le dynamisme du secteur au cours des dernières décennies, entre logiques mondiales et locales, pourrait être érigé en succès du développement. Il se heurte malheureusement à une contrainte majeure : la fragilité et la finitude de ressources surexploitées. Ses rapports à l'espace et aux ressources se rapprochent de l'exploitation forestière, qui concerne également de larges espaces et où cohabitent également grandes entreprises privées souvent étrangères pourvoyeuses de rente étatique et exploitants nationaux. Elle se trouve également confrontée aux difficultés d'une plus grande transformation locale et d'une gestion durable de ressources renouvelables. Mais les terrains d'étude surtout sahélo-soudaniens explorés dans cet essai nous ont tenu à l'écart de ses enjeux spécifiques.

Une forme de rente nouvelle est apparue après les indépendances : les transferts financiers. Ils procèdent de la transformation de la pénurie en ressource. Certes, les plus pauvres ne sont pas les plus aidés, ni ceux qui migrent le plus. Mais c'est la pénurie (la pauvreté, le sous-développement) qui légitime l'aide au développement, et c'est elle qui rend compte, dans une certaine mesure, des mouvements d'émigration, et justifie les flux financiers vers les régions et pays d'origine.

L'aide au développement est longtemps passée par l'État. Puis, lorsqu'il fut en crise, dans les années 1980, elle s'en est dissociée, tendant à assumer la fourniture de biens publics à la place de l'État, en dédoublant ses institutions. La rente de l'aide se donne à voir surtout dans les capitales. Sa distribution, protéiforme, peut néanmoins être diffuse ; elle atteint aussi les régions à culture de rentes ou à potentiel hydroagricole, ou celles les plus régulièrement touchées par les crises alimentaires et l'émigration. Les résultats de l'aide sont ambivalents : les résultats espérés sont rarement atteints, et la rente de l'aide participe d'une économie politique défavorable à la consolidation des institutions nationales ; sa régularité déresponsabilise. Mais des dynamiques positives imprévues résultent parfois des projets aidés, comme autour des aménagements hydroagricoles. Depuis deux décennies, les progrès de la décentralisation et la promotion du développement local affichent des ambitions de mobilisation des ressources locales alternatives aux politiques antérieures de développement descendant. Ils favorisent la décentralisation de la rente de l'aide. À nouveau, le bilan est mitigé : les synergies escomptées sont souvent paralysées par les concurrences pour capter ces nouvelles rentes du « local », tandis que des apprentissages s'approfondissent.

Les transferts migratoires bénéficient au premier chef à d'anciennes marges dont les populations ont développé, à partir de dispositions sociologiques ou culturelles héritées de l'histoire, de fortes propensions à la mobilité. Leur exemple s'est parfois diffusé vers d'autres espaces un moment bénéficiaires des grandes cultures de rente du XXe siècle, une fois ceux-ci frappés par des crises. Le départ des jeunes hommes laisse les régions de plus forte émigration exsangues. L'espace des sociétés se construit désormais par le réseau, entre l'espace d'origine et l'horizon migratoire. L'espace d'accueil fournit les ressources nécessaires à la survie du milieu d'origine, où demeurent les vieux, les femmes et les enfants, représentant les fonctions de reproduction sociale et biologique d'un territoire à la production devenue dérisoire. Quand la croissance démographique se poursuit dans l'espace de départ, ce qui demeure le cas le plus fréquent, les transferts financiers des migrants ont des effets pervers comparables à ceux de l'aide à l'échelle nationale : inégalités entre familles et villages, concurrences pour la captation, déresponsabilisation, dépenses improductives… et rêves migratoires des jeunes qui restent. De plus, l'équilibre socioéconomique de régions pauvres en ressources alimentées par les revenus migratoires est instable. Les transferts ne vont pas tous au bassin d'émigration ; une part s'investit dans la capitale nationale, dans l'immobilier. La fermeture des frontières dans les destinations privilégiées, de même que les processus d'intégration des migrants qui y sont installés ne garantissent pas la pérennité des flux financiers à long terme.

Rente de l'aide et transferts migratoires proviennent encore aujourd'hui, dans une large mesure, des membres de l'Union européenne et de l'Amérique du Nord. L'aide participe de stratégies de puissance à mobiles multiples, où se mêlent besoin d'influence adossée ou non à des nostalgies impériales, intérêts économiques nationaux (approvisionnement en matières premières, débouchés pour les entreprises), préoccupations migratoires et sécuritaires. Les pays émergents ne sont pas concernés par l'immigration africaine. Mais la Chine met en œuvre une politique de développement aux moyens croissants qui s'associe très explicitement à sa stratégie nationale d'approvisionnement en matières premières. Ses pratiques ressemblent ainsi aux formes d'aide liée mises en œuvre par les pays du Nord après les indépendances, avec toute leur ambiguïté.

Les rentes de transit sont liées aux avantages que des acteurs retirent d'une position géographique, qui leur permet de capter des ressources financières liées aux circulations de marchandises ou de monnaies : ce sont les rentes du commerce, notamment frontalier, ou des trafics, ainsi que les prélèvements effectués sur ces flux, légalement ou non, par les agents de l'État. Leurs lieux de captation sont les interfaces : villes-capitales, surtout lorsque ce sont de grands ports importateurs ; doublons frontaliers des périphéries nationales actives et grands axes de circulation ; et, pourquoi pas, marchés hebdomadaires, au cœur de la relation villes-campagnes. Ces rentes sont cependant très différentes des deux premiers types dont il a été question. Dans la mesure où elles n'impliquent pas une captation et une redistribution par le filtre de la puissance publique ou de ses échelons décentralisés, comme les rentes d'extraction et de transfert, et qu'elles n'expriment parfois que de simples différentiels microéconomiques, elles n'ont pas un potentiel explicatif de même nature. De même, certains services valorisant de simples avantages comparatifs de situation, comme le tourisme ou les centres d'appel, ne gagnent-ils pas à être étudiés à la lumière de la notion de rente.

Ces trois types de configuration rentière présentent des enjeux communs en termes de développement : toute la question est de savoir comment permettre aux activités pourvoyeuses de rente ou aux rentes elles-mêmes de favoriser les secteurs productifs de l'économie. Cela passe par davantage de transformation locale des productions exportées, qu'elles soient agricoles, forestières ou minières. Des défis spécifiques s'y ajoutent : les mécanismes permettant de prémunir l'agriculture de rente de la violence des chocs exogènes restent à inventer ; les marges de progrès en matière de transparence et de réduction des impacts environnementaux des activités extractives demeurent importantes, et se heurtent aux intérêts des systèmes rentiers en place ; de même, substituer une gestion durable des ressources à la course aux rentes forestières et halieutiques présente de grandes difficultés.

## 3. Retour aux hypothèses : diversification, articulation, bifurcation

Nous avons essayé d'établir combien la rente constitue une modalité centrale de la relation de l'Afrique au monde. Les systèmes politico-économiques rentiers, qui supposent prélèvement puis redistribution à partir d'extraction ou de transfert, se sont révélés porteurs de fragilités multiformes : leurs logiques ont contribué aux difficultés de construction de l'État, aux crises politiques et, de manière plus générale, à l'échec du développement. S'ils apparaissent comme des éléments stables des structures sociopolitiques de l'Afrique, ces systèmes n'en sont pas moins dynamiques. Ils se sont densifiés et complexifiés au cours du XXe siècle, en réponse aux crises économiques et aux accélérations de la mondialisation. Victoire de la rente ?

Nous posions en première hypothèse que les trajectoires nationales (développement, construction de l'État, conflits) en Afrique expriment une profonde désarticulation entre ressources et territoires. Elle nous paraît vérifiée. Prolongeant le sillon colonial, les nouveaux États ont élargi la gamme des rentes tirées de cultures commerciales d'exportation ou d'activités extractives, dessinant des profils rentiers spécifiques à chacun d'eux, sans que ces activités aient des effets d'entraînement et de diversification sur les autres secteurs. L'impasse des modèles de redistribution d'économies peu compétitives, plombées par le clientélisme et le biais urbain, vulnérables aux variations des cours mondiaux, a été sanctionnée par une grave crise politico-économique dans les années 1980-1990, qui est celle des systèmes rentiers. Elle s'accompagne de l'essor des rentes de transfert (aide et transferts migratoires), qui amplifient la propension des territoires (nationaux ou locaux) à vivre de ressources exogènes.

La deuxième hypothèse stipulait que l'organisation spatiale et les dynamiques des territoires reflètent des formes d'articulation entre rentes extraverties et dynamiques endogènes. Nous avons montré que, si les rentes procèdent d'économies et de formes spatiales enclavées, elles n'en interagissent pas moins de façon complexe et multiforme avec les territoires. D'une part, la distribution des rentes par l'État contribue à construire les territoires. L'ampleur de l'urbanisation et de son profil plus ou moins macrocéphale dit par exemple celle des rentes, comme les problèmes qui les affectent expriment les crises de l'économie rentière. D'autre part, à l'échelle locale, les activités pourvoyeuses de rentes constituent des facteurs de changement pour les autres secteurs : l'agriculture dite de « rente » a favorisé l'adoption d'innovations agricoles et finalement l'essor du « vivrier marchand » ; mines, sites pétroliers ou agro-industries sont aussi susceptibles de stimuler l'économie de leurs milieux d'accueil. Le type d'activités et le contexte (technologique, économique, politique) influencent la nature des liens avec les territoires et la propension des enclaves à muer en greffes.

En troisième lieu, nous interrogions la capacité de la période actuelle à créer des possibilités de bifurcation hors de la logique extravertie, rentière et clientéliste qui a dominé les systèmes politiques et économiques jusqu'à présent. Nous avons décrit l'ambiguïté de ce nouveau contexte. D'un côté, les dynamiques de la mondialisation favorisent la compétition entre acteurs mondialisés pour l'exploitation des ressources africaines, qu'elles soient énergétiques, minières, halieutiques ou forestières, ou foncières. Dans une ambiance néolibérale marquée par la faiblesse des capacités de régulation des États, ces tendances pourraient conforter les effets pervers de la course aux rentes et vérifier la « malédiction des ressources naturelles ». Mais en même temps, démocratisation et processus de réforme ont ouvert des espaces de débat inédits autour de la transparence des rentes et des impacts environnementaux des activités qui président à leur extraction. Selon nous, les conditions d'implantation de certaines de ces activités mondialisées ouvrent alors des espaces de bifurcation hors du sentier de la « malédiction ».

D'un autre côté, le territoire a également changé. Il s'est densifié, complexifié, décentralisé. Nous ne partageons pas le point de vue macroéconomique selon lequel le temps du développement de l'Afrique viendra, peut-être, quand le coût du travail augmentera en Asie, ce qui prendra bien encore vingt ans au moins, et que l'Afrique offrira le dernier réservoir mondial de main-d'œuvre exploitable à bon compte, en relais de l'atelier chinois. Qui sait si le capitalisme aura alors autant besoin de main-d'œuvre à exploiter ? Dans cette optique, il n'y aurait rien à attendre dans l'intervalle, sinon de continuer à voir le continent vivoter de l'exportation des matières brutes et des rentes qu'elle fournit, avec les guerres et l'émigration comme soupapes. Or, sans tomber dans le « fétichisme du local » (Dubresson, Jaglin, 2010), nous partageons l'idée qu'il se passe quelque chose du côté de l'épaississement des territoires (Alvergne, 2008). L'Afrique de l'Ouest est en train d'atteindre une masse et une densité démographiques critiques qui pourraient contribuer à ouvrir les espaces de bifurcation évoqués ci-dessus.

L'objectif est-il de sortir de la rente pour atteindre le développement ? On l'a dit, les rentes existent partout, même en ne considérant que celles dont bénéficie l'État[1]. La question clé est celle de la place des rentes, de leur poids relatif dans l'économie, des choix de leur utilisation, de leurs liens avec les dimensions productives, et donc, finalement, des conditions à réunir pour que les rentes puissent s'investir dans le système productif. Nous ne prétendons pas que les bifurcations souhaitées auront lieu sans crises ni retours en arrière. Nous soutenons seulement que les dynamiques contemporaines, qu'elles soient internes ou externes, ouvrent des espaces de bifurcation qui n'existaient pas il y a cinquante ans hors de l'ornière de la rente stérile.

## 4. L'avenir des rentes

Sans emprunter les boules de cristal également déformantes et hasardeuses de l'afro-optimisme ou de l'afro-pessimisme, nous voudrions, pour clore cette réflexion, mettre en perspective quelques paramètres clés du devenir de cette partie du monde.

Les deux premiers sont d'ordre interne. Les rythmes et les formes de la transition démographique et urbaine pèseront sur toutes les dynamiques à venir. Créer les conditions d'investissement des rentes pour des productions locales destinées au marché intérieur ou à l'exportation suppose d'améliorer, quantitativement et qualitativement, le niveau de formation d'une population encore très jeune et en très forte croissance. C'est un choix d'investissement et un défi ardu.

De même, la poursuite des expériences démocratiques, au niveau national comme au niveau local, peut aussi bien déboucher sur l'instrumentalisation des rentes au service de clientèles communautaires que sur l'élargissement de

1 En France, les taxes sur le carburant fournissent une rente aux pouvoirs publics supérieure à celle des producteurs de pétrole africains secondaires.

l'espace des débats et des choix de société, notamment pour décider d'une utilisation plus productive des rentes. L'agro-alimentaire illustre ces enjeux. Il constitue un secteur potentiellement porteur de développement, à la faveur de l'urbanisation qui élargit les débouchés nationaux pour les ruraux. Mais défendre les filières locales, pour accompagner leur modernisation contre les choix d'importation bon marché à destination de citadins pauvres de plus en plus nombreux, n'ira pas de soi.

D'autres facteurs, externes, renvoient à l'insertion de l'Afrique dans le vent de la globalisation contemporaine. Les effets directs du changement climatique sont difficiles à saisir, et les modèles encore incapables de prédire l'évolution de la pluviométrie en Afrique sahélo-soudanienne. La variabilité du climat devrait cependant s'accroître, et ainsi la vulnérabilité des cultures de rente annuelles déjà fragiles. Mais le changement climatique pourrait aussi élargir la gamme des rentes environnementales nées de la vogue du développement durable. Leur analyse s'inscrira alors dans celle, désormais classique, des formes et des travers de l'aide au développement.

Par ailleurs, la course aux ressources africaines implique d'ores et déjà de nouveaux acteurs issus des pays émergents. Les modalités de leurs interactions avec les milieux d'accueil africains et les concurrents du Nord constituent une question cruciale. Elles peuvent tout aussi bien annihiler les efforts visant à sortir de la « malédiction des ressources naturelles » que contribuer à lever l'obstacle énergétique qui entrave le développement de l'Afrique. Enfin, qu'il soit lié au *peak oil* ou au changement climatique, et bien que nul n'en connaisse encore ni le rythme ni la nature, le changement prévisible de la matrice énergétique mondiale aura des conséquences majeures sur le devenir des systèmes rentiers africains. Ces changements ne se décideront pas en Afrique, mais ils y auront des implications considérables. Leur géographie reste à écrire.

# Bibliographie

Abugre C., Akabzaa T., 1998. « Mining boom : a gain for Africa ? » *Thirld World Network*, mai, consulté le 29 août 2010, http://www.twnside.org.sg/title/boom-cn.htm.

Adamolekun L., 1999. *Public Administration in Africa*, Boulder, Westview Press.

Adams R. H. Jr., Cuecuecha A., Page J., 2008. « Remittances, consumption and investment in Ghana », Policy Research working paper n° 4515, Washington, Banque mondiale.

AFD, Sedet, 2008. *Africapolis. Dynamiques de l'urbanisation 1950-2010. Approche géostatistique, Afrique de l'Ouest*, Paris, AFD/Sedet, 124 p.

Agier M., 2002. *Aux bords du monde, les réfugiés*, Paris, Flammarion, 187 p.

Agir ici-Survie, 1999. *Projet pétrolier Tchad-Cameroun. Dés pipés sur le pipe-line*, Paris, L'Harmattan (Dossiers noirs de la politique africaine de la France, n° 13), 63 p.

Agunias D. R., 2006. *Remittance and Development : Trands, Impacts, and Policy Options. A Review of the Literature*, Migration Policy Institute, http://www.migrationpolicy.org.

Akabzaa T., 2009. « Mining in Ghana : Implications for national economic development and poverty reduction », in Campbell B. (éd.), 2009. *Mining in Africa. Regulation and Development*, Londres/New York, Pluto Press/IDRC/Nordiska Afrikainstitutet : 25-65.

Alden C., Large D., Soares de Oliveira R. (dir.), 2008. *China Returns to Africa. A Rising Power and a Continent Embrace*, New York, Columbia University Press, 382 p.

Allix G., 2009. « Les émigrés africains transfèrent chaque année 40 milliards de dollars vers leurs pays d'origine », *Le Monde*, 22 octobre.

Alvergne C., 2008. *Le défi des territoires. Comment dépasser les disparités spatiales en Afrique de l'Ouest et du Centre ?*, Paris/Cotonou, Karthala/PDM, 264 p.

Amin S., 1976. *Unequal Development : An Essay on the Social Formations of Peripheral Capitalism*, New York, Monthly Review Press.

Ammassari S., 2004. « Gestion des migrations et politiques de développement : optimiser les bénéfices de la migration internationale en Afrique de l'Ouest », *Cahiers des migrations internationales*, 72F, 99 p.

Amnesty International, 2008. *Double malheur. Aggravation de la crise des droits humains au Tchad*, Amnesty International France, décembre, 65 p.

Anseeuw W., Alden C., 2010. *The Struggle over Land in Africa. Conflicts, Politics and Change*, HRSC, 289 p.

Antheaume B., Giraut F., 2002. « Les marges au cœur de l'innovation territoriale ? Regards croisés sur les confins administratifs (Afrique du Sud, France, Maroc, Niger, Togo) », *Historiens géographes* n° 379, numéro spécial *Regards sur l'Afrique,* Bart F., Bonvallot J., Pourtier R. (dir.) : 39-58.

Antheaume B., Giraut F. (dir.), 2005. *Le territoire est mort, vive les territoires ! Une (re)fabrication au nom du développement*, Paris, IRD Éditions, 384 p.

Arditi C., 1989. « Peut-on évaluer les effets de l'aide alimentaire ? Quelques réflexions à partir d'une étude de cas », in *Économie des filières en régions chaudes*, actes du X^e séminaire d'économie et de sociologie, Montpellier, Cirad : 459-469.

Arditi C., 1993. « Commerce, islam et État au Tchad (1900-1990) », in Grégoire E., Labazée P. (dir.), *Grands commerçants d'Afrique de l'Ouest. Logiques et pratiques d'un groupe d'hommes d'affaires contemporains*, Paris, Karthala : 174-220.

Arditi C., 1999. « Paysans Sara et éleveurs Arabes dans le Sud du Tchad : du conflit à la cohabitation ? », in Baroin C., (dir.), *L'homme et l'animal dans le bassin du lac Tchad*, Paris, IRD Éditions, MégaTchad : 555-573.

Arditi C., 2005. « Les interventions de l'État dans la commercialisation des céréales (Tchad) », in Garine E., Raimond C. (dir.), *Ressources vivrières et choix alimentaires dans le bassin du lac Tchad*, Paris, IRD Éditions, actes du colloque Mégatchad : 649-666.

Arditi C., 2008. « "Ignorer le passé expose souvent à le répéter". Essai d'anthropologie historique des politiques alimentaires au Mali », action concernée incitative *Acteurs stratégiques, cadres normatifs de l'action et régulations des politiques alimentaires au Sahel (2004-2008),* Montpellier, IRD Éditions/ Cirad, novembre : 37-92.

Arditi C., Yung J. M., 1990. *Évaluation des opérations de substitutions monétaires à l'aide alimentaire (Mali, Niger, Soudan, Tchad, 1988)*, Paris, Sedes, 173 p.

Ardoin-Bardin S., 2004. *Variabilité hydroclimatique et impacts sur les ressources en eau de grands bassins hydrographiques en zone soudano-sahélienne*, thèse de doctorat, université Montpellier II.

Arfouillère Y., 2010. *Géopolitique de la péninsule de Bakassi (Cameroun). Ressources naturelles, identité et territoire*, master 1 de géographie, spécialité géopolitique, université Paris 1 Panthéon-Sorbonne, sous la direction de G. Magrin, 6 juillet, 113 p.

Arnaud M., 1998. *Dynamique de l'urbanisation en Afrique au sud du Sahara*, Paris, Secrétariat d'État à la coopération et à la francophonie/ISTED.

Arrault J.-B., 2005. « Du toponyme au concept ? Usages et significations du terme archipel en géographie et dans les sciences sociales », *L'espace géographique*, n° 4 : 315-328.

Aryeetey E., Osei B., Twerefou D., 2004. *Globalization, Employment and Livelihoods in the Mining Sector of Ghana*, Accra, ESSER Occasional Paper.

Assouyouti M., 2009. *Variation des cours mondiaux agricoles et approvisionnement de N'Djaména en céréales (maïs, riz et blé)*, rapport de stage effectué pour le Cirad/Corus au Tchad du 1er août 2008 au 2 février 2009, Cerdi, université de Clermont-Ferrand, master 2 Développement durable, 87 p.

Aubertin C., Rodary E., 2009. *Aires protégées. Espaces durables ?*, Montpellier, IRD Éditions, 246 p.

Augé B, 2007. *Les enjeux géopolitiques du pétrole en République islamique de Mauritanie*, université Paris 8, mémoire de master 2 de géopolitique.

Augé B., 2010. « Le Trans Saharan Gas Pipeline. Mirage ou réelle opportunité ? », *Notes de l'Ifri. Programme Afrique subsaharienne*, mars, 26 p.

Augé B., 2012. *Produire du pétrole en zone de conflit : cas de l'Afrique médiane*, thèse de doctorat de géographie, mention géopolitique, université Paris 8 Vincennes-Saint-Denis, 399 p.

Augé M., 1982. *Génie du paganisme,* Paris, Gallimard, 336 p.

Auty R., 2001. « The political economy of resource driven growth », *European Economic Review*, 45-46 : 839-846.

Auty R., 2005. « Natural resources and civil strife : A two-stage process », in Le Billon Ph. (éd.), *The Geopolitics of Resource Wars. Resource Dependence, Governance and Violence*, Londres/New York, Routledge, 277 p. : 29-49.

Auty R., Pontara N., 2008. « A dual-track strategy for managing Mauritania's projected oil rent », *Development Policy Review*, n° 26 (1) : 59-77.

Azam P., Gubert F., 2002. « Ceux de Kayes : l'effet des transferts des émigrés maliens sur leurs familles d'origine », in Commissariat général au Plan, *Immigration, marché du travail, intégration*, Paris, La Documentation française.

Badie B., 2000. *The Imported State*, Stanford, Stanford University Press.

Balandier G., 1951. « La situation coloniale », *Cahiers internationaux de sociologie*, XI : 44-79.

Ballif F., Rosière S., 2009. « Le défi des "teichopolitiques". Analyser la fermeture contemporaine des territoires », *L'espace géographique*, 3 : 193-206.

Baroin C., 2003. *Les Toubou du Sahara central*, Paris, Vents de sable, 171 p.

Barry M. D., Laurans M., Thiao D., Gascuel D., 2002. « Diagnostic de l'état d'exploitation de cinq espèces démersales côtières sénégalaises », actes du symposium international *Pêcheries maritimes, écosystèmes et sociétés d'Afrique de l'Ouest : un demi-siècle de changement*, Dakar, 24-28 juin, 12 p.

Bassett T. J., 1995. « L'introduction de la propriété de la terre : la cartographie et la Banque mondiale en Côte d'Ivoire », in Blanc-Pamard C., Cambrézy L. (dir.), *Terre, terroir, territoire. Les tensions foncières*, Paris, Orstom Éditions (Colloques et séminaires) : 395-420.

Bassett T. J., 2002. *Le coton des paysans. Une révolution agricole (Côte d'Ivoire 1880-1999)*, Paris, IRD Éditions, 291 p.

Bataillon C., Deler J.-P., Théry H., 1991. « Modèles d'organisation de l'espace », in Bataillon C., Deler J.-P., Théry H. (dir.), *Amérique latine. Géographie universelle*, Paris, Belin/Reclus : 67-75.

Bauman Z., 2006. *La vie liquide*, trad. C. Rosson, Rodez, Le Rouergue/Chambon [1re éd., *Liquid Modernity*, 2000].

Bayart J.-F., 1989. *L'État en Afrique. La politique du ventre*, Paris, Librairie Arthème Fayard, 2e éd. 2006, 439 p.

Bayart J.-F., 2004. « Le crime transnational et la formation de l'État », *Politique africaine*, n° 93, mars : 93-104.

Bayart J.-F., 2006 [1989]. « "Comme vous en Afrique", ou l'hégémonie dans l'extraversion », préface à la nouvelle édition de *L'État en Afrique. La politique du ventre*, Paris, Fayard : III-LXVIII.

Bayart J.-F., 2007. « Y a pas rupture, patron ! », *Le Messager*, 8 août.

Bayart J.-F., Ellis S., Hibou B., 1997. *La criminalisation de l'État en Afrique*, Paris, Complexe, 167 p.

Bean R., 1973. « War and birth of the Nation-State », *Journal of Economic History*, n° 33.

Beauchemin C., 2004. « Pour une relecture des tendances migratoires internes entre villes et campagnes : une étude comparée Burkina Faso-Côte d'Ivoire », *Cahiers québécois de démographie*, vol. 33, n° 2 : 67-199.

Beauchemin C., Bocquier P., 2004. « Migration and urbanization in Francophone West Africa : An overview of the recent empirical evidence », *Urban Studies*, vol. 41, n° 11 : 2245-2272.

Beblawi H., Luciani G. (dir.), 1987. *State and Integration in the Arab World : The Rentier State*, Londres, Croom Helm.

Beblawi H., 1987. « The rentier State in the Arab world », in Beblawi H., Luciani G. (dir.), *State and Integration in the Arab World : The Rentier State*, vol. 2, Londres, Croom Helm.

Bednik A., 2008. « Bataille pour l'uranium au Niger », *Le Monde diplomatique*, juin, p. 16.

Bégin-Favre J., 2008. *Insécurités. Une interprétation environnementale de la violence au Ouaddaï (Tchad oriental)*, thèse de doctorat de géographie, université Paris 1 Panthéon-Sorbonne, novembre, 2 t., 434 p.

Behrends A., 2008. « Fighting for oil when there is no oil yet : The Darfur-Chad border », *European Journal of Anthropology*, 52 : 39-56.

Belem G., 2009. « Mining, poverty reduction, the protection of the environment and the role of the World Bank Group in Mali », in Campbell B. (éd.), *Mining in Africa. Regulation and Development*, Londres/New York, Pluto Press/ International Development Research Center/The Nordic Africa Institute : 119-149.

Benjaminsen T. A., Svarstad H., 2009. « Qu'est-ce que la “Political ecology” ? », *Natures Sciences Sociétés*, n° 17 : 3-11.

Bennafla K., 2002. *Le commerce frontalier en Afrique centrale. Acteurs, espaces, pratiques*, Paris, Karthala, 366 p.

Béraud Ph., 1990. « De l'économie de rente à l'économie de production : les difficultés de la période de transition dans les économies pétrolières du Moyen-Orient et d'Afrique du Nord », *Cahiers d'économie mondiale*, vol. 4, n° 1, janvier-juin : 28-54.

Beremadji F., 2008. « Les brèves de Ndjaména : déguerpissement sur fond d'acharnement », *Tchad actuel*, 21 décembre.

Berg E., 1977. *Commercialisation, politique des prix et stockage des céréales au Sahel*, Ouagadougou/Paris, Club du Sahel/Cilss, 2 vol.

Bertoncello B., 2010. « Diaspora, développement et urbanisation : des Burkinabé de l'étranger acteurs des projets urbains de Zaca et Ouaga 2000 à Ouagadougou (Burkina Faso) », *Annales de géographie*, n° 675.

Bertoncin M., Faggi P., Quadrita D., 2009. « À la recherche du développement local dans la vallée du Sénégal. Réflexions sur le Ngalenka et la genèse d'un territoire », *Géocarrefour*, vol. 84, 1-2 : 65-72.

Bertrand M., Dubresson A. (dir.), 1997. *Petites et moyennes villes d'Afrique noire*, Paris, Karthala, 326 p.

Bertrand R., 2001. « L'affaire de la prise d'otage de Jolo : un exemple de la criminalisation du politique en Asie du Sud-Est », *La Revue internationale et stratégique*, n° 43, automne : 40-47.

Bhinda N., Leape J., Martin M., Griffith-Jones S., 1999. *Private Capital Flows to Africa : Perception and Reality*, La Haye, Forum sur la dette et le développement.

Bierschenk T., 2006. « Local appropriation of democracy : An analysis of the municipal elections in Parakou, Republic of Benin, 2002-2003 », *Journal of Modern African Studies*, vol. 44 : 543-571.

Bierschenk T., Chauveau J.-P., Olivier de Sardan J.-P. (dir.), 2000. *Courtiers en développement. Les villages africains en quête de projets*, Paris, Karthala, 328 p.

Binot A., Joiris V., 2007. « Règles d'accès et gestion des ressources pour les acteurs des péripheries d'aires protégées : foncier et conservation de la faune en Afrique subtropicale », *Vertigo. La revue électronique de l'environnement*, hors série 4, novembre, 12 p.

Blanc-Pamard C., Cambrézy L. (dir.), 1995. *Terre, terroir, territoire. Les tensions foncières*, Paris, Orstom Éditions (Colloques et séminaires), 472 p.

Bloch R., Owusu G., 2011. « Linkage in Ghana's gold mining industry : Challenging the enclave thesis », MMCP discussion paper, n° 1, mars, 43 p.

Blundo G., 2007. *Graisser la barbe. Mécanismes et logiques de la corruption en Mauritanie*, note de synthèse établie à l'intention de la Délégation de la Commission européenne en Mauritanie, mai, 49 p.

Blundo G., Jacob J.-P., 1997. « Socio-anthropologie de la décentralisation en milieu rural africain. Bibliographie commentée », *Itinéraires. Notes et travaux*, n° 49.

Blundo G., Olivier de Sardan J.-P. (dir.), 2007. *État et corruption en Afrique. Une anthropologie comparative des relations entre fonctionnaires et usagers (Bénin, Niger, Sénégal)*, Paris, Apad/Karthala, 374 p.

Bocquier P., Traoré S., 2000. *Urbanisation et dynamique migratoire en Afrique de l'Ouest. L'urbanisation en panne*, Paris, L'Harmattan, 148 p.

Boidin B., 2008. « Introduction. Les enjeux de la responsabilité sociale et environnementale des entreprises dans les pays en développement », *Monde en développement*, vol. 4, n° 144 : 7-12.

Bonnardel R., 1985. *Vitalité de la petite pêche tropicale, pêcheurs de Saint-Louis du Sénégal*, Paris, CNRS (Mémoires et documents de géographie), 104 p.

Bonnardel R., 1992. *Saint-Louis du Sénégal : mort ou naissance ?*, Paris, L'Harmattan, 423 p.

Bonte P., 2001. *La montagne de fer. La Snim (Mauritanie) : une enterprise minière saharienne à l'heure de la mondialisation*, Paris, Karthala, 368 p.

Boocock C. N., 2002. « Environmental impact of foreign direct investment in the mining sector in sub-Saharan Africa », in *OECD Global Forum on International Direct Investment*, Paris, 7-8 février, consulté le 23 juillet 2010, http://www.oecd.org/dataoecd/44/40/1819582.pdf.

Boserup E., 1965. *The Conditions of Agricultural Growth. The Economics of Agriculture under Population Pressure*, Londres/New York, 124 p.

Bost F., 2010. *Atlas mondial des zones franches*, Paris, Reclus/La Documentation française, 318 p.

Boulègue J., 1968. *La Sénégambie du milieu du XV^e^ au milieu du XVII^e^ siècle*, thèse de doctorat de troisième cycle, université Paris-Sorbonne.

Bouquet C., 1990. *Insulaires et riverains du lac Tchad*, Paris, L'Harmattan, 2 t., 412 et 464 p.

Boutrais J., 1973. *La colonisation des plaines par les montagnards au Nord du Cameroun (monts Mandara)*, Paris, Orstom Éditions (Travaux et documents, n° 24), 280 p.

Boutrais J. (dir.), 1984. *Le Nord du Cameroun. Des hommes, une région*, Paris, Orstom Éditions (Mémoires, n° 102), 551 p.

Boutrais J., 1995. *Hautes terres d'élevage au Cameroun*, Paris, Orstom Éditions, 2 vol., 1301 p.

BP, 2009. *BP Statistical Review of World Energy*, juin, 45 p.

Brachet J., 2009. *Migrations transsahariennes. Vers un désert cosmopolitique et morcelé (Niger)*, Paris, Le Croquant, 324 p.

Bredeloup S., 2007. *La diams'pora du fleuve Sénégal. Sociologie des migrations africaines*, Paris/Toulouse, IRD Éditions/PUM, 300 p.

Bridge G., Le Billon Ph., 2012. *Oil*, Cambridge, Polity Press, 200 p.

Bruel G., 1935. *La France équatoriale africaine. Le pays. Les habitants. La colonisation. Les pouvoirs publics*, Paris, Larose, 558 p.

Bruhnes J., 1912. *La géographie humaine. Essai de classification positive. Principes et exemples*, Paris, Félix Alcan, 801 p.

Bruneau J.-C., Pain M., 1990. *Atlas de Lubumbashi*, introduction de P. Pélissier, université Paris X Nanterre, 24 planches et 133 p.

Brunet R., 2004. *Le diamant. Un monde en révolution*, Paris, Belin, 416 p.

Brunet R., Ferras R., Théry H., 1992. *Les mots de la géographie, dictionnaire critique*, Montpellier/Paris, Reclus/La Documentation française, 518 p.

Buijtenhuis R., 1978. *Le Frolinat et les révoltes populaires du Tchad (1965-1976)*, La Haye/Paris/New York, Mouton, 526 p.

Buijtenhuis R., 1987. *Le Frolinat et les guerres civiles du Tchad*, Paris, Khartala, 479 p.

Cabot J., 1964. *Le bassin du moyen Logone*, thèse de doctorat de lettres, faculté des lettres et sciences humaines de l'université de Paris, 327 p.

Caillié R., 1830. *Voyage à Tombouctou*, préf. J. Berque, Paris, La Découverte, 1996, 2 t., 373 p. et 397 p.

Camara M.-M., 2003. *Les transformations de l'espace sous l'influence de la culture de la patate douce sur la bordure orientale du lac de Guiers (vallée du fleuve Sénégal)*, université Gaston-Berger de Saint-Louis, mémoire de maîtrise de géographie.

Cambrézy L., 2001. *Réfugiés et exilés. Crise des sociétés, crise des territoires*, Paris, Éditions des archives contemporaines, 216 p.

Campbell B., 1983. *Les enjeux de la bauxite*, Montréal, Presses universitaires de Montréal.

Campbell B. (éd.), 2004. *Regulating Mining in Africa : For Whose Benefit ?*, discussion paper 26, Uppsala, Nordiska Afrikainstitutet.

Campbell B., 2009a. « Introduction », in Campbell B. (éd.), *Mining in Africa. Regulation and Development*, Londres/New York, Pluto Press/International Development Research Center, The Nordic Africa Institute : 1-24.

Campbell B., 2009b. « Guinea and bauxite-aluminium : The challenges of development and poverty reduction », in Campbell B. (éd.), *Mining in Africa. Regulation and Development*, Londres/New York, Pluto Press/International Development Research Center/The Nordic Africa Institute : 66-118.

Campbell G., 2002. *Blood Diamonds : Tracing the Deadly Path of the World's Most Precious Stones*, Boulder, Westview Press.

Capoccia G., Kelemen R. D., 2007. « The study of critical junctures : Theory, narrative and counterfactuals in historical institutionalism », *World Politics*, vol. 59, n° 3, avril : 341-369.

Carothers T., 2002. « The end of the transition paradigm », *Journal of Democracy*, vol. 13, n° 1 : 5-20.

Carroué L., 2005. *Géographie de la mondialisation*, Paris, Armand Colin, 256 p.

Carton B., Lahouel B., 2001. *L'Afrique du futur. État contre mondialisation*, Bruxelles, Gresea, 76 p.

Castells M., 2001. *La société en réseau, l'ère de l'information*, Paris, Fayard, 2e éd., 671 p.

Causse R., 1991. « Le diamant en Guinée (situation en 1957-1958) », in Legoux P., Marelle A. (dir.), *Les mines et la recherche minière en Afrique occidentale française*, Paris, L'Harmattan : 213-229.

Cedeao-CSAO/OCDE, 2006a. *Atlas de l'intégration régionale en Afrique de l'Ouest. Pétrole et gaz*, http://www.atlas-ouestafrique.org/spip.php?rubrique59.

Cedeao-CSAO/OCDE, 2006b. *Atlas de l'intégration régionale en Afrique de l'Ouest. Transports*, http://www.atlas-ouestafrique.org/spip.php?rubrique13.

Censoni P., 2008. *Les POAS de la phase pilote à l'extension : analyse comparée dans quatre communautés rurales*, rapport de stage au Cirad (octobre 2007-février 2008), master 2 Coopération internationale et tutelle des droits et des biens ethnoculturels, Alma Mater Studiorum, université de Bologne, 173 p.

Centre culturel Al Mouna, 1996. *Tchad, « conflit Nord-Sud ». Mythe ou réalité ?*, Ndjaména, 211 p.

Cesaro J. D., 2009. *Mobilité pastorale et accès aux marchés : le cas des éleveurs du forage de Niassanté*, mémoire de master 1, université Paris 1 Panthéon-Sorbonne, Cirad, 175 p.

Cesaro J. D., Magrin G., Ninot O., 2010. *Petit atlas de l'élevage au Sénégal. Commerce et territoires*, Paris, ATP Icare/Cirad/Prodig, 32 p.

Chabal P., Daloz J.-P., 1998. *L'Afrique est partie ! Du désordre comme instrument politique*, Paris, Economica.

Chaléard J.-L., 1996. *Temps des villes, temps des vivres. L'essor du vivrier marchand en Côte d'Ivoire*, Paris, Karthala, 661 p.

Chaléard J.-L., Dubresson A., 1989. « Un pied dedans, un pied dehors : à propos du rural et de l'urbain en Côte d'Ivoire », in *Tropiques, lieux et liens*, florilège offert à P. Pélissier et G. Sautter, Paris, Orstom Éditions : 277-290.

Chaléard J.-L., Dubresson A. (dir.), 1999a. *Villes et campagnes dans les pays du Sud. Géographie des relations*, Paris, Karthala, 258 p.

Chaléard J.-L., Dubresson A., 1999b. « Introduction : nouvelles relations, nouvelles approches ? », in Chaléard J.-L., Dubresson A. (dir.), 1999. *Villes et campagnes dans les pays du Sud. Géographie des relations*, Paris, Karthala, 258 p. : 7-18.

Chaléard J.-L., 2010. « Les réponses de l'agriculture aux défis démo-économiques », *BAGF*, n° 1, dossier *1960-2010 : 50 ans d'indépendances africaines*, R. Pourtier (dir.), mars : 40-55.

Chalmin Ph. (dir), 2010. *Cyclope. Les marchés mondiaux. « La renaissance du palais d'été »*, Paris, Economica, 787 p.

Champin C., 2010. *Afrique noire, poudre blanche. L'Afrique sous la coupe des cartels de la drogue*, Paris, André Versaille/RFI.

Champaud J., 1983. *Villes et campagnes du Cameroun de l'ouest*, Orstom Éditions (Mémoire, n° 98), 508 p.

Chandler L., 2001. « Africa's Lake Chad shrinking by 20 times due to irrigation demands, climate change », note n° 1-17, Goddard Space Flight Center, Greenbelt, 27 février.

Chastanet M. (dir.), 1998. *Plantes et paysages d'Afrique : une histoire à explorer*, Paris, Karthala.

Châtaignier J.-M., Magro H. (dir.), 2007. *États et sociétés fragiles. Entre conflits, reconstruction et développement*, Paris, Karthala, 565 p.

Chaudhry K. A., 1994. « Economic liberalisation and the lineages of the rentier state », *Comparative Politics*, 27, octobre : 1-25.

Chaudhry K. A., 1997. *The Price of Wealth. Economy and Institutions in the Middle East*, Ithaca/Londres, Cornell University Press, 330 p.

Chauveau J.-P., 2000. « Question foncière et construction nationale en Côte d'Ivoire. Les enjeux silencieux d'un coup d'État », *Politique africaine*, n° 78 : 94-125.

Chauvet L., Collier P., 2005. *Policy Turnarounds in Failing States*, Department of Economics, Oxford University.

Chéneau-Loquay A., 2010. « La révolution des TIC : du téléphone à Internet », *BAGF*, n° 1, dossier *1960-2010 : 50 ans d'indépendances africaines*, R. Pourtier (dir.), mars : 87-104.

Chesnais F., 1997. *La mondialisation du capital*, Paris, Syros/Alternatives économiques.

Chevalier J.-M., 2004. *Les grandes batailles de l'énergie. Petit traité d'une économie violente*, Paris, Gallimard (Folio actuel), 472 p.

Chiusano G., Dansero E., 2007. « Le développement local au Sénégal dans les stratégies de la coopération internationale : cadre préliminaire à un parcours de recherche », *Cahiers de Girardel*, n° 4 : 64-104.

Choplin A., 2008. « L'immigré, le migrant, l'allochtone : circulations migratoires et figures de l'étranger en Mauritanie », *Politique africaine*, n° 109, mars : 73-90.

Choplin A., Lombard J., 2009. « La Mauritanie offshore. Extraversion économique, État et sphères dirigeantes », *Politique africaine*, n° 114, juin : 85-102.

Chrétien J.-L. (dir.), 2008. *L'Afrique de Sarkozy. Un déni d'histoire*, Paris, Karthala (Disputatio), 203 p.

Christian Aid, 2001. *The Scorched Earth : Oil and War in Sudan*, Londres.

Cirad, 2005. *Plan de développement régional de la zone pétrolière (Tchad)*, rapport définitif, Ndjaména, CTNSC, juin, 117 p.

Cirad, Cerdi, UIBE, Gramptc, 2009. « China's environmental regulation and Africa : A case study of corporate environmental management in a Chinese oil firm operating in Chad », projet de recherche, version d'octobre, Montpellier, Cirad Arena/Tetis, 7 p.

Claudot-Hawad H., 2002. *Éperonner le monde. Nomadisme, cosmos et politique chez les Touaregs*, Aix-en-Provence, Edisud.

Club du Sahel et de l'Afrique de l'Ouest, 2011. « Dynamiques d'urbanisation ouest-africaines », in *Perspectives ouest-africaines (POA). Peuplement, marché et sécurité alimentaire*, Paris, Club du Sahel/OCDE, n° 1, juin, 8 p.

CNCR, 2004. *Séminaire national des ruraux sur la réforme foncière. Rapport introductif. Réflexion des organisations paysannes sur la réforme foncière*, Dakar, 12-15 janvier, 18 p.

Cnuced, 2009. *Le développement économique en Afrique. Renforcer l'intégration économique régionale pour le développement de l'Afrique*, Genève, UNCTAD/ADLC/Africa.

Coe M. T., Foley J. A., 2001. « Human and natural impacts on the water resources of the Lake Chad basin », *Journal of Geophysical Research*, (D) 106 : 3349-3356.

Cogels S., Koppert G., 2004. *Enquêtes socio-économiques de suivi du projet pétrolier au Tchad*, Paris/Bruxelles, GEPFE, 41 p.

Colin R., 2007. *Sénégal notre pirogue. Au soleil de la liberté. Journal de bord 1955-1980*, Paris, Présence africaine, 405 p.

Collier P., 1995. « The marginalization of Africa », *International Labour Review*, n° 134.

Collier P., 2005. *Is Aid Oil ? An Analysis of wether Africa can Absorb more Aid*, Centre for the Study of African Economies, Oxford University, juin, 23 p.

Collier P., 2006. *Africa : Geography and Growth*, Centre for the Study of African Economies, Oxford University, juillet, 12 p.

Collier P., Hoeffler A., 1998. « On economic causes of Civil War », *Oxford Economic Papers*, n° 50 : 563–573.

Collier P., Hoeffler A., 2002. *The Political Economy of Secession*, Washington D.C., World Bank, Development Research Group, 23 décembre.

Collier P., Hoeffler A., 2004. « Greed and grievance in Civil Wars », *Oxford Economic Papers*, n° 56 : 663-695.

Collier P., Hoeffler A., 2005a. « Resource rents, governance, and conflict », *Journal of Conflict Resolution*, n° 49, 4 : 625–633.

Collier P., Hoeffler A., 2005b. « Démocraties pétrolières », *Afrique contemporaine*, n° 216 : 107-123.

Cooper F., 1981. « Africa and the world economy », *The African Studies Review*, 24 (2-3), juin-septembre.

Copans J., 1988. *Les marabouts de l'arachide. La confrérie mouride et les paysans du Sénégal*, Paris, L'Harmattan, 279 p. [1re éd., Le Sycomore, 1980].

Copinschi P., Noël P., 2005. « L'Afrique dans la géopolitique mondiale du pétrole », *Afrique contemporaine*, nº 216, vol. 4 : 29-42.

Coquery-Vidrovitch C., 1972. *Le Congo [AEF] au temps des grandes compagnies concessionnaires, 1898-1930*, Paris/La Haye, Mouton, 600 p.

Coquery-Vidrovitch C., 1976. « The political economy of the African peasantry and modes of production », in Gutkind P. C. W., Wallerstein I. (dir.), *The Political Economy of Contemporary Africa*, Beverly Hills, Sage.

Cotula L., Vermeulen S., Leonard R., Keeley J., 2009. *Land Grab or Development Opportunity ? Agricultural Investment and International Land Deals in Africa*, Londres/Rome, IIED/FAO/IFAD.

Coulibaly A.-L., 2003. *Wade, un opposant au pouvoir. L'alternance piégée ?*, Dakar, Les Éditions sentinelles, 300 p.

Coulibaly A.-L., 2009. *Contes et mécomptes de l'Anoci*, Paris, L'Harmattan.

Cour J.-M., 1990. *Urban-Rural Linkages : Macroeconomic and Regional Implications*, Washington, Banque mondiale, 45 p.

Cour J.-M., 1994. *Performances du secteur agricole et redistribution de la population en Afrique de l'Ouest*, Paris, OCDE, 113 p.

Courade G. (dir.), 1994. *Le village camerounais à l'heure de l'ajustement*, Paris, Karthala, 392 p.

Couture J. L., Lavigne-Delville Ph., Spinat J. B., 2002. *Institutional Innovations and Water Management in Office du Niger (1910–1999) : The Long Failure and New Success of a Big Irrigation Scheme*, working paper, 29, Paris, GRET.

Couty Ph., 1968. « La structure des économies des savanes africaines », *Cahiers Orstom*, série Sciences Humaines, vol. V, nº 2 : 22-43. Version consultée : *Les apparences intelligibles. Une expérience africaine*, Paris, Arguments, 1996 : 35-54.

Couty Ph., Lericollais A., 1982. *Vers une méthode pratique d'analyse régionale. Le cas de la vallée du Sénégal (1957-1980)*, brochure Amira, nº 36, mai, 115 p.

Crook R. C., Manor J., 1998. *Democracy and Decentralisation in South Asia and West Africa. Participation, Accountability and Performance*, Cambridge, Cambridge University Press.

Daffé G., 2008. « Les transferts d'argent des migrants sénégalais. Entre espoir et risques de dépendance », in Diop M.-C. (dir.), *Le Sénégal des migrations. Mobilités, identités et sociétés*, Paris/Dakar, Karthala/Crepos/ONU Habitat : 105-131.

Dahou T., 2004. *Entre parenté et politique. Développement et clientélisme dans le Delta du Sénégal*, Paris/Dakar, Karthala/Enda Graf Sahel, 364 p.

Dahou T., 2008. « L'"itinérance" des Sereer Niominka. De l'international au local ? », in Diop M.-C. (dir.), *Le Sénégal des migrations. Mobilités, identités et sociétés*, Paris/Dakar, Karthala/Crepos/ONU Habitat : 321-342.

Dahou T., Ould Cheikh A. W., 2007. « L'autochtonie dans les aires marines protégées. Terrain de conflit en Mauritanie et au Sénégal », *Politique africaine*, n° 108, décembre : 173-186.

D'Alessandro-Scarpari C., 2005. *Géographes en brousse. Un métissage spatial entre discours et pratiques*, Paris, L'Harmattan, 375 p.

Dansero E., Luzzati E., Seck S. M. (dir.), 2009. *Organisations paysannes et développement local. Leçons à partir du cas du delta du fleuve Sénégal*, Turin/Paris, L'Harmattan, 335 p.

D'Aquino P., 2002a. « Le local entre espace et pouvoir. Pour une planification territoriale ascendante », *L'espace géographique*, 1 : 3-22.

D'Aquino P., 2002b. *Accompagner une maîtrise ascendante des territoires. Prémices d'une géographie de l'action territoriale*, mémoire d'HDR, université de Provence, juin, 323 p.

Darbon D., Quantin P., 2007. « États fragiles : des États à historicités décalées », in Châtaigner J.-M., Magro H. (dir.), *États et sociétés fragiles. Entre conflits, reconstruction et développement*, Paris, Karthala : 475-492.

David P., 1980. *Les navétanes. Histoire des migrants saisonniers de l'arachide en Sénégambie des origines à nos jours*, Dakar/Abidjan, NEA, 525 p.

Davidson B., 1992. *The Black Man's Burden : Africa and the Curse of the Nation-State*, New York, Times Book.

Daviron B., Giordano T., 2007. « "États fragiles" : genèse d'un consensus international », in Châtaigner J.-M., Magro H. (dir.), *États et sociétés fragiles. Entre conflits, reconstruction et développement*, Paris, Karthala : 23-40.

Debarbieux B., Vanier M., 2002. « Introduction. Les représentations à l'épreuve de la complexité territoriale : une actualité ? une prospective ? », in Debarbieux B., Vanier M., *Ces territorialités qui se dessinent*, La Tour-d'Aigues, Éditions de l'Aube : 7-27.

Debos M., 2008. « Darfour, Tchad, RCA. Le développement d'une crise régionale », in Montbrial Th. (dir.), *Ramses 2008* : 269-273.

Debos M., 2009. *Des combattants entre deux guerres. Sociologie politique du métier des armes au Tchad*, doctorat de science politique, IEP de Paris, 469 p.

Debrie J., Steck J.-F., 2001. « L'enclavement, réévaluation théorique et application à l'Afrique de l'Ouest », *L'espace géographique*, n° 1 : 26-36.

Debris T., Diagne I., Soetard P., 2000. « Quand la logique institutionnelle prime sur la dynamique des acteurs : enjeux de l'intercommunalité sur le territoire de

Djilor », in AFVP, *Les interactions rurales-urbaines : circulation et mobilisation des ressources*, colloque Apad/IRD, Saint-Louis, 26-28 janvier, 15 p.

Deffontaines P., s. d. [vers 1930]. *Afrique occidentale et équatoriale française*, Paris, Hatier, carte n° 51, carte économique, 1 : 4 500 000.

De Jong F., Foucher V., 2010. « La tragédie du roi Abdoulaye ? Néomodernisme et renaissance africaine dans le Sénégal contemporain », *Politique africaine*, n° 118, juin : 187-204.

Dejouhanet L., 2006. « Le chemin de fer en Mauritanie : composant d'un modèle minier ou moyen de développement d'une région ? », in Chaléard J.-L., Chanson-Jabeur C. (dir.), *Le chemin de fer en Afrique*, Paris, Karthala/Prodig/Sedet : 293-306.

Deler J.-P., Fauré Y.-A., Piveteau A., Roca P.-J. (dir.), 1998. *ONG et développement : société, économie, politique*, Paris, Karthala.

Deleuze G., Guattari, F., 1980. *Mille plateaux, 2, Capitalisme et schizophrénie*, Paris, Éditions de Minuit, 645 p., chapitre 14, « 1440. Le lisse et le strié » : 592-625.

Dème M., Duteurtre G., Dieye P. N., 2010. « Pêche maritime et pression environnementale : un risque majeur pour le premier poste d'exportation », in Duteurtre G., Dièye Faye M., Dièye P. N. (dir.), *L'agriculture sénégalaise à l'épreuve du marché*, Dakar/Paris, Isra/Karthala : 363-384.

Deshaies M., 2007. *Les territoires miniers. Exploitation et reconquête*, Paris, Ellipses, 224 p.

De Soysa I., 2002. « Paradise is a bazaar ? Greed, creed and governance in Civil War 1989-1999 », *Journal of Peace Research*, n° 39, 4 : 395-416.

Destremau B., 2000. « Formes et mutations des économies rentières au Moyen-Orient », *Tiers-Monde*, t. XLI, n° 163, juillet-septembre : 489-500.

Deutscher E., 2010. *Coopération pour le développement, rapport 2010*, Paris, OCDE/CAD, 302 p.

De Waal A., 2008. *Making Sense of Chad*, SSRC (The Social Sciences Research Council), 4 février, http://www.ssrc.org/blog/2008/02/04/making-sense-of-chad.

Dia A., Duponnois R., 2010. *Le projet majeur africain de la Grande Muraille Verte. Concepts et mise en œuvre*, Montpellier, IRD Éditions.

Dia D., 2009. *Les territoires d'élevage laitier à l'épreuve des dynamiques politiques et économiques : éléments pour une géographie du lait au Sénégal*, thèse de géographie de l'Ucad (Dakar), Isra/Bame, 336 p.

Dia H., 2008. « Les ressources d'une diaspora villageoise de la moyenne vallée du fleuve Sénégal », in Diop M.-C. (dir.), *Le Sénégal des migrations. Mobilités, identités et sociétés*, Paris/Dakar, Karthala/Crepos/ONU Habitat : 179-194.

Dia N., 2009. « Commerce et logiques d'acteurs dans la région de Kolda au Sénégal », *Echogéo*, n° 8, http://echogeo.revues.org/11048.

Dia N., 2008. *Le commerce du lait dans la région de Kolda, une ressource territoriale en émergence ?*, mémoire de master , Saint-Louis, université Gaston-Berger de Saint-Louis/ATP Icare, janvier.

Dia P., 2000. « Le paradoxe de la décentralisation au Sénégal : le cas de Saint-Louis et de son environnement rural », *Les interactions rurales-urbaines : circulation et mobilisation des ressources*, colloque Apad-IRD, Saint-Louis, 26-28 janvier, 9 p.

Diallo M. L., 2006. *Mines et dynamiques spatiales dans le Sud-Est du Sénégal : l'exemple de la communauté rurale de Khossanto*, université Gaston-Berger de Saint-Louis, mémoire de maîtrise, sous la direction de G. Magrin, novembre.

Diallo M. L., 2009. « Mine d'or et développement durable », *Echogéo*, n° 8, http://echogeo.revues.org/11103.

Dieye P. N., 2003. *Comportement des acteurs et performance de la filière lait périurbaine de Kolda (Sénégal)*, Institut agronomique méditerranéen de Montpellier (Master of science, n° 61), 71 p.

Dieye P. N., Broutin C., Duteurtre G., Diao M. B., Dia D., 2010. « Produits laitiers : importations, industries urbaines et dynamiques artisanales locales », in Duteurtre G., Dièye Faye M., Dièye P. N. (dir.), *L'agriculture sénégalaise à l'épreuve du marché*, Paris, Karthala : 305-327.

Diop D., 2006. *Décentralisation et gouvernance locale au Sénégal : quelle pertinence pour le développement local ?*, Paris, L'Harmattan, 268 p.

Diop M.-C. (dir.), 2002a. *La société sénégalaise entre le local et le global*, Paris, Karthala, 723 p.

Diop M.-C. (dir.), 2002b. *Le Sénégal contemporain*, Paris, Karthala, 655 p.

Diop M.-C. (dir.), 2004. *Gouverner le Sénégal. Entre ajustement structurel et développement durable*, Paris, Karthala, 299 p.

Diop M.-C., 2008. « Présentation. Mobilités, État et société », Diop M.-C. (dir.), *Le Sénégal des migrations. Mobilités, identités et sociétés*, Paris/Dakar, Karthala/Crepos/ONU Habitat, 434 p.

Diop M.-C., Diouf M., Diaw A. D., 2000. « Le baobab a été déraciné : l'alternance au Sénégal », *Politique africaine*, n° 78, juin : 157-179.

Diop O., 2001. « Conflits éleveurs agriculteurs dans la communauté rurale de Dealy », *The Land*, n° 5.

Diop O., Magrin G., 2011. « Le poisson du *ceebu jën* est-il durable ? La pêche maritime sénégalaise face au défi alimentaire », in Pillon P. (dir.), *La faim par le marché : aspects sénégalais de la mondialisation*, Paris, L'Harmattan : 317-344.

Diouf M., 2001. *Histoire du Sénégal*, Paris, Maisonneuve et Larose, 250 p.

Dittgen R., 2011. « New development cycle through long-term investment ? », *Echogéo*, n° 17, http://echogeo.revues.org/12547.

Dittgen R., 2012. « La CNPC en Afrique médiane. Comparaison des expériences de gestion environnementale au Soudan, au Niger et au Tchad », in van Vliet G., Magrin G. (dir.), *Une compagnie pétrolière chinoise face à l'enjeu environnemental au Tchad*, Paris, AFD (Focales, n° 9) : 199-226.

Dittrick L., Blaustein E., 2007. « Biofuels in West Africa : Public policy considerations », *Enjeux et perspectives des biocarburants pour l'Afrique*, présentation à la conférence internationale, Ouagadougou, 27-29 novembre, www.biofuel-africa.org.

Dollfus O., 1997. *La mondialisation*, Paris, Presses de Sciences Po, 166 p.

Donner N., 2003. « *Chad Development Project* ». *Approche d'un projet pétrolier à l'heure du développement durable. Le projet Exxon Mobil au Tchad*, mémoire de maîtrise de géographie, université Joseph-Fourier Grenoble 1, 166 p.

Donner N., 2004. *Naphte et dynamiques géographiques en Guinée équatoriale*, mémoire de DEA Mondes tropicaux, École doctorale de Paris, 103 p.

Donner N., 2009. « The myth of the oil curse : Exploitation and diversion in Equatorial Guinea », *Afro-Hispanic Review*, vol. 28, n° 2 : 21-42.

Donner N., 2011. « Notes sur la dimension immunitaire des enclaves pétrolières », *Echogéo*, n° 17, http://echogeo.revues.org/12555.

Dorier-Apprill E., Domingo E., 2004. « Les nouvelles échelles de l'urbain en Afrique. Métropolisation et nouvelles dynamiques territoriales sur le littoral béninois », *Vingtième siècle*, n° 81 : 41-54.

DPEE (Direction de la prévision et des études économiques, ministère de l'Économie et des Finances), 2008. *Impact des transferts des migrants sur la pauvreté au Sénégal*, document d'étude n° 7, Dakar, 28 p.

Dresch J., 1948. « Villes congolaises. Étude de géographie urbaine et sociale », *Revue de géographie humaine et d'ethnologie*, n° 3 : 3-24.

Dresch J., 1946. « Sur une géographie des investissements de capitaux. L'exemple de l'Afrique noire », *BAGF*, n° 177-178 : 59-64.

Dubost G., 1998. *Le colonel Roudaire et son projet de mer saharienne*, Guéret, Société des sciences naturelles et archéologiques de la Creuse.

Dubresson A., 1994. « Le bélier et le rédempteur », in Dubresson A., Marchal J.-Y., Raison J.-P. (dir.), *Les Afriques au sud du Sahara. Géographie universelle*, Paris, Belin/Reclus, t. 6 : 147-159.

Dubresson A., Raison J.-P., 1998. *L'Afrique subsaharienne. Une géographie du changement*, Paris, Armand Colin, 1998, 247 p.

Dubresson A., Jaglin S., 2005. « Gouvernance, régulation et territorialisation des espaces urbanisés. Approches et méthodes », in Antheaume B., Giraut F. (dir.), *Le territoire est mort, vive les territoires ! Une (re)fabrication au nom du développement*, Paris, IRD Éditions : 337-352.

Dubresson A., Fauré Y.-A. (dir.), 2005. « Décentralisation et développement local, un lien à repenser », *Tiers Monde*, n° 181, t. XLXI, janvier-mars, 239 p.

Dubresson A., Jaglin S., 2010. « Villes et citadins d'Afrique noire francophone. Le temps des incertitudes », *BAGF*, n° 1, dossier *1960-2010 : 50 ans d'indépendances africaines*, R. Pourtier (dir.), mars : 15-25.

Duffield M., 2001. *Global Governance and the New Wars : The Merging of Development and Security*, Londres, Zed Books.

Dumont R., 1962. *L'Afrique noire est mal partie*, Paris, Seuil, 287 p.

Dumont R., 1986. *Pour l'Afrique, j'accuse*, Paris, Plon (Terre humaine Poche), 425 p.

Duteurtre G., 2009. « Lait des pauvres, lait des riches : réflexion sur l'inégalité des règles du commerce international », in Duteurtre G., Faye B. (dir.), *L'élevage, richesse des pauvres : stratégies d'éleveurs et organisations sociales face aux risques dans les pays du Sud*, Versailles, Quae : 249-266.

Egg J., Gabas J.-J.(dir.), 1997. *La prévention des crises alimentaires au Sahel. Dix ans d'expérience d'une action menée en réseau (1985-1995)*, Paris, Club du Sahel/OCDE.

Eggert, 1994. *Mining and the Environment : International Perspectives on Public Policy*, Washington D.C., Resources for the Future.

Eifert B., Gelb A., Tallroth N., 2003. « The political economy of fiscal policy and economic management in oil exporting countries », in Davis J. M., Ossowski R., Fedelino A. (dir.), *Fiscal Policy Formulation and Implementation in Oil-Producing Countries*, Washington D.C., International Monetary Fund : 82-122.

Eklöf Amirel S., 2009. « La piraterie maritime en Afrique contemporaine. Ressorts locaux et internationaux des activités de piraterie au Nigeria et en Somalie », *Politique africaine*, n° 116 : 97-119.

Exxon, 1999a. *Projet d'exportation tchadien. Résumé de l'étude d'impact sur l'environnement*, version actualisée, Exxon/Dames & Moore, mai.

Exxon, 1999b. *Projet d'exportation tchadien. EIE. Document annexe. Volume 1. Description du projet. Mise hors service. Liste des études/rapports. Liste des consultants/experts*, Exxon/Dames & Moore, 64 p.

Exxon, 2010. *PGE (Plan de gestion de l'environnement). Protection de l'environnement. Aspects socio-économiques*, réunion avec le CPPL, 19 mai, Moundou, diaporama (52 diapositives).

Faini R., 2007. « Migrations et transferts de fonds : impacts sur les pays d'origine », *Revue d'économie du développement*, numéro spécial, *Migrations et développement : des avantages partagés ?*, n$^{os}$ 2-3 : 153-182.

Fall A. A., 2010. « Riz : désengagement de l'État, flambée des importations et… retour de l'État ? », in Duteurtre G., Faye Dieye M., Dieye P. N. (dir.), *L'agriculture sénégalaise à l'épreuve du marché*, Dakar/Paris, Isra/Karthala : 57-81.

Fall A. S., Gueye Ch., 2005. *Urbain rural. L'hybridation en marche*, Dakar, Enda, 478 p.

Fall P. D., 2008. « Migration internationale et développement local dans le Nguènar sénégalais », in Diop M.-C. (dir.), *Le Sénégal des migrations. Mobilités, identités et sociétés*, Paris/Dakar, Karthala/Crepos/ONU Habitat : 195-210.

Fanchette S., 1999. *Colonisation des terres sylvo-pastorales et conflits fonciers en Haute-Casamance*, IIED (Tenures foncières, n° 13), 34 p.

FAO, 2009. « Lac Tchad ou la catastrophe humanitaire. L'assèchement du lac menace les moyens d'existence des riverains », Rome, FAO, 14 octobre, consulté le 16 octobre 2009, http://www.fao.org/news/story/fr/item/36171/icode.

Faugères L., 1987. « Entre ressources et risques : le développement de la Macédoine occidentale grecque », *Annales de géographie*, n° 536 : 401-422.

Fauré Y.-A., Labazée P., 2005. « Les territoires productifs des agglomérations de PME dans les Suds : modèles et problèmes », in Antheaume B., Giraut F. (dir.), *Le territoire est mort, vive les territoires ! Une (re)fabrication au nom du développement*, Paris, IRD Éditions : 269-294.

Favreau G. *et al.*, 2005. « Impacts climatiques et anthropiques sur le fonctionnement hydrologique dans le bassin du lac Tchad », communication au premier colloque de restitution scientifique du projet Écosphère continentale, Toulouse, 5-7 décembre.

Faye J., Ba C. O., Dieye P. N., Dansoko M., 2007. *Implications structurelles de la libéralisation sur l'agriculture et le développement rural au Sénégal (1950-2006)*, Dakar, Banque mondiale/Coopération française/ASPRODEB, février, 204 p.

Fearon J., 2005. « Primary commodity exports and Civil War », *Journal of Conflict Resolution*, n° 49, 4 : 483-507.

Fearon J., Laitin D., 2003. « Ethnicity, insurgency and Civil War », *American Political Science Review*, n° 97, 1 : 75-90.

Feckoua L. L., 1996. *Tchad, la solution fédérale. Une dynamique de paix et une stratégie de développement par la gestion partagée*, Paris, Présence africaine, 1996, 238 p.

Ferguson J., 1994. *The Anti-Politics Machine : « Development », Depolitization, and Bureaucratic Power in Lesotho*, Minneapolis, University of Minnesota Press.

Ferguson J., 1999. *Expectations of Modernity. Myths and Meanings of Urban Life on the Zambian Copperbelt*, Berkeley/Los Angeles/Londres, University of California Press, 326 p.

Ferguson J., 2005. « Seeing like an oil company : Space, security and global capital in neoliberal Africa », *American Anthropologist*, vol. 107, n° 3 : 377-382.

Ferguson J., 2006. *Global Shadows. Africa in the Neoliberal World Order*, Durham/Londres, Duke University Press, 257 p.

Ferguson J., Brian R., 2003. « Introduction : Violent conflict and control of the state », in Biran R., Ferguson J. (dir.), *The State, Identity and Violence : Political Disintegration in the Post-Cold War World*, Londres, Routledge : 1-58.

Ferry B., Hugon Ph., 2007. « Introduction », in *L'Afrique face à ses défis démographiques. Un avenir incertain*, Paris, AFD/Ceped/Karthala : 17-26.

Fieldhouse D. K., 1978. *Unilever Overseas : The Anatomy of a Multinational, 1895-1965*, Londres, Croom Helm.

First R., 1974. *Libya : The Elusive Revolution*, Harmondsworth, Penguin.

Follana C., 2006. « Les envois d'argent des migrants africains ne contribuent pas au développement des pays d'origine », in Courade G. (dir.), *L'Afrique des idées reçues*, Paris, Belin : 356-362.

Foucher V., 2003. « Pas d'alternance en Casamance. Le nouveau pouvoir sénégalais face à la revendication séparatiste casamançaise », *Politique africaine*, n° 91 : 101-119.

Fouquet T., 2008. « Migrations et "glocalisation" dakaroises », in Diop M.-C. (dir.), *Le Sénégal des migrations. Mobilités, identités et sociétés*, Paris/Dakar, Karthala/Crepos/ONU Habitat : 241-276.

Fournier J.-M., 2003. « Nouvelles temporalités, changements spatiaux et inégalités sociales. L'exemple des villes pétrolières du Casanare (Colombie) », *Cybergeo : European Journal of Geography*, n° 238, 25 mai, 17 p.

Frémont A., 1982. « Histoire d'une recherche : distances et espaces », in Frémont A., Galais J., Chevalier J., Betrand M.-J., Müller C., *Espaces vécus et civilisations*, Paris, CNRS, 106 p.

Freud C., Hanak Freud E., Richard J., Thénevin P., 1997. *L'arachide au Sénégal. Un moteur en panne*, Paris, Karthala/Cirad, 166 p.

Friedrich E., 1904. « Wesen und geographische Verbreitung der Raubwirtschaft », *Petermanns Mitteilungen*, L, cahier III : 68-79 ; cahier IV : 92-95.

Frynas J. D., Paulo M., 2007. « A new scramble for African oil ? Historical, political, and business perspectives », *African Affairs*, n° 106 (423) : 229-251.

Frynas J. G., 2000. *Oil in Nigeria : Conflict and Litigation between Oil Companies and Village Communities*, Hambourg, LIT.

Gallais J., 1975. *Pasteurs et paysans du Gourma. La condition sahélienne*, mémoire du Centre de géographie tropicale du CNRS, 240 p.

Gallais J., 1984. *Hommes du Sahel. Espaces-temps et pouvoirs. Le delta intérieur du Niger (1960-1980)*, Paris, Flammarion, 289 p.

Gang C., 2009. « Politics of China's environmental protection : problems and progress », *Series on Contemporary China*, vol. 17.

Garapon A., 2009. « L'imaginaire pirate de la mondialisation », *Esprit*, n° 356, *De la piraterie aux piratages*, juillet : 154-167.

Gary I., Karl T. L., 2003. *Le fond du baril. Boom pétrolier et pauvreté en Afrique*, Baltimore, CRS, 102 p.

Gautier D., Hautdidier B., Aya I., Gazull L., 2008. « Le "marché rural de bois" au Mali à l'épreuve du temps. Une innovation en friche », in Méral Ph., Castellanet C., Lapeyre R. (dir.), *La gestion concertée des ressources naturelles : l'épreuve du temps*, Paris, Karthala/Gret (Économie et développement) : 67-84.

Gautier D., Benjaminsen T. A. (dir.), 2012. *Environnement, discours et pouvoir. L'approche « political ecology »*, Versailles, Quæ, 256 p.

Gazibo M., 2003. « La vertu des procédures démocratiques : élections et mutation des comportements politiques au Niger », *Politique africaine*, n° 92 : 145-156.

Gerold, G., 2009. « Local and central governance in Eastern Chad », communication à l'atelier de l'Institut d'études et de sécurité de l'Union européenne, Technical Workshop on Eastern Chad, Paris, 21 janvier.

Gic, 2009. *Groupe international consultatif. Projet d'exploitation pétrolière et d'oléoduc Tchad Cameroun*, rapport bilan, 61 p.

Gilroy P., 2003. *L'Atlantique noir. Modernité et double conscience*, Paris, Kargo.

Girard J., 1992. *L'or du Bambouk. Une dynamique de civilisation ouest-africaine. Du royaume du Gabou à la Casamance*, Genève, Georg Éditeur, 347 p.

Giraut F., 1999. « Les racines et le réseau : les petites villes dans la transition territoriale ouest-africaine », in Chaléard J.-L., Dubresson A. (dir.), *Villes et campagnes dans les pays du Sud. Géographie des relations*, Paris, Karthala : 207-238.

Global Witness, 1999. *A Crude Awakening. The Role of the Oil and Banking Industries in Angola's Civil War and the Plunder of State Assets*, 23 p.

Gottmann J., 1952. *La politique des États et leur géographie*, Paris, CTHS, 261 p.

Gottmann J., 1973. *The Significance of Territory*, Charlottesville, University Press of Virginia.

Gould J., Winters M., 2007. « An obsolescing bargain in Chad : Shifts in leverage between the government and the World Bank », *Business and Politics*, 9/2.

Gourevitch P., 1986. *Politics in Hard Times. Comparative Responses to International Economic Crises*, Ithaca, Cornell University Press.

Gramptc, 2003. *Pollutions et situation des villages enclavés : les questions en suspens et défis à relever*, rapport de suivi n° 3, série Environnement et Sociétés, Ndjaména, 34 p.

Gramptc, 2004. *Situations de non-conformité sociale et environnementale. Phase de construction du projet d'exploitation tchadien*, rapport de recherches n° 2, série Environnement et Sociétés, Ndjaména, 75 p.

Gramptc, 2008. *Forum bilan sur les réalisations des 5 % des revenus pétroliers alloués à la région productrice, rapport de l'étude de terrain dans la région du Logone oriental*, Ndjaména, Gramptc, 114 p.

Gramptc, 2010. *Suivi des impacts socioéconomiques et environnementaux des activités extractives dans le bassin de Doba*, rapport de monitoring n° 10, série Environnement et Sociétés, Ndjaména, 37 p.

Gramsci A., 1975. *Notas sobre Maquiavelo, sobre política y sobre el Estado Moderno*, traduit de l'italien par José M. Arico [1966], Mexico, Juan Pablos Editor.

Grataloup C., 2007. *Géohistoire de la mondialisation*, Paris, Armand Colin, 255 p.

Grégoire E., Labazée P., 1993. *Grands commerçants d'Afrique de l'Ouest. Logiques et pratiques d'un groupe d'hommes d'affaires contemporains*, Paris, Karthala/Orstom Éditions, 262 p.

Greig I., 2006. *Le Sénégal oriental à l'aube du développement minier : quels enjeux pour les collectivités locales ?*, mémoire de master 1 de géographie, ENS-Lyon, sous la direction de P. Arnould et G. Magrin.

Gubry P., 1996. *Le retour au village. Une solution à la crise économique au Cameroun ?*, Paris, L'Harmattan, 206 p.

Guengant J.-P., 2007. « La démographie africaine entre convergences et divergences », in Ferry B. (dir.), *L'Afrique face à ses défis démographiques. Un avenir incertain*, Paris, AFD/Ceped/Karthala : 27-121.

Gueye C., 2002. *Touba. La capitale des mourides*, Dakar/Paris, Enda/Karthala/IRD Éditions, 532 p.

Gueye C., Tall S. M., 2003. « Mutations foncières urbaines et décentralisation au Sénégal : quelles articulations ? », in Totté M., Dahou T., Billaz R. (dir.), *La décentralisation en Afrique de l'Ouest. Entre politique et développement*, Paris/Dakar, Karthala/Cota/Enda Graf : 103-121.

Guigou J.-L., 1980. « Le sol et l'espace : des énigmes pour les économistes », *L'espace géographique*, n° 1 : 17-28.

Guigou J.-L., 1982. *La rente foncière. Les théories et leur évolution depuis 1650*, Paris, Economica, 954 p.

Gunn G., 1993. « Rentier capitalism in Negara Brunei Daussalam », in Hewison K. *et al.* (dir.), *Southeast Asia in the 1990s : Authoritarianism, Democracy, and Capitalism*, Sydney, Allen and Unwin : 111-132.

Gupta S., Pattillo C., Wagh S., 2007. « Impact of remittances on poverty and financial development in sub-Saharan Africa », IMF working paper, n° 7/38.

Guyer J. I., 2004. *Marginal Gains. Monetary Transactions in Atlantic Africa*, Chicago, University of Chicago Press, 207 p.

Hardin G.,1968. « The tragedy of the commons », *Science* : 1442-1448.

Harriss B., 1982. *Agricultural Marketing in the Semi-Arid Tropics of West Africa*, Development Studies Occasional, paper n° 17, University of East Anglia, 133 p.

Harvey D., 2008. « L'art de la rente. Mondialisation et marchandisation de la culture », in *Géographie de la domination* : 23-56 [*Space of Capital : Towards a Critical Geography*, Londres, Routledge, 2001].

Héran F., 2002. « Les recherches sur l'immigration et l'insertion : avancées, débats, perspectives », Commissariat général au Plan, *Immigration, marché du travail, intégration*, Paris, La Documentation française.

Herbst J., 2000. *States and Power in Africa. Comparative Lessons in Authority and Control*, Princeton, Princeton University Press, 280 p.

Hibou B., 1996. *L'Afrique est-elle protectionniste ? Les chemins buissonniers de la libéralisation extérieure*, Paris, Karthala.

Hibou B. (dir.), 1999. *La privatisation des États*, Paris, Karthala.

Hirschman A. O., 1958. *The Strategy of Economic Development*, New Haven, Yale University Press.

Hirschman A. O., 1986. *Vers une économie politique élargie*, Paris, Éditions de Minuit.

Hocquard C., 2006. « La crise du Tantale de 2000, ses répercussions sur la mine artisanale et les conflits dans la région des Grands Lacs africains », communication au colloque Gecorev *La gestion concertée des ressources naturelles et de l'environnement – du local au mondial*, université Versailles-Saint-Quentin-en-Yvelines, 26-28 juin.

Hopkins A., 1973. *An Economic History of West Africa*, New York, Columbia University Press.

Horsnell P., 1999. « Oil company histories », *Journal of Energy Literature*, V, n° 2 : 3-31.

Hotelling H., 1931. « The economics of exhaustible resources », *Journal of Political Economy*, vol. 39, 2 : 137-175.

Huet S., 2010. « Eaux et forêts du Sahel. Le projet panafricain de Grande muraille verte peut-il enrayer la désertification et stopper l'exode rural ? Expérience-clé dans le nord du Sénégal », *Libération*, 13 septembre.

Hugon Ph., 2007. *Géopolitique de l'Afrique*, Paris, Sedes/Armand Colin, 239 p.

Hugon Ph., 2009a. *L'économie de l'Afrique*, Paris, La Découverte (Repères), 6e éd., 127 p.

Hugon Ph., 2009b. « La crise mondiale et l'Afrique : transmission, impacts et enjeux », *Afrique contemporaine*, n° 232, 4 : 151-170.

Hugon Ph., Coussy J., Sudrie O., 1989. *Urbanisation et dépendance alimentaire en Afrique subsaharienne*, Paris, Sedes.

Human Rights Watch, 1999. *The Price of Oil : Corporate Responsibility and Human Rights Violations in Nigeria's Oil Producing Communities*, New York, Human Rights Watch.

Human Rights Watch, 2002. *The Niger Delta : No Democratic Dividend*, New York, octobre.

Human Rights Watch, 2005. *Rivers and Blood : Guns, Oil and Power in Nigeria's Rivers State. A Human Rights Watch Briefing Paper*, New York, février, 24 p.

Humphreys M., 2005. « Natural resources, conflict, and conflict resolution : Uncovering the mecanisms », *Journal of Conflict Resolution*, 49, 4 : 508-537.

Humphreys M., Sachs J. D., Stiglitz J. E. (dir.), 2007. *Escaping the Resource Curse*, New York, Columbia University Press, 408 p.

Ibrahim O., Tinguiri K. L., Maarou Y., 1993. « Effets directs et indirects du secteur minier et énergétique sur l'industrialisation. Cas du Niger », in Khennas S. (dir.), *Industrialisation, ressources minières et énergie en Afrique*, Dakar, Codesria : 191-244.

ICG (International Crisis Group), 2008. « Nigeria : Ogoni Land after Shell », *Africa Briefing*, n° 54, Dakar/Abuja/Bruxelles, 18 septembre, 20 p.

ICG (International Crisis Group), 2009. « Tchad, sortir du piège pétrolier », *Policy Briefing Afrique*, n° 65, Nairobi/Bruxelles, 26 août, 24 p.

ICMM, 2006. *Good Practice Guidance for Mining and Biodiversity*, Londres, ICMM, 140 p.

ICMM, 2008. *Planning for Integrated Mine Closure : Toolkit*, Londres, ICMM, 82 p.

Idelman E., 2009. *Décentralisation et limites foncières au Mali*, IIED, dossier n° 151, juin, 28 p.

Igué J. O., 2006. *L'Afrique de l'Ouest entre espace, pouvoir et société. Une géographie de l'incertitude*, Paris, Karthala, 555 p.

Igué J. O., Soulé G. G., 1992. *Le Bénin, État-entrepôt*, Paris, Karthala.

IIED, 2002. *Breaking New Ground. The Report of the Mining, Minerals and Sustainable Development Project*, Londres, MMSD/Earthscan Publication, mai, 419 p.

Iliffe J., 2009. *Les Africains. Histoire d'un continent*, Paris, Flammarion (Champs histoire), 701 p. [*Africans : The History of a Continent*, Cambridge University Press, 1995].

Isham J., Woolcock M., Pritchett L., Busby, G., 2002. « The varieties of rentier experience : How natural resource export structures affect the political economy of economic growth », www.middlebury.edu.

Iyebi-Mandjek O., 2008. « Pourquoi les rebelles ont-ils échoué dans la prise de Ndjaména ? », *Enjeux*, n° 36, juillet.

Jackson R. H., Rosberg C. G., 1985. « The marginality of African states », in Carter G. M., O'Meara P. (dir.), *African Independence. The First Twenty-Five Years*, Bloomington, Indiana University Press, 364 p. : 45-70.

Jacob J.-P., 1999. « La décentralisation comme distance. Réflexions sur la mise en place des collectivités territoriales en milieu rural ouest-africain », *Politique africaine*, n° 71 : 133-147.

Jacquemot P., 2009. « Comment l'Afrique subsaharienne s'adapte-t-elle à la crise ? Introduction thématique », *Afrique contemporaine*, n° 232, 4 : 135-150.

Janin P., 2006. « L'Afrique vit de l'économie de rentes », in Courade G. (dir.), *L'Afrique des idées reçues*, Paris, Belin : 220-225.

Jettinger B., 2005. *Senegal Country Study : A Part of the Report on Informal Remittance Systems in Africa, Caribbean and Pacific (ACP)*, Oxford, ESRC Centre on Migration, Policy and Society (Compas).

Johnston D., 2007. « How to evaluate the fiscal terms of oil contracts », in Humphreys M., Sachs J. D., Stiglitz J. E. (dir.) *Escaping the Resource Curse*, New York, Columbia University Press : 53-88.

Jolly C., 2006. *L'entreprise responsable. Sociale, éthique, « verte »... et bénéficiaire ?*, Paris, Le Félin, 119 p.

Kaldor M., 1999. *New and Old Wars : Organized Violence in a New Era*, Londres, Polity Press.

Kane A. F., 2010. *Les frontières et leurs conséquences en Afrique de l'Ouest de la Mauritanie à la Guinée-Conakry : espace mauritano-guinéen*, thèse de doctorat d'État, université Cheikh Anta Diop de Dakar, décembre, 8 vol., 5 250 p.

Karl T. L., 1997. *The Paradox of Plenty : Oil Booms and Petro-States*, Berkeley, University of California Press.

Kassibo B., 1997. « La décentralisation au Mali : état des lieux », *Bulletin de l'Apad*, n° 14, 31 p.

Kharas H., 2007. *The New Reality of Aid*, Washington, Brookings Institution.

Khayar I., 1976. *Le refus école. Contribution à l'étude des problèmes de l'éducation chez les musulmans du Ouaddaï (Tchad)*, Paris, Maisonneuve, 140 p.

Khennas S., 1993. « Introduction », in Khennas S. (dir.), *Industrialisation, ressources minières et énergie en Afrique*, Dakar, Codesria : 1-19.

Klare M. T., 2001. *Resource Wars : The Changing Landscape of Global Conflict*, New York, Henry Holt.

Kloff S., Van Spanje T., 2004. *A Review of Woodside's Draft Environmental Impact Statement of the Chinguetti Offshore Oil Development Project in Mauritania*, Mineral Policy Institute, janvier, 15 p.

Kloff S., Wicks C., 2004. *Gestion environnementale de l'exploitation de pétrole offshore et du transport maritime pétrolier*, Nouakchott, FIBA/WWF/UICN-CEESP/PRCM, octobre, 81 p.

Knack S., Rahman A., 2004. « Donor fragmentation and bureaucratic quality in aid recipients », WBPS, working paper, n° 3186, Washington, World Bank.

Kopytoff I., 1987. « The internal African frontier : The making of African political culture », in Kopytoff I. (éd.), *The African Frontier : The Reproduction of Traditional African Societies*, Bloomington/Indianapolis, Indiana University Press : 3-87.

Krasner S. D., 1999. *Sovereignty : Organised Hypocrisy*, Princeton, Princeton University Press.

Krasner S. D., 2003. *Troubled Societies, Outlaw States and Gradations of Sovereignty*, Stanford, Stanford University Press.

Kuper M., Tonneau J.-Ph., Bonneval P. (dir.), 2002. *L'Office du Niger, grenier à riz du Mali. Succès économiques, transitions culturelles et politiques de développement*, Paris/Montpellier, Karthala/Cirad, 254 p.

Labarthe G., 2007. *L'or africain. Pillages, trafics et commerce international*, Oxfam France, Agir Ici-Survie, Marseille, Agone, 222 p.

Lacoste Y. (dir.), 1993. *Dictionnaire de géopolitique*, Paris, Flammarion, 1699 p.

Lafargue F., 2005. « États-Unis, Inde, Chine : rivalités pétrolières en Afrique », *Afrique contemporaine*, n° 216 : 43-56.

LAPJ, 2002. *Retour au foncier*, Paris, Karthala (Cahiers d'anthropologie du droit), 323 p.

Lassailly-Jacob V. (dir.), 2006. « Territoires d'exil : les camps de réfugiés », *Bulletin de l'Association des géographes français*, n° 1.

Lassailly-Jacob V., 2010. « Nouvelles dynamiques migratoires », in *BAGF*, n° 1, dossier *1960-2010 : 50 ans d'indépendances africaines*, R. Pourtier (dir.), mars : 26-39.

Lasserre G., 1958. *Libreville. La ville et sa région*, Paris, Armand Colin, 348 p.

Lasseur M., 2008. *Religions et territoires au Cameroun. Les dimensions spatiales du pluralisme confessionnel*, thèse de doctorat de géographie, université Paris 1 Panthéon-Sorbonne, 505 p.

Lasseur M., 2010. « Revanche du religieux : les nouveaux espaces de Dieu », *BAGF*, n° 1, dossier *1960-2010 : 50 ans d'indépendances africaines*, R. Pourtier (dir.), mars : 119-130.

Latreille T., 2003. « Les relations commerciales États-Unis/Afrique : qui bénéficie réellement de l'AGOA ? », *Afrique contemporaine*, n° 207 : 41-58.

Le Billon Ph. (éd.), 2005. *The Geopolitics of Resource Wars. Resource Dependence, Governance and Violence*, Londres/New York, Routledge, 277 p.

Le Bris É., Le Roy É., Leimdorfer F. (dir.), 1982. *Enjeux fonciers en Afrique noire*, Paris, Orstom Éditions/Karthala, 425 p.

Le Bris É., Paulais T., 2007. « Introduction thématique. Décentralisation et développement », *Afrique contemporaine*, n° 221 : 21-44.

Le Cœur C., 1994. *La pêche en Mauritanie : du désert à la mer ou l'appropriation d'un espace halieutique*, thèse de géographie, université de Montpellier, 370 p.

Leclerc-Olive M., 2001. « Décentraliser : enjeux théoriques et politiques », *Cahiers du Gemdev*, n° 27, *Décentralisation : entre dynamiques locales et mondialisations*, Leclerc-Olive M., Rochegude A. (dir.) : 29-43.

Leclerc-Olive M., Rochegude A. (dir.), 2001. *Cahiers du Gemdev*, n° 27, *Décentralisation : entre dynamiques locales et mondialisations*, 270 p.

Leenhardt B., 2005. « Fiscalité pétrolière au Sud du Sahara », *Afrique contemporaine*, n° 216 : 65-86.

Leloup F., Moyart L., Pecqueur B., 2004. « Le développement local en Afrique de l'Ouest : quelle(s) réalité(s) possible(s) ? », *Mondes en développement*, vol. 31, n° 24 : 95-112.

Lemarchand R., 1986. « Chad : The misadventures of the North-South dialectic », *African Studies Review*, vol. 29, n° 3, septembre : 27-41.

Lemarchand R., 1988. « The state, the parallel economy and the changing structure of patronage systems », in Rothchild D., Chazan N. (dir.), *The Precarious Balance : State and Society in Africa*, Boulder, Westview Press : 149-170.

Lemarchand R., 2005. « Où va le Tchad ? », *Afrique contemporaine*, 3 : 117-128.

Lemoalle J., 2003. « Lake Chad : A changing environment », in Nihoul J. C. J., Zavialov P. O., Micklin P. P. (dir.), *Dying and Dead Seas*, NATO ARW/ASI série, Dordrecht, Kluwer : 321-340.

Lemoalle J., 2005. « The Lake Chad basin », in Fraser L. H., Keddy P. A. (dir.), *The World's Largest Wetlands. Ecology and Conservation*, Cambridge University Press, 488 p.

Lemoalle J., Bader J. C., Leblanc M., Sedick A., 2011. « Recent changes in Lake Chad : Observations, simulations and management options (1973-2011) », *Global and Planetary Change*, vol. 80-81 : 247-254.

Leriche F., 2003. « La politique africaine des États-Unis : une mise en perspective », *Afrique contemporaine*, n° 207 : 7-23.

Lericollais A. (dir.), 1999. *Paysans sereer. Dynamiques agraires et mobilités au Sénégal*, Paris, IRD Éditions, 668 p.

Lericollais A., Diallo Y., 1981. *Peuplement et cultures de saison sèche dans la vallée du Sénégal*, Paris, Orstom Éditions, cartes et notices, 7 documents et cartes.

Le Roy É., 1995. « La sécurisation des terres dans un contexte africain de gestion imparfaite de la terre », in Blanc-Pamard C., Cambrézy L. (dir.), *Terre, terroir, territoire. Les tensions foncières*, Paris, Orstom Éditions : 455-472.

Lesourd C., 2006. *« Au bonheur des dames ». Femmes d'affaires mauritaniennes de nos jours*, thèse d'anthropologie, Paris, EHESS.

Létolle R., Bendjoudi H., 1997. *Histoires d'une mer au Sahara : utopies et politiques*, Paris, L'Harmattan (Écologie et agronomie appliquée).

Levrat R., 2010. *Culture commerciale et développement rural. L'exemple du coton au Nord-Cameroun depuis 1950*, Paris, L'Harmattan (Études africaines).

Lévy J., 2002. « Un tournant cartographique ? », in Debarbieux B., Vanier M. (dir.), *Ces territorialités qui se dessinent*, La Tour-d'Aigues, Éditions de l'Aube : 129-144.

Lévy J., Lussault M., 2003. *Dictionnaire de la géographie et de l'espace des sociétés*, Paris, Belin, 1033 p.

Lima S., 2003. *Découpage entre espace et territoire : la fin des limites ? La fabrique des territoires communaux dans la région de Kayes*, thèse de doctorat en géographie, université de Poitiers.

Lin Y., van Vliet G., Tavares M.-A., Doudjidingao A., Wang F., Yang W., Maoundonodji G., 2012. « Le dispositif de la CNPC à l'épreuve du Tchad », in van Vliet G., Magrin G. (dir.), *Une compagnie pétrolière chinoise face à l'enjeu environnemental au Tchad*, Paris, AFD (Focales, n° 9) : 153-196.

Lindberg S. I., 2006. *Democracy and Elections in Africa*, Baltimore, John Hopkins University Press, 272 p.

Lombard, Ninot, 2010. « Connecter et intégrer : les territoires et les mutations des transports en Afrique », *BAGF*, n° 1, dossier *1960-2010 : 50 ans d'indépendances africaines*, R. Pourtier (dir.), mars : 69-86.

Luciani G., 1987. « Allocation vs. production states : A theoretical framework », in Beblawi H., Luciani G. (dir.), *State and Integration in the Arab World : The Rentier State*, Londres, Croom Helm, vol. 2.

Magrin G., 1996. « Crise climatique et mutations de l'agriculture : l'émergence d'un grenier céréalier entre Tchad et Chari », *Annales de géographie*, n° 592, novembre-décembre : 620-644.

Magrin G., 2000. « Culture cotonnière et insécurité alimentaire au sud du Tchad, des relations complexes », *Cahiers d'études africaines*, n° 159, XL-3 : 525-549.

Magrin G., 2001. *Le Sud du Tchad en mutation. Des champs de coton aux sirènes de l'or noir*, Paris, Sépia/Cirad, 427 p.

Magrin G., 2002. « Un Sud qui perd le Nord. Les récents rejeux de la fracture tchadienne », *Bulletin de l'Association des géographes français*, juin : 185-198.

Magrin G., 2003a. *Les enjeux d'un enrichissement pétrolier en Afrique centrale. Le cas du Tchad*, Paris, Graphigéo (Mémoires et documents de l'UMR Prodig, n° 22), 93 p.

Magrin G., 2003b. « Les marchés et l'intégration régionale », in Jamin J.-Y., Gounel C., Bois C. (dir.), *Atlas Agriculture et développement rural des savanes d'Afrique centrale,* N'Ndjaména/Montpellier, Prasac/Cirad : 75-80.

Magrin G., 2003c. « Rural development and urbanization : A case study in the cotton area of Chad », in Berhanu N., Befekadu D. (dir.), *The Role of Urbanization in the Socio-Economic Development Process*, Addis Abeba, Ethiopian Economic Policy Research Institute (EEA) : 95-103.

Magrin G., 2005. « Les décentralisations doivent-elles prendre en compte les relations villes-campagnes ? Quelques réflexions sur Saint-Louis et la vallée du fleuve Sénégal », in Coll J.-L., Guibbert J.-J. (dir.), *L'aménagement au défi de la décentralisation en Afrique de l'Ouest*, Toulouse, PUM : 163-180.

Magrin G., 2006. « La décentralisation résoudra les problèmes de l'État en Afrique », in Courade G. (dir.), *L'Afrique des idées reçues*, Paris, Belin : 383-389.

Magrin G., 2007a. « Sopi or not sopi. À propos des élections présidentielles de 2007 au Sénégal », *Echogéo*, n° 1, juillet, http://echogeo.revues.org/index838.html.

Magrin G., 2007b. « L'Afrique subsaharienne face aux famines énergétiques », *Echogéo*, n° 3, décembre 2007-février 2008, 12 p. + carte, http://echogeo.revues.org/index1976.html.

Magrin G., 2007c. « Le développement local introuvable. Réflexions sur l'importation d'un concept au Sénégal », *Cahiers de Girardel*, n° 4, octobre : 31-63.

Magrin G., 2007d. « Dynamiques territoriales et place de l'élevage au Sénégal », Montpellier, Cirad, Atelier méthodologique de l'ATP Icare (Travaux et documents de l'ATP Icare, n° 2), 3-4 septembre, 16 p.

Magrin G., 2007e. *Dynamiques laitières périurbaines et développement territorial. Retour d'une mission en Haute Casamance (5-12 juillet 2007)*, Dakar, ATP Icare, août, 31 p.

Magrin G., 2007f. « Le lac Tchad n'est pas la mer d'Aral », *Mouvements*, novembre, http://www.mouvements.info/spip.php?article201.

Magrin G., 2008a. « Tchad 2008. Géographie d'une guerre ordinaire », *Echogéo*, n° 4, mars-mai, http://echogeo.revues.org/document2249.html.

Magrin G., 2008b. « Les territoires de la décentralisation sont ils solubles dans le développement local ? Quelques observations sur Ndioum et Golléré, petites villes de la moyenne vallée du Sénégal », in Diakhaté M. M. (dir.), *Ressources territoriales et décentralisation au Sénégal*, actes du colloque CORUS, *Cahier de Girardel*, n° 5 : 85-120.

Magrin G., 2009a. « Mines d'or et alchimie territoriale en Afrique de l'Ouest, introduction et coordination du dossier », *Echogéo*, n° 8, mars-mai, http://echogeo.revues.org/index11089.html.

Magrin G., 2009b. « Pétrole et migrations : la ruée vers l'or (noir) du Tchad n'a pas eu lieu », in Tourneux H., Woïn N. (dir.), *Migrations et mobilité dans le bassin du lac Tchad*, actes du colloque de Maroua, novembre, Paris, IRD Éditions (Colloques et séminaires), CD-Rom : 315-335.

Magrin G., 2009c. « De longs fleuves tranquilles ? Les mutations des plaines refuges du bassin tchadien », in Raison J.-P., Magrin G. (dir.), *Des fleuves entre conflits et compromis. Essais d'hydropolitique africaine*, Paris, Karthala : 125-172.

Magrin G., 2010a. « Rentes, territoires et développement. Que tout change pour que rien ne change ? », *BAGF*, n° 1, dossier *1960-2010 : 50 ans d'indépendances africaines*, R. Pourtier (dir.), mars : 56-68.

Magrin G., 2010b. « En attendant le centenaire… Introduction au dossier Afrique, 50 ans d'indépendance. Territoires, frontières, identités et développement », *Echogéo*, n° 13, consulté le 20 septembre 2010, http://echogeo.revues.org/12113.

Magrin G., 2012a. « L'imbroglio territorial du lac Tchad à l'épreuve de l'incertitude hydrologique », *Revue scientifique du Tchad*, vol. 11, n° 1 : 96-113.

Magrin G., 2012b. *Au milieu du gué. Synthèse de l'atelier régional sur la gouvernance des ressources minérales en Afrique de l'Ouest*, Ouagadougou, 19-23 mars, Dakar, Oxfam, 41 p.

Magrin G., Faure G., Jamin J.-Y., Duteurtre G., 2003. « Les savanes d'Afrique centrale entre enclavement et intégration aux marchés », *Annales de géographie*, n° 633, septembre-octobre : 471-494.

Magrin G, van Vliet G., 2005. « Greffe pétrolière et dynamiques territoriales : l'exemple de l'*on shore* tchadien », *Afrique contemporaine*, n° 216 : 87-105.

Magrin G., Gautier D., 2006. *Activités extractives et développement régional. Rapport de mission à Tabakoto (Ouest-Mali)*, Montpellier, Cirad, mai, 18 p.

Magrin G., Seck S. M., Fall S. M., 2006. « Ressources territoriales des communautés rurales et développement local : un rendez vous manqué de la décentralisation au Sénégal ? », forum sous-régional du GRDR *Développement local : Migration, citoyenneté, développement. Bassin du fleuve Sénégal*, Saint-Louis, 14-16 décembre.

Magrin G., Seck. S. M., 2009. « La pêche continentale en sursis ? Observations sur des pêcheries en rive gauche de la vallée du fleuve Sénégal dans un contexte de décentralisation », *Géocarrefour*, vol. 84, 1-2 : 55-64.

Magrin G., van Vliet G., 2009. « The use of oil revenues in Africa », in Lesourne J. (éd.), *Governance of Oil in Africa : Unfinished Business*, Paris, Ifri, Les Études, Gouvernance européenne et géopolitique de l'énergie, t. 6 : 103-163.

Magrin G., Réounodji F., Ngaressem G., Mbagogo A., Assouyouti M., 2010. « Le lac Tchad et N'Ndjaména : une relation porteuse de développement ? », communication au colloque Prasac/Ardesac *Savanes africaines en développement. Innover pour durer*, Garoua, 20-24 avril 2009, actes publiés sur CD-Rom, http://hal.cirad.fr/cirad-00471340/fr/.

Magrin G., van Dessel B., 2010. « BP "Deepwater Horizon" du golfe du Mexique à l'Afrique : un tournant pour l'industrie pétrolière ? », *Echogéo*, http://echogeo.revues.org/12099.

Magrin G., van Vliet G., van Dessel B., Chabason L., 2011. « La Mauritanie et la mer : et si le pétrole aidait à mieux gérer l'insécurité écologique ? », *Natures Sciences Sociétés*, 19 : 245-255.

Magrin G., Perrier-Bruslé L., « Nouvelles géographies des activités extractives », *Echogéo*, n° 17, http://echogeo.revues.org/12586.

Magrin G., Maoundonodji G., Doudjidingao A., 2012. « Le projet Exxon-Doba en héritage. La régulation environnementale pétrolière au Tchad avant l'arrivée de la CNPC », in van Vliet G., Magrin G. (dir.), *Une compagnie pétrolière chinoise face à l'enjeu environnemental au Tchad*, Paris, AFD (Focales, n° 9) : 79-117.

Magrin G., van Vliet G., 2012. « Désenclaver le pétrole : une bifurcation pour le Tchad ? », communication au 15e colloque du réseau Megatchad, *Les échanges et la communication dans le bassin du lac Tchad*, Naples, 13-15 septembre.

Mahdavy H., 1970. « The patterns and problems of economic development in rentier states », in Cook M. (éd.), *Studies in the Economic History of the Middle East*, Londres, Oxford University Press : 428-467.

Mahoney J., 2000. « Path dependence in historical sociology », *Theory and Society*, 29 : 507-548.

Malkki L. H., 1995. *Purity and Exile : Violence, Memory and National Cosmology among Hutu Refugees in Tanzania*, Chicago, University of Chicago Press.

Mamdani M., 1996. *Citizen and Subjects. Contemporary Africa and the Legacy of Late Colonialism*, Princeton, Princeton University Press, 253 p.

Manchuelle F., 2004. *Les diasporas des travaillés soninké (1848-1960). Migrants volontaires*, Paris, Karthala, 348 p.

Mann M., 1984. « The autonomous power of the state : Its origins, mechanisms and results », *Archives européennes de sociologie*, n° XXV : 185-213.

Maoundonodji G., 2009. *Les enjeux géopolitiques et géostratégiques de l'exploitation du pétrole au Tchad*, thèse de doctorat en sciences politiques et sociales, université catholique de Louvain, 505 p.

Mar N.-F., Magrin G., 2008. « Peut-on décentraliser des ressources naturelles stratégiques ? L'articulation des niveaux de gestion autour du lac de Guiers (Sénégal) », *Mondes en développement*, vol. 36, 1 : 47-62.

Marchal R., 2006. « Tchad/Darfour : vers un système de conflits », *Politique africaine*, n° 102, juin : 135-154.

Marchal R., 2009. « Flibustiers ou corsaires ? Des enjeux de l'opération maritime internationale contre la piraterie à proximité des côtes somaliennes », *Politique africaine*, n° 116 : 85-96.

Marchal R., Messiant C., 2002. « De l'avidité des rebelles. L'analyse économique de la guerre selon Paul Collier », *Critique internationale*, n° 16, juillet : 58-69.

Marçot J.-L., 2003. *Une mer au Sahara*, Paris, La Différence.

Marfaing L., 2005. « Du savoir faire sénégalais en matière de pêche sur les côtes mauritaniennes : une approche historique », *Stichproben. Wiener Zeitschrift für kritische Afrikastudien*, n° 8 : 69-98.

Marie J., Morand P., N'Djim H. (dir.), 2007. *Avenir du fleuve Niger*, Paris, IRD Éditions (Expertise collégiale), 287 p. + CD-Rom.

Martinez L., 2010. *Violence de la rente pétrolière : Algérie-Irak-Libye*, Paris, Presses de la fondation nationale des sciences politiques, 229 p.

Mathieu P., 1987. *Agriculture irriguée, réforme foncière et stratégie paysanne dans la vallée du fleuve Sénégal, 1960-1985*, thèse de doctorat, Arlon, Fondation universitaire luxembourgeoise.

Mback C. N., 2003. *Démocratisation et décentralisation. Genèse et dynamiques comparés des processus de décentralisation en Afrique subsaharienne*, Paris/Cotonou, Karthala/PDM, 528 p.

Mbembé A., 1999. *Du gouvernement privé indirect*, Dakar, Codesria.

Mbembé A., 2000. *De la postcolonie. Essai sur l'imagination politique dans l'Afrique contemporaine*, Paris, Karthala, 293 p.

Mbembé A., 2005. « À la lisière du monde. Frontières, territorialité et souveraineté en Afrique », in Antheaume B., Giraut F. (dir.), *Le territoire est mort, vive les territoires ! Une (re)fabrication au nom du développement*, Paris, IRD Éditions : 47-77.

Mbembé A., 2008. « Penser l'Afrique à partir du continent », Paris, conférence en Sorbonne, http://giraf.over-blog.org/article-19396090.html.

Mbengue A., Magrin G., 2004. « À propos de l'aménagement pastoral de Débi Tiguette », *Cahiers de Girardel*, n° 2, juillet : 109-121.

Mbodj F. B., 2009. « Boom aurifère et dynamiques économiques entre Sénégal, Mali et Guinée », *EchoGéo*, n° 8, consulté le 20 septembre 2010, http://echogeo.revues.org/11034.

Mbodj F. B., 2011. *Boom aurifère à l'est du Sénégal, à l'ouest du Mali et au nord-est de la Guinée : mutations socio-économiques et spatiales d'anciennes marges économiques et géographiques*, thèse de doctorat de géographie, université Paris 1 Panthéon-Sorbonne, mai.

Mbokolo E., 1992. *Afrique noire. Histoire et civilisations, 2, XIX^e^ et XX^e^ siècle*, Paris, Hatier/Aupelf, 576 p.

Mc Caskie T. C., 2008. « The United States, Ghana, and oil : Global and local perspectives », *African Affairs*, 107, 428 : 313-332.

Médard J.-F., 1982. « The underdeveloped state in tropical Africa : Political clientelism or neo-patrimonialism », in Clapham C. (éd.), *Private Patronage and Public Power*, Londres, Frances Pinder : 162-192.

Médard J.-F., 2001. « Oil and war : Elf and "Françafrique" in the gulf of Guinea », *Transparency International Conference*, Prague, mai.

Melly C., 2010. « Inside-Out houses : Urban belonging and imagined futures in Dakar, Senegal », *Comparative Studies in Society and History*, n° 52 : 37-65.

Ménard C. (dir.), 2009. « La piraterie. Préface », *Echogéo*, n° 10, consulté le 27 août 2010, http://echogeo.revues.org/11421.

Mercoiret J., 2003. « Un exemple de rapprochement des acteurs, en zone rurale, à l'échelle d'un département : le cas de Mbour, au Sénégal », in Totte M., Dahou T., Billaz R. (dir.), *La décentralisation en Afrique de l'Ouest. Entre politique et développement* : 201-219.

Minvielle J.-P., 1999. *La question énergétique au Sahel*, Paris, Karthala (Économie et développement), 171 p.

Mollion P., 1992. *Sur les pistes de l'Oubangui-Chari au Tchad 1890-1930. Le drame du portage en Afrique centrale*, Paris, L'Harmattan, 272 p.

Monbeig P., 1952. *Pionniers et planteurs de l'État de São Paulo*, Paris, Armand Colin, 376 p.

Mongin O., 2009. « De la piraterie protestante aux piratages contemporains. Ou de la capacité de s'incruster dans les interstices », *Esprit*, n° 356, *De la piraterie aux piratages*, juillet : 180-192.

Mora J., 2008. « Vénézuéla : droits de propriété, partage de la rente et rôle de l'État », *Le nouveau nationalisme pétrolier : compagnies pétrolières, géopolitique et développement*, atelier 10e anniversaire de la revue *Critique internationale*, Paris, Ceri, 5 décembre.

Moriconi-Ébrard F., 1993. *L'urbanisation du monde depuis 1950*, Paris, Anthropos, 372 p.

Moustier P. *et al.* (dir.), 1999. *Agricultures périurbaines en Afrique subsaharienne*, Montpellier, Cirad/Coraf, 278 p.

Moustier P., Chaléard J.-L., Leplaideur A., 2002. « L'approvisionnement vivrier des villes de Guinée : entre fragilité et dynamisme », *Autrepart*, n° 23, septembre : 5-23.

Moyo, D., 2009. *L'aide fatale : les ravages d'une aide inutile et de nouvelles solutions pour l'Afrique.* Paris, J.-C. Lattès, 280 p.

Ndiaye F. J., 2007. *Ressources naturelles, construction territoriale et développement à la veille d'une ère minière au Sénégal oriental : l'exemple de la communauté rurale de Saraya*, université Gaston-Berger de Saint-Louis, mémoire de maîtrise de géographie, sous la direction de G. Magrin, novembre.

Ndione B., Lalou R., 2005. « Tendances récentes des migrations internationales dans le Sénégal urbain : existe-t-il une dynamique de quartier ? Les exemples de Dakar, Touba et Kaolack », Union internationale pour l'étude scientifique de la population, XXVe Congrès international de la population, Tours, 18-23 juillet.

Ndong M. S., 2006. *Les limites territoriales dans la gestion des collectivités locales au Sénégal*, université Gaston-Berger de Saint-Louis, mémoire de DEA, sous la direction d'O. Diop et de G. Magrin, janvier.

Nguyen Van Chi Bonnardel R., 1978. *Vie de relations au Sénégal. La circulation des biens*, Dakar, Ifan (Mémoires de l'Ifan, n° 90), 927 p.

Nies S., 2003. « Une géographie planétaire discontinue. Les enclaves : "volcans" éteints ou en activité », *La Revue internationale et stratégique*, n° 49, printemps : 111-120.

Ninot O., 2003. *Vie de relations, organisation de l'espace et développement en Afrique de l'Ouest : la région de Tambacounda au Sénégal*, université de Rouen, thèse de doctorat de géographie, 460 p.

Ninot O., Lesourd M., Lombard J., 2002. « Nouveaux espaces, nouvelles centralités : échanges et réseaux en milieu rural sénégalais », *Historiens géographes*, n° 379, numéro spécial, *Regards sur l'Afrique,* Bart F., Bonvallot J., Pourtier R. (dir.), : 141-151.

Nubukpo K., 2007. « Politique monétaire et servitude volontaire. La gestion de la zone franc par la BCEAO », *Politique africaine*, n° 105 : 70-84.

O'Brien D. C., 2002. « Les négociations du contrat social sénégalais », in O'Brien D. C., Diop M.-C., Diouf M. (dir.), *La construction de l'État au Sénégal*, Paris, Karthala : 83-93.

Olivier de Sardan J.-P., 1995. *Anthropologie et développement. Essai en socio-anthropologie du changement social*, Marseille/Paris, Apad/Karthala (Hommes et sociétés), 221 p.

Olivier de Sardan J.-P., 2007. *Analyse rétrospective de la crise alimentaire au Niger en 2005*, Niamey, Lasdel (Études et travaux, n° 59).

OMVS, 1980. *Étude socio-économique du fleuve Sénégal. Partie D. Le milieu urbain et les relations villes/campagnes*, Saint-Louis, 139 p.

ONU, 2002. *Rapport final du groupe d'experts sur l'exportation illégale des ressources naturelles et autres formes de richesses de la République démocratique du Congo*, New York, Conseil de sécurité des Nations unies, S/2002/1146 du 16 octobre.

ONUDC, 2008. *Le trafic de drogue comme menace à la sécurité en Afrique de l'Ouest*, Nations unies, Office contre la drogue et le crime, octobre, 54 p.

Oquaye M., 2000. « The process of democratization in contemporary Ghana » *Commonwealth & Comparative Politics*, vol. 38, n° 3, novembre : 53-78.

Otto J., Andrews, Carwood F., Doggett M., Guj P., Stermole F., Stermole J., Tilton J., 2006. « Mining royalties : A global study of their impact on investors, government, and civil society », *Directions in Development, Energy and Mining*, Washington D.C., World Bank Publications.

*Ouest France*, 2008. « Écologie. Ne pas attendre… », 18 octobre, http://www.ouest-france.fr/actu/actuDet_-ecologie-ne-pas-attendre...-_3632-1116193_actu.htm.

*Ouest France*, 2009. « Afrique. Le lac Tchad ne cesse de rétrécir », 4 janvier, http://www.ouest-france.fr/actu/actuDet_-Afrique-le-lac-Tchad-ne-cesse-de-retrecir-_3637-1212059_actu.htm.

Ould Ahmed Salem Z., 2008. *Le partenariat Union européenne-Afrique dans l'impasse ? Le cas des accords de pêche*, ASC, working paper, 78, 49 p.

Paillet S., 2002. *Aide publique au développement : le possible et le souhaitable*, Paris, HCI.

Pallier, G., 1984. « L'uranium au Niger », *Les Cahiers d'outre-mer*, vol. 37, n° 146 : 175-191.

PASR (Projet d'ajustement du secteur riz), 1996. *Synthèse des études sur la consommation de riz au Sénégal*, IRIS/IEM/ministère de l'Agriculture, Unité de politique agricole, mai, 25 p. et annexes.

PDM, 2003. *État de la décentralisation en Afrique*, Paris/Cotonou, Observatoire de la décentralisation/Karthala, 357 p.

Péan P., 1983. *Affaires africaines*, Paris, Fayard.

Péan P., 1988. *L'argent noir : corruption et sous-développement*, Paris, Fayard.

Pecqueur B. 1989. *Le développement local*, Paris, Syros/La Découverte.

Pecqueur B., 1993. « Territoire, territorialité et développement », in *Industries et territoires : les systèmes productifs localisés*, actes du colloque de Grenoble, Irept, octobre : 71-88.

Pecqueur B., 2005. « Le développement territorial : une nouvelle approche des processus de développement pour les economies du Sud », in Antheaume B., Giraut F. (dir.), *Le territoire est mort, vive les territoires ! Une (re)fabrication au nom du développement*, Paris, IRD Éditions : 295-316.

Peel J. D. Y, 1978. « Qlaju : A Yoruba concept of development », *Journal of Development Studies*, 14 (2) : 139-165.

Peet R., Robbins P., Watts M. J., 2011. *Global Political Ecology*, Routledge, 444 p.

Pegg S., 2009. « Chronicle of a death foretold : The collapse of the Chad-Cameroon pipeline project", *African Affairs*, 108/432 : 311-320.

Pélissier P., 1966. *Les paysans du Sénégal : les civilisations agraires du Cayor à la Casamance*, Saint-Yriex, Fabrègue, 939 p.

Pélissier P., 1978. « Stratégies traditionnelles, prise de décision moderne et aménagement des ressources naturelles en Afrique soudanienne », en collaboration avec S. Diarra, *Notes techniques du MAB*, Paris, Unesco, 35-57 [édition citée : *Campagnes africaines en devenir*, Paris, Arguments, 1995] : 141-171.

Pélissier P., 1978. « Le paysan et le technicien. Quelques aspects d'un difficile face-à-face », in *Maîtrise de l'espace agraire et développement en Afrique tropicale*, actes du colloque de Ouagadougou, 4-8 décembre, Paris, Orstom Éditions [édition citée : *Campagnes africaines en devenir*, Paris, Arguments, 1995 : 206-217].

Pélissier P., 1995. *Campagnes africaines en devenir*, Paris, Arguments, 318 p.

Pélissier P., 2000. « Les interactions rurales-urbaines : un survol introductif au débat », in *Les interactions rurales-urbaines : circulation et mobilisation des ressources*, colloque Apad/IRD Éditions, Saint-Louis, 26-28 janvier, 14 p.

Pélissier P., 2004. « Ruraux et citadins en Afrique noire : une géographie métisse », *L'information géographique*, vol. 68, n° 4 : 293-307.

Pelletier Ph., 1993. *L'imposture écologiste*, Montpellier, Reclus, 208 p.

Perrot Cl.-H., Fauvelle-Aymard F.-X. (dir.), 2003. *Le retour des rois, les autorités traditionnelles et l'État en Afrique contemporaine*, Paris, Karthala, 568 p.

Petry M., Bambé N., 2005. *Le pétrole du Tchad. Rêve ou cauchemar pour les populations ?*, Paris, Karthala (Brot für die Welt, Cordaid, Oxfam, Mesereor, Swissaid), 415 p.

Piermay J.-L., 2005. « La frontière et ses ressources : regards croisés », Antheaume B., Giraut F. (dir.), *Le territoire est mort, vive les territoires ! Une (re)fabrication au nom du développement*, Paris, IRD Éditions : 203-221.

Piveteau A., 2003, « Décentralisation et dynamiques entrepreneuriales au Sénégal : le développement local est “mal parti” ? », conférence présentée aux Mercredis du Girardel, université Gaston-Berger de Saint-Louis, Sénégal, 15 p.

Piveteau A., 2005. « Décentralisation et développement local au Sénégal : chronique d'un couple hypothétique », *Tiers Monde*, vol. XLVI, n° 181 : 71-93.

PNUD, 1990. *Rapport mondial sur le développement humain*, Paris, Economica, 203 p.

Poirier L., 1947. « L'évolution de la géographie humaine », *Critique* : 86-94.

Poitou D., 1982. « Arlit, ville pionnière de l'industrialisation nigérienne », *L'Afrique et l'Asie modernes*, n° 133 : 29-47.

Polanyi K., 1944. *The Great Transformation. The Political and Economic Origins of our Time*, Boston, Beacon Press.

Porteous T., 2007. « États fragiles ou faillis : une notion à dépasser », in Châtaigner J.-M., Magro H. (dir.), *États et sociétés fragiles. Entre conflits, reconstruction et développement*, Paris, Karthala : 493-508.

Potts D, 2008. *Recent Trends in Rural Urban and Urban Rural Migrations in Sub-Saharan Africa*, working paper n° 6, Londres, King's College, Department of Geography.

Pourtier R., 1989. *Le Gabon*, 2, *État et développement*, Paris, L'Harmattan, 344 p.

Pourtier R., 1994. « Le Zaïre : l'immensité des possibles », Dubresson A., Marchal J.-Y., Raison J.-P. (dir.), *Les Afriques au sud du Sahara. Géographie universelle*, Paris, Belin/Reclus : 240-251.

Pourtier R., 1995. *Atlas de la zone franc en Afrique subsaharienne. Monnaie, économie, société*, Paris, La Documentation Française/ministère de la Coopération, 112 p.

Pourtier R., 2001. *Afriques noires*, Paris, Hachette, 255 p.

Pourtier R., 2003. « Nouvelle donne pétropolitique au sud du Sahara », préface de Magrin G., *Les enjeux d'un enrichissement pétrolier en Afrique centrale. Le cas du Tchad*, Graphigéo (Mémoires et documents de l'UMR Prodig, n° 22) : 11-17.

Pourtier R., 2004. *L'économie minière au Kivu et ses implications régionales*, Paris, INICA/OCDE, 62 p.

Pourtier R., 2005. « Comment maximiser l'impact de l'industrie pétrolière sur le développement des pays de l'Afrique centrale », Paris, INICA, synthèse de l'atelier tripartite de Brazzaville (13-14 juillet).

Pourtier R., 2005. « Les âges de la territorialité », in Antheaume B., Giraut F. (dir.), *Le territoire est mort, vive les territoires ! Une (re)fabrication au nom du développement*, Paris, IRD Éditions : 39-46.

Pourtier R. (dir.), 2006. *Géopolitique de l'Afrique et du Moyen-Orient*, Paris, Nathan, 351 p.

Pourtier R., 2007. « Ressources naturelles et fragilités de l'État : quelques reflexions à propos de l'Afrique centrale », in Châtaigner J.-M., Magro H. (dir.), *États et sociétés fragiles. Entre conflits, reconstruction et développement*, Paris, Karthala : 91-105.

Pourtier R., 2010a. « Regards géographiques sur cinquante ans d'indépendance », *BAGF*, mars : 3-14.

Pourtier R., 2010b. *Afriques noires*, Paris, Hachette, 286 p.

Pourtier R., Magrin G., 2005. « Le pétrole en Afrique : entre réseaux et territoires », conférence au Festival international de géographie de Saint-Dié, 1er octobre.

Prebisch R., 1950. *The Economic Development of Latin America and its Principal Problems.*

Prunier G., Gisselquist R., 2003. « The Sudan : A sucessful failed state », in Rotberg R. I. (éd.), *State Failure and State Weakness in a Time of Terror*, Washington D.C., Brookings Institution : 101-127.

Quiminal C., 1991. *Gens d'ici, gens d'ailleurs. Migrations soninké et transformations villageoises*, Paris, Christian Bourgois.

Rabier Y., 1994. « Le règlement du contentieux territorial tchado-libyen sur Aozou », *Politique africaine*, n° 55 : 140-145.

Raffestin C., 1980. *Pour une géographie du pouvoir*, Paris, Librairies techniques, 249 p.

Raffinot M., 2009. « Crise mondiale et financement international du développement africain », *Afrique contemporaine*, n° 232, 4 : 171-192.

Raimond C., 1999. *Terres inondées et sorgho repiqué. Évolution des espaces agricoles et pastoraux dans le bassin du lac Tchad*, thèse de doctorat de géographie, université Paris 1 Panthéon-Sorbonne, janvier, 543 p.

Raison J.-P., 1994. « Tanzanie : l'Ujamaa et ses lendemains », in Dubresson A., Marchal J.-Y., Raison J.-P., (dir.), *Les Afriques au sud du Sahara*, Paris, Belin (Géographie universelle) : 343-355.

Raison J.-P., Magrin G. (dir.), 2009. *Des fleuves entre conflits et compromis. Essais d'hydropolitique africaine*, Paris, Karthala, 299 p.

Rebour Th., 2000. *La théorie du rachat*, Paris, Publications de la Sorbonne.

Reitel F., 1996. *L'Allemagne. Espaces, économie et société*, Paris, Nathan, 384 p.

Renaudin C., 2010. « Heurts et succès de la culture cotonnière : quel devenir dans les pays d'Afrique de l'Ouest et du Centre de la zone franc CFA ? », *Echogéo*, n° 14, dossier *Afrique 50 ans d'indépendance*, http://echogeo.revues.org.

Renaudin C., 2011. *Le paysannat cotonnier dans la mondialisation : impacts sociaux, économiques et géographiques. Le cas de la région Est du Burkina Faso*, thèse de doctorat de géographie, université Paris-Sorbonne, 384 p.

Reno W., 1998. *Warlord Politics and African States*, Boulder, Lynne Rienner.

Reno W., 2001. « How sovereignty matters : International markets and the political economy of local politics in weak states », in Callaghy T. M., Kassimir R., Latham R. (dir.), *Intervention and Transnationalism in Africa : Global-Local Network of Power*, New York, Cambridge University Press.

Réounodji F., 1995. « Conséquences de la sécheresse sur les activités humaines : les exemples de Karal et de Guitté au sud du lac Tchad », *Revue scientifique du Tchad*, IV, n° 1 : 59-69.

Réounodji F., 1996. *L'évolution de l'aménagement des polders du lac Tchad : les conséquences sur le développement socio-économique de la sous-préfecture de Bol*, mémoire de DEA, université Paris X, 126 p.

République du Sénégal, 2003. *Le recueil des textes de la décentralisation*, 310 p. [version CD-Rom, août 2006].

République du Sénégal, Union européenne, 2007. *Document de stratégie pays et programme indicatif national de la période 2008-2013. Migration et développement : opportunités et défis s'offrant aux décideurs.*

Retaillé D., 1997. *Le monde du géographe*, Paris, Presses de Sciences Po (Références inédites), 285 p.

Retaillé D., 2006. « Espace mobile, territorialité sans territoire et urbanité sans ville », in Retaillé D. (dir.), *La ville ou l'État ? Développement politique et urbanité dans les espaces nomades ou mobiles (Mauritanie-Sénégal-Inde, et retour)*, Publications des universités de Rouen et du Havre, 318 p. : 217-242.

Reyna S. P., 1990. *Wars Without End : A Political Economy of Bagirmi*, Durham, Department of Sociology and Anthropology, University of New Hampshire, 278 p.

Ribot J.-C., 2007. *Dans l'attente de la démocratie. La politique des choix dans la décentralisation de la gestion des ressources naturelles*, Washington, WRI, 189 p.

Ricardo D., 1977 [1817]. *Des principes de l'économie politique et de l'impôt*, Paris, Flammarion.

Richard-Molard J., 1958. *Problèmes humains en AOF*, textes rassemblés par P. Pélissier, Paris, Présence africaine, 467 p.

Richards A., Waterbury J., 1990. *A Political Economy of the Middle East. State, Class and Economic Develoment*, Le Caire, The American University in Cairo Press.

Rist G., 2007 [1996]. *Le développement : histoire d'une croyance occidentale*, Paris, Presses de Sciences Po, 483 p.

Robbins P., 2004. *Political Ecology. A Critical Introduction*, Oxford, Blackwell.

Rochegude A., 2000. *Décentralisation, acteurs locaux et foncier. Le Sénégal*, Paris, Coopération française, 27 p.

Rocheteau G., 1975. « Pionniers mourides au Sénégal : colonisation des terres neuves et transformation d'une économie paysanne », *Cahiers Orstom*, série Sciences humaines, vol. XII, n° 1 : 19-53.

Roitman J., 1998. « The Garrison-Entrepot », *Cahiers d'études africaines*, XXVIII, n° 4 : 297-329.

Ross M., 2001. « Does oil hinder democracy ? », *World Politics*, 53, avril : 297–322.

Ross M., 2003. « Oil, drugs and diamonds : The varying role of natural resources in Civil War », in Ballentine K., Sherman J. (dir.), *The Political Economy of Armed Conflict : Beyond Greed and Grievance*, Boulder, Lynne Reiner : 47-70.

Ross M., 2004. « What do we know about natural resources and Civil War ? », *Journal of Peace Research*, 41, 3 : 337-356.

Ross M., 2012. *The Oil Curse : How Petroleum Wealth Shapes the Development of Nations*, Princeton, Princeton University Press, 296 p.

Rosselini C., 2005. « La répartition de la rente pétrolière en Afrique centrale. Enjeux et perspectives », *Afrique contemporaine*, n° 216 : 125-138.

Rosser A., 2006. *The Political Economy of the Resource Curse : A Literature Survey*, IDS working paper, n° 268, Centre for the Future State, 34 p.

Rossi G., 2000. *L'ingérence écologique. Environnement et développement rural du Nord au Sud*, Paris, CNRS Éditions, 248 p.

Rostow W. W., 1960. *The Stages of Economic Growth. A Non Communist Manifesto*, Cambridge, Cambridge University Press.

Roupsard M., 2000. « Production rizicole », in Seignobos C., Iyebi-Mandjek O. (dir.), *Atlas de l'Extrême Nord du Cameroun*, Paris, IRD Éditions : 94-97.

Rouveroy van Nieuwaal E. A. B., 1987. « Chiefs and African states : Some introductory notes and an extensive bibliography of African chieftency », *Journal of Legal Pluralism and Unofficial Law*, n° 25-26.

Rouveroy van Nieuwaal E. A. B., 1996. « States and chiefs : Are chiefs mere puppets ? », *Journal of Legal Pluralism and Unofficial Law*, n° 37-38.

Sachs Jeffrey D., Warner Andrew M., 1995. *Natural Resource Abundance and Economic Growth*, Cambridge, National Bureau of Economic Research working paper.

Saïbou I., 2010. *Les coupeurs de route. Histoire du banditisme rural et transfrontalier dans le bassin du lac Tchad*, Paris, Karthala.

Saïd E. W., 1978. *Orientalism*, Londres, Penguin Books (Modern Classics), 396 p.

Sala-i-Martin X., Subramanian A., 2003. « Malédiction des ressources naturelles », IMF working paper, 3/139.

Salanié F., Treich N., 2008. « Entreprises socialement responsables : quel sens, quel avenir ? », *Horizons stratégiques*, n° 7, 1 : 182-195.

Salem-Murdock M. (dir.), 1994. *Les barrages de la controverse. Le cas de la vallée du fleuve Sénégal*, Paris, L'Harmattan, 318 p.

Sall M., 2008. « Actions des migrants internationaux à Ourossogui. Du développement urbain à l'exclusion », in Diop M.-C. (dir.), *Le Sénégal des migrations. Mobilités, identités et sociétés*, Paris/Dakar, Karthala/Crepos/ONU Habitat : 211-221.

Sall N., 1995. « Union des jeunes agriculteurs de Koyli Wirnde (UJAK) », in Boivin P., Dia I., Lericollais A., Poussin J.-C., Santoir C., Seck S. M., 1995. *Nianga, laboratoire de l'agriculture irriguée en moyenne vallée du Sénégal*, Paris, Orstom Éditions (Colloques et séminaires), 562 p. : 487-496.

Sangaré A., 2007. *Ressources naturelles, enclavement et développement dans la communauté rurale de Médina Baffé (Sud-Est du Sénégal)*, université Gaston-Berger de Saint-Louis, mémoire de maîtrise de géographie, sous la direction de G. Magrin, novembre.

Sar M., 1973. *Louga et sa région. Essai d'intégration des rapports villes-campagnes dans la problématique du développement*, Dakar, Ifan, 308 p.

Sarraut A., 1923. *La mise en valeur des colonies françaises*, Paris, Payot, 663 p.

Sassen S., 1997. *La ville globale, New York, Londres, Tokyo, Paris*, Paris, Descartes et Cie.

Sautter G., 1958. *Le chemin de fer Bangui-Tchad dans son contexte économique régional. Étude géographique de l'économie des transports au Tchad et dans le nord de l'Oubangui*, Bangui, SCECFBT, université de Strasbourg, 1958, 325 p.

Sautter G., 1966. *De l'Atlantique au fleuve Congo. Une géographie du sous-peuplement*, Paris/La Haye, Mouton, 2 t., 1102 p.

Sautter G., 1967. « Notes sur la construction du chemin de fer Congo-océan (1921-1934) », *Cahiers d'études africaines*, n° 26 : 219-299.

Sautter G., 1968. « La région traditionnelle en Afrique tropicale », in *Régionalisation et développement*, Paris, CNRS : 65-100 [rééd. *Parcours d'un géographe. Des paysages aux ethnies. De la brousse à la ville. De l'Afrique au monde*, Paris, Arguments, 1993 : 273-298].

Sautter G., 1987. « Libres réflexions sur les aménagements ayant pour objet la maîtrise de l'eau par ou pour les agriculteurs », *Parcours d'un géographe. Des paysages aux ethnies. De la brousse à la ville. De l'Afrique au monde*, Paris, Arguments, rééd. 1993, t. 2 : 517-533.

Sautter G., 1993. « Quelques réflexions sur les frontières africaines », *Parcours d'un géographe. Des paysages aux ethnies. De la brousse à la ville. De l'Afrique au monde*, Paris, Arguments : 378-385 [1e éd. Paris, Pluriel, 1982 : 41-50].

Sawadogo R.-A., 2003. « État, pouvoir et citoyenneté en Afrique », in Totté M., Dahou T., Billaz R. (dir.), *La décentralisation en Afrique de l'Ouest. Entre politique et développement*, Paris/Dakar, Cota/Karthala/Enda Graf : 87-101.

Schaeffer F., 1999. *Democracy in Translation : Understanding Politics in an Unfamiliar Culture*, Ithaca, Cornell University Press.

Schatzberg M., 2001. *Political Legitimacy in Middle Africa : Father, Family, Food*, Bloomington, Indiana University Press.

Schedler A., 2007. *Electoral Authoritarism : the Dynamics of Unfree Competition*, Boulder, Lynne Rienner.

Scheibling J., 1994. *Qu'est-ce que la géographie ?*, Paris, Hachette (Supérieur), 197 p.

Schiff M., 2007. « Migration, investissement et commerce : substituts ou compléments », *Revue d'économie du développement*, 2-3, numéro spécial, *Migrations et développement : des avantages partagés ?*.

Scott J.-C., 2001. « La montagne et la liberté, ou pourquoi les civilisations ne savent pas grimper », *Critique internationale*, n° 11, avril : 86-104.

Sébille-Lopez Ph., 2005. « Les hydrocarbures au Nigeria et la redistribution de la rente pétrolière », *Afrique contemporaine*, n° 216 : 157-181.

Sébille-Lopez Ph., 2006. *Géopolitiques du pétrole*, Paris, Armand Colin, 479 p.

Sébille-Lopez Ph., 2009. *Géopolitique des hydrocarbures au Nigeria du plan mondial au plan local : pétrole, gaz, fédéralisme et minorités ethniques dans la région du Delta du Niger*, thèse de doctorat, Institut français de géopolitique.

Seck A., 1970. *Dakar, métropole africaine*, Dakar, Ifan.

Seck I., 2003. « Déclaration de politique générale du Premier ministre », *Le Quotidien de la République*, n° 157, Dakar, Présidence de la République, 5 décembre.

Seck S. M., Lericollais A., Magrin G., 2009. « L'aménagement de la vallée du Sénégal. Logiques nationales, crises et coopération entre les États riverains », in Raison J.-P., Magrin G. (dir.), *Des fleuves entre conflits et compromis. Essais d'hydropolitique africaine*, Paris, Karthala : 31-76.

Seignobos C., 2000. « Répartition et densité de la population », in Seignobos C., Iyebi-Mandjek O. (dir.), *Atlas de la province Extrême-Nord du Cameroun*, Paris, IRD Éditions, 171 p. + CD-Rom : 61-62.

Semelin J., 2003. *Synthèse bibliographique à propos des impacts écologiques et des aspects réglementaires de l'exploitation pétrolière en mer*, FIBA/WWF/UICN-CEESP/PRCM, 65 p.

Serfati C., 2006. « Économie de guerre et ressources naturelles : les visages de la mondialisation », communication au colloque international Gecorev, *Gestion concertée des ressources naturelles et de l'environnement, du local au mondial : pour un dialogue entre chercheurs, société civile et dédideurs*, Saint-Quentin-en-Yvelines, 26-28 juin.

Severino J.-M., Charnoz O., 2007. *L'aide publique au développement*, Paris, La Découverte, 128 p.

Severino J.-M., Debrat J.-M., 2009. *L'aide au développement*, Paris, Le Cavalier Bleu, 127 p.

Shaxson N., 2004. « The Elf trial : Political corruption in the oil industry », *Global Corruption Report*, Berlin, Transparency International : 67-71.

Simon Th., 2010. « Permanences bilatérales dans l'aide au développement en Afrique subsaharienne », *Echogéo*, n° 14, Magrin G. (dir.), *50 ans d'indépendance africaines. Territoires. Identités. Développement*, septembre-novembre.

Singer P. W., 2003. *Corporate Warriors : The Rise of the Privatized Military Industry in Africa*, Ithaca, Cornell University Press.

Skocpol T., 1982. « Rentier state and Shi'a Islam in the Iranian Revolution », *Theory and Society*, n° 11 : 265-283.

Smith B., 2007. *Hard Times in the Lands of Plenty : Oil Politics in Iran and Indonesia*, Ithaca, Cornell University Press.

Smith S., 2003. *Négrologie. Pourquoi l'Afrique meurt*, Paris, Calmann Lévy, 248 p.

Soares de Oliveira R., 2007. *Oil and Politics in the Gulf of Guinea*, Londres, Hurst & Company, 379 p.

Soares de Oliveira R., 2008. « Making sense of Chinese oil investment in Africa », in Alden C., Large D., Soares de Oliveira R. (dir.), *China Returns to Africa. A Rising Power and a Continent Embrace*, Londres, Hurst & Company : 83-109.

Souaré O., Diallo D., Soumah A. M., 1993. « Les ressources minières et énergétiques et leur influence sur l'industrialisation de la Guinée », in Khennas S. (dir.), *Industrialisation, ressources minières et énergie en Afrique*, Dakar, Codesria : 134-161.

Sougnabé P., 2010. *Pastoralisme en quête d'espaces en savanes tchadiennes. Des Peul autour de la forêt classée de Yamba Berté*, thèse en socio-économie du développement, EHESS.

Stary B., 1997. « De la rente agricole à la rente frontalière : Niablé, une petite ville ivoirienne à la frontière du Ghana », in Bertrand M., Dubresson A. (dir.), *Petites et moyennes villes d'Afrique noire*, Paris, Karthala : 61-85.

Sterner T., Persson U. M., 2007. *An Even Sterner Review. Introducing Relative Prices into the Discounting Debate*, discussion paper, n° 7-37, Resources for the Future, juillet, 24 p.

Stevens P., 2003. « Resource impact : A curse or a blessing ? », Draft working paper, Centre for Energy, Petroleum and Mineral Law and Policy, University of Dundee.

Stijns J.-P., 2001. *Natural Resource Abundance and Human Capital Accumulation*, University of California, Berkeley, Department of Economics/Université de Liège, décembre, Economics working paper.

Stürtzinger U., 1983. « Tchad : “mise en valeur”, coton et développement », *Tiers Monde*, t. XXIV, n° 95, juillet-septembre : 643-652.

Suret-Canale J., 1970. *La République de Guinée*, Paris, Éditions sociales.

Sy K., 2004. *Décentralisation et articulation entre territoires. Le cas de Ross Béthio (Delta du fleuve Sénégal)*, université Gaston-Berger de Saint-Louis, mémoire de maîtrise, sous la direction de G. Magrin, juin 2004.

Sy K., 2005, *Agro-industrie et développement local : le cas de la CSS dans son environnement régional*, DEA de géographie, université Paris 1 Panthéon-Sorbonne, sous la direction de R. Pourtier, septembre.

Sy K., Magrin G., 2004. « Les compétences territoriales dans la communauté rurale de Ross Béthio. La question des limites », *Cahiers de Girardel*, n° 2, juillet : 23-36.

Talahite F., 2007. *Le concept de rente appliqué aux économies de la région MENA. Pertinence et dérives*, 24 juin, 15 p.

Tall M. J.-C., 2005. « “Les chantiers de Thiès” ou réflexion sur les marchés publics », *Walfadjiri*, 9 décembre.

Tall S. M., 2008. « La migration internationale sénégalaise : des recrutements de main-d'œuvre aux pirogues », in Diop M.-C. (dir.), *Le Sénégal des migrations. Mobilités, identités et sociétés*, Paris/Dakar, Karthala/Crepos/ONU Habitat : 37-67.

Tangara P. O., 2006. *Situation et enjeux de l'occupation et de l'affectation des terres dans la communauté rurale de Thieul*, mémoire de maîtrise de géographie, université Gaston-Berger de Saint-Louis, août.

Tanter R. 1990. « Oil, IGGI and US hegemony : The global preconditions for Indonesian rentier-militarization », in Budiman A. (éd.), *State and Civil Society in Indonesia*, Melbourne, Centre for Southeast Asian Studies, Monash University : 51-98.

Tassin E., 2001. « Du village à la cité : la vertu politique et démocratique de l'espace public », *Cahiers du Gemdev*, n° 27, *Décentralisations : entre dynamiques locales et mondialisation*, Leclerc-Olive M., Rochegude A. (dir.) : 17-28.

Temple L., Fofiri Nzossie E., 2009. « Impacts de la croissance urbaine sur l'innovation dans les filières vivrières du Nord-Cameroun », communication au colloque Prasac-Ardesac, *Savanes africaines en développement, innover pour durer*, Garoua, 20-23 avril [actes à paraître].

Teyssier A., Magrin G., Duteurtre G., 2005. « Faut-il brûler les greniers communautaires ? Quelques éléments de réflexion pour des politiques de sécurité alimentaire en zone sahélo-soudanienne », in Garine E., Raimond C. (dir.), *Ressources vivrières et choix alimentaires dans le bassin du lac Tchad,* actes du colloque Mégatchad, novembre 2002, Paris, IRD Éditions : 667-696.

Teyssier A., Andrianirina Ratsialonara R., Razafindralambo R., Razafindrakoto Y., 2009. « Décentralisation de la gestion des terres à Madagascar :

processus, enjeux et perspectives d'une nouvelle politique foncière », in Colin J.-P. *et al.* (dir.), *Les politiques de reconnaissance des droits fonciers. Du cadre légal aux pratiques locales*, Montpellier/Paris, IRD Éditions/Karthala : 273-297.

The World Bank, 2011. *Migration and Remittances. Fact Book 2011*, Washington D.C., 2e edition, 264 p.

Thébert Y., 1995. « Nature des frontières de l'empire romain : le cas germain », in Rousselle A. (dir.), *Frontières terrestres, frontières célestes dans l'Antiquité*, Perpignan, Presses universitaires de Perpignan : 221-235.

Thune M., 2010. *L'industrie minière au Burkina Faso, opportunité de développement à l'échelle locale ou facteur de désorganisation ? Le cas de la mine d'or de Kalsaka (Yatenga)*, mémoire de master 1, université Paris 1 Panthéon-Sorbonne, sous la direction de B. Tallet et G. Magrin, juillet, 169 p.

Thünen J. H. von, 1875 [1826]. *Der Isolierte Staat in Beziehung auf Landwirtschaft und Nationalökonomie*, Berlin, Wiegandt, Hempel & Parey, 1875.

Tidjani Alou M., 2010. « La décentralisation en Afrique : un état des lieux de la recherche en sciences sociales », in Gazibo M., Thiriot C. (dir.). *Le politique en Afrique. État des débats et pistes de recherche*, Paris, Karthala, 366 p. : 185-207.

Tilly C., 1975. « Reflections on the history of European state-making », in Tilly C. (éd.), *The Formation of National States in Western Europe*, Princeton, Princeton University Press.

Tilly C., 1990. *Coercition, Capital, and European States, A. D. 990-1992*, Cambridge, Blackwell.

Timera M., 2001. « Les migrations des jeunes Sahéliens : affirmation de soi et émancipation », *Autrepart*, n° 18 : 37-49.

Tonneau J.-P., 2003. *De la communauté au territoire, un itinéraire de recherche pour le développement*, université Paris 1 Panthéon-Sorbonne, habilitation à diriger des recherches, sciences économiques, sciences humaines, sciences juridiques et politiques, 4 vol.

Tonneau J.-P., 2008. « Pourquoi diable le développement territorial et, plus encore, pourquoi y croire ? », *Documents de travail Icare*, note de synthèse n° 4, Montpellier, Cirad, 22 p.

Totté M., Dahou T., Billaz R., 2003. *La décentralisation en Afrique de l'Ouest. Entre politique et développement*, Paris/Dakar, Karthala/Enda Graf, 403 p.

Touré O., Seck S. M., 2005. *Exploitations familiales et entreprises agricoles dans la zone des Niayes au Sénégal*, Londres, IIED, dossier n° 133, mars, 60 p.

Triaud J.-L., 1995. *La légende noire de la Sanûsiyya. Une confrérie musulmane saharienne sous le regard français (1840-1930)*, Paris/Aix-en-Provence, Éditions de la Maison des sciences de l'homme/Institut de recherches et d'études sur le monde arabe et musulman, 1151 p.

Tsang S., Kolk A., 2010. « Evolution of Chinese policies and governance structures on environment, energy and climate », *Environmental Policy and Governance*, vol. 20/3.

Tubiana J., 2009. « Lire entre les lignes d'un conflit : fractures locales et actions internationales au cœur du Darfour », *Afrique contemporaine*, n° 232, 4.

Tulipe S., 2004. « Le bassin tchadien à l'épreuve de l'or noir : réflexions sur la nouvelle donne pétro-politique en Afrique centrale », *Politique africaine*, n° 94, juin : 59-81.

Tulipe S., 2008. « Tchad : lettre à M. Sarkozy au sujet de la crise et du rôle de la France », *Mouvements*, 10 février, http://www.mouvements.info/spip.php?article257.

UEMOA, 2006. *Étude sur le développement de la filière « éthanol/gel fuel » comme énergie de cuisson dans l'espace Uemoa*, Uemoa, département de l'énergie, des mines, de l'industrie, de l'artisanat et du tourisme, EPM Consulting, BTG, projet n° 004/2005/CR/COM/UEMOA, rapport provisoire, septembre, 138 p.

UICN Mauritanie, 2009. *Panel scientifique indépendant sur les activités pétrolières et gazières en République Islamique de Mauritanie. Rapport définitif*, Nouakchott, avril, 41 p.

United States Senate, 2004. *Money Laundering and Foreign Corruption : Enforcement and Effectiveness of The Patriot Act. Case Study Involving Riggs Bank*, rapport au sous-comité d'enquête préparé par l'équipe de l'opposition, juillet.

Vallée O., 1999. « La dette privée est-elle publique ? Traites, traitement, traite : modes de la dette africaine », *Politique africaine*, n° 73, mars : 50-67.

Vandewalle D., 1998. *Libya Since Independence : Oil and State-Building*, Ithaca/Londres, Cornell University Press.

van de Walle N., 1998. « Globalization and African democracy », in Joseph R. (éd.), *State, Conflict and Democracy in Africa*, Boulder, Lynne Rienner.

van de Walle N., 2001. *African Economies and the Politics of Permanent Crisis 1979-1999*, Cambridge, Cambridge University Press.

van de Walle N., 2007. « Meet the new boss, same as the old boss ? The evolution of political clientelism in Africa », in Kitschelt H., Wilkinson S. I. (dir.), *Patron, Clients and Policies : Patterns of Democratic Accountability and Political Competition*, Cambridge, Cambridge University Press : 50-68.

van de Walle N., 2010. « Démocratisation en Afrique : un bilan critique », in Gazibo M., Thiriot C. (dir.), *Le politique en Afrique. État des débats et pistes de recherche*, Paris, Karthala, 366 p. : 135-163.

Vanier M., 2005. « L'interterritorialité : des pistes pour hâter l'émancipation spatiale », in Antheaume B., Giraut F. (dir.), *Le territoire est mort, vive les territoires ! Une (re)fabrication au nom du développement*, Paris, IRD Éditions : 317-336.

van Vliet G., 1997. *Le pilotage aux confins mouvants de la gouvernance (économie, écologie, politique et régulation en Amazonie colombienne (1975-1990)*, université Paris 1 Panthéon-Sorbonne, thèse de doctorat de sciences économiques, 288 p.

van Vliet, G., 1998. « Activités minières, barrages, et problématiques de négociation : hypothèses pour une réflexion », diaporama.

van Vliet G., Magrin G., 2009. « Public steering in the hydrofuel sector. Conditions for trajectory bifurcation in Chad and Mauritania », 21st World Congress of Political Science, Santiago du Chili, 12-16 juillet.

van Vliet G., Magrin G., 2012a. « L'écorce et le noyau : les relations entre Banque mondiale, État, ONG et entreprises pétrolières au Tchad », in Leloup F., Brot J., Gérardin H. (dir.), *L'État, acteur du développement*, actes des 23e journées du développement de l'association Tiers Monde, Mons, 14-16 mai 2007, Paris, Karthala : 59-76.

van Vliet G., Magrin G. (dir.), 2012b. *Une compagnie pétrolière chinoise face à l'enjeu environnemental au Tchad*, Paris, AFD (Focales, no 9), 252 p.

Vatin F., 2008. « Retour à Dahra. Quelques notes sur le voyage et le développement », *Revue du Mauss*, no 32, 2 : 441-460.

Verschave F.-X., 1999. *La Françafrique : le plus scandale de la République*, Paris, Stock, 380 p.

Verschave F.-X., 2000. *Noir silence*, Paris, Les Arènes, 595 p.

Verschave F.-X., 2001. *Noir procès : offense à chefs d'État*, Paris, Les Arènes, 382 p.

Vimard P., 2007. « Synthèse. Entre présent contrasté et avenir incertain : la démographie, la santé de la reproduction et le développement en Afrique subsaharienne », in Ferry B. (dir.), *L'Afrique face à ses enjeux démographiques. Un avenir incertain*, Paris, AFD/Ceped/Karthala : 329-367.

Vitry C. de, 2009. *L'or nègre. [Polar vrai]*, Toulouse, Éditions tahin party, 173 p.

Wa Kabwe-Segatti A., 2009. « Les nouveaux enjeux des migrations intra-africaines », in Jaffrelot C., Lequesne C. (dir.), *L'enjeu mondial. Les migrations*, Paris, Éditions des Presses de Sciences Po/L'Express : 115-122.

Wade C. S., 2003. « La recomposition urbaine dans la vallée du Sénégal : déclin des escales fluviales et émergences de bourgs de l'intérieur », in Ba A., Ndiaye P. (dir.), *Mélanges offerts en hommage au professeur Cheikh Ba*, t. 1, *Géographie. Sciences de la Nature*, Dakar, Presses universitaires de Dakar (Annales de la faculté des lettres et sciences humaines, no hors série) : 317-327.

Walker J., Howard S., 2002. *Finding Way Forward : How could voluntary action move mining towards sustainable development ?*, MMSD working paper, Londres, International Institute for Environment and Development, ERM and World Business Council fir Sustainable Development.

Walther O., Retaillé D., 2008. « Le modèle sahélien de la circulation, de la mobilité et de l'incertitude spatiale », *Autrepart*, n° 47 : 109-124.

Watts M., 2004. « Économies de la violence : or noir et espaces (in)gouvernables du Nigeria », *Politique africaine*, n° 93 : 125-142.

Welcome R. L., 1979. *Fisheries Ecology of Floodplain Rivers*, Londres/New York, 317 p.

Willems R., 2008. « Les "fous de la mer". Les migrants clandestins du Sénégal aux îles Canaries en 2006 », in Diop M.-C. (dir.), *Le Sénégal des migrations. Mobilités, identités et sociétés*, Paris/Dakar, Karthala/Crepos/ONU Habitat : 277-303.

Woo-Cumings M., 1999. *The Developmental State*, Ithaca, Cornell University Press.

Wu W., 2006. « Impacts du développement socio-économique sur l'environnement en Chine », *Lettre InterGéo*, 1 : 17-21.

Wunsch J., 2001. « Decentralization, local governance and "recentralization" in Africa », *Public Administration and Development*, n° 21 : 277-288.

Yang W., van Vliet G., Wang F., Liang G., 2012. « La régulation environnementale en Chine : émergence, limites et implications pour le secteur pétrolier », in van Vliet G., Magrin G. (dir.), *Une compagnie pétrolière chinoise face à l'enjeu environnemental au Tchad*, Paris, AFD (Focales, n° 9) : 29-76.

Ziéglé H., 1952. *Afrique équatoriale française*, Paris, Berger-Levrault, 199 p.

Zimmermann E. W., 1933. *World Resources and Industries : A Functional Appraisal of the Availability of Agricultural and Industrial Resources*, New York, Harper & Brothers.

## Textes littéraires

Adrien Ph. (dir.), 2009. *Le projet Conrad. Un avant-poste du progrès* [création collective (théâtre) d'après *L'avant-poste du progrès* (1897) de J. Conrad].

Bessora, 2004. *Petroleum*, Paris, Denoël, 333 p.

Cendrars B., 1925. *L'or*, Paris, Gallimard (Folio), 1973, 169 p.

Conrad J., 1899. *Au cœur des ténèbres*, Paris, Flammarion (GF), 1889, 214 p.

Conrad J., 1904. *Nostromo*, P. Le Moal éd., Paris, Gallimard (Folio), 1992, 553 p.

Debray R., 2010. *Éloge des frontières*, Paris, Gallimard (NRF), 96 p.

Diome F., 2004. *Le ventre de l'Atlantique*, Paris, Anne Carrière.

Fadoul Khidir Z., 1998. *Les moments difficiles. Dans les prisons d'Hissein Habré en 1989*, Paris, Sépia/PMCT.

Farah N., 1993. *Dons*, Le Serpent à plumes (Motifs), 2002, 501 p.

Flaubert G., 1913. *Dictionnaire des idées reçues*, Paris, Librairie Générale Française, 1997, 251 p.

Gide A., 1993 [1927]. *Voyage au Congo*, Paris, Gallimard (Biblos) : 1-206.

Glissant É., 1997. *Traité du tout-monde*, Poétique IV, Paris, Gallimard (NRF), 261 p.

Konaté M., 2006. *L'empreinte du renard. Meurtres en pays Dogon*, Paris, Fayard (Points policier), 265 p.

Labou Tansi S., 1979. *La vie et demie*, Paris, Seuil (Points), 1998, 192 p.

Le Clézio J.-M. G., 1994 [1991]. *Onitsha*, Paris, Gallimard (Folio), 289 p.

Leiris M., 1999 [1934]. *L'Afrique fantôme*, Paris, Gallimard (Tel), 655 p.

Lévi C., 1997 [1945]. *Le Christ s'est arrêté à Eboli*, Paris, Gallimard (Folio), 303 p.

Londres A., 2000 [1929]. *Terre d'ébène*, Paris, Le Serpent à plumes (Motifs).

Ndiaye M., 2009. *Trois femmes puissantes*, Paris, Gallimard (NRF), 317 p.

Ndione A., 2008. *Mbëke Mi. À l'assaut des vagues de l'Atlantique*, Paris, Gallimard (Continents noirs), 83 p.

Orsenna E. 2003. *Madame Ba*, Paris, Fayard/Stock, 489 p.

Qiu Xiaolong, 2009. *Les courants fourbes du lac Tai*, Paris, Liana Levi, 313 p.

Rufin, J.-C., 1999. *Asmara ou les causes perdues*, Paris, Gallimard (NRF).

Saro-Wiwa K., 2003 [1998]. *Sozaboy*, Arles, Actes Sud (Babel), 309 p.

Sartre J.-P., 1948. *L'engrenage*, Paris, Gallimard (NRF).

Saviano R., 2007 [2006]. *Gomorra. Dans l'empire de la camorra*, Paris, Gallimard (NRF), 357 p.

Sembène O., 1966. *Le Mandat*, Présence africaine, 190 p.

Sembène O., 1996. *Guelwaar*, 169 p.

## Filmographie

Anderson P. T., 2007. *There will be Blood*, long métrage, 158 mn.

Bouchareb R., 2001. *Little Senegal*, long métrage, 98 mn.

Coelo I. S., 2006. *Ndjaména City* (paru également sous le titre *Tartina City*), long métrage, 90 mn.

Michel T., 2009. *Katanga Business*, documentaire, Pierre Grise Distribution, 120 mn.

Michel T., 1999. *Mobutu, roi du Zaïre*, documentaire, Les films de la passerelle, 135 mn.

Nutchey T., 2009. *Du brut sous les pirogues*, documentaire, 52 mn.

Ribot J., 2006. *Weex dunx et le quota : la démocratie déplumée*, sketch, mise en scène Pape Faye, 20 mn.

Rouch J., 1959. *Moi un noir*, documentaire, 70 mn.

Sembène O., 1968. *Le mandat*, long métrage, 90 mn.

Sembène O., 1993. *Guelwaar*, long métrage, 105 mn.

Zwick E., 2006. *Blood diamonds*, long métrage, 143 mn.

# Liste des sigles

AFD Agence française de développement
Agetip Agence d'exécution des travaux d'intérêt public contre le sous-emploi
Agoa African Growth and Opportunity Act
Ancar Agence nationale de conseil agricole et rural (Sénégal)
Anoci Agence nationale pour l'organisation de la conférence islamique
Apix Agence pour la promotion de l'investissement et les grands travaux
Aqmi Al Qaïda au Maghreb islamique
Asescaw Association sportive et culturelle des agriculteurs du Waalo (Sénégal)
BAD Banque africaine de développement
BP British Petroleum
CBAO Compagnie bancaire de l'Afrique occidentale
CCCE Caisse centrale de coopération économique (France)
CCSRP Collège de contrôle et de surveillance des revenus pétroliers (Tchad)
Cedeao Communauté économique des États de l'Afrique de l'Ouest
Cefod Centre d'études et de formation pour le développement (Tchad)
Cemac Communauté économique et monétaire de l'Afrique centrale
Cilss Comité permanent inter-États de lutte contre la sécheresse dans le Sahel
Cirad Centre de coopération internationale en recherche agronomique pour le développement (France)
CNCR Conseil national de concertation et de coopération des ruraux (Sénégal)
CNNC China National Nuclear Corporation
CNPC China National Petroleum Corporation
CNOOC China National Offshore Oil Corporation
Cotontchad Société cotonnière du Tchad
CPPL Commission permanente pétrole locale (Tchad)
CPPN Commission permanente pétrole Ndjaména (Tchad)
CRS Catholic Relief Service
CRZ Centre de recherches zootechniques (Sénégal)
CSNPD Comité de sursaut national pour la paix et la démocratie
CSS Compagnie sucrière du Sénégal
CTNSC Comité technique national de suivi et de contrôle des aspects environnementaux des projets pétroliers (Tchad)
ECMG External Compliance Monitoring Group
EIE Étude d'impact environnemental
EIR Extractive Industry Review
Epozop Entente des populations de la zone pétrolière (Tchad)
Facil Fonds d'action concerté d'initiatives locales

| | |
|---|---|
| FAO | Food and Agriculture Organization of the United Nations |
| Farf | Forces armées pour la république fédérale |
| Fiba | Fondation internationale du banc d'Arguin |
| Fides | Fonds d'investissement pour le développement économique et social |
| Flec-PM | Front de libération de l'État du Cabinda-Position militaire |
| FMI | Fonds monétaire international |
| Gic | Groupe international consultatif |
| Girardel | Groupe interdisciplinaire de recherche pour l'appui à la planification régionale et au développement local (Sénégal) |
| Goana | Grande offensive agricole pour la nourriture et l'abondance |
| Gramptc | Groupe de recherches alternatives et de monitoring du projet pétrole Tchad-Cameroun |
| HSE | Health Security Environnement |
| ICMM | International Council on Mining and Metals |
| IDH | Indice de développement humain |
| IIED | International Institute for Environment and Development |
| Iris | Institut de relations internationales et stratégiques |
| Isra | Institut sénégalais de recherches agronomiques |
| ITIE | Initiative pour la transparence dans les industries extractives |
| MCA | Millenium Challenge Account |
| MPLA | Mouvement populaire de libération de l'Angola |
| OIT | Organisation internationale du travail |
| OCDE | Organisation de coopération et de développement économiques |
| OGP | International Association of Oil and Gas Producers |
| OMVS | Organisation pour la mise en valeur du fleuve Sénégal |
| ONG | Organisation non gouvernementale |
| Opep | Organisation des pays producteurs de pétrole |
| OUA | Organisation de l'unité africaine |
| PDMAS | Programme de développement des marchés agricoles du Sénégal |
| PCCI | Premium Contact Center International |
| PIB | Produit intérieur brut |
| PGE | Plan de gestion de l'environnement |
| PMA | Pays moins avancé |
| Pnir | Programme national d'infrastructures rurales (Sénégal) |
| PNUD | Programme des Nations unies pour le développement |
| POAS | Plan d'occupation et d'affectation des sols (Sénégal) |
| PWYP | Publish What You Pay |
| RDC | République démocratique du Congo |
| RCA | République Centrafricaine |
| RSE | Responsabilité sociale des entreprises |
| Saed | Société nationale d'aménagement et d'exploitation du delta du fleuve Sénégal et des vallées du fleuve Sénégal et de la Falémé (Sénégal) |
| SIAEB | Société industrielle d'agriculture et d'élevage de Boumango |
| Sinopec | Sinopec (China Petroleum and Chemical Corporation) |
| SMH | Société mauritanienne des hydrocarbures |
| Snim | Société nationale industrielle et minière de Mauritanie |

| | |
|---|---|
| Sodécoton | Société de développement du coton au Cameroun |
| Sodefitex | Société de développement et des fibres textiles (Sénégal) |
| Sodélac | Société pour le développement du Lac (Tchad) |
| Somdiaa | Société multinationale de distribution alimentaire et avicole |
| Sonader | Société nationale de développement rural de la Mauritanie |
| Sosuho | Société sucrière du Haut-Ogooué (Gabon) |
| SPAEF | Société des pétroles d'Afrique équatoriale française |
| Tep | Tonne équivalent pétrole |
| TGV | Train à grande vitesse |
| Tic | Technologies de l'information et de la communication |
| TSCTI | Trans-Saharan Counter-Terrorism Initiative |
| UCAD | Université Cheikh Anta Diop (Dakar, Sénégal) |
| Uemoa | Union économique et monétaire ouest-africaine |
| UGB | Université Gaston-Berger (Saint-Louis, Sénégal) |
| UICN | Union internationale pour la conservation de la nature |
| Ujak | Union des jeunes agriculteurs de Koyli-Wirnde (Sénégal) |
| UMHK | Union minière du Haut-Katanga (Congo) |
| USAID | United States Agency for International Development |
| WWF | World Wildlife Fund |

# Table des cartes, figures et tableaux

# Table des photographies et planches

# Table des matières

## RENTES ET TERRITOIRES : FORMES ET VARIABLES DE LA CONJUGAISON

Impression d'après documents fournis
**bialec**, nancy (France)
Dépôt légal n° 81048 - juillet 2013